热工过程自动控制原理

陈绍炳　于向军　编著

东南大学出版社

内 容 提 要

全书共分 10 章。第 1 章介绍自动调节系统的基本概念。第 2 章介绍单变量系统的数学描述；简介基本环节及其联接方式；阐述怎样建立系统方框图以及传递函数推导方法。第 3 章通过单位阶跃响应曲线阐述热工对象基本特征；介绍三种求近似传递函数的试验方法；论述自动调节器的基本调节作用和工业调节器组成及其动态特性。第 4 章详细讨论了二阶系统的阶跃响应特点；说明稳定性与特征方程根之间关系；介绍劳斯判据判断稳定性方法。第 5 章介绍线性控制系统的根轨迹分析方法。第 6 章介绍控制系统的频域分析方法；讲述乃奎斯特判据和稳定性裕量(相位裕量和增益裕量)等概念。第 7 章介绍单回路调节系统的三种整定计算方法，选择调节器参数，以使系统具有适当的稳定性裕量。第 8 章介绍了常用的复杂控制系统及其整定方法。第 9 章介绍线性采样调节系统的基本概念和基本分析方法；介绍了分析离散系统的 z 变换法和脉冲传递函数。第 10 章介绍现代控制理论——状态变量分析基础知识；介绍线性定常系统状态方程的求解与状态转移矩阵；介绍了一种综合方法——状态反馈与极点配置法。

图书在版编目(CIP)数据

热工过程自动控制原理/陈绍炳，于向军编著. —南京：东南大学出版社，2003. 8(2020. 9 重印)
ISBN 978 - 7 - 81089 - 338 - 1

Ⅰ. 热… Ⅱ. ①陈…②于… Ⅲ. 热力工程-自动控制 Ⅳ. TK32

中国版本图书馆 CIP 数据核字(2003)第 049660 号

东南大学出版社出版发行
(南京四牌楼 2 号 邮编 210096)
出版人：江建中
江苏省新华书店经销 江苏省地质测绘院印刷
开本：787mm×1092mm 1/16 印张：17 字数：430 千字
2003 年 9 月第 1 版 2020 年 9 月第 9 次印刷
ISBN 978 - 7 - 81089 - 338 - 1/TK · 1
印数：9801 - 10800 册 定价：48.00 元

前　言

现代火力发电厂是典型的涉及热能转换和利用的大型热工过程，由于电能生产的重要性和电能不能大规模储存的特性，自动控制技术已是确保电厂安全、经济和干净生产的必需的技术手段。

自动控制理论的内容极为丰富，相应的书也很多，本书以热工生产过程为主要研究对象，介绍基本控制理论。以经典的线性理论为主要内容，应用传递函数及微分方程作为描述和分析动态系统的基本工具。本书同时介绍了线性采样系统及现代控制理论的基本描述方法。针对热工生产过程的复杂性，本书介绍了一些复杂控制系统的分析整定方法，主要是串级控制系统和前馈 - 反馈控制系统。

本书是作者在讲授热工过程自动控制原理和热工控制系统两门课程的基础上编写的，主要作为热能动力工程专业的必修课教材，也可作为相近专业同类课程的教材和供从事热工过程自动控制工作的工程技术人员参考。

本书是在东南大学动力工程系领导和很多老师的支持鼓励下完成的。在编写过程中，浦复良老师对全书作了仔细的审阅和修改并提出许多宝贵的意见；吕剑虹教授在本书讲义的试用过程中提出了许多好的建议；郭亚楠硕士和徐志凯硕士在书稿录入及作图方面做了许多工作。在此，谨向他们表示衷心的感谢。

本书得以顺利出版还要感谢郑家茂教授和宋增民教授的关心和帮助；感谢东南大学出版基金的资助。

由于编者的水平有限，本书在内容取材、体系安排、文字表达等方面必有不少缺点甚至错误，敬请读者批评指正。

编　者

2003 年 6 月于东南大学

目　录

第1章　绪　论

§1.1　自动控制的概念

20世纪人类的科学文明获得了巨大的进步，控制科学与控制技术随着控制理论与计算机技术的发展也得到了迅速的发展。自动控制技术极大地提高了劳动生产率，推动了现代工农业及国民经济各部门的巨大发展，在许多现代化科学技术部门中控制技术是不可缺少的。可以说，综合自动化水平是一个国家科学技术水平的反映。

自动控制的含义是：一个正在进行的过程或一个正在运行的设备不需要人的连续直接干预能自动地按预期要求进行的一切技术手段都称自动控制。自动控制面对的是一个正在进行的过程或一个正在运行的设备，反映过程进行或设备运行的各种参数都是随时间变化的，所以是一个**动态系统**。这样的过程或设备可能很大很复杂，如火力发电厂的锅炉，也可能是一个简单的加热器，或者可能是一个发酵过程或城市的交通过程。它们都是实现自动控制的对象。在过程进行或设备运行中人的干预不是直接的，但仍是需要的。所谓“预期要求”一般就是表征过程进行或设备运行性能“优劣”的**性能指标**或**目标函数**。因此，要使自动控制获得成效，必须对过程或设备特性有充分的了解，其中包括对有关性能“优劣”的性能指标也有充分了解，更应掌握有关的自动控制原理，包括理论以及实现的技术手段。

现代火力发电厂是典型的涉及热能转换和利用的大型热工过程，由于电能生产的重要性和电能不能大规模的储存的特性，自动控制技术已是确保电厂安全、经济和干净生产的必需的技术手段。火电厂热工过程自动控制主要包括如下内容：

(1) 自动检测：自动地检查和测量反映生产过程运行情况的各种物理量、化学量以及生产设备的工作状况，以监视生产过程的进行情况和趋势，称为自动检测。

(2) 顺序控制：根据预先拟定的程序和条件，自动地对设备进行一系列的操作，称为顺序控制。顺序控制也称自动操作，在发电厂中主要用于主机或辅机的启动和停止。

(3) 自动保护：在发生事故时，自动采取保护措施，以防止事故进一步扩大或保护生产设备使之不受严重破坏，称为自动保护。

(4) 自动调节：自动维持生产过程在规定的工况下进行，称为自动调节。

生产过程中，必须保证产品一定的数量和质量要求，同时也要保证生产的安全和经济，这就要求生产过程在预期的工况下进行。但是，生产过程总会经常地受到各种因素的干扰和影响，使运行工况发生偏离，必须通过自动调节实现正常运行的要求。因此，自动调节是最经常起作用的一种自动控制职能，它对生产过程的正常进行有很大影响。由于自动调节在生产过程自动控制中的重要作用，所以有些文献上就把自动调节称为自动控制。

控制科学和控制技术还在不断发展，一方面控制水平在不断提高，以适应更复杂，更精密和更困难的控制要求；另一方面，控制科学与控制技术的应用范围已扩展到生物、医学、环境、经济管理和其它社会生活领域。控制科学与控制技术已成为现代社会不可缺少的组成部分，有关自动控制的知识已成为各类专业人员必须具备的基础知识。本书讨论的仅是工业过程（主要是热工过程）自动控制的一些基础理论，也就是基本的控制理论。

§1.2 反馈控制的原理

反馈控制是常用的控制技术。由人工完成控制任务的称人工手动控制，由一套仪器设备（包括计算机）完成控制任务的称自动控制。图1-1是一个简单的加热器出口温度人工手动控制的示意图。控制任务是：在满足外界负荷（热水用户的用水量）需要的前提下，希望将加热器出口水温度 θ 控制在预期要求的温度 θ_0 上。为了便于说明，结合图1-1先介绍常用术语。

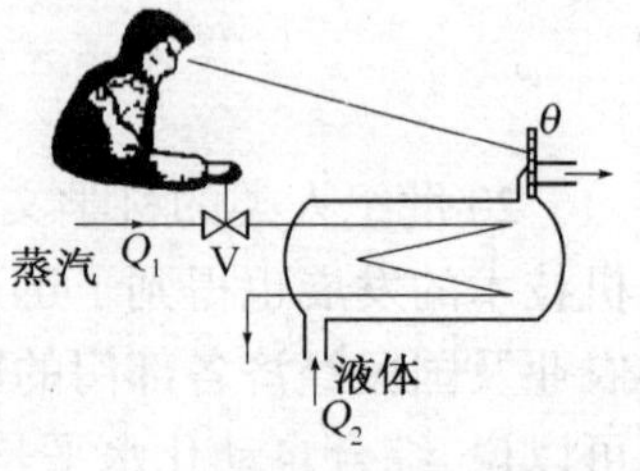

图1-1 人工调节示意图

(1) 被控对象：被控制的生产过程称为被控对象。如图1-1中的加热器。

(2) 被调量（被控参数）：表征生产过程是否符合规定工况的物理量称被调量或被控参数，如图1-1中的加热器出口水温度 θ。

(3) 给定值：希望被调量维持的数值称为给定值或规定值。如图1-1中的出口水温度希望值 θ_0。在很多情况下，给定值是不变的，在有些情况下给定值是按一定要求变化的，例如升温、升压、升速等过程中，温度、压力和速度定值就应按要求改变。

(4) 扰动：引起被调量变化的各种原因都称为扰动。在图1-1中可能引起出口水温度 θ 变化的原因，如：热水用户的用水量 Q_2（外界负荷），加热蒸汽流量 Q_1，进水温度，蒸汽温度等变化都是扰动。

(5) 控制量（或调节量）：由控制（调节）作用改变去控制被调量变化的物理量称控制量（或调节量），如图1-1中的蒸汽流量 Q_1。

(6) 控制机构（调节机关）：接受控制（调节）作用去改变控制量（调节量）的设备称控制（调节）机构，如图1-1中的蒸汽流量控制阀门 V。

用上述术语来表示，控制就是消除扰动的影响，使被调量恢复到给定值的过程。在图1-1中就是操作人员通过改变加热蒸汽流量 Q_1（通过手动改变蒸汽流量调节阀 V 的开度 μ 实现），消除各种扰动（主要是外界负荷即用户的用水量）的影响，使加热器出口温度 θ 等于给定温度 θ_0。操作人员的控制策略是：首先观测加热器出口温度 θ，确定出口温度 θ 与给定温度 θ_0 的偏差的方向（是 $\theta > \theta_0$，还是 $\theta < \theta_0$）和大小，决定是关小或开大蒸汽流量调节阀 V，以及应如何关小或开大蒸汽流量调节阀 V，直到使出口温度 θ 等于给定温度 θ_0。在这里，决定控制作用的是被调量 θ 与给定值 θ_0 的偏差，所以是按偏差（方向、大小）来控制的。同时，操作人员和被控对象之间的关系，可以用图1-2来表示，它表示了在实现控制的过程中各个变量之间的关系，这种形式的图被称为方框图（图1-2）。在这种按偏差控制的方式中，操作人员先从被控对象获得信息（被调量 θ 的大小），经过判断、分析，确定控制作用又馈送到被控对象，这种方式称为**反馈控制**。从信息传输的过程看，它们构成了一个闭合回路，或形成一个闭环，所以又称**闭环控制**。

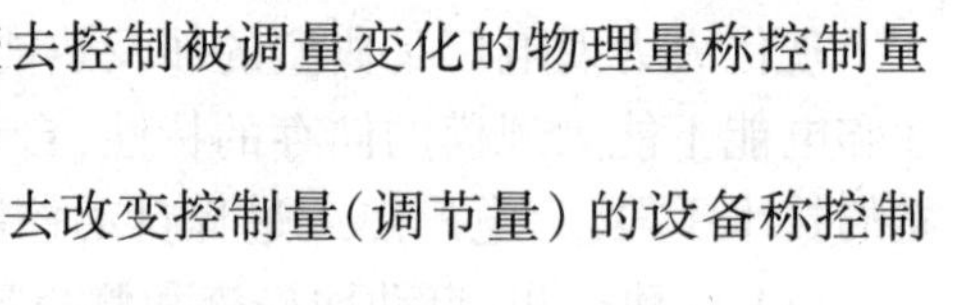

图1-2 加热器温度人工调节方框图

反馈控制的目的是消除被调量与给定值的偏差，所以控制作用的正确方向应该是：被调量高于给定值时也就是偏差为负时控制作用应向减小方向，当被调量低于给定值时也就是偏差为正时控制作用应向加大方向，因此控制作用的方向与被调量的变化相反，也就是反馈作用的方向应该是**负反馈**，负反馈是反馈控制系统能够完成控制任务的**必要条件**。

从扰动产生（如用水量增加），使被调量变化（出口水温度降低），操作人员改变调节机关（开大调节阀开度 μ）增加蒸汽流量 Q_1 使被调量最终又回到给定值（$\theta=\theta_0$）有一个过程，这个过程称为**控制过程**或**调节过程**。在控制过程中，被调量会暂时偏离给定值，这个偏差称为**动态偏差**；而且调节过程总要经历一定的时间，这个时间称为**过渡过程时间**。显然，动态偏差的大小和过渡过程时间的长短取决于操作人员的控制经验和水平，也取决于控制作用对被调量影响的特性（也就是被控对象的特性）。有时，当操作人员控制不当时（例如根据偏差极性大幅度改变调节机关），根本无法最终实现被调量等于给定值，而是偏差越来越大不能完成控制任务。

如果用一整套自动控制装置来代替操作人员的工作，使生产过程不需要人的直接干预就能自动地完成控制任务，这就叫**自动控制**（或**自动调节**）。图 1－3a 就是加热器出口温度自动控制的示意图，图 1－3b 是该自动控制系统方框图（信息作用关系），从信号的相互关系看，是一个负反馈控制系统，以后只讨论负反馈控制系统（简称反馈控制系统）。

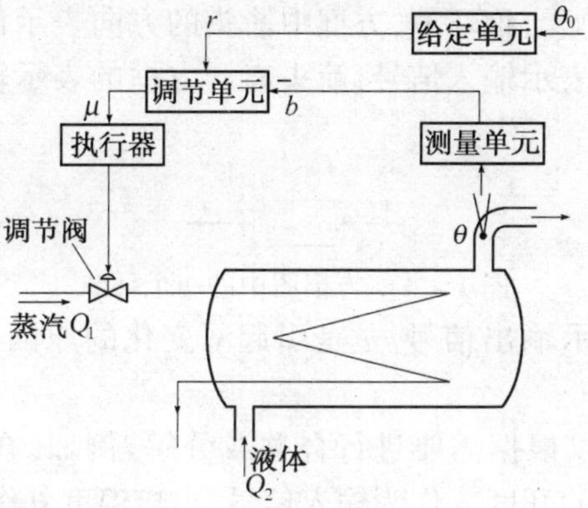

图 1－3(a)　加热器出口温度自动控制示意图

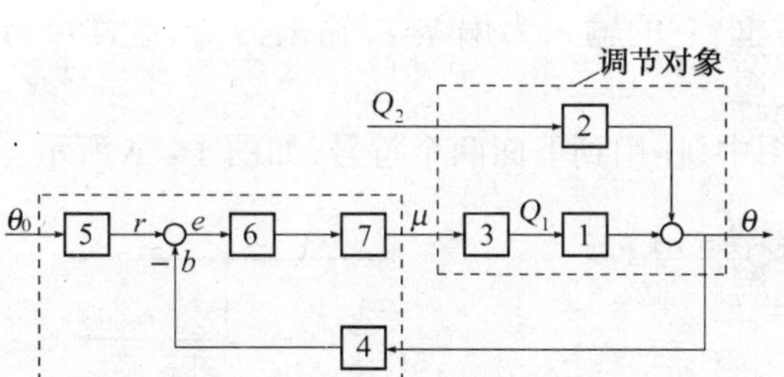

图 1－3(b)　加热器出口温度自动控制系统的方框图

组成自动控制系统所需的设备主要包括：

(1) 测量单元：用来测量被调量 θ，并把被调量转换为与之成比例（或其它固定函数关系）的某种便于传输和综合的信号 b。

(2) 给定单元:用来设定被调量的给定值 θ_0,发出与测量信号 b 同一类型的给定值信号 r。

(3) 调节单元:接受被调量信号和给定值信号比较后的偏差信号,发出一定规律的调节指令 μ 给执行器。

(4) 执行器:根据调节单元送来的调节指令 μ 去推动调节机构,改变调节量。

当被调量偏离给定值后,自动控制设备就自动地对生产过程进行控制,直到被调量等于给定值不再进一步变化时为止。应该指出,并不是自动控制设备一经安装就能执行控制任务、实现生产过程自动控制的。为了使自动控制系统能满意地工作,必须研究控制系统的运动规律。研究反馈控制有关问题的学科称为反馈控制理论,本书以后几章主要讨论反馈控制理论及其应用。

§1.3　控制系统的方框图

在前面,我们已经用方框图表示了加热器出口温度人工控制和自动控制时的信号传输关系。在控制原理中,将经常用方框图来表示信号的传输关系。这里作一必要的说明。

控制系统的**方框图**是用图解的方法表示各部分信号的传递关系。方框图中的每个方框表示实现信号传递的基本单元,称**环节**,方框中箭头的方向表示信号传递的方向,对每一个方框来说,箭头指向方框的表示输入信号,箭头离开方框的表示输出信号。它们都是时间的函数。如图 1－4 所示:

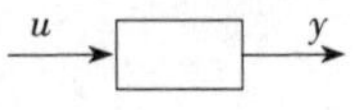

图 1－4　方框图中的一个环节

u 表示输入信号,y 表示输出信号。u 是引起 y 变化的原因,y 是 u 作用的结果。

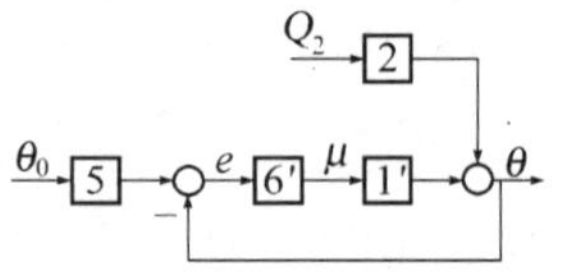

图 1－5　方框图

控制系统的方框图可以根据需要进行合并或分解。例如,在图1－3b 中,如果将调节阀的开度 μ 作为输入信号,出口温度 θ 作为输出信号,那么方框 3 和 1 可以合并成一个方框,也可将调节器 6 及执行器 7 合并成一个方框,它的输入为偏差 e,输出为 μ。这样可将方框图 1－3b 变成图 1－5。

在上面已画出的方框图中,还用到下面两个符号,如图 1－6 所示。

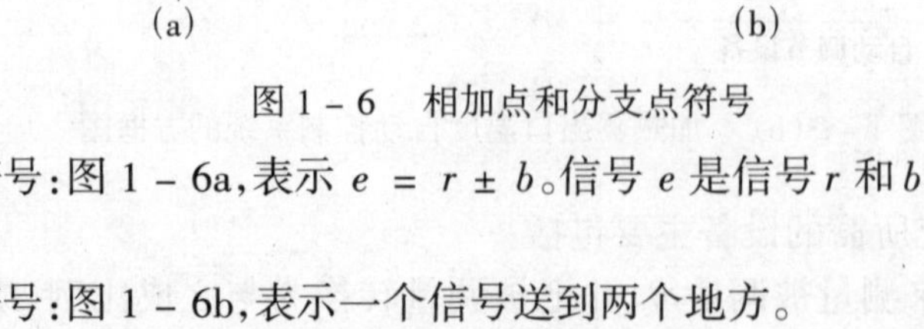

图 1－6　相加点和分支点符号

(1) 相加点符号:图 1－6a,表示 $e = r \pm b$。信号 e 是信号 r 和 b 的代数相加,而且具有相同的量纲。

(2) 分支点符号:图 1－6b,表示一个信号送到两个地方。

以后,为了简化,只在信号相减的地方(图 1－6a) 标上“－”。

§1.4　自动控制系统的分类

生产过程的自动控制可以完成各种控制任务，组成各类自动控制系统。随着控制科学与控制技术的发展，出现了许多新型的控制系统，因此，很难确切地列举它们的全部分类，这里仅介绍几种具有代表性的分类。

一、按所要控制的变量分类

根据自动控制系统中所要控制的变量类型可以分成两类：

1. 断续控制系统

如果所要控制的变量是开关量（开或关，大或小，有或无），则称为断续控制系统。例如：控制系统按事件的逻辑关系来决定控制变量的开或关就是逻辑控制系统；如果控制系统根据规定的条件和程序来决定控制变量的开或关，就是顺序控制系统，它们都是断续控制系统。断续控制系统主要用于设备的自动启、停和自动保护系统以及周期性工作中。

2. 连续控制系统

控制系统所要控制的变量是连续的变量，称为连续控制系统，各种过程参数的自动控制系统都是连续控制系统。

二、按信号的馈送方式分类

1. 反馈控制系统

这是最基本且常见的控制系统，控制是按被调量与给定值的偏差起作用的，也称按偏差控制。信号形成一个闭合回路，所以又称闭环控制系统。前面介绍的热水加热器出口温度控制系统就是一个典型的反馈控制系统。扰动作用后要等到被调量发生变化并与给定值形成偏差才产生控制作用，所以从消除扰动的影响来看，控制作用是不及时的，但它时刻观测被调量，所以可以保证被调量不会有太大的偏离。其框图可用图 1 – 3b 表示。

2. 前馈控制系统

直接根据扰动决定控制作用，可用图 1 – 7 的框图表示。由于这样的控制系统没有被调量的反馈信号，没有形成闭合回路，又称**开环控制**。扰动作用后，一方面通过被控对象会引起被调量变化，但同时由前馈控制器产生控制作用，力图消除扰动的影响，所以，控制作用是很及时的。在理想情况下，可以做到在扰动作用下使被调量不变。但是，由于开环控制，控制效果无法检查，所以调节结束后，不一定能保证被调量等于给定值，同时为了实现前馈控制，扰动信号必须是可以测量的。

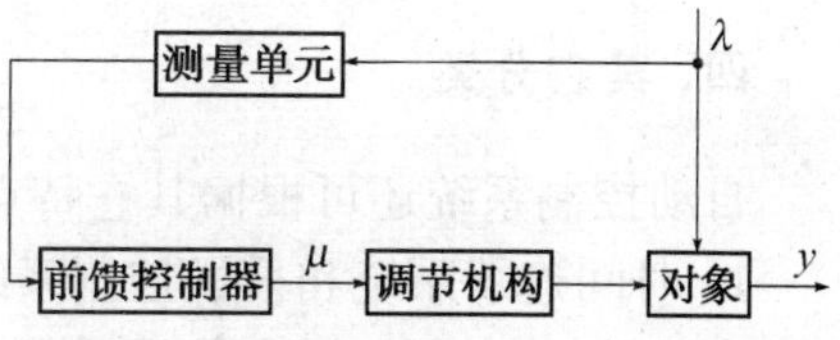

图 1 – 7　前馈控制系统

前馈控制作用常用于对主要外部扰动进行抑制，以减少动态偏差。

3. 前馈 – 反馈控制系统

在反馈控制系统的基础上加上主要扰动的前馈控制构成了前馈 – 反馈控制系统，可用图 1 – 8 的框图表示。

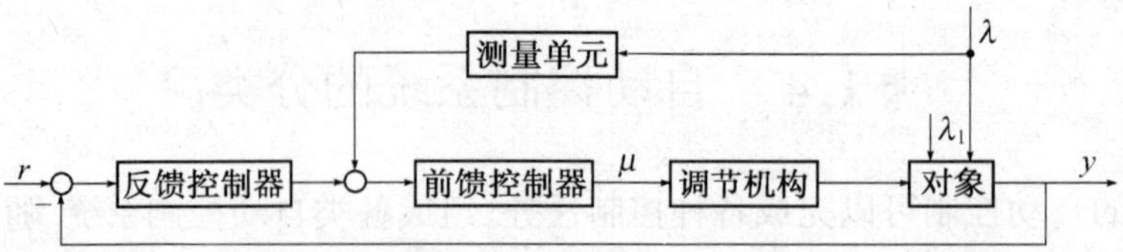

图 1 - 8　前馈 - 反馈控制系统

图中，λ 为主要的外部扰动，λ_1 为其它外部扰动。这样的控制系统一方面可以快速地通过前馈控制器消除主要的外部扰动的影响(常称扰动补偿作用)；同时，由反馈作用保证被调量 y 在允许的范围内。前馈 - 反馈控制系统是实际工业生产过程最常用的控制系统。

三、按给定值信号的特点分类

根据生产过程要求保持的被调量给定值的不同类型可分为：

1. 恒值控制系统

在运行时被调量的给定值恒定不变，也就是被调量保持为某一固定数值。这是热工过程自动调节中应用最多的一种自动控制系统。

2. 程序控制系统

被调量的给定值是预定的时间函数。例如，在汽轮机启动时，希望转速随时间成一定的函数关系变化，这就要求用程序控制系统。

3. 随动控制系统

被调量的给定值决定于某些外来的因素而不是预先拟定的。例如：在汽轮机启动过程中，采用计算机实现机组的最优升速控制。汽机转速的升速率不是预先给定的而是通过计算机按汽温(主蒸汽、再热蒸汽)、汽缸壁温等具体情况再根据机组当时的差胀、振动等情况确定的，它是某个外部条件的控制函数。这样的控制系统称为随动控制系统。

4. 比值控制系统

这种系统维持两个变量之间的比值为一定数值。例如：在锅炉的燃烧过程自动控制中，要求空气量随燃料量的变化而成比例变化，这样才能保证经济燃烧。

四、其它分类

自动控制系统还可根据其它特点分类，例如：

1. 时间连续系统和采样控制系统

在反馈控制系统中，所有变量都是连续的时间函数，如被调量是连续地测量和连续地进行控制的系统称为时间连续系统；而每隔一段时间测量一次被调量和给定值的偏差并对生产过程进行一次控制的系统称为采样控制系统。采样控制系统中有一个或一个以上变量是在时间上离散的，而它的工作原理则与时间连续系统基本相同。

2. 线性系统和非线性系统

控制系统可以(或近似可以)用线性方程来描述的系统称为线性控制系统，而必须用非线性方程来描述的系统称为非线性控制系统。

此外，还有其它自动控制系统的分类方法。在热工过程自动控制中应用最多的是前馈 - 反馈控制系统，最基本的是单回路线性反馈控制系统。

§1.5 控制系统的过渡过程

一个常见的恒值控制系统可以用图 1－9 的框图表示。

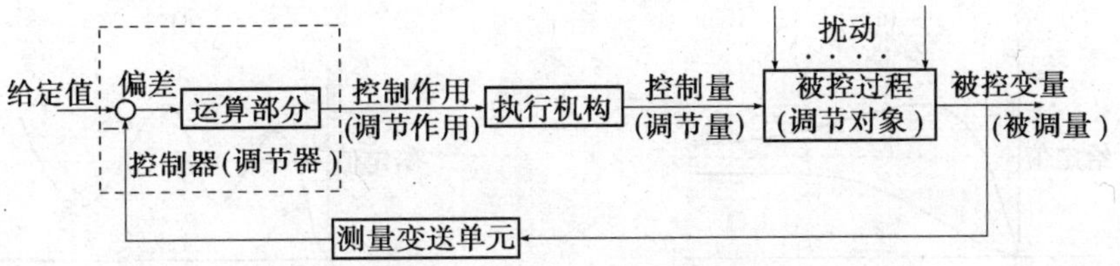

图 1－9 单回路反馈控制系统

如果系统处于某一起始平衡状态,即各个变量都不随时间变化,这种状态也称**静态**或**稳态**。当有扰动发生时系统的平衡将被破坏,被调量发生变化,通过控制系统的工作经过一个控制过程,整个系统达到了一个新的平衡状态,被调量又等于给定值,这个过程就是控制的**过渡过程**。

一个控制系统在不同类型的扰动作用下,它的控制过渡过程是不同的。为了便于比较过渡过程,从而判断控制系统的工作品质,通常选定一些典型的扰动信号,这样,可以根据过渡过程评价系统的工作品质。在热工过程中常用的典型输入扰动信号采用单位阶跃函数,其数学表达式为:

$$u(t) = \mathbf{1}(t) = \begin{cases} 1 & t \geqslant 0 \\ 0 & t < 0 \end{cases}$$

其图形如图 1－10 所示,这里的时间 $t = 0$ 表示在该时刻前系统处在稳态。

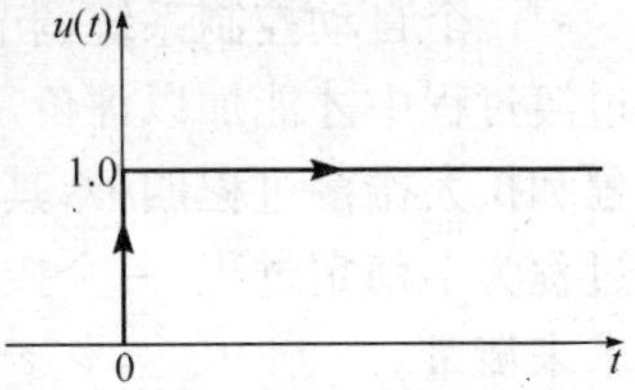

图 1－10 单位阶跃函数

在给定值为单位阶跃函数扰动下,系统的过渡过程有如图 1－11 所示四种基本形式。图(a) 为衰减振荡过程,被调量 y 经过一段时间振荡后能很快趋向一个新的平衡状态,这种过渡过程是比较理想的。图(b) 是非周期过程,也称单调过程,被调量 y 没有振荡,单调地趋向于一个新的平衡状态,这种过程一般时间比较长。这两种过程都能达到新的平衡状态,称**稳定过程**。图(c) 为等幅振荡,被调量 y 不停地等幅振荡,它令执行机构反复动作,达不到新的平衡状态。这种过程称为**临界稳定过程**。图(d) 中被调量 y 不但不能达到新的稳定,而且变化幅度越来越大,是一个扩大振荡过程,这是绝对不允许在生产过程中出现的**不稳定过程**。

一个自动控制系统调节过程的好坏在稳态下是很难判断的,只有在扰动作用下的调节过渡过程中才能加以评价。即使像图 1－11a 和图 1－11b 这样的过程,只根据是否为稳定的过程也很难区分品质的优劣。一般说,一个调节过程的优劣,除了稳定是必须的,还要考虑过渡过程中被调量的准确性,即与给定值的偏差的大小,以及过渡过程的快速性,即整个过程的时间长短。所以必须综合稳定、准确和快速的要求来分析与设计控制系统,使生产过程实现高品质的自动控制。

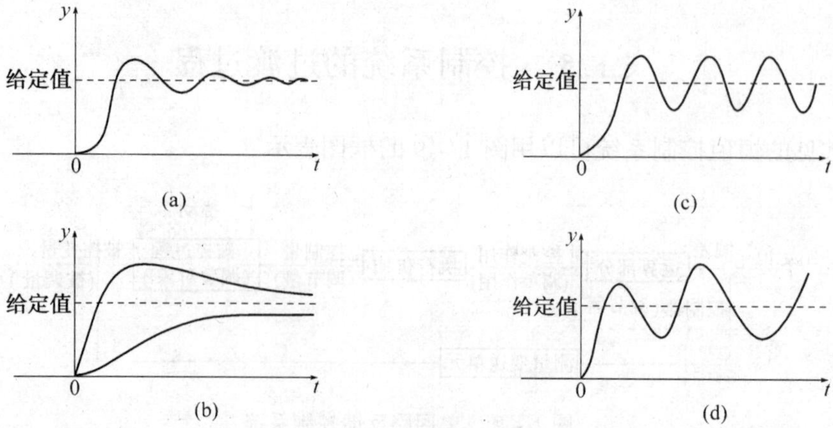

图 1－11　过渡过程的四种基本形式

§1.6　小　结

本章介绍自动控制系统的基本概念。

自动调节是生产过程自动控制的主要组成部分。在生产过程中主要应用反馈控制系统，它根据被调量和给定值的偏差进行调节，调节的目的是使被调量等于给定值。

控制系统的方框图就是用图解的方法表示系统中各个变量之间的相互关系，方框图可以根据需要进行合并或分解。

自动控制系统有很多分类方法。在热工过程自动控制中应用最多的是前馈－反馈控制系统，最基本的是单回路线性反馈控制系统。

一个自动控制系统调节过程的好坏在稳态下是很难判断的，只有在扰动作用下的调节过渡过程中才能加以评价。控制系统的过渡过程有衰减振荡过程、非周期过程、等幅振荡过程和扩大振荡过程四种，其中前两种过程为稳定过程，第三种过程为临界稳定过程，第四种过程为不稳定过程。一个控制系统的控制质量可以综合稳定性、准确性和快速性三方面的要求来衡量。

习　题　1

1－1　日常生活中有许多开环和闭环控制系统，试举几个例子并说明工作过程。

1－2　图 1－1 所示的加热器出口温度控制中，蒸汽流量与加热水量变化相同数量时，对出口温度的影响是否相同？为什么？

1－3　在加热器出口温度控制中，当出口温度等于给定温度时，控制作用的方向是开大蒸汽流量调节阀，这是一个什么样的系统，还能完成控制任务吗？为什么？

1－4　为什么负反馈是反馈控制系统可以使用的必要条件而不是充分条件？

1－5　如果图 1－1 的加热器出口温度是人工控制，不同操作人员控制的结果会出现图 1－11 中的四种过渡过程吗？为什么？

第 2 章　线性自动控制系统的数学描述

§2.1　概　述

自动控制理论研究的问题主要有两个：

(1) 一个给定的自动控制系统它是如何运动的，它的运动具有哪些性质和特性？这类问题称为**系统分析**。例如，给定一个自动控制系统，要研究在扰动作用下，系统中的各个变量是如何变化的，或者在瞬间的扰动作用下，系统又是如何变化的，它们具有什么特征。

(2) 如何设计一个控制系统或如何控制系统的运动使它具有预先要求的性质与特征？这类问题称为**系统综合**。例如，如何选择系统中的参数，使图 1 - 9 所示的反馈控制系统在给定值单位阶跃函数扰动下具有如图 1 - 11a 那样的过渡过程？

显然，只有在系统分析的基础上才能对系统进行综合。系统综合是生产过程自动控制系统能够具体实现的条件。要解决上面两个问题，都离不开对表征系统运动的所有参数变量及它们之间关系的充分了解，并用数学形式进行描述。这就是常说的必须建立系统的数学模型。建立数学模型是控制原理的基础。

一、动态系统

一个动态系统可以用图 2 - 1 示意。

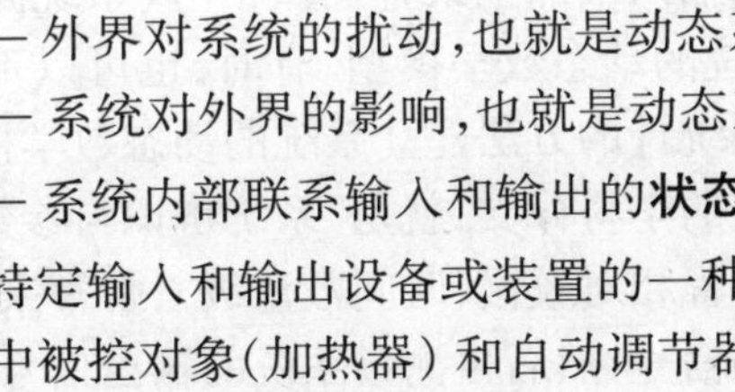

图 2 - 1　动态系统示意

其中：$u_1, u_2, \cdots, u_r$—— 外界对系统的扰动，也就是动态系统的**输入变量**，是时间的函数；

$y_1, y_2, \cdots, y_m$—— 系统对外界的影响，也就是动态系统的**输出变量**，也是时间的函数；

$x_1, x_2, \cdots, x_n$—— 系统内部联系输入和输出的**状态变量**，也是时间的函数。

动态系统是指有特定输入和输出设备或装置的一种模型。在第 1 章中介绍的热水加热器出口温度控制系统中被控对象（加热器）和自动调节器都可看成动态系统，而整个反馈控制系统也可看成一个动态系统。**动态系统**简称**系统**。在动态过程中系统的输入、输出和状态都是时间的函数，都是变量。它们之间的关系就称系统的**动态特性**，动态特性的数学描述（数学表达式）就称**动态系统的数学模型**，一般情况下，动态特性与动态模型是指的同一含义。

如果动态系统只有一个输入变量和一个输出变量就称系统为**单变量系统**或**单输入 - 单输出系统**(SI - SO)。如果动态系统有两个或两个以上的输入变量和两个或两个以上的输出变量就称系统为**多变量系统**或**多输入 - 多输出系统**(MI - MO)。

二、动态系统的数学模型

系统的动态特性可以用两类方法描述：

1. 系统的输出 - 输入描述

不考虑系统内部的状态 x，只建立系统输出变量 y 与输入变量 u 之间的数学关系。这类动态模型根据需要可以有多种形式，彼此之间可以互相转换，适用于不同的系统分析与综合方法时使用。系统的输出 - 输入描述只涉及系统端部特性，不反映系统内部的特性，所以从本质上说这样的描述并不能反映动态系统的全貌。

2. 系统的输入 - 状态 - 输出描述

这种描述方法不但反映系统的端部特性而且还反映系统内部状态特性，是系统特性的完整表达，这样的描述就是系统的**状态空间描述**，在此描述基础上可以用现代控制理论的状态空间分析方法对系统进行分析和综合。

系统的两种描述方法通过一定的方法可以互相转换。关于系统的状态空间描述将在第 10 章中介绍，本章只介绍系统输出 - 输入描述的有关问题。

三、建立系统动态数学模型的方法

系统的动态数学模型是系统分析与系统综合的基础，模型的正确性直接影响到控制系统的设计、分析和综合结果的准确性与可靠性，也直接影响到控制任务的完成。常用的建模方法有下面几种：

1. 分析建模法

它以描述宏观物理现象的力学、热力学、传热学、流体力学及电工学等基本定律为基础，由系统的结构参数用理论分析的方法建立系统中各变量之间关系的数学表达式即数学模型。分析法建模时，一般常将系统按一定规则分成多个彼此相关的子系统(或环节)，再分别建立子系统(或环节)的变量之间的关系，最终确定整个系统的模型。一般说，分析法建模只适用于过程机理十分清晰的系统，而且为使模型不太复杂常常作必要的简化假定。分析法建模所得到的模型还需实际验证。

2. 试验建模法

试验建模法是人为地在系统的输入端加上某种测试信号(系统激励信号)，然后测量系统的输出信号，用数学方法求出系统的动态数学模型。有时，也可以不加输入信号而利用系统运行时各变量的实际运行数据用统计的方法建立系统的动态数学模型。

试验建模法已发展成一门完整的学科分支，就是“系统辨识与参数估计”，它涉及到许多理论问题。对热工过程来说，由于过程相对较慢(时间数量级)，常常采用阶跃信号、正弦信号及伪随机二进制信号作为试验输入信号，然后再测量系统的输出信号，用一定的数学方法得到系统的动态数学模型。

3. 综合法

将上述两种方法相结合形成的新方法。

§2.2 单变量系统的数学描述

只有一个输入变量和一个输出变量的系统(或系统中的一个环节),其输入 u 和输出 y 之间的数学关系就是单变量系统的输出 – 输入描述。

一、稳态模型和动态模型

1. 稳态模型

系统在稳定状态下,即输入 u 和输出 y 各阶导数都为零(或 $t \to \infty$)时,系统的输出 y 和输入 u 的关系称系统的**稳态模型**或**静态模型**,又可称**稳态特性**或**静态特性**。这时,变量与时间无关。所以稳态模型(或特性)可以用表述输出 – 输入变量关系的代数方程描述。常可写成:

$$y = f(u) \tag{2-1}$$

或者可以用表示输出 y 和输入 u 关系的数据表格,或者还可在输入 u 为横坐标输出 y 为纵坐标的直角坐标上用 y 与 u 的关系曲线描述。显然,三种描述输出 y 与输入 u 稳态关系的方法是可以互相转换的。其中在输出 y 与输入 u 的关系式确定后,代数方程中的各项系数可以为常数(或仅是时间 t 的函数),这些用系数表示的模型称**参数模型**,而表格形式或曲线形式的模型称**非参数模型**。

例如,图 2 – 2a 表示了一个直接安装在具体管路系统中的调节阀门,其输入为阀门的开度 μ,输出为管路中的液体流量 Q,在稳定状态下,可以写出如下关系:

$$(Q - Q_0)^2 = K\mu \tag{2-2}$$

式中:Q_0—— 在 $\mu = 0$ 时阀门的漏流量;

K—— 常数,其数值取决于阀门的结构、管路特性及介质性质等。

其输出 – 输入关系也可用图表示,这就是阀门的特性曲线。这里,表达式(2 – 2) 是参数模型,它有参数 K 和“2”;曲线就是非参数模型。

图 2 – 2 静态特性举例

又如图 2 – 2b 表示了用热电偶测量介质温度的过程,输出信号为热电偶的热电势 E(mVDC),输入信号为被测介质温度 θ(℃)。在稳定状态下,它们的关系为(假定热电偶冷端为零度):

$$E = \gamma\theta \tag{2-3}$$

式中:γ—— 常数(mV/℃),取决于热电偶的分度号,直线就是热电偶的特性曲线。

了解元件或系统的稳态特性是很重要的，因为自动控制的作用是消除扰动的影响，最终要使系统达到一个新的稳定状态。这时起作用的就是系统或元件的稳态特性。稳态只是系统动态的一个特殊情况。

2. 动态模型

系统在动态过程中输出 y 与输入 u 关系的数学描述就是系统的**动态模型**（或**动态特性**），动态过程中输入 u 和输出 y 的各阶导数都随时间变化。它们之间的关系可以用微分方程来描述。微分方程是表征系统动态特性的最基本的数学方法。

二、线性系统的数学模型

在研究系统的输出－输入特性时，线性是一个十分重要的概念。例如在上面介绍的阀门特性与热电偶特性的稳态模型中，阀门特性是非线性的，而热电偶特性是线性的。在稳态模型中，用线性代数方程描述的称**线性模型**。而用非线性代数方程描述的就是**非线性模型**。同样，在系统的动态模型中，如果用线性微分方程描述的就是**线性系统**。而用非线性微分方程描述的就是**非线性系统**。对线性系统它满足**叠加原理**，如果有多个输入影响一个输出，那么，多个输入信号同时作用时的输出响应等于每个输入信号单独作用下输出信号的叠加。

实际的生产过程都具有非线性因素，有些是由于运行设备结构庞大，占有很大空间，它的变量在空间上是分布参数特征。有的是设备本身特性就是非线性的。对系统中的非线性因素，由于各不相同，使建模及系统分析、综合都有一定难度，甚至无法进行。所以常采用线性化处理。也就是将各个变量在小范围内变化时认为是线性的。由此将非线性微分方程变成线性微分方程，再用线性系统理论进行分析研究。

对有些无法进行线性化处理的特殊的非线性因素可以参阅有关控制原理教材中的非线性系统部分的内容。

在这里，只讨论线性控制系统。

三、系统输出－输入动态特性的微分方程描述

微分方程是描述系统输出－输入的基本方法，下面用一些简单的物理系统作为例子，通过分析方法建立系统的动态数学模型。

例 2－1 RC 电路如图 2－3a 所示，设输入信号为外加电压 u_1，输出信号为电容 C 两端的电压 u_C，写出它们之间的动态模型，这里输入 u_1 和输出 u_C 都是时间 t 的函数。

解：(1) 根据电路的基本定律，可以画出图 2－3b 的方框图。

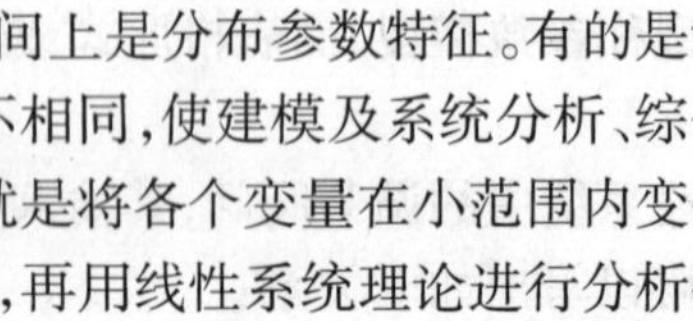

图 2－3(a) RC 电路

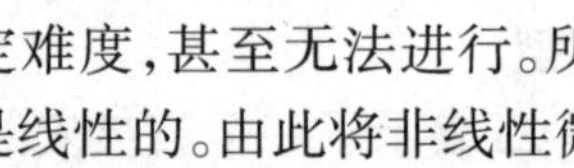

图 2－3(b) 信号框图

(2) 列写运动方程：

环节 1：相当于电阻 R，它的输入是加在电阻 R 上的电压 $u_R = u_1 - u_C$，输出为通过电阻

R 的电流 i。

$$i = \frac{u_1 - u_C}{R} \tag{2-4}$$

环节 2:相当于电容 C,它的输入为电流 i,输出为电容 C 上的电压 u_C。

$$u_C = \frac{1}{C}\int i\mathrm{d}t$$

或

$$C\frac{\mathrm{d}u_C}{\mathrm{d}t} = i \tag{2-5}$$

(3) 消去中间变量 i,得到要求的输出 u_C 与输入 u_1 的关系:

$$RC\frac{\mathrm{d}u_C}{\mathrm{d}t} + u_C = u_1 \tag{2-6}$$

这是一个线性常系数一阶微分方程,如果知道了系统的初始条件及在 $t \geqslant 0$ 时的输入 $u_1(t)$,求解方程(2-6)就可得到电容 C 两端电压 $u_C(t)$。在稳定状态下,$\frac{\mathrm{d}u_C}{\mathrm{d}t} = 0$,此时有:$u_{C0} = u_{10}$,这就是输出 u_C 和输入 u_1 的稳态特性,它完全符合物理概念。

如果要求得到输出为电阻 R 两端的电压 u_R 或电流 i 与输入 u_1 的关系,只要在(2-4)和(2-5)式中消去中间变量 u_C,它们分别为:

$$RC\frac{\mathrm{d}u_R}{\mathrm{d}t} + u_R = RC\frac{\mathrm{d}u_1}{\mathrm{d}t} \tag{2-7}$$

$$RC\frac{\mathrm{d}i}{\mathrm{d}t} + i = C\frac{\mathrm{d}u_1}{\mathrm{d}t} \tag{2-8}$$

同样它们也都是一阶线性微分方程,比较输入为 u_1,输出分别为 u_C,u_R 和 i 的动态方程(2-6),(2-7),(2-8)式,可以看到,方程左端的系数都是相同的,这说明微分方程的特征方程是相同的,它们只取决于系统的参数 R 和 C,而与输入无关。从微分方程解的分析可以知道,特征方程相同,则方程的齐次解(即输入为零时的解)相同,这个齐次解就是系统的**自由运动**。

从这个例子还可看出,同一个 RC 电路,在输入 u_1 作用下,选择不同的输出变量 u_C,u_R 和 i 时所得到的微分方程是不同的,所以反映输出-输入的动态关系也是不同的。

例 2-2 用热电偶测量介质温度。如图2-4a所示,输入信号为介质的温度 θ,输出为热电势 E,写出动态关系的数学表达式。

解:假定热电偶的冷端温度为零度,热端温度为 θ_h,动态时,θ,θ_h 和 E 都是时间的函数。

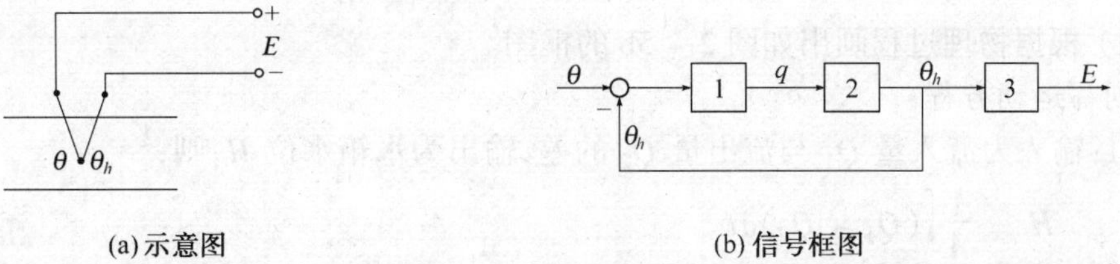

图 2-4 热电偶测量

(1) 根据物理过程可以画出如图 2 - 4b 的框图,其中 q 为介质向热电偶的传热量;

(2) 列写运动方程:

环节 1:输入为介质温度 θ 与热电偶热端温度 θ_h 的差,输出为介质向热电偶热端的传热量,由传热学知识可得:

$$q = \frac{1}{R_\theta}(\theta - \theta_h) \tag{2-9}$$

式中:R_θ—— 传热阻力,假定为常数;

q—— 热流量,即单位时间的传热量。

环节 2:输入为热电偶的热流量 q,输出为热电偶热端温度 θ_h,它们之间的关系为:

$$\theta_h = \frac{1}{C_\theta}\int q\mathrm{d}t \tag{2-10}$$

式中:C_θ—— 热电偶热端的热容量(每升高 1℃ 所需的热量)也可写成:

$$q = C_\theta \frac{\mathrm{d}\theta_h}{\mathrm{d}t} \tag{2-11}$$

环节 3:热电偶热端温度 θ_h 变化使热电势 E 变化,关系为:

$$E = \gamma\theta_h \tag{2-12}$$

式中:γ—— 热电偶特性常数,即热电偶热端温度每改变 1℃ 所产生的热电势。

(3) 消去中间变量 θ_h,q 可以得到:

$$R_\theta C_\theta \frac{\mathrm{d}E}{\mathrm{d}t} + E = \gamma\theta \tag{2-13}$$

这是一个一阶线性常系数微分方程,描述了热电偶的输出热电势 E 与被测介质温度 θ 之间的动态关系。在稳态时,$\frac{\mathrm{d}E}{\mathrm{d}t} = 0$,有 $E = \gamma\theta$,这就是热电偶的静态特性。

例 2 - 3 图2 - 5a 所示的蓄水箱物理系统,水箱截面积为 A,输入信号为进水量 Q_1,输出信号为水箱水位 H,写出它们的动态方程。

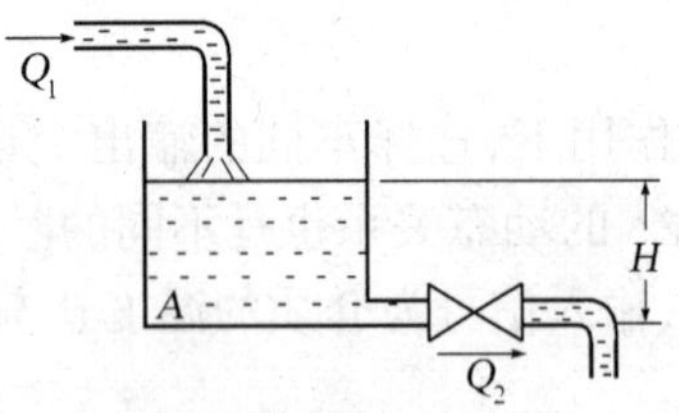

图 2 - 5(a) 系统示意

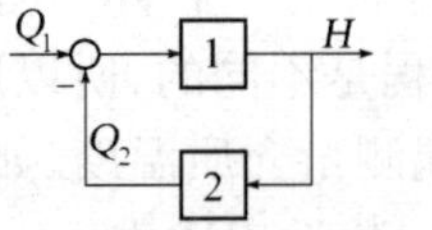

图 2 - 5(b) 信号框图

解:(1) 根据物理过程画出如图 2 - 5b 的框图。

(2) 列写运动方程:

环节 1:输入为流入量 Q_1 与流出量 Q_2 的差,输出为水箱水位 H,则:

$$H = \frac{1}{A}\int (Q_1 - Q_2)\mathrm{d}t \tag{2-14}$$

环节 2:输入为液位 H,输出为流出量 Q_2,则:

$$Q_2 = \alpha\sqrt{H} \tag{2-15}$$

式中:α—— 系数,取决于管道流出侧的阻力。

(3) 消去中间变量 Q_2，可得到：

$$A\frac{\mathrm{d}H}{\mathrm{d}t}+\alpha\sqrt{H}=Q_1 \tag{2-16}$$

这是一个一阶非线性微分方程，它是由(2 – 15)式的非线性关系引起的。由(2 – 15)式表示的输出 Q_2 与输入 H 的关系可以用图 2 – 6 表示，在 H 变化的较大范围内，Q_2 与 H 之间关系是非线性的。

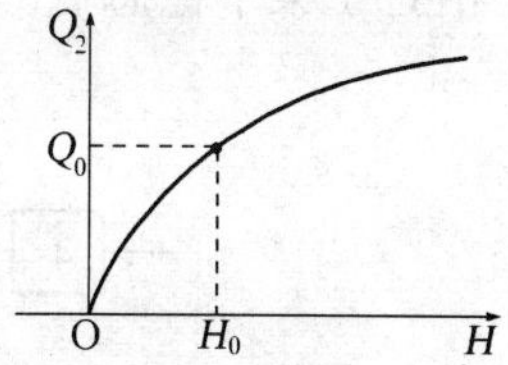

图 2 – 6　输出 Q_2 与输入 H 的关系

如果假定系统初始处在稳态点上，这时有：$Q_{10}=Q_{20}=Q_0$，$H=H_0$，当信号在该稳态点附近小范围内变化时，可以认为输出 Q_2 与输入 H 的关系是线性的，即：

$$\begin{cases}Q_2=Q_0+\Delta Q_2\\ H=H_0+\Delta H\\ Q_1=Q_0+\Delta Q_1\end{cases} \tag{2-17}$$

各个变量都表示成某一稳态点的数值加上变化量，则(2 – 14)、(2 – 15)式可以写成：

$$\Delta H=\frac{1}{A}\int(\Delta Q_1-\Delta Q_2)\mathrm{d}t \tag{2-18}$$

$$\Delta Q_2=\left.\frac{\mathrm{d}Q_2}{\mathrm{d}H}\right|_{\substack{H=H_0\\ Q_2=Q_0}}\cdot\Delta H=\frac{1}{R}\Delta H \tag{2-19}$$

式中：

$$R=\frac{1}{\left.\frac{\mathrm{d}Q_2}{\mathrm{d}H}\right|_{\substack{H=H_0\\ Q_2=Q_0}}}=\frac{2H_0}{Q_0} \tag{2-20}$$

这样，可将(2 – 16)的方程改写成增量形式：

$$AR\frac{\mathrm{d}\Delta H}{\mathrm{d}t}+\Delta H=R\Delta Q_1 \tag{2-21}$$

这就是线性化处理后的以增量形式表示的动态方程，它是一个一阶线性常系数微分方程。需要说明的是，在自动控制系统中，总认为系统原先处于某一初始稳定状态，扰动作用下系统开始运动，这个初始稳态点可以作为系统中各个变量的起点。运动时变量的变化都可看成是一个该稳态点的增量，所以在写方程或画框图时只表示变量名称，实际上应理解为稳态点的增量。更进一步，如果将变量取成增量的相对变化的无因次量，那么在系统中就不再存在量纲。例如，在(2 – 21)式中，如取 $h=\frac{\Delta H}{H_0}$，$q_1=\frac{\Delta Q_1}{Q_0}$，则(2 – 21)式就可改写成：

$$AR\frac{\mathrm{d}h}{\mathrm{d}t}+h=Rq_1 \tag{2-22}$$

从上面三个例子得到的动态方程(2 – 6)、(2 – 13)和(2 – 21)或(2 – 22)式可以看出，它们具有相同的形式，即虽然它们反映的物理过程不相同，但它们的输出 – 输入关系却是相同的，所以可以通过对方程的分析了解物理过程的特征。

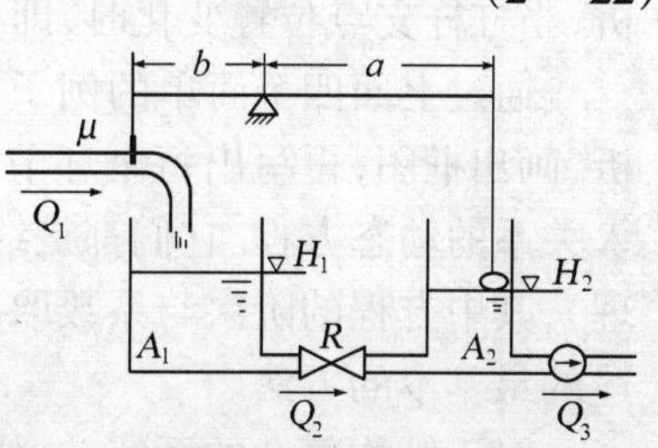

图 2 – 7　直接作用式液位控制系统

例 2 – 4　直接作用式液位控制系统如图 2 – 7 所示。流量 Q_3 只与水泵转速有关，设输入为流出量 Q_3，输出为

水位 H_2,写出它们的动态方程。

解:(1) 根据物理过程可以画出如图2-8的框图,在框图中的每个变量符号应理解成是相对于某个稳态点的增量,或增量的无因次量。

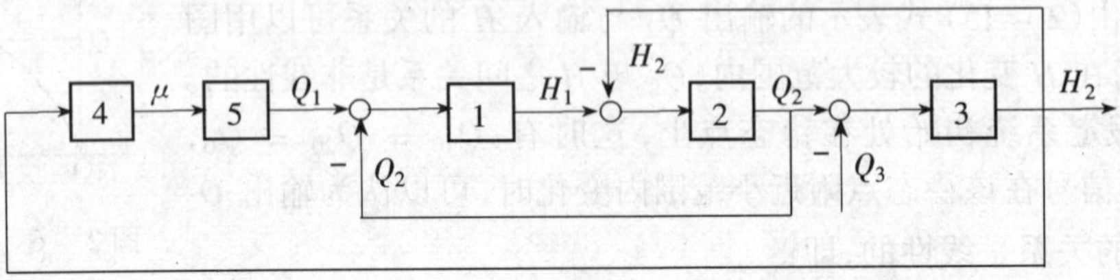

图2-8 框图

(2) 列写运动方程:

环节1:水箱1,输入为(Q_1-Q_2),输出为H_1。

$$H_1=\frac{1}{A_1}\int(Q_1-Q_2)\mathrm{d}t \tag{2-23}$$

环节2:输入为(H_1-H_2),输出为Q_2,小扰动线性化后

$$Q_2=\frac{1}{R}(H_1-H_2) \tag{2-24}$$

环节3:水箱2,输入为(Q_2-Q_3),输出为H_2

$$H_2=\frac{1}{A_2}\int(Q_2-Q_3)\mathrm{d}t \tag{2-25}$$

环节4:输入为H_2,输出为阀门开度μ

$$\mu=-\frac{b}{a}H_2 \tag{2-26}$$

上式中的负号"-"表示两者变化方向相反。

环节5:输入为开度μ,输出为流量Q_1,即阀门特性

$$Q_1=\alpha\mu \tag{2-27}$$

式中:α—— 常数,取决于阀门特性。

(3) 消去中间变量Q_1,H_1,Q_2和μ,可以得到输入为Q_3,输出为H_2的动态方程:

$$A_1A_2R\frac{\mathrm{d}^2H_2}{\mathrm{d}t}+(A_1+A_2)\frac{\mathrm{d}H_2}{\mathrm{d}t}+\alpha\frac{b}{a}H_2=-\left(A_1R\frac{\mathrm{d}Q_3}{\mathrm{d}t}+Q_3\right) \tag{2-28}$$

这是一个二阶线性常系数微分方程,在已知初始条件及$t\geqslant0$时刻的输入Q_3后,解上述方程可以得到水位H_2的变化过程,也即在Q_3扰动下的调节过渡过程,同时,也可以讨论分析,当杠杆支点位置变化时,即b/a改变时对调节过渡过程的影响。

通过上面四个简单的例子可见,对一些简单的物理系统可以通过对物理过程的机理分析,画出框图,再写出每个环节的动态方程,消去中间变量,最后得到希望建立的输出-输入关系的动态方程。它们都是线性常系数微分方程(对非线性部分,进行小范围内线性化处理),其中方程的阶次与系数取决于物理系统的结构等参数。微分方程是系统输出-输入描述的最基本的方法。

对于结构复杂的系统,这样写出的线性微分方程的阶次n可能较高,可以用一般形式表示为:

$$a_n \frac{d^n y}{dt^n} + a_{n-1} \frac{d^{n-1} y}{dt^{n-1}} + \cdots + a_1 \frac{dy}{dt} + a_0 y$$

$$= b_m \frac{d^m u}{dt^m} + b_{m-1} \frac{d^{m-1} u}{dt^{m-1}} + \cdots + b_1 \frac{du}{dt} + b_0 u \qquad (2-29)$$

在一般物理系统中 $n \geqslant m$。

四、系统动态特性的传递函数描述

一个线性系统的输出 – 输入动态数学模型可用线性微分方程描述。系统越复杂，微分方程的阶次就越高，这样方程的求解计算工作量就很大。在控制系统的分析与综合时，一般并不需要直接求解微分方程，而是采用便于系统分析和综合的其它方法。利用 Laplace 变换数学工具，一方面可以简化微分方程的求解，同时可将微分方程变换成复变量 s 的代数方程，使研究得到方便简化。关于 Laplace 变换的基本知识可见**附录 2 – I**。

控制理论中常用**传递函数**描述系统的输出 – 输入关系，其定义为：**在零值初始条件下系统输出和输入拉普拉斯变换之比**，写成：

$$G(s) = \frac{L[y(t)]}{L[u(t)]} = \frac{Y(s)}{U(s)} \qquad (2-30)$$

式中：L—— **拉普拉斯变换算子**。

如果系统的动态方程为高阶微分方程，如(2 – 29) 式，在零值初始条件下，对方程两端进行拉普拉斯变换，则可得到：

$$(a_n s^n + a_{n-1} s^{n-1} + \cdots + a_1 s + a_0) Y(s) = (b_m s^m + b_{m-1} s^{m-1} + \cdots + b_1 s + b_0) U(s)$$

按定义可得：

$$G(s) = \frac{Y(s)}{U(s)} = \frac{b_m s^m + b_{m-1} s^{m-1} + \cdots + b_1 s + b_0}{a_n s^n + a_{n-1} s^{n-1} + \cdots + a_1 s + a_0} (n \geqslant m) \qquad (2-31)$$

而且：

$$Y(s) = G(s) U(s) \qquad (2-32)$$

式中：$Y(s)$—— 在零值初始条件下，输出变量 $y(t)$ 的拉普拉斯变换；

$U(s)$—— 在零值初始条件下，输入变量 $u(t)$ 的拉普拉斯变换；

$G(s)$—— 系统的传递函数。

显然，由微分方程可以方便地写出传递函数，同样，由传递函数也可方便地写出微分方程。应该指出，“在零值初始条件下系统输出和输入拉普拉斯变换之比” 这个传递函数的定义只是说明如何从系统的微分方程得到传递函数，而系统的传递函数与初始条件并无关系，只要系统(微分方程) 确定，传递函数就唯一确定了。在分析研究自动控制系统时，经常遇到初始条件为零的情况，这时如果已知系统的传递函数，那么在输入信号为已知的时间函数时，可根据(2 – 32) 式的关系，求出输出信号 $y(t)$。但是，也可能遇到初始条件不为零的情况，这时就不能简单地利用(2 – 32) 式的关系，而必须把初始条件考虑进去，采用直接对(2 – 29) 式进行拉普拉斯变换处理(参考附录 2 – Ⅰ 最后一个例子)。

传递函数的分母为关于 s 的 n 次多项式：

$$\Phi(s) = a_n s^n + a_{n-1} s^{n-1} + \cdots + a_1 s + a_0 \qquad (2-33)$$

$\Phi(s)$ 称为系统传递函数的**特征多项式**，$\Phi(s)=0$ 的根称为传递函数的**极点**。显然，$\Phi(s)=0$ 就是系统微分方程的特征方程。传递函数分子多项式等于零的点称为传递函数的**零点**。

将传递函数 $G(s)=\dfrac{Y(s)}{U(s)}$ 的表达式写成如下形式：

$$G(s)=\frac{Y(s)}{U(s)}=\frac{b_m s^m+b_{m-1}s^{m-1}+\cdots+b_1 s+b_0}{a_n s^n+a_{n-1}s^{n-1}+\cdots+a_1 s+a_0}$$

$$=\frac{k(s+z_1)(s+z_2)\cdots(s+z_m)}{(s+p_1)(s+p_2)\cdots(s+p_n)} \tag{2-34}$$

式中：k—— 增益系数，为常数；

$-z_1,\cdots,-z_m$—— 传递函数的零点；

$-p_1,\cdots,-p_n$—— 传递函数的极点。

传递函数是描述线性定常系统在初始条件为零时系统的输出 - 输入的关系，是线性控制系统理论最常用的表达系统端部特性的方法。传递函数 $G(s)$ 的分子和分母都是关于 s 的代数多项式，分子与分母无可约的公因子（否则微分方程阶次会降低），而且分子的阶次 m 不高于分母的阶次 n（即 $n\geqslant m$），这样的传递函数称为**正则传递函数**。

用传递函数描述输出 - 输入关系后，例 2 - 4 的液位控制系统框图可以画成如图 2 - 9，方框中表示的就是输出 - 输入关系的传递函数形式。

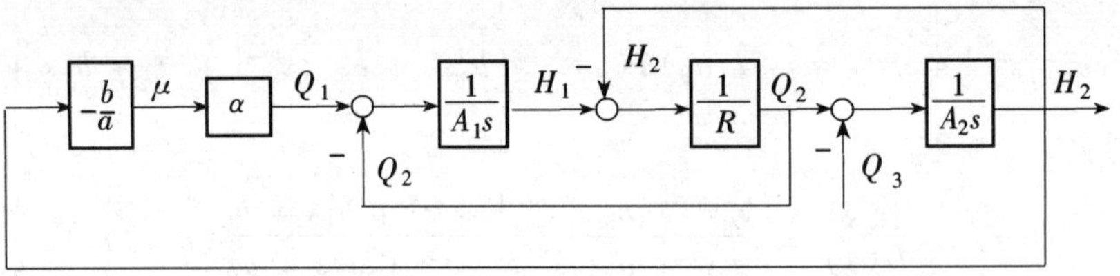

图 2 - 9　液位控制系统框图

通过一定的变换，可以较方便地给出输入为 Q_3，输出为 H_2，或 H_1,Q_1,Q_2,μ 等变量时的传递函数形式。

五、典型输入下的输出响应 — 脉冲响应和阶跃响应

传递函数是系统输出 - 输入动态关系的描述，当系统在输入 $u(t)$ 作用下，其输出 $y(t)$ 可以表示为：

$$y(t)=L^{-1}[G(s)U(s)]$$

在相同的输入 $u(t)$ 作用下，其输出 $y(t)$ 的响应因系统特性不同而不同。所以可以用一些典型输入信号 $u(t)$，从输出响应 $y(t)$ 了解系统的特性。常用的典型输入信号有单位脉冲函数 $\delta(t)$、单位阶跃函数 $\mathbf{1}(t)$ 和单位斜坡函数 $\boldsymbol{t}$，其对应的输出为单位脉冲响应、单位阶跃响应和单位斜坡响应。在热工过程中，常用的典型输入信号为单位脉冲函数 $\delta(t)$ 和单位阶跃函数 $\mathbf{1}(t)$。

1. 单位脉冲函数 $\delta(t)$ 输入下系统的输出 —— **单位脉冲响应** $g(t)$

单位脉冲函数 $\delta(t)$ 的数学表达式为：

$$\delta(t) = \begin{cases} \infty & t = 0 \\ 0 & t \neq 0 \end{cases} \tag{2-35}$$

而且

$$\int_0^\infty \delta(t)\mathrm{d}t = 1 \tag{2-36}$$

单位脉冲函数 $\delta(t)$ 还有一个重要特性，就是对任意时间函数 $\varphi(t)$，都有：

$$\int_0^\infty \varphi(t)\delta(t)\mathrm{d}t = \varphi(0) \tag{2-37}$$

及

$$\int_0^\infty \varphi(t)\delta(t-\tau)\mathrm{d}t = \varphi(\tau) \tag{2-38}$$

(2 – 37)和(2 – 38)式的具体意义将在采样系统分析时用到。

单位脉冲函数 $\delta(t)$ 可用图 2 – 10a 表示，其近似矩形脉冲可用图 2 – 10b 表示。

图 2 – 10　单位脉冲函数及其近似矩形脉冲

单位脉冲函数的拉普拉斯变换为 1，所以在 $\delta(t)$ 输入下，输出 $y(t)$ 为：

$$y(t) = L^{-1}[G(s)] = g(t) \tag{2-39}$$

式中：L^{-1}—— **反拉普拉斯变换算子。**

2. 单位阶跃函数 $\mathbf{1}(t)$ 输入下系统的输出 —— **单位阶跃响应** $h(t)$

单位阶跃函数可以用图 2 – 11 表示，其数学表达式为：

$$\mathbf{1}(t) = \begin{cases} 1 & t \geqslant 0 \\ 0 & t < 0 \end{cases} \tag{2-40}$$

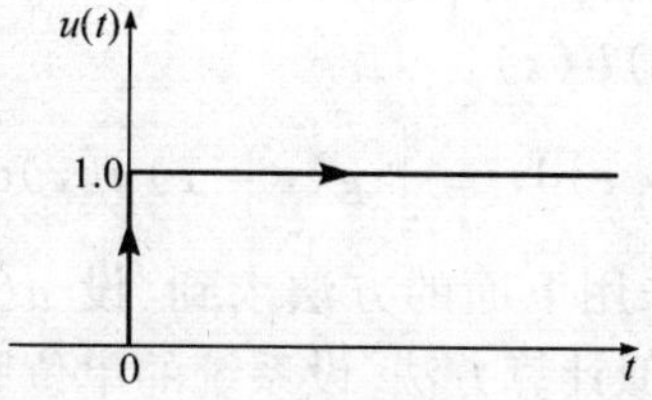

图 2 – 11　单位阶跃函数 1(t)

单位阶跃函数 $\mathbf{1}(t)$ 的拉普拉斯变换为$\frac{1}{s}$，所以输出响应 $y(t)$ 为：

$$y(t) = L^{-1}\left[G(s)\frac{1}{s}\right] = h(t) \tag{2-41}$$

在生产过程中，许多扰动都具有近似于阶跃函数的性质，例如，负荷的突然变化，阀门的突然开大或关小等。用阶跃响应来表示一个环节或系统的动态性质能够较直观地显示出输出变量在阶跃扰动下的变化情况。另外，阶跃函数本身包含的信号成分（谱）十分丰富，而且，任意输入函数 $u(t)$ 可以近似成不同作用时刻不同幅度的阶跃函数的叠加。

脉冲响应与阶跃响应也是在时间域内对系统输出 - 输入特性的数学描述方法，实际上是微分方程在特定的输入函数和给定的零初始条件下的解，可以用时间函数 $g(t)$ 和 $h(t)$ 表示，也可以用响应曲线表示。

以例 2 - 1 中输出为电容 C 两端的电压 u_C，输入为 u_1 为例，其传递函数为：

$$G(s) = \frac{U_C(s)}{U_1(s)} = \frac{1}{1 + RCs}$$

其单位脉冲响应为：

$$g(t) = L^{-1}\left[\frac{1}{1 + RCs}\right] = \frac{1}{RC}e^{-\frac{t}{RC}} \tag{2-42}$$

其单位阶跃响应为：

$$h(t) = L^{-1}\left[\frac{1}{s} \cdot \frac{1}{1 + RCs}\right] = 1 - e^{-\frac{t}{RC}} \tag{2-43}$$

也可画出它们的输出 - 输入曲线，如图 2 - 12a 和图 2 - 12b 表示。

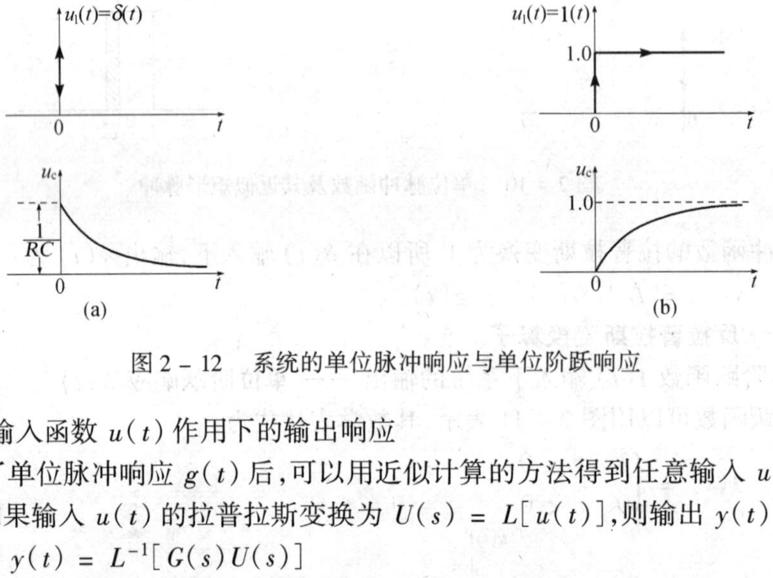

图 2 - 12　系统的单位脉冲响应与单位阶跃响应

3. 任意输入函数 $u(t)$ 作用下的输出响应

在得到了单位脉冲响应 $g(t)$ 后，可以用近似计算的方法得到任意输入 $u(t)$ 作用下的输出 $y(t)$，如果输入 $u(t)$ 的拉普拉斯变换为 $U(s) = L[u(t)]$，则输出 $y(t)$ 为：

$$\begin{aligned} y(t) &= L^{-1}[G(s)U(s)] \\ &= \int_0^t g(\tau)u(t-\tau)d\tau = \int_0^t g(t-\tau)u(\tau)d\tau = g(t) * u(t) \end{aligned} \tag{2-44}$$

上式就是计算卷积，可以采用下面的方法求到。设 $u(t)$ 为任意输入，输出为 $y(t)$，用图 2 - 13 说明(2 - 44) 式的近似计算方法。设系统的单位脉冲响应为 $g(t)$，输入 $u(t)$ 为任意函数，将从 $t = 0$ 到 $t = t_1$ 时间分成 N 个矩形脉冲，每个脉冲的宽度为 $\Delta t = \frac{t_1}{N}$。脉冲作用在不同时刻，设作用时刻为 $t = k\Delta t$，这时，脉冲的高度为 $u(k\Delta t)$，面积为 $u(k\Delta t) \cdot \Delta t$，该近似脉冲产生的输出为：$y_k(t) = g(t - k\Delta t) \cdot u(k\Delta t) \cdot \Delta t$。

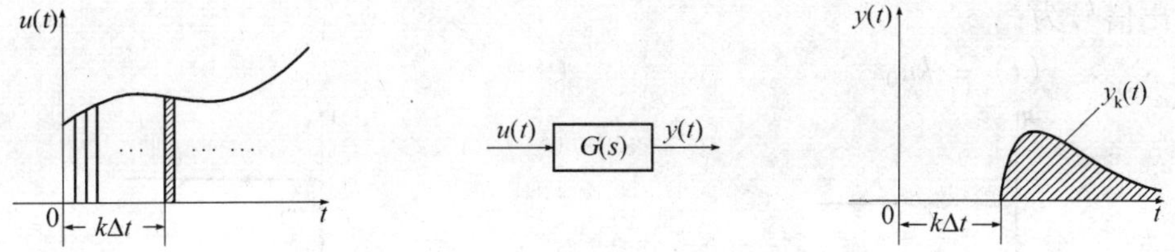

图 2 – 13　式(2 – 44)的近似计算图示

输入是由 0 到 $N-1$ 个脉冲叠加而成，所以其输出也是由多个对应的输出经叠加而成：

$$y(t) = \sum_{k=0}^{N-1} y_k(t) = \sum_{k=0}^{N-1} u(k\Delta t)\cdot \Delta t \cdot g(t-k\Delta t) \tag{2-45}$$

(2 – 45)式就是(2 – 44)式的近似。当把 $u(t)$ 看成无穷多个脉冲时，$\Delta t = \mathrm{d}\tau$，$k\Delta t = \tau$，$N$ 个和就是定积分，则(2 – 45)式就成为(2 – 44)式。

系统的输出 – 输入动态关系除了上面介绍的可以用微分方程、传递函数和典型输入下的输出响应来描述外，还可以用频率特性 $G(j\omega)$ 描述，其描述方法在频率法的章节中说明。

系统动态特性的不同描述方法是可以互相变换的，可根据分析与综合时的需要选用不同的描述方法。

§2.3　基本环节和环节的联接方式

自动控制系统可以用方框图形象表示各个变量之间的关系，方框图中的每一个方框称为环节，系统是由一些基本环节按一定方式联接而成的。环节的联接是指信号之间的传递关系，不一定是结构上的联系。组成系统最基本的环节有三个，它们是**比例环节**、**积分环节**和**微分环节**；环节的联接方式有**串联**、**并联**和**反馈联接**三种。下面分别加以说明：

一、基本环节

组成动态系统的基本环节有以下三种：

1. 比例环节

比例环节的动态方程为：

$$y = ku \tag{2-46}$$

式中：u—— 输入信号，为时间的函数；

y—— 输出信号，也是时间的函数；

k—— 比例系数，或称为放大系数。

比例环节的传递函数为：

$$G(s) = \frac{Y(s)}{U(s)} = k \tag{2-47}$$

比例环节的特点是输出信号 $y(t)$ 和输入信号 $u(t)$ 的形式相同。它的阶跃响应曲线也是一个阶跃信号，如图 2 – 14 所示。

当输入信号为阶跃函数时，即：

$$u(t) = \begin{cases} 0 & t < 0 \\ u_0 & t \geqslant 0 \end{cases}$$

输出信号为：

$$y(t) = ku_0$$

图 2 - 14　比例环节的阶跃响应

比例环节的实例很多，举例如下：

(1) 由压头改变引起流量改变的例子

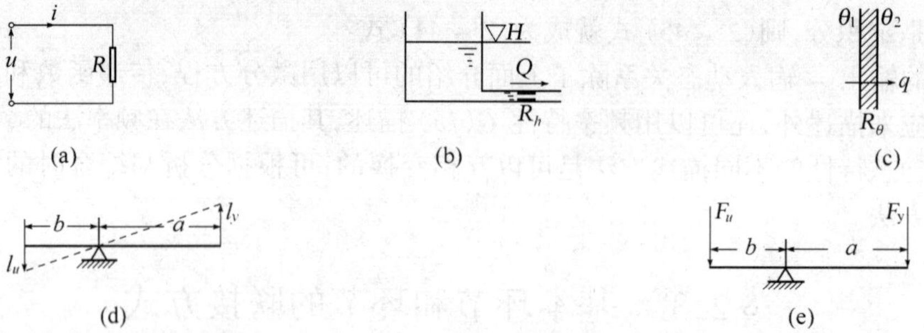

图 2 - 15　比例环节的实例

图 2 - 15(a)、(b)、(c) 分别为电压改变、水压改变、温差改变引起的电流、水流量、热流量的改变。其变化关系分别可用下面的式子表示：

$$\Delta i = \frac{1}{R}\Delta u;\quad \Delta Q = \frac{1}{R_h}\Delta H;\quad \Delta q = \frac{1}{R_\theta}\Delta(\theta_1 - \theta_2) \tag{2-48}$$

式中：$\Delta u, \Delta H, \Delta(\theta_1 - \theta_2)$—— 分别为电压、水压、温差的改变，是环节的输入信号；

$\Delta i, \Delta Q, \Delta q$—— 分别为电流、水流量、热流量的改变，是环节的输出信号；

R, R_h, R_θ—— 分别为电阻、水力阻力、热阻。

它们都是比例环节，传递函数分别为$\frac{1}{R}$，$\frac{1}{R_h}$ 和$\frac{1}{R_\theta}$。

(2) 通过杠杆传递位移和力

当杠杆传递位移时(图 2 - 15d)：

$$l_y = -\frac{a}{b}l_u$$

传递函数为：

$$G(s) = \frac{l_y(s)}{l_u(s)} = -\frac{a}{b} \tag{2-49}$$

式中：l_u—— 输入信号，位移；

l_y—— 输出信号，位移；

“-”号表示位移方向相反。

当杠杆传递力时(图 2 - 15e)：

$$F_y = \frac{b}{a}F_u$$

传递函数为：

$$G(s) = \frac{F_y(s)}{F_u(s)} = \frac{b}{a} \tag{2-50}$$

式中：F_u—— 输入信号，力；

F_y—— 输出信号，力。

同一杠杆，当所要研究的输入、输出信号不同时，它的传递函数是不同的。

(3) 其它力学上的例子

(i) 弹簧：输入信号为压缩弹簧的力 F，输出信号为弹簧的压缩位移 y，则在弹簧的线性范围内时：

$$y = k_E F \tag{2-51}$$

式中：k_E—— 弹簧的刚度。

(ii) 物理运动时摩擦力 F_μ 和运动速度 v 的关系：

$$F_\mu = \mu v$$

式中：μ—— 动摩擦系数。

2. 积分环节

积分环节的动态方程为：

$$y = \frac{1}{T_a}\int_0^t u\,\mathrm{d}t \tag{2-52}$$

它的传递函数为：

$$G(s) = \frac{Y(s)}{U(s)} = \frac{1}{T_a s} \tag{2-53}$$

式中：u—— 输入信号；

y—— 输出信号；

T_a—— 积分环节的积分时间。

从(2－52)式中可以看出，T_a 不一定具有时间的因次，在一般情况下它是一个有具体因次的常数。在阶跃响应曲线上将说明称它为积分时间的含义。

积分环节的阶跃响应函数可求出为：

$$y(t) = L^{-1}\left[\frac{1}{T_a s}\cdot\frac{u_0}{s}\right] = \frac{1}{T_a}u_0 t \tag{2-54}$$

式中：u_0—— 输入阶跃函数的幅值。

它的阶跃响应曲线如图 2－16 所示，从阶跃响应曲线上很容易确定 T_a 的具体数值。T_a 的数值等于输出信号 $y(t)$ 变化到与输入信号的阶跃变化量 u_0 相等(数值上相等)时所经过的一段时间，由(2－54)式知，当 $t = T_a$ 时，$y(t) = u_0$。这里所求出的是 T_a 的大小，而 T_a 的因次则由输入信号和输出信号的因次来具体确定。

积分环节的实际例子也很多，例如：一个贮藏物质或能量的元件(或设备)，以流量(指净流入与流出之差)作为输入信号，而以表征贮藏量多少的参数作为输出信号时，这种元件的动态特性就属于积分环节。图 2－17 为这一类积分环节的实例。

图 2 - 16　积分环节的阶跃响应曲线

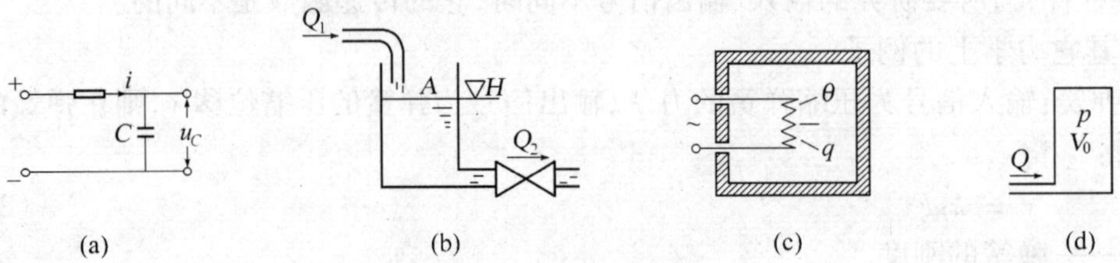

图 2 - 17　积分环节实例

图 2 - 17a 为一电容器，以充电电流 i 为输入信号，而以电容器的电压 u_C 作为输出信号，则：

$$u_C = \frac{1}{C}\int_0^t i\mathrm{d}t \tag{2-55}$$

$$G(s) = \frac{U_C(s)}{I(s)} = \frac{1}{Cs} \tag{2-56}$$

式中：C—— 电容器的电容量。

电容量 C 是有具体因次的，在(2 - 55)式中，如果电流 i 的单位是"安培"，电压 u_C 的单位是"伏特"，时间单位为"秒"，则 C 的单位是"法"。与(2 - 54)式相比，可见 C 就是此积分环节的积分时间。如果对一电容器突然施加充电电流 1 安(恒流)，测得电容器电压升高 1 伏时所经过的时间为 2 秒，则此电容器的电容量 C = 2 法(对照图 2 - 16 积分环节的阶跃响应曲线 T_a 点)。电容量 C 的大小表示电容器贮藏电能的大小，即电压 u_C 改变一个单位时电容器贮电量的变化。

可用同样的观点写出图 2 - 17 中(b)、(c)、(d)各容器的动态方程。

图 2 - 17b 为一蓄水箱(水容)，当输入信号为容积流量差 $\Delta Q = Q_1 - Q_2$，输出信号为水箱水位 H 时，则：

$$H = \frac{1}{A}\int_0^t \Delta Q\mathrm{d}t$$

$$G(s) = \frac{H(s)}{\Delta Q(s)} = \frac{1}{As} \tag{2-57}$$

式中：A—— 水箱截面积，可称为"水容量"，它表示水位 H 改变一个单位时，水箱中贮水量的变化。

图 2 - 17c 为一贮热容器，如果以单位时间内净流入的热量 q 作为输入信号，而以容器内介质温度 θ 为输出信号，则：

$$\theta = \frac{1}{C_\theta}\int_0^t q\mathrm{d}t,$$

$$G(s) = \frac{\theta(s)}{q(s)} = \frac{1}{C_\theta s} \tag{2-58}$$

式中：C_θ—— 容器的热容量。它表示温度 θ 改变一个单位时，容器中贮热量的变化。

图 2－17d 为一贮气容器，如果以流入的气体流量（重量流量）作为输入信号，而以容器中的压力 P 作为输出信号，则：

$$p = \frac{RT}{V_0}\int_0^t Q\mathrm{d}t = \frac{1}{\frac{V_0}{RT}}\int_0^t Q\mathrm{d}t$$

$$G(s) = \frac{p(s)}{Q(s)} = \frac{1}{\frac{V_0}{RT}s} \tag{2-59}$$

式中：$\frac{V_0}{RT}$—— "气容量"。它表示容器中气体压力 p 改变一个单位时，容器中气体贮藏量（重量）的变化。其中 V_0 为容器的容积，R 为气体常数，T 为气体温度（绝对温度）。

图 2－18 所示的活塞式执行器，输入信号为错油门位移 u，输出信号为执行器的位移 y，它的动态特性也属于积分环节。

在力学上物体运动的加速度（输入信号）和速度（输出信号）的关系，速度（输入信号）和位移（输出信号）的关系，也是积分环节。

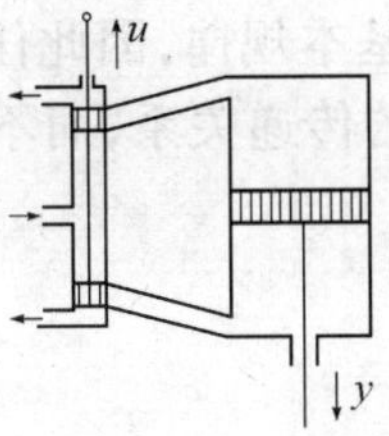

图 2－18　活塞式执行器

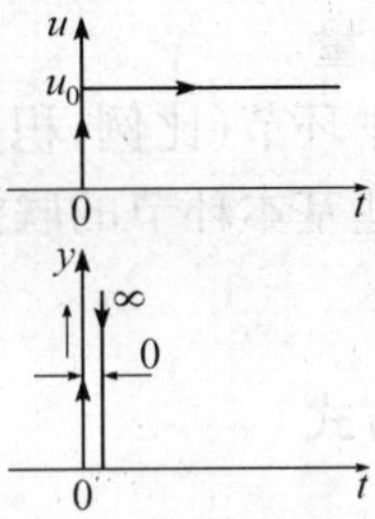

图 2－19　微分环节的阶跃响应

3．微分环节

微分环节的动态方程为：

$$y = T_d\frac{\mathrm{d}u}{\mathrm{d}t} \tag{2-60}$$

它的传递函数为：

$$G(s) = \frac{Y(s)}{U(s)} = T_d s \tag{2-61}$$

式中：T_d—— 微分环节的微分时间。

微分环节的阶跃响应函数可按如下求出：

设输入信号为阶跃函数，幅值为 u_0，即 $u(t) = u_0$，则阶跃响应函数为：

$$y(t) = L^{-1}[G(s)U(s)] = L^{-1}\left[T_d s \cdot \frac{u_0}{s}\right] = T_d u_0 \delta(t) \tag{2-62}$$

微分环节的阶跃响应曲线 $y(t)$ 是一个面积为 $T_d u_0$ 的脉冲，它只在 $t = 0$ 的瞬间起变化，如图 2－19 所示。

从阶跃响应的形状可以看到，实际上不可能具有这种动态特性的元件，但是在分析一些元件或过程的动态特性时会应用到这样的关系，而有些元件或电路的动态特性也的确近似微分环节，例如图 2－20 所示系统。

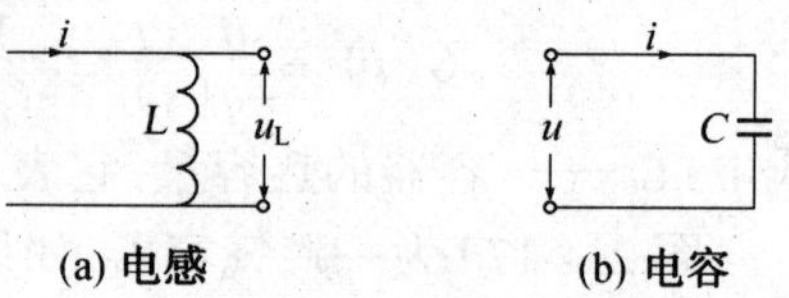

图 2－20　微分环节举例

(1) 电感：以电流 i 为输入，电压 u_L 为输出，则：

$$u_L = L\frac{\mathrm{d}i}{\mathrm{d}t}$$

$$G(s) = \frac{U_L(s)}{I(s)} = Ls. \tag{2-63}$$

式中：L—— 电感。

(2) 电容：以电压 u 为输入，电流 i 为输出，则：

$$i = C\frac{\mathrm{d}u}{\mathrm{d}t}$$

$$G(s) = \frac{I(s)}{U(s)} = Cs \tag{2-64}$$

(3) 物体运动时，速度 v 的改变(输入) 引起力 F 的改变(输出)

$$F = M\frac{\mathrm{d}v}{\mathrm{d}t}$$

$$G(s) = \frac{F(s)}{V(s)} = Ms \tag{2-65}$$

式中：M—— 物体质量。

以上这三个基本环节(比例，积分，微分) 是物理学中的基本规律，因此任何线性动态系统都可以分解为这些基本环节的联接。所谓联接，是指信号的传递关系，而不是具体结构上的联系。

二、基本联接方式

环节间的基本联接方式有以下三种：

1. 串联

几个环节的串联联接方式如图 2－21 所示。在串联联接中，前一环节的输出信号为后一环节的输入信号。设各串联环节的传递函数分别为：$G_1(s), G_2(s), \cdots, G_n(s)$，那么各环节串联以后的传递函数 $G(s)$ 为：

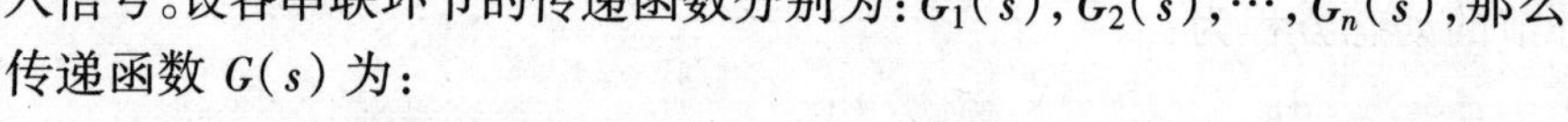

图 2－21　串联连接方框图

$$G(s) = \frac{Y(s)}{U(s)} = \frac{U_1(s)}{U(s)} \cdot \frac{U_2(s)}{U_1(s)} \cdots \frac{U_{n-1}(s)}{U_{n-2}(s)} \cdot \frac{Y(s)}{U_{n-1}(s)}$$

$$= G_1(s)G_2(s)\cdots G_{n-1}(s)G_n(s) \tag{2-66}$$

即若干环节串联联接时，总的传递函数等于各个环节传递函数的乘积。

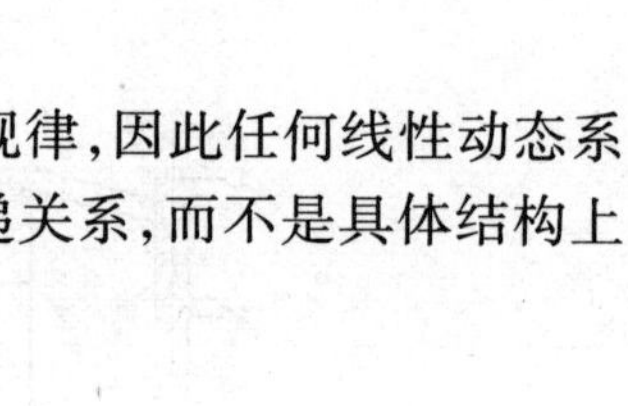

图 2－22　并联联接方框图

2. 并联

几个环节的并联联接方式如图 2－22 所示。在并联联接中，各环节的输入信号相同，而总的输出信号为各个环节输出信号的代数和。

设各个环节的传递函数为：$G_1(s), G_2(s), \cdots, G_n(s)$，则并联后的总的传递函数 $G(s)$ 为：

$$G(s) = \frac{\sum Y}{U} = \frac{Y_1}{U} \pm \frac{Y_2}{U} \pm \cdots \pm \frac{Y_n}{U} = G_1(s) \pm G_2(s) \pm \cdots \pm G_n(s) \tag{2-67}$$

即环节并联联接时，总的传递函数等于各环节传递函数的代数和。

3. 反馈联接

两个环节的反馈联接方式如图 2 - 23 所示。两个环节相互作用形成一个闭环系统。

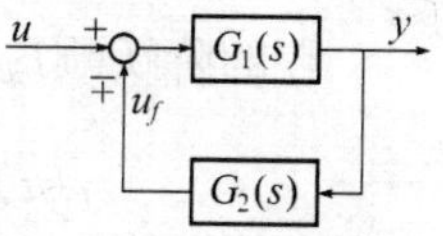

图 2 - 23　反馈联接方框图

设闭环系统的输入信号为 u，输出信号为 y，正向环节的传递函数为 $G_1(s)$，反馈环节的传递函数为 $G_2(s)$。则两个环节反馈联接时的传递函数 $G(s) = \frac{Y(s)}{U(s)}$ 可以从图 2 - 23 的关系中求出：

(1) 在负反馈情况下，当输入信号 u 与反馈信号 u_f 相减时称为负反馈。此时：

对于正向环节：$Y(s) = G_1(s)[U(s) - U_f(s)]$

对于反馈环节：$U_f(s) = G_2(s)Y(s)$

从以上两式中消去 $U_f(s)$ 后得到：$Y(s) = \frac{G_1(s)}{1 + G_1(s)G_2(s)}U(s)$。

因此，负反馈联接后，闭环系统的传递函数 $G(s)$ 为：

$$G(s) = \frac{Y(s)}{U(s)} = \frac{G_1(s)}{1 + G_1(s)G_2(s)} = \frac{1}{\frac{1}{G_1(s)} + G_2(s)} \tag{2-68}$$

(2) 在正反馈情况下，当输入信号 u 与反馈信号 u_f 相加时称为正反馈。此时：

对于正向环节：$Y(s) = G_1(s)[U(s) + U_f(s)]$

对于反馈环节和上面一样，所以闭合系统的传递函数为：

$$G(s) = \frac{Y(s)}{U(s)} = \frac{G_1(s)}{1 - G_1(s)G_2(s)} \tag{2-69}$$

在自动调节系统中，主要应用负反馈联接方式。从(2 - 68) 式中可以看到一个很有意义的现象：如果正向环节是一个放大倍数很大的环节，则反馈系统的传递函数(2 - 68) 式就简化为：

$$G(s) = \frac{Y(s)}{U(s)} \approx \frac{1}{G_2(s)}$$

即在此条件下，反馈系统的动态特性主要取决于反馈环节(是反馈环节传递函数的倒数)，而与正向环节的性质无关。这个原则在调节仪表中得到了广泛应用。

环节的联接方式主要是以上三种。在分析一个具体动态系统时，在方框图中可能会遇到更复杂的联接方式，但是在经过转换后一般能归结为这三种基本联接方式。

下面再介绍几种常见的环节，它们都可以由上述基本环节以不同联接方式组成。

三、几种常见的环节

1. 一阶惯性环节

一阶惯性环节的动态方程为：

$$T_C \frac{\mathrm{d}y}{\mathrm{d}t} + y = ku \tag{2-70}$$

式中：T_C—— 惯性环节的时间常数；

k—— 惯性环节的传递系数或称为稳态放大系数，即当系统从一个稳态变化到另一个稳态时，输出信号的变化量与输入信号的变化量之比。

惯性环节的传递函数为：

$$G(s) = \frac{Y(s)}{U(s)} = \frac{k}{T_C s + 1} \tag{2-71}$$

它的阶跃响应函数，即当 u 为阶跃函数 $u = u_0$ 时，输出信号 y 为：

$$y(t) = L^{-1}\left[G(s)\frac{u_0}{s}\right] = L^{-1}\left[\frac{ku_0}{s(T_C s + 1)}\right] = ku_0(1 - \mathrm{e}^{-\frac{t}{T_C}}) \tag{2-72}$$

由(2－72)式画出一阶惯性环节的阶跃响应曲线如图2－24所示。

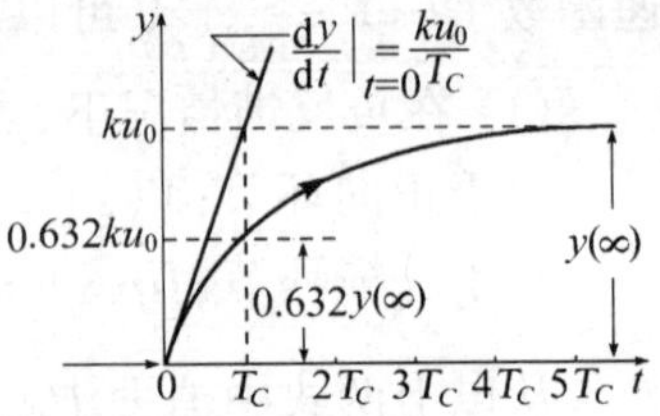

图2－24　一阶惯性环节

它的起始上升速度为：$\left(\frac{\mathrm{d}y}{\mathrm{d}t}\right)_{t=0^+} = \frac{ku_0}{T_C}$

而最后平衡值为：$y(\infty) = ku_0$

故时间常数 T_C 为：

$$T_C = \frac{ku_0}{\left(\frac{\mathrm{d}y}{\mathrm{d}t}\right)_{t=0^+}} = \frac{y(\infty)}{\left(\frac{\mathrm{d}y}{\mathrm{d}t}\right)_{t=0^+}} \tag{2-73}$$

由此可见，一阶惯性环节的时间常数 T_C，就是当输入信号 u 为阶跃函数时，输出信号 y 以起始速度 $\left(\frac{\mathrm{d}y}{\mathrm{d}t}\right)_{t=0^+}$ 变化到最后平衡值 $y(\infty)$ 所需的时间。从阶跃响应曲线 $y(t)$ 的起始点作切线与最后平衡值 $y(\infty)$ 相交，则从起始点到此交点所经历的时间就是 T_C。

一阶惯性环节的阶跃响应曲线 $y(t)$ 是按指数规律趋近平衡的，$y(t)$ 的速度越来越慢，按(2－72)式要等到 $t \to \infty$ 才能达到最后平衡值 $y(\infty)$。但是，当 $t = 3T_C \sim 4T_C$ 时，$y(t)$ 已接近平衡[此时 $y(t) = 0.95 \sim 0.98y(\infty)$]。因此，$T_C$ 的数值反映出环节惯性的大小。当 $t = T_C$ 时，y 为最后平衡值的63.2%。

从阶跃响应曲线可以看出惯性环节的某些特点：它的最后阶段与比例环节相似，即输出信号与输入信号成比例。因此，它是一个有一定惯性的比例环节，所以称为惯性环节。T_C 值越小，惯性环节越接近比例环节。但在阶跃响应曲线的起始阶段，却又与积分环节相似，T_C 值越大，惯性环节越接近积分环节。因此，惯性环节有时也称为**实际积分环节**。

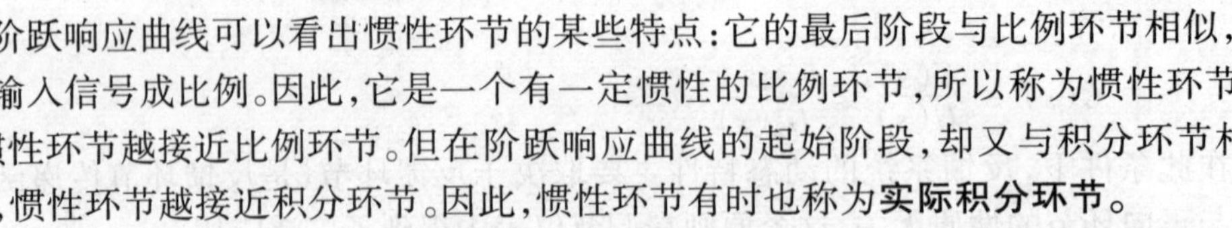

图2－25　惯性环节的例子

惯性环节的例子很多,它们在结构上的共同特点是由一个阻力(电阻、热阻、水力阻力等)和一个容量(电容、热容、气容、水容)组成;而从方框图来看,它们由一个正向的积分环节和一个反向的比例环节反馈联接而成。图 2-25a 的电阻、电容组成的低通滤波电路是惯性环节的一个例子。图 2-25 中(a)为电路图;(b)为方框图;(c)为简化后的方框图。

从方框图(c)写出它的传递函数为:

$$G(s)=\frac{U_2(s)}{U_1(s)}=\frac{1}{RCs+1} \tag{2-74}$$

这是惯性环节。它的时间常数 $T_C=RC$(当 R 的单位用兆欧,C 的单位为微法时,T_C 的单位为秒),放大系数 $k=1$。

2. 一阶实际微分环节

一阶实际微分环节的微分方程为:

$$T_D\frac{\mathrm{d}y}{\mathrm{d}t}+y=K_DT_D\frac{\mathrm{d}u}{\mathrm{d}t} \tag{2-75}$$

它的传递函数为:

$$G(s)=\frac{Y(s)}{U(s)}=\frac{K_DT_Ds}{T_Ds+1} \tag{2-76}$$

式中:T_D—— 实际微分环节的时间常数;

K_D—— 实际微分环节的传递系数。

一阶实际微分环节的阶跃响应函数,即当输入信号 u 为阶跃函数 $u=u_0$ 时,输出信号 y 为:

$$y(t)=L^{-1}\left[G(s)\frac{u_0}{s}\right]=L^{-1}\left[\frac{K_DT_Du_0}{T_Ds+1}\right]=K_Du_0\mathrm{e}^{-\frac{t}{T_D}} \tag{2-77}$$

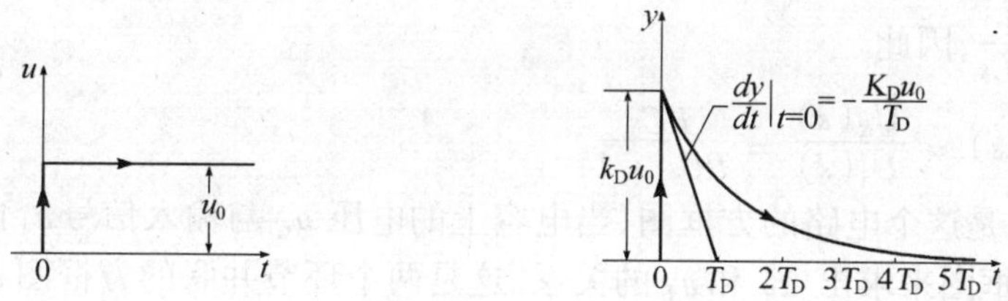

图 2-26 一阶实际微分环节的阶跃响应曲线

阶跃响应曲线如图 2-26 所示。阶跃响应曲线的特点是:$t=0^+$ 时,输出信号 y 与输入信号成比例地跃变,变化量的大小为输入信号阶跃幅值 u_0 的 K_D 倍。此后,y 按指数曲线规律衰减,最后复原至零(初始平衡值)。复原速度在开始时最大,由(2-77)式可以算出此时的复原速度为:

$$\left(\frac{\mathrm{d}y}{\mathrm{d}t}\right)_{t=0^+}=-\frac{K_Du_0}{T_D} \tag{2-78}$$

如果以此复原速度复原,则经历 T_D 时间就能复原到零值。故 T_D 也称为**复原时间**。

一阶实际微分环节是一个微分环节和一个惯性环节的串联:

$$G(s)=\frac{Y(s)}{U(s)}=K_DT_Ds\cdot\frac{1}{T_Ds+1}=T_\mathrm{d}s\cdot\frac{1}{\frac{T_d}{K_D}s+1} \tag{2-79}$$

式中：T_d—— 微分环节的微分时间，$T_d = K_D T_D$；

T_D—— 串联的惯性环节的时间常数。

当 $T_d(=K_D T_D)$ 值一定时，则 K_D 值越大，一阶实际微分环节越接近于微分环节。

一阶实际微分环节可以用一个正向的比例环节和一个反向的积分环节反馈联接组成，如图 2－27a 所示；也可以由一个比例环节和一个惯性环节并联组成，如图 2－27b 所示。

图 2－28a 所示的 RC 电路中，电压 u_1 为输入信号，以电阻上的电压 u_R 作为输出信号时，它的动态特性就是实际微分环节。

图 2－27　一阶实际微分环节的组成方框图

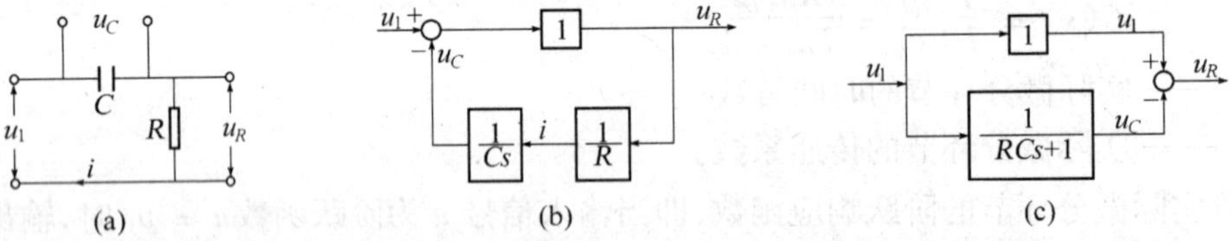

图 2－28　一阶实际微分环节举例

图 2－28b 为这个电路的方框图，它是两个环节的反馈联接，正向环节 $G_1(s)=1$，反向环节 $G_2(s)=\dfrac{1}{RCs}$，因此

$$G(s)=\frac{U_R(s)}{U_1(s)}=\frac{RCs}{RCs+1}$$

图 2－28c 也是这个电路的方框图，当电容上的电压 u_C 与输入信号 u_1 的关系为已知时，就可以用这个方框图来求出 u_R 和 u_1 的关系。这是两个环节并联的方框图，则

$$G(s)=\frac{U_R(s)}{U_1(s)}=\frac{U_1(s)-U_C(s)}{U_1(s)}=1-\frac{1}{RCs+1}=\frac{RCs}{RCs+1}$$

这两个方框图虽然不同，但物理概念都是确定的，所得到的结果也是相同的。在这个具体的例子中，时间常数 $T_D=RC$，而传递系数 $K_D=1$。

图 2－29 为一阶实际微分环节的几个实际例子。它们的具体结构虽有很大差别，而动态特性却是相同的（或基本相同）。在平衡状态时，输出信号 $y=0$，在输入信号 u 阶跃变化时，输出 y 在一开始几乎立即成比例变化而最后又复原到起始平衡时数值。

3．纯延迟环节

纯延迟环节的特点是：输出信号的变化与输入信号完全相同，只是落后了一段时间。

设输入信号为：$u=f(t)$

则输出信号：$y=f(t-\tau)$

或者写成：

$$y(t)=u(t-\tau) \tag{2-80}$$

式中：τ—— 纯延迟时间，即输出信号落后于输入信号一段时间。

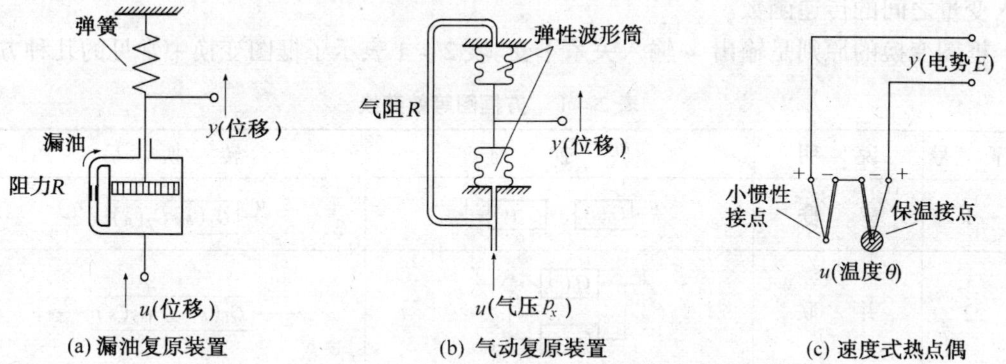

图 2－29 实际微分环节的几个实例

纯延迟环节的阶跃响应曲线如图 2－30 所示，即在阶跃输入下，输出也是一个阶跃信号，只是在时间上落后了 τ。

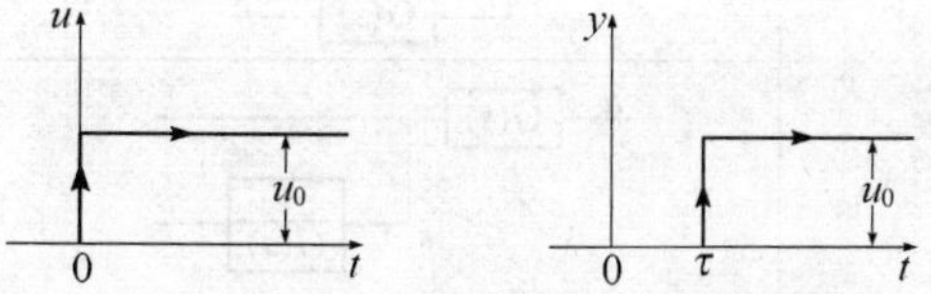

图 2－30 纯迟延环节的阶跃响应曲线

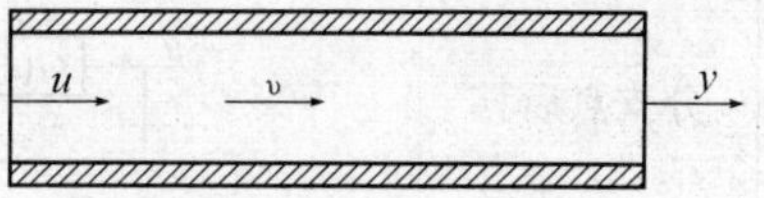

图 2－31 纯迟延环节举例

纯延迟环节往往用来描述信号只能以有限速度传送的情况。例如，图 2－31 中的气体取样管以进口处的气体成分为输入信号，出口处的气体成分为输出信号时，就属于这种情况。如果进出口之间的距离为 l，气体的输送速度为 v，则纯延迟时间为：

$$\tau = \frac{l}{v} \tag{2-81}$$

纯延迟环节的传递函数可根据拉普拉斯变换中的平移定理写出为：

$$G(s) = \frac{Y(s)}{U(s)} = \frac{e^{-s\tau}U(s)}{U(s)} = e^{-s\tau} \tag{2-82}$$

纯延迟环节可以看作是无数一阶惯性环节的串联：

$$\lim_{n\to\infty}\frac{1}{\left(1+\frac{s\tau}{n}\right)^n} = \frac{1}{e^{s\tau}} = e^{-s\tau}$$

以上介绍了三种基本环节和三种基本联接方式，又介绍了三种常见的环节，熟练地掌握这些知识将对系统进行动态分析将大有帮助。

§2.4 方框图变换与简单物理系统传递函数推导

一、框图变换关系

在用分析方法建立物理系统的数学模型时，已经画出了信号框图，实际上不一定要用消去中间变量的方法去求传递函数，只要将框图按一定方法变换，就可以得到要求的输出 - 输入变量之间的传递函数。

框图变换的原则是输出 - 输入关系不变。表 2 - 1 表示了框图变换中常见的几种方法。

表 2 - 1　方框图等效变换

序　号	说　明	转　换　前	转　换　后
1	串　联	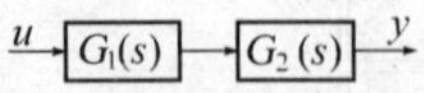	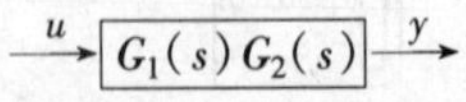
2	并　联	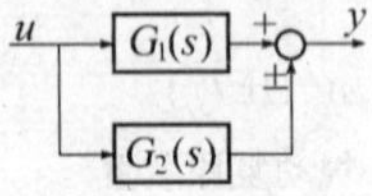	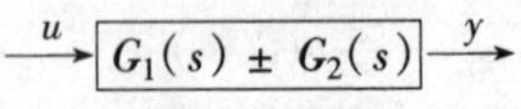
3	反馈联接	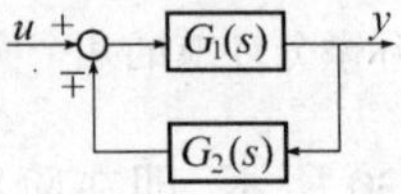	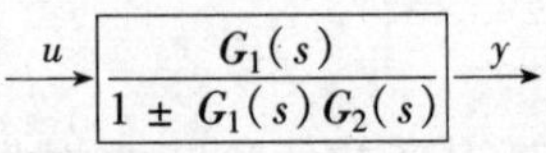
4	分支点前移	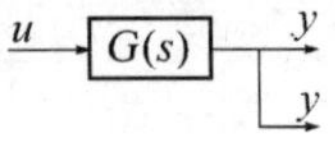	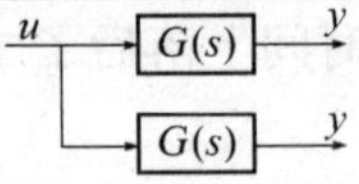
5	分支点后移	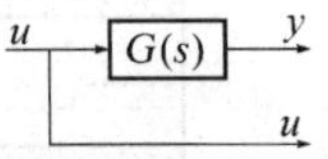	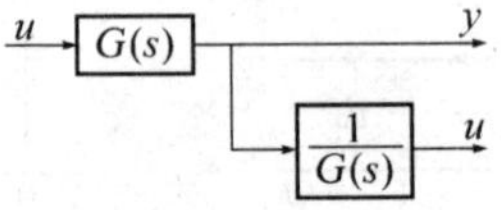
6	相加点前移	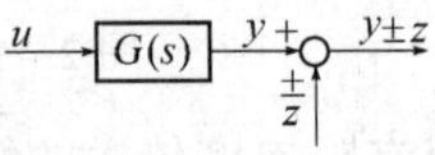	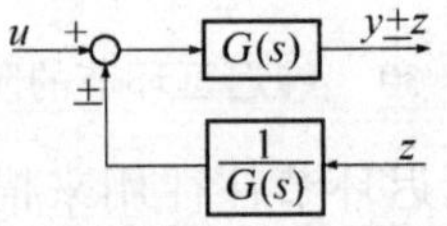
7	相加点后移	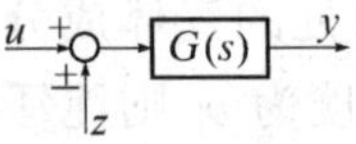	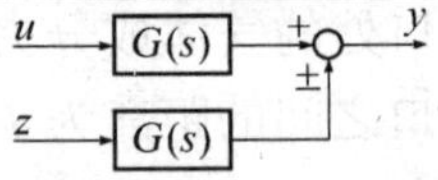

二、实例

下面以一些简单的物理系统为例说明分析法建立传递函数数学模型的方法。

例 2 - 5　两级 RC 电路如图 2 - 32a 所示。设输入为 u_1，输出为 u_2, u_3, i_1, i_2，分别求出传递函数。

解：根据物理定律，可以画出其信号框图如图 2 - 32b 所示，利用分支点前移的方法可将框图按下面的过程进行变换（如图 2 - 33 所示）。

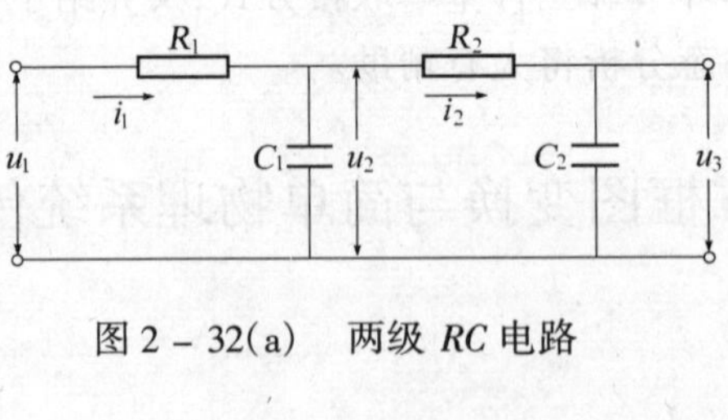

图 2 - 32(a)　两级 RC 电路

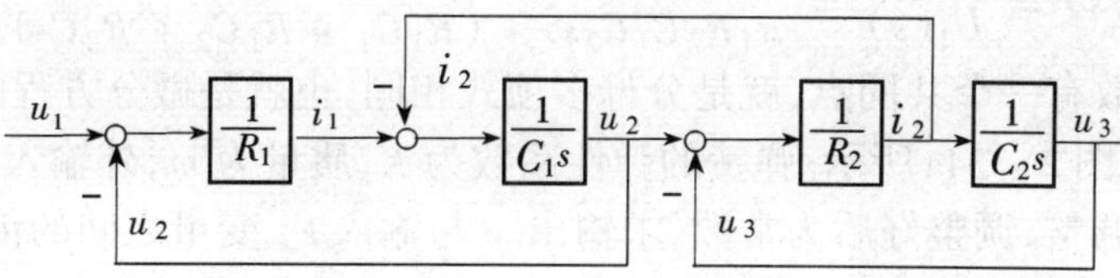

图 2 - 32(b)　信号框图

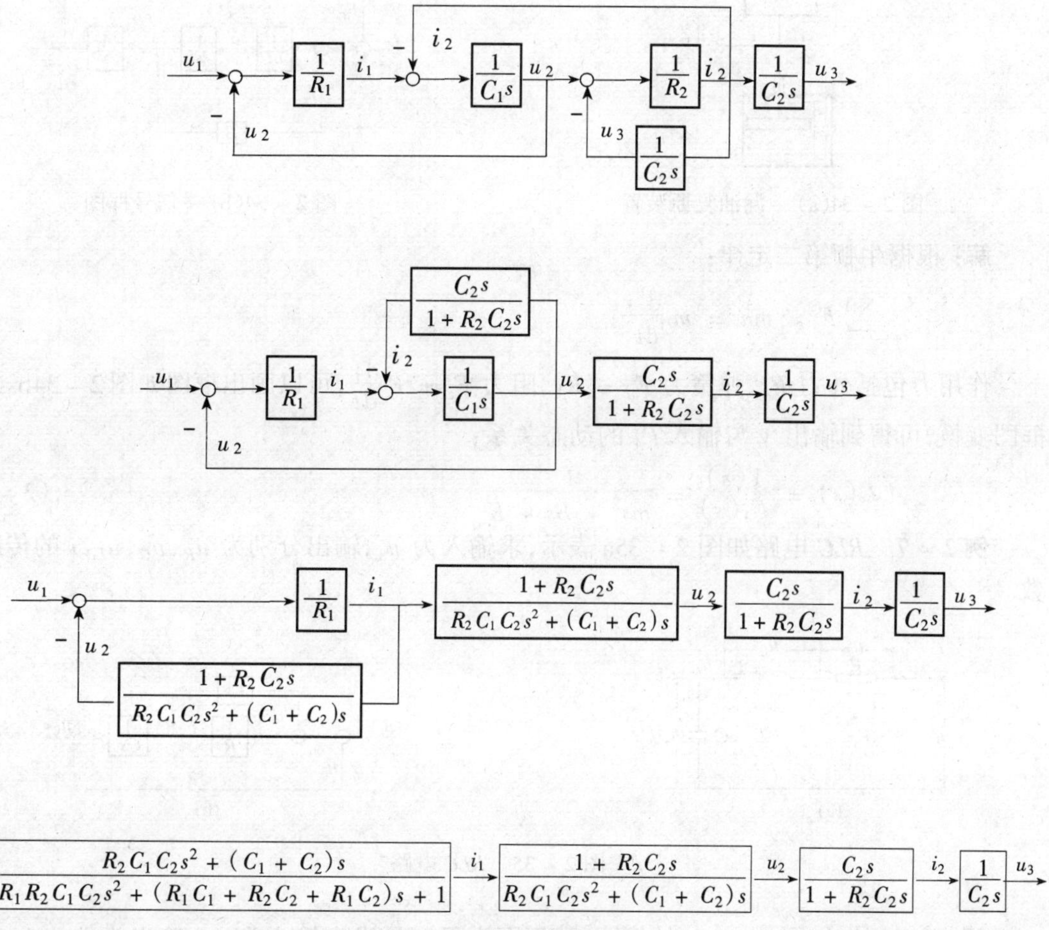

图 2 - 33　框图变换过程

这样可以求出：

$$G_1(s)=\frac{I_1(s)}{U_1(s)}=\frac{R_2C_1C_2s^2+(C_1+C_2)s}{R_1R_2C_1C_2s^2+(R_1C_1+R_1C_2+R_2C_2)s+1} \tag{2 - 83a}$$

$$G_2(s)=\frac{U_2(s)}{U_1(s)}=\frac{1+R_2C_2s}{R_1R_2C_1C_2s^2+(R_1C_1+R_1C_2+R_2C_2)s+1} \tag{2 - 83b}$$

$$G_3(s)=\frac{I_2(s)}{U_1(s)}=\frac{C_2s}{R_1R_2C_1C_2s^2+(R_1C_1+R_1C_2+R_2C_2)s+1} \tag{2 - 83c}$$

$$G_4(s) = \frac{U_3(s)}{U_1(s)} = \frac{1}{R_1R_2C_1C_2s^2 + (R_1C_1 + R_1C_2 + R_2C_2)s + 1} \qquad (2-83d)$$

上述传递函数有一个共同点，就是分母多项式相同，也就是微分方程的特征方程相同。

例 2－6　如图 2－34a 所示。弹簧的弹性系数为 K，质量为 m，外输入力为 F_A，阻尼系数 B 由油缸的针阀调整，调整好后为常数。求输出 y 与输入 F_A 变量之间的传递函数。

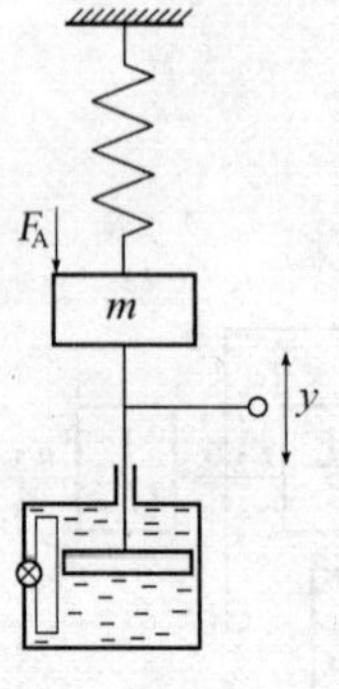

图 2－34(a)　漏油复原装置

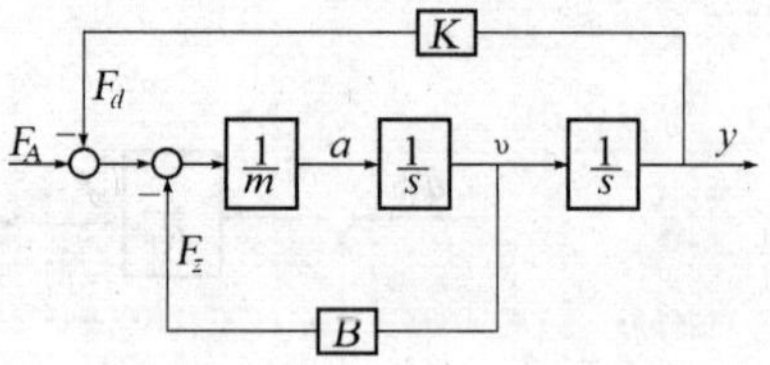

图 2－34(b)　信号框图

解：根据牛顿第二定律：

$$\sum F = ma = m\frac{d^2y}{dt^2}$$

作用力包括外力 F_A，弹簧力 $F_d = Ky$，阻力 $F_z = B\frac{dy}{dt}$，可以画出框图如图 2－34b。经过框图变换，可得到输出 y 与输入 F_A 的动态关系：

$$G(s) = \frac{Y(s)}{F_A(s)} = \frac{1}{ms^2 + Bs + K} \qquad (2-84)$$

例 2－7　RLC 电路如图 2－35a 表示，求输入为 u_1，输出分别为 u_R, u_C, u_L, i 的传递函数。

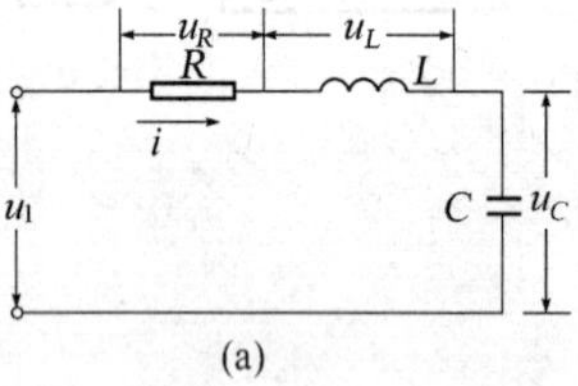

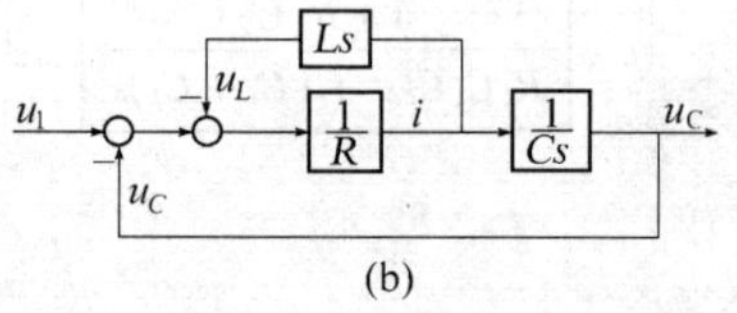

图 2－35　RLC 电路

解：可以画出如图 2－35b 的框图。从框图中很容易求出输入为 u_1，输出为 u_R, u_C, u_L, i 的传递函数。实际上，这是一个分压电路，如果将电阻 R，电感 L，电容 C 的阻抗用算子形式表示，则：

$$\left.\begin{aligned} Z_R &= R \\ Z_C &= \frac{1}{Cs} \\ Z_L &= Ls \end{aligned}\right\} \qquad (2-85)$$

利用分压关系，可以直接写出：

$$G_1(s)=\frac{U_R(s)}{U_1(s)}=\frac{Z_R}{Z_R+Z_C+Z_L}=\frac{RCs}{LCs^2+RCs+1}$$

$$G_2(s)=\frac{U_L(s)}{U_1(s)}=\frac{Z_L}{Z_R+Z_C+Z_L}=\frac{LCs^2}{LCs^2+RCs+1}$$

$$G_3(s)=\frac{U_C(s)}{U_1(s)}=\frac{Z_C}{Z_R+Z_C+Z_L}=\frac{1}{LCs^2+RCs+1}$$

$$G_4(s)=\frac{I(s)}{U_1(s)}=\frac{1}{Z_R+Z_C+Z_L}=\frac{Cs}{LCs^2+RCs+1}$$

例 2 – 8　将例2 – 4 的液位控制系统框图变换成如图 2 – 36 表示的单回路反馈控制系统的典型形式。

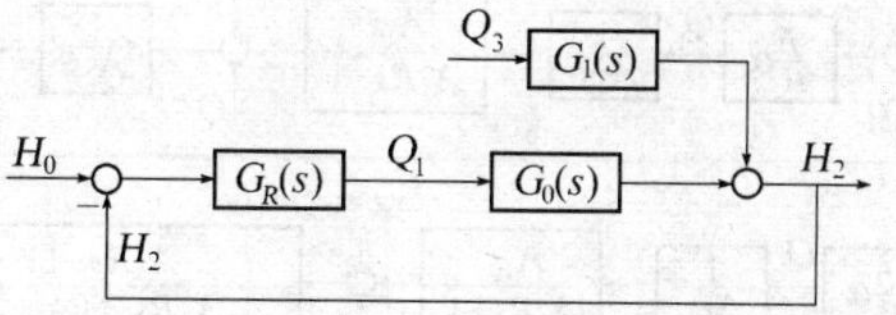

图 2 – 36　单回路反馈控制系统的典型形式

其中 H_0 为水位 H_2 的给定值,其它变量符号同例 2 – 4。写出 $G_R(s)$,$G_0(s)$ 和 $G_1(s)$ 的表达式,并确定输入为 Q_3,输出为 H_2 的传递函数。

解:用传递函数表示的系统框图如图 2 – 37。

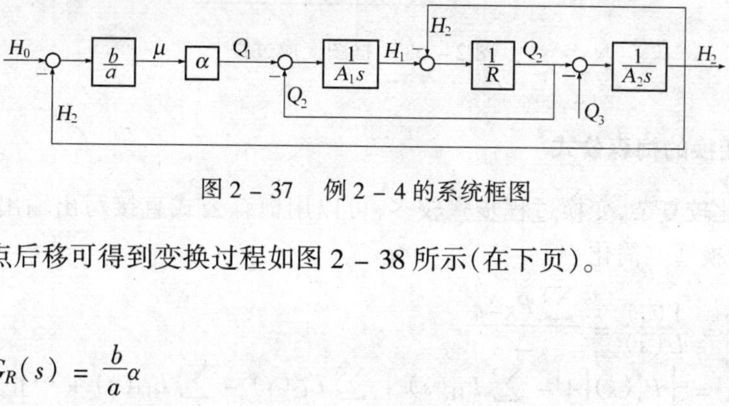

图 2 – 37　例 2 – 4 的系统框图

利用相加点后移可得到变换过程如图 2 – 38 所示(在下页)。

所以:

$$G_R(s)=\frac{b}{a}\alpha$$

$$G_0(s)=\frac{1}{A_1A_2Rs^2+(A_1+A_2)s}$$

$$G_1(s)=-\frac{A_1Rs+1}{A_1A_2Rs^2+(A_1+A_2)s}$$

由框图关系,得:

$$G(s)=\frac{H_2(s)}{Q_3(s)}=G_1(s)\cdot\frac{1}{1+G_R(s)G_0(s)}$$

$$= \frac{-\dfrac{A_1Rs+1}{A_1A_2Rs^2+(A_1+A_2)s}}{1+\dfrac{b\alpha}{a}\cdot\dfrac{1}{A_1A_2Rs^2+(A_1+A_2)s}} = -\frac{A_1Rs+1}{A_1A_2Rs^2+(A_1+A_2)s+\dfrac{b\alpha}{a}} \tag{2-86}$$

写成微分方程就是(2 – 28) 式。

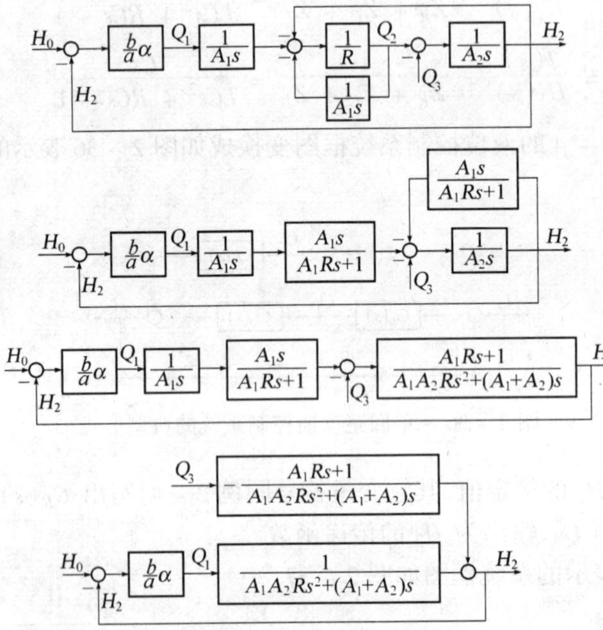

图 2 – 38　框图变换过程

三、框图变换的梅森公式

如果框图比较复杂,变换过程步骤较多,可以用梅森公式直接写出输出 – 输入的传递函数,使框图变换适当简化。

$$\begin{aligned} G(s) &= \frac{Y(s)}{U(s)} = \frac{\sum P_K\Delta_K}{\Delta} \\ &= \left\{P_1(s)\left[1-\sum L_{11}(s)+\sum L_{12}(s)-\sum L_{13}(s)+\cdots\right]\right. \\ &\quad \left.+P_2(s)\left[1-\sum L_{21}(s)+\sum L_{22}(s)-\sum L_{23}(s)+\cdots\right]+\cdots\right\} \\ &\quad \Big/\left\{1-\sum L_1(s)+\sum L_2(s)-\sum L_3(s)+\cdots\right\} \end{aligned} \tag{2-87}$$

式中:$\sum L_1(s)$—— 方框图中每一闭合回路中的各环节传递函数的乘积之和(即把每一个闭合回路的各环节传递函数相乘,然后把这些乘积相加);

$\sum L_2(s)$—— 方框图中任何两个互不接触的闭合回路中的各环节传递函数的乘积之和。所谓闭合回路互不接触是指它们的闭合回路线彼此没有任何接触。如果有两个互不接触的闭合回路,则 $\sum L_2(s)$ 就是这两个闭合回路中的各环节传递函数的乘积;如果有三个互不接触的闭合回路,则

$\sum L_2(s)$ 就是第一个和第二个闭合回路中各环节传递函数的乘积加上第一个和第三个闭合回路中各环节传递函数的乘积，再加上第二个和第三个闭合回路中各环节传递函数的乘积。也就是所有互不接触的闭合回路中，每两个互不接触的闭合回路中各环节传递函数的乘积之和；

……

$P_1(s)$——从输入信号 u 沿箭头方向一直向前到输出信号 y 的第一个前向通道中各环节传递函数的乘积；

$L_{11}(s)$——与第一个前向通道不相接触的各闭合回路中传递函数的乘积之和；

$L_{12}(s)$——与第一个前向通道不相接触，且互不接触的每两个闭合回路中传递函数的乘积之和；

……

$P_2(s)$——从输入信号 u 沿箭头方向一直向前到输出信号 y 的第二个前向通道中各环节传递函数的乘积；

$L_{21}(s)$——与第二个前向通道不相接触的各闭合回路中传递函数的乘积之和；

$L_{22}(s)$——与第二个前向通道不相接触，且互不接触的每两个闭合回路中传递函数的乘积之和；

……

在应用(2－87)式写出方框图的传递函数时，在相加点的两个信号假定是相加的。在负反馈闭合回路中，相加点处正向输入信号是与反馈信号相减的。因此，在写出负反馈闭合回路各环节传递函数的乘积时，此乘积应加负号。即，所有箭头线上的符号，在乘积时均应带入。

下面举例说明(2－87)式的具体应用。

例 2－9 例2－5的框图应用梅森公式求传递函数。

解：这里重画框图如图 2－39。

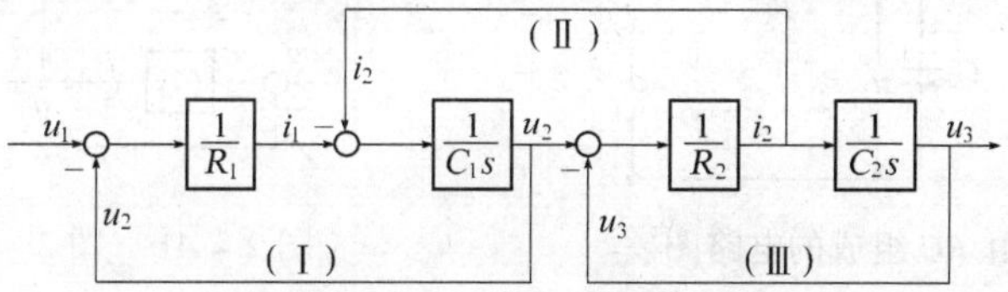

图 2－39 例 2－9 的框图

这里有闭合回路 Ⅰ、Ⅱ、Ⅲ，其中 Ⅰ 和 Ⅲ 是互不接触的。所以：

$$\Delta = 1 - \sum L_1(s) + \sum L_2(s) = 1 + \frac{1}{R_1 C_1 s} + \frac{1}{R_2 C_2 s} + \frac{1}{R_2 C_1 s} + \frac{1}{R_1 R_2 C_1 C_2 s^2}$$

(1) 从输入 u_1 到输出 u_3 只有一个前向通道，无与前向通道不接触的闭合回路，所以

$$P_1(s) = \frac{1}{R_1 R_2 C_1 C_2 s^2}$$

$$G_1(s)=\frac{U_3(s)}{U_1(s)}=\frac{\dfrac{1}{R_1R_2C_1C_2s^2}}{1+\dfrac{1}{R_1C_1s}+\dfrac{1}{R_2C_1s}+\dfrac{1}{R_2C_2s}+\dfrac{1}{R_1R_2C_1C_2s^2}}$$

$$=\frac{1}{R_1R_2C_1C_2s^2+(R_1C_1+R_1C_2+R_2C_2)s+1}$$

(2) 从 u_1 到输出 i_2 也只有一个前向通道,所以

$$G_2(s)=\frac{I_2(s)}{U_1(s)}=\frac{\dfrac{1}{R_1C_1R_2s}}{\Delta}=\frac{C_2s}{R_1R_2C_1C_2s^2+(R_1C_1+R_1C_2+R_2C_2)s+1}$$

(3) 从 u_1 到 u_2 只有一个前向通道,有闭合回路 Ⅲ 与此前向通道不接触,所以传递函数分子为:

$$\frac{1}{R_1C_1s}\left(1+\frac{1}{R_2C_2s}\right)$$

$$G_3(s)=\frac{U_2(s)}{U_1(s)}=\frac{1+R_2C_2s}{R_1R_2C_1C_2s^2+(R_1C_1+R_1C_2+R_2C_2)s+1}$$

(4) 从 u_1 到输出 i_1 只有一个前向通道,有闭合回路 Ⅱ 和 Ⅲ 与前向通道不接触,但 Ⅱ 和 Ⅲ 彼此接触,所以传递函数分子为:

$$\frac{1}{R_1}\left(1+\frac{1}{R_2C_1s}+\frac{1}{R_2C_2s}\right)$$

$$G_4(s)=\frac{I_1(s)}{U_1(s)}=\frac{R_2C_1C_2s^2+(C_1+C_2)s}{R_1R_2C_1C_2s^2+(R_1C_1+R_1C_2+R_2C_2)s+1}$$

其结果与框图变换所得是相同的。

例 2－10 由 RC 组成的电路如图 2－40 所示,求出输入为 u_1,输出为 u_3 的传递函数。

解:根据电路及所标出的变量可以画出如图 2－41 的信号框图。

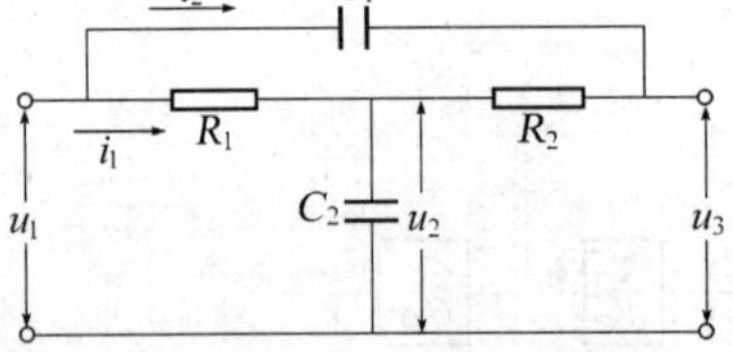

图 2－40 由 RC 组成的电路图

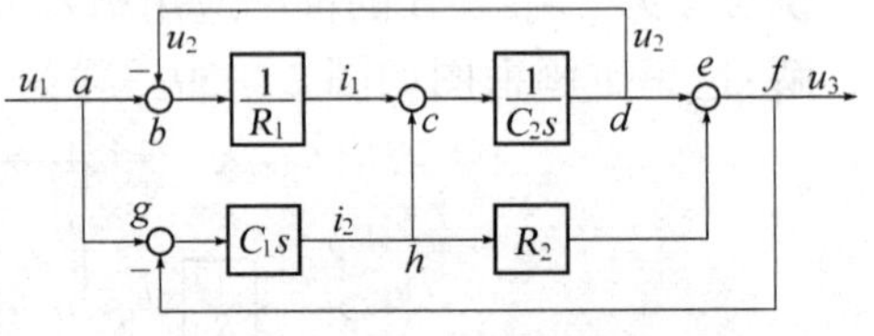

图 2－41 图 2－41 的信号框图

这里先用框图变换,再用梅森公式求出 $G(s)=\dfrac{U_3(s)}{U_1(s)}$。

(1) 用框图变换方法

变换过程如图 2－42,由图可知:

$$G(s)=\frac{U_3(s)}{U_1(s)}=\frac{1+(R_1C_1+R_2C_1)s+R_1R_2C_1C_2s^2}{1+(R_1C_1+R_2C_1+R_1C_2)s+R_1R_2C_1C_2s^2}$$

(2) 用梅森公式

共有三个闭合回路:① $bcdb$: $-\dfrac{1}{R_1C_2s}$

② $ghefg$: $-R_2C_1s$

③ $ghcdefg$：$-\dfrac{C_1}{C_2}$

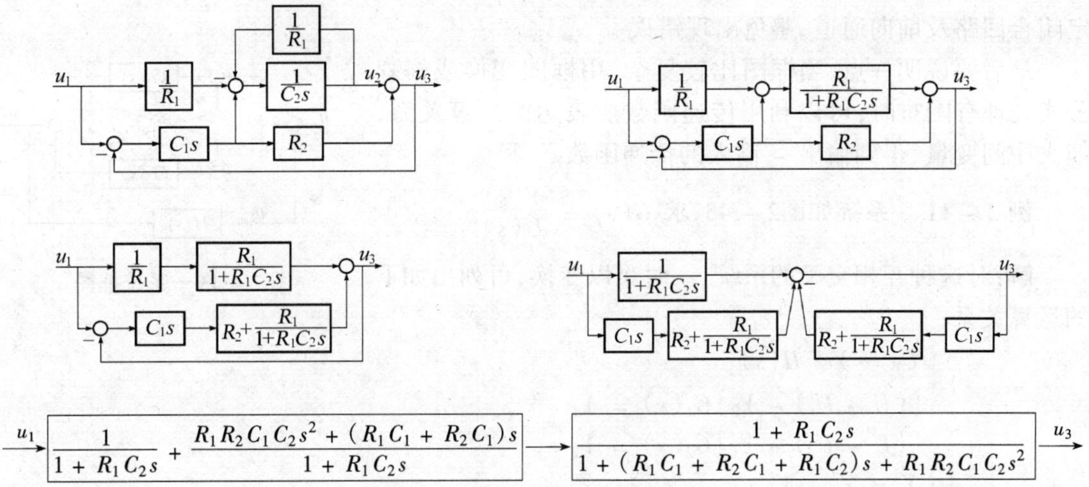

图 2-42　框图变换过程

其中 ① 和 ② 两个闭合回路互不接触，所以传递函数的分母为：

$$\Delta = 1 + \left(\frac{1}{R_1C_2s} + R_2C_1s + \frac{C_1}{C_2}\right) + \frac{R_2C_1}{R_1C_2}$$

$$= \frac{1 + (R_1C_1 + R_2C_1 + R_1C_2)s + R_1R_2C_1C_2s^2}{R_1C_2s}$$

从 u_1 到输出 u_3，有三个前向通道：

ⓐ $abcdef$　没有不接触的闭合回路，则：$P_1(s)\Delta_1 = P_1(s) = \dfrac{1}{R_1C_2s}$

ⓑ $aghef$　有一个不接触的闭合回路 ①$bcdb$，故：

$$P_2(s)\Delta_2 = P_2(s)\left[1 - \sum L_{11}(s)\right] = R_2C_1s\left(1 + \frac{1}{R_1C_2s}\right)$$

ⓒ $aghcdef$　没有不接触的闭合回路，则：$P_3(s)\Delta_3 = P_3(s) = \dfrac{C_1}{C_2}$

所以传递函数的分子为：

$$\sum P_K\Delta_K = \frac{1}{R_1C_2s} + R_2C_1s\left(1 + \frac{1}{R_1C_2s}\right) + \frac{C_1}{C_2}$$

$$= \frac{1 + (R_1C_1 + R_2C_1)s + R_1R_2C_1C_2s^2}{R_1C_2s}$$

$$G(s) = \frac{U_3(s)}{U_1(s)} = \frac{\sum P_K\Delta_K}{\Delta}$$

$$= \frac{1 + (R_1C_1 + R_2C_1)s + R_1R_2C_1C_2s^2}{1 + (R_1C_1 + R_2C_1 + R_1C_2)s + R_1R_2C_1C_2s^2}$$

$$= \frac{1 + T_1s + T_2s^2}{1 + T_3s + T_2s^2} = 1 - \frac{(T_3 - T_1)s}{1 + T_3s + T_2s^2}$$

式中：$T_1 = R_2C_1 + R_1C_1$；$T_2 = R_1R_2C_1C_2$；$T_3 = R_1C_1 + R_1C_2 + R_2C_1$

两种方法所得的结果是一样的。在使用梅森公式时一定要注意不接触的含义，并仔细决定闭合回路及前向通道，避免出现错误。

最后要说明一点，当框图比较复杂，用框图变换或梅森公式处理有困难时，可以利用传递函数所表达的运算关系，消去中间变量，得到输出 - 输入的传递函数。

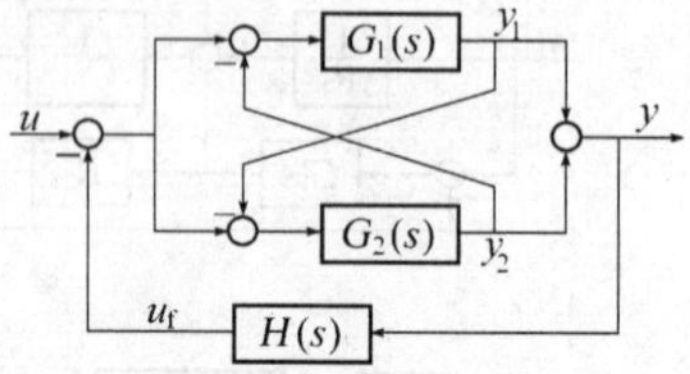

图 2 - 43　系统框图

例 2 - 11　系统如图2 - 43，求 $G(s) = \dfrac{Y(s)}{U(s)}$。

解：对这种互相交叉的系统，一时难以变换，可列出如下的运算关系：

$$U_f = Y \cdot H(s)$$
$$[(U - U_f) - Y_2]G_1(s) = Y_1$$
$$[(U - U_f) - Y_1]G_2(s) = Y_2$$
$$Y = Y_1 + Y_2$$

在上述关系中，消去中间变量 U_f, Y_1, Y_2，就可得到输入 u 与输出 y 的传递函数关系：

$$G(s) = \frac{Y(s)}{U(s)} = \frac{G_1(s) + G_2(s) - 2G_1(s)G_2(s)}{1 - G_1(s)G_2(s) + H(s)G_1(s) + H(s)G_2(s) - 2H(s)G_1(s)G_2(s)}$$

§2.5　小　结

系统的动态特性可以用两类方法描述，即输出 - 输入描述和输入 - 状态 - 输出描述。本章介绍系统输出 - 输入描述的有关知识。

系统动态特性的基本表达方式是微分方程，传递函数是常系数线性微分方程的一种表示形式。而且，由于传递函数与拉普拉斯变换发生了联系，在运算上带来很大方便。

脉冲响应函数和阶跃响应函数也是系统动态特性的表达方式。用阶跃响应曲线表示系统动态特性比较形象，也是了解和测试系统动态特性的一种常用方法。

为了用分析方法得出系统的动态特性，可以采用以下步骤：

(1) 明确系统的输入信号和输出信号，系统的动态特性是指一对具体的输入信号和输出信号之间的动态关系。

(2) 掌握从输入信号至输出信号间系统中各变量的变化关系，在此基础上画出系统的方框图。其中每一个方框都是一个比较简单的环节，根据物理学上的基本定理可以写出它们之间的传递函数。

(3) 对系统的方框图进行转换和化简，或者应用梅森公式写出一对输入信号和输出信号间的传递函数。

自动调节系统中的各组成元件（包括调节对象和自动控制设备）都是各种物理系统，了解了它们的动态特性就可以对自动控制系统的性能进行分析研究。

习　题　2

2 - 1　系统框图如图 2 - 44 所示，求输入为给定函数时的输出响应。

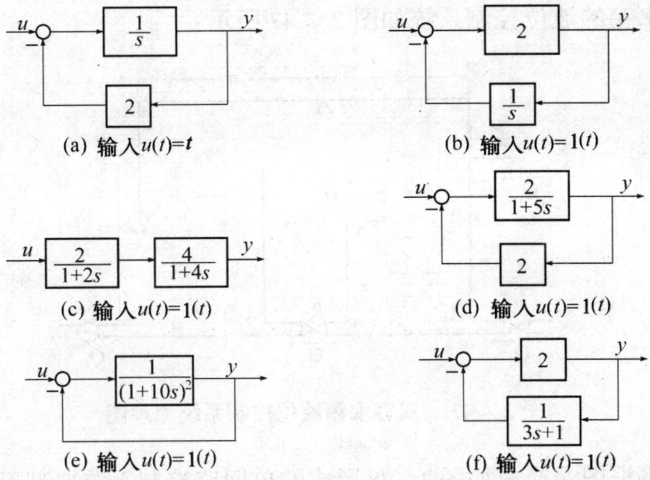

图 2 – 44　系统框图

2 – 2　由电阻 R 和电容 C 组成如图 2 – 45 所示的电路：

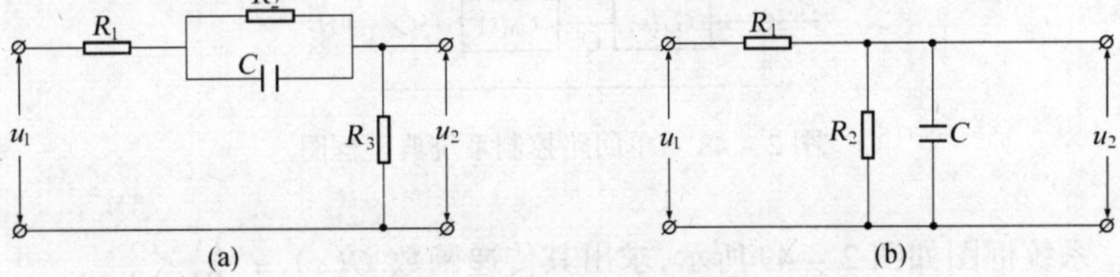

图 2 – 45　系统电路图

(1) 建立传递函数 $G(s)=\dfrac{U_2(s)}{U_1(s)}$ 的表达式，说明为何种环节；

(2) 当输入 u_1 为单位阶跃函数时，画出输出 $u_2(t)$ 响应曲线，并标出特征参数。

2 – 3　单容水箱液位控制系统如图 2 – 46 所示：

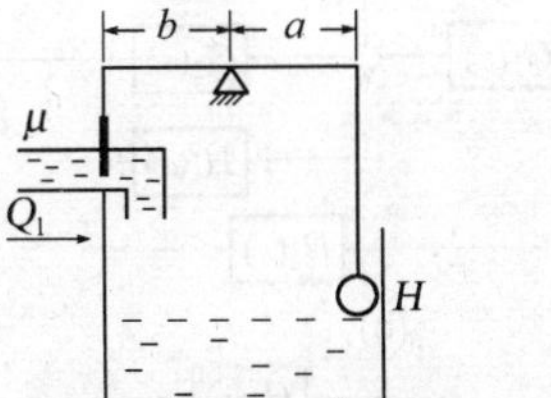

图 2 – 46　单容水箱液位控制系统原理图

(1) 画出框图，求出系统的传递函数 $G(s)=\dfrac{H(s)}{Q_2(s)}$；

(2) 当 Q_2 作单位阶跃减小时，画出 H_2 的响应曲线，并说明不同 $\dfrac{b}{a}$ 值时，响应曲线的变化情况。

2－4　双容水箱的液位控制系统如图 2－47 所示：

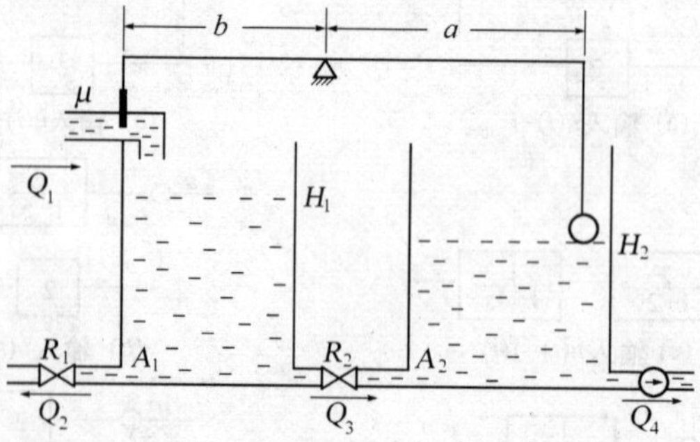

图 2－47　双容水箱液位控制系统原理图

画出框图，并将框图变换成如图 2－48 形式的单回路控制系统典型形式，并求出 $G_R(s)$，$G_0(s)$ 和 $G_{01}(s)$ 的表达式。

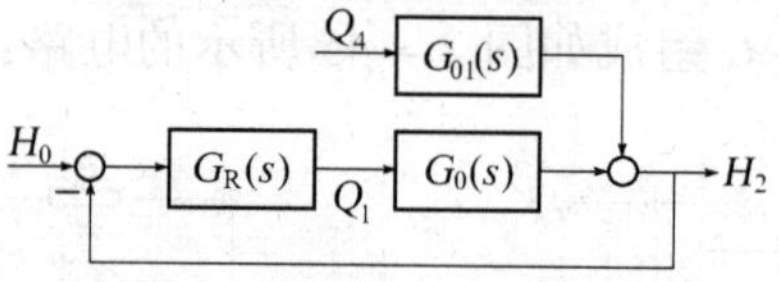

图 2－48　单回路控制系统典型框图

2－5　系统框图如图 2－49 所示，求出其传递函数 $G(s)=\dfrac{Y(s)}{R(s)}$。

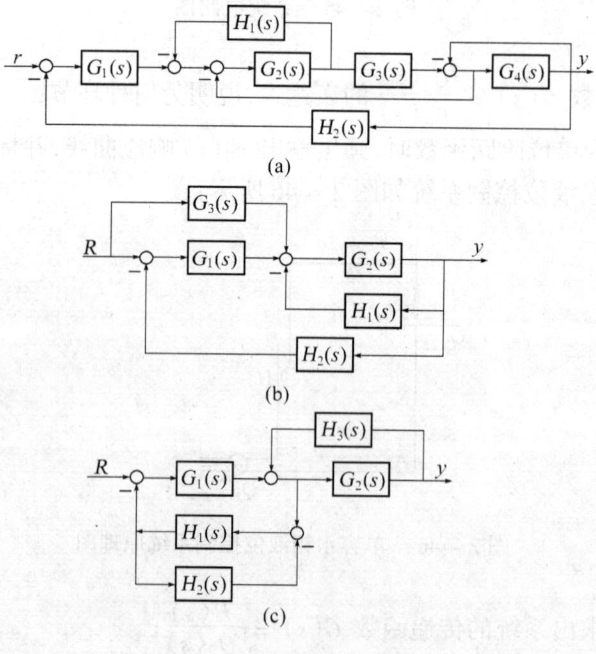

图 2－49　习题 2－5 框图

2－6　系统框图如图 2－50 所示：

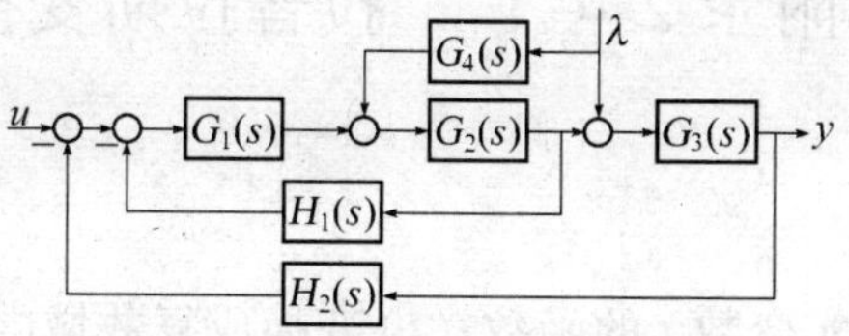

图 2－50　习题 2－6 的框图

求出：$G_{01}(s)=\dfrac{Y(s)}{U(s)},G_{02}(s)=\dfrac{Y(s)}{\lambda(s)}$。

2－7　系统框图如图 2－51 所示，分别求出$\dfrac{Y_1(s)}{R_1(s)},\dfrac{Y_1(s)}{R_2(s)}$和$\dfrac{Y_2(s)}{R_1(s)},\dfrac{Y_2(s)}{R_2(s)}$。

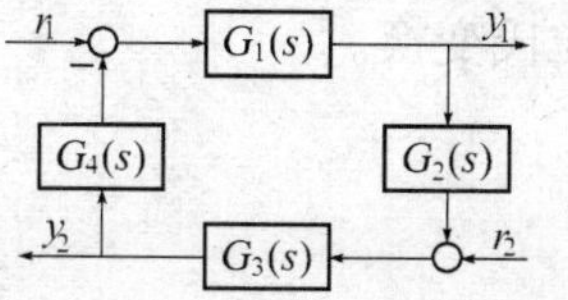

图 2－51　习题 2－7 框图

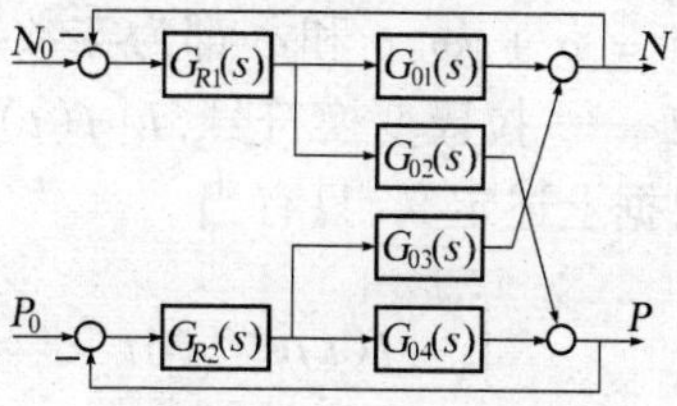

图 2－52　单元机组负荷控制系统框图

2－8　单元机组的负荷控制系统可用图 2－52 表示。其中，N 和 P 分别表示功率和压力输出。N_0 和 P_0 分别表示功率和压力给定值。

分别求出如下输出－输入的传递函数关系：$\dfrac{P(s)}{N_0(s)},\dfrac{P(s)}{P_0(s)};\dfrac{N(s)}{N_0(s)},\dfrac{N(s)}{P_0(s)}$。

2－9　高阶惯性环节的传递函数为：$G(s)=\dfrac{Y(s)}{U(s)}=\dfrac{K}{(1+T_0s)^n}$，当输入 $u(t)$ 为单位斜坡函数 $u(t)=t$ 时，用部分分式展开方法求出对应 $y(t)$ 的表达式。

附录 2－Ⅰ　拉普拉斯变换

一、函数的拉氏变换

拉氏变换把实数域内实变数 t 的函数 $f(t)$ 变换成复数域内(或频域内)复变数 s 的函数 $F(s)$,它的定义是:

$$F(s) = L[f(t)] = \int_0^{\infty} f(t)e^{-st}dt \qquad (Ⅱ-1)$$

式中:$f(t)$—— 实变量 t 的函数,($t < 0$ 时,$f(t) = 0$) 称为**原函数**;

$F(s)$—— 复变量 s 的函数,称为 $f(t)$ 的**象函数**;

$s = \sigma + j\omega$,σ 和 ω 都为实数;

L—— 拉氏变换符号,$L[f(t)]$ 表示对 $f(t)$ 进行拉氏变换。

根据上述定义,只有当

$$\int_0^{\infty} \left| f(t)e^{-\sigma t} \right| dt < \infty \qquad (Ⅱ-2)$$

时,象函数 $F(s)$ 才存在。对于工程上应用到的函数 $f(t)$,常常是时间 t 的函数,一般都满足拉氏变换象函数 $F(s)$ 存在的条件(Ⅱ－2)式。

由象函数 $F(s)$ 求原函数 $f(t)$ 的运算称为**反拉普拉斯变换**,其定义为:

$$f(t) = L^{-1}[F(s)] = \frac{1}{2\pi j}\int_{\sigma-j\infty}^{\sigma+j\infty} F(s)e^{st}ds \qquad (Ⅱ-3)$$

所以,原函数 $f(t)$ 与象函数 $F(s)$ 构成一个拉普拉斯变换对,用 $f(t) \Leftrightarrow F(s)$ 表示。

常见的函数的拉普拉斯变换可用表 Ⅱ－1 表示,或通过查数学手册得到。

二、拉普拉斯变换的若干运算规则

这里介绍几个在线性控制系统研究中常用的拉普拉斯变换的运算规则。

1. 线性规则

若 $L[f_1(t)] = F_1(s)$,$L[f_2(t)] = F_2(s)$,则:

$$L[af_1(t) \pm bf_2(t)] = aF_1(s) \pm bF_2(s) \qquad (Ⅱ-4)$$

式中:a、b—— 常数。它表示拉氏变换满足**线性叠加原理**。可以根据定义直接证明。

2. 微分运算规则

若 $L[f(t)] = F(s)$,则:

$$L\left[\frac{df(t)}{dt}\right] = sF(s) - f(0) \qquad (Ⅱ-5)$$

式中:$f(0)$——$t = 0$ 时原函数 $f(t)$ 的初始值。

(Ⅱ－5) 式的证明如下:

表Ⅱ-1 常见的函数的拉普拉斯变换

序　号	原函数 $f(t)$	象函数 $F(s)$
1	单位脉冲 $\delta(t)$	1
2	单位阶跃函数 $1(t)$	$\frac{1}{s}$
3	t	$\frac{1}{s^2}$
4	$t^n (n = 1,2,3,\cdots)$	$\frac{n!}{s^{n+1}}$
5	e^{-at}	$\frac{1}{s+a}$
6	te^{-at}	$\frac{1}{(s+a)^2}$
7	$\frac{t^{n-1}e^{-at}}{(n-1)!}$	$\frac{1}{(s+a)^n}$
8	$\frac{1}{a}(1-e^{-at})$	$\frac{1}{s(s+a)}$
9	$\frac{1}{a^2}(at-1+e^{-at})$	$\frac{1}{s^2(s+a)}$
10	$\frac{1}{b-a}(e^{-at}-e^{-bt})$	$\frac{1}{(s+a)(s+b)}$
11	$\frac{1}{ab}[1+\frac{1}{a-b}(be^{-at}-ae^{-bt})]$	$\frac{1}{s(s+a)(s+b)}$
12	$\frac{1}{b-a}(be^{-bt}-ae^{-at})$	$\frac{s}{(s+a)(s+b)}$
13	$\sin\omega t$	$\frac{\omega}{s^2+\omega^2}$
14	$\cos\omega t$	$\frac{s}{s^2+\omega^2}$
15	$e^{-at}\sin\omega t$	$\frac{\omega}{(s+a)^2+\omega^2}$
16	$e^{-at}\cos\omega t$	$\frac{s+a}{(s+a)^2+\omega^2}$
17	$\frac{\omega_0}{\sqrt{1-\zeta^2}}e^{-\zeta\omega_0 t}\sin(\omega_0\sqrt{1-\zeta^2}\,t)$	$\frac{\omega_0^2}{s^2+2\zeta\omega_0 s+\omega_0^2}\quad(0<\zeta<1)$
18	$\frac{-1}{\sqrt{1-\zeta^2}}e^{-\zeta\omega_0 t}\sin(\omega_0\sqrt{1-\zeta^2}\,t-\varphi)$ $\varphi = \arctan\frac{\sqrt{1-\zeta^2}}{\zeta}$	$\frac{s}{s^2+2\zeta s+\omega_0^2}\quad(0<\zeta<1)$
19	$1-\frac{1}{\sqrt{1-\zeta^2}}e^{-\zeta\omega_0 t}\sin(\omega_0\sqrt{1-\zeta^2}\,t+\varphi)$ $\varphi = \arccos\zeta$	$\frac{\omega_0^2}{s(s^2+2\zeta\omega_0 s+\omega_0^2)}\quad(0<\zeta<1)$

$$L\left[\frac{df(t)}{dt}\right]=\int_0^\infty \frac{df(t)}{dt}e^{-st}dt=\int_0^\infty e^{-st}df(t)=f(t)e^{-st}\Big|_0^\infty+s\int_0^\infty f(t)e^{-st}dt$$
$$=-f(0)+sF(s)=sF(s)-f(0)$$

同样可得到：

$$\left.\begin{aligned}L\left[\frac{d^2f(t)}{dt^2}\right]&=s^2F(s)-[sf(0)+f'(0)]\\L\left[\frac{d^3f(t)}{dt^3}\right]&=s^3F(s)-[s^2f(0)+sf'(0)+f''(0)]\\&\vdots\\L\left[\frac{d^nf(t)}{dt^n}\right]&=s^nF(s)-[s^{n-1}f(0)+s^{n-2}f'(0)+\cdots+f^{(n-1)}(0)]\end{aligned}\right\}\qquad(Ⅱ-6)$$

式中：$f'(0),f''(0),\cdots,f^{(n-1)}(0)$ 是函数 $f(t)$ 在 $t=0$ 时刻的各阶导数 $\frac{df(t)}{dt},\frac{d^2f(t)}{dt^2},\cdots,\frac{d^{n-1}f(t)}{dt^{n-1}}$ 的初始值。

如果 $f(t)$ 的各阶导数初始值都为零，则：

$$L\left[\frac{d^nf(t)}{dt^n}\right]=s^nF(s)\qquad(Ⅱ-7)$$

所以 s 可称为**微分因子**。

关于初始值的问题，这里要简要说明一下。如果函数 $f(t)$ 在 $t=0$ 处是不连续的，那么在 $t=0^-$ 和 $t=0^+$ 时 $f(t)$ 及其各阶导数的初始值是不一样的。$t=0^+$ 表示 t 从 $t>0$ 趋近于零，$t=0^-$ 表示 t 从 $t<0$ 趋近于零。在微分运算规则中的初始值是 0^+ 还是 0^- 决定于对 $f(t)$ 的各阶导数进行拉普拉斯变换式的积分下限。当拉普拉斯变换积分下限取 0^+ 时，初始值就取 $t=0^+$ 时的值。如果积分下限为 0^-，则初始值取 $t=0^-$ 时的值。

3. 积分准则

若 $L[f(t)]=F(s)$，则：

$$L\left[\int_0^t f(t)dt\right]=\frac{F(s)}{s}\qquad(Ⅱ-8)$$

证明：

$$L\left[\int_0^t f(t)dt\right]=\int_0^\infty\left[\int_0^t f(t)dt\right]e^{-st}dt$$
$$=-\frac{e^{-st}}{s}\left[\int_0^t f(t)dt\right]\Big|_0^\infty+\int_0^\infty\frac{e^{-st}}{s}f(t)dt$$
$$=0+\frac{1}{s}\int_0^\infty f(t)e^{-st}dt=\frac{F(s)}{s}$$

同理可得到：

$$L\Big[\underbrace{\int_0^t\int_0^t\cdots\int_0^t}_{n}f(t)(dt)^n\Big]=\frac{F(s)}{s^n}\qquad(Ⅱ-9)$$

所以，$\frac{1}{s}$ 或 s^{-1} 称为**积分因子**。

4. 平移定理

设 $L[f(t)] = F(s)$,则:

$$L[f(t-b)] = F(s)e^{-bs} \quad (\text{Ⅱ}-10)$$

式中,$f(t-b)$ 是在时间上比 $f(t)$ 滞后一个时间 b 的函数,可用图 Ⅱ－1 表示。

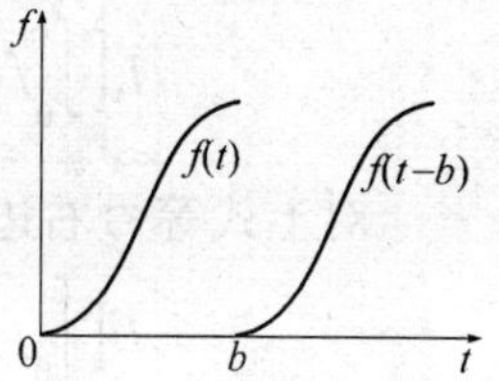

图 Ⅱ－1 $f(t-b)$ 和 $f(t)$ 曲线

证明:$L[f(t-b)] = \int_0^{\infty} f(t-b)e^{-st}dt = \int_{-b}^{\infty} f(\tau)e^{-s(\tau+b)}d\tau$

$$= \int_0^{\infty} f(\tau)e^{-s\tau}d\tau \cdot e^{-bs} = F(s)e^{-bs}$$

5. 初值定理或始值定理

函数 $f(t)$ 的初始值可以由它的拉普拉斯变换式 $F(s)$ 中求得:

$$\lim_{t\to 0} f(t) = \lim_{s\to\infty} sF(s) \quad (\text{Ⅱ}-11)$$

由于 $$L\left[\frac{df(t)}{dt}\right] = \int_0^{\infty} \frac{df(t)}{dt}e^{-st}dt = sF(s) - f(0)$$

$$\lim_{s\to\infty} e^{-st} = 0$$

$$\therefore \quad \lim_{s\to\infty}[sF(s) - f(0)] = \lim_{s\to\infty}\int_0^{\infty} \frac{df(t)}{dt}e^{-st}dt = 0 \quad (\text{Ⅱ}-12)$$

$$\therefore \quad \lim_{t\to 0} f(t) = f(0) = \lim_{s\to\infty} sF(s)$$

6. 终值定理

函数 $f(t)$ 当 $t\to\infty$ 的终值可由下式求得:

$$\lim_{t\to\infty} f(t) = \lim_{s\to 0} sF(s) \quad (\text{Ⅱ}-13)$$

证明:由于 $$L\left[\frac{df(t)}{dt}\right] = \int_0^{\infty} \frac{df(t)}{dt}e^{-st}dt = sF(s) - f(0)$$

而 $$\lim_{s\to 0}\int_0^{\infty} \frac{df(t)}{dt}e^{-st}dt = \int_0^{\infty} df(t) = f(t)\Big|_0^{\infty} = f(\infty) - f(0)$$

$$\therefore \quad f(\infty) = \lim_{t\to\infty} f(t) = \lim_{s\to 0} sF(s)$$

7. 卷积定理

若:$L[f_1(t)] = F_1(s)$,$L[f_2(t)] = F_2(s)$。则:

$$L^{-1}[F_1(s)F_2(s)] = \int_0^t f_1(\tau)f_2(t-\tau)d\tau = \int_0^t f_1(t-\tau)f_2(\tau)d\tau \quad (\text{Ⅱ}-14)$$

上述积分称为**卷积**,可以写成:

$$f_1(t) * f_2(t) = \int_0^t f_1(\tau)f_2(t-\tau)d\tau = \int_0^t f_1(t-\tau)f_2(\tau)d\tau \quad (\text{Ⅱ}-15)$$

(Ⅱ－14) 式称为**卷积定理**。

证明: $$L\left[\int_0^t f_1(\tau)f_2(t-\tau)d\tau\right] = \int_0^{\infty}\left[\int_0^t f_1(\tau)f_2(t-\tau)d\tau\right]e^{-st}dt$$

由于 $\tau > t$ 时,$f_2(t-\tau) = 0$,故上式中第二个积分的上限 t 可改写为 ∞,则上式可写为:

$$L\left[\int_0^t f_1(\tau)f_2(t-\tau)\mathrm{d}\tau\right] = \int_0^\infty \mathrm{e}^{-st}\left[\int_0^\infty f_1(\tau)f_2(t-\tau)\mathrm{d}\tau\right]\mathrm{d}t$$

对上式等号右边交换积分次序：

$$L\left[\int_0^t f_1(\tau)f_2(t-\tau)\mathrm{d}\tau\right] = \int_0^\infty f_1(\tau)\mathrm{d}\tau\int_0^\infty \mathrm{e}^{-st}f_2(t-\tau)\mathrm{d}t$$

因为 $t < \tau$ 时，$f_2(t-\tau) = 0$，因此上式第二个积分的积分下限应改为 τ，即

$$L\left[\int_0^t f_1(\tau)f_2(t-\tau)\mathrm{d}\tau\right] = \int_0^\infty f_1(\tau)\mathrm{d}\tau\int_\tau^\infty \mathrm{e}^{-st}f_2(t-\tau)\mathrm{d}t$$

令 $t-\tau=\lambda$，则 $t=\lambda+\tau$，$\mathrm{d}t=\mathrm{d}\lambda$（$\tau$ 对第二个积分为常数）。

而 $t=\tau$ 时，$\lambda=0$，于是上式成为：

$$L\left[\int_0^t f_1(\tau)f_2(t-\tau)\mathrm{d}\tau\right] = \int_0^\infty f_1(\tau)\mathrm{d}\tau\int_\tau^\infty \mathrm{e}^{-s(\tau+\lambda)}f_2(\lambda)\mathrm{d}\lambda$$

$$= \left[\int_0^\infty \mathrm{e}^{-s\tau}f_1(\tau)\mathrm{d}\tau\right]\left[\int_\tau^\infty \mathrm{e}^{-s\lambda}f_2(\lambda)\mathrm{d}\lambda\right]$$

$$= F_1(s)F_2(s)$$

这就证明了（Ⅱ－14）式。

例 Ⅱ－1　利用拉普拉斯变换的性质，求如下图形 $f(t)$ 的 $F(s)$。

图 Ⅱ－2　例 Ⅱ－1 图

解：(a) $f(t) = 2\cdot\mathbf{1}(t) - 2\cdot\mathbf{1}(t-b)$，所以：

$$F(s) = \frac{2}{s} - \frac{2}{s}\mathrm{e}^{-bs} = \frac{2(1-\mathrm{e}^{-bs})}{s}$$

(b) $f(t) = \boldsymbol{t} - \boldsymbol{t}(t-c)$，所以：

$$F(s) = \frac{1}{s^2} - \frac{1}{s^2}\mathrm{e}^{-cs} = \frac{1}{s^2}(1-\mathrm{e}^{-cs})$$

三、用部分分式展开的方法求反拉普拉斯变换

在控制系统中经常会遇到由已知的拉普拉斯变换式 $F(s)$ 求它的反变换式 $f(t)$。通常，$F(s)$ 为一个分式多项式，可以用如下的关系表示：

$$F(s) = \frac{B(s)}{A(s)} = \frac{b_m s^m + b_{m-1}s^{m-1} + \cdots + b_1 s + b_0}{a_n s^n + a_{n-1}s^{n-1} + \cdots + a_1 s + a_0} \qquad (Ⅱ-16)$$

根据 $A(s) = a_n s^n + \cdots + a_1 s + a_0 = 0$ 的根的不同情况，可以进行部分分式展开查表后求得 $f(t) = L^{-1}[F(s)]$，这里 L^{-1} 是反拉普拉斯变换算子。

1. 当 $A(s)=0$ 的根为互异的实数时

设 $A(s)=0$ 有 n 个互异的实数 $-s_1,-s_2,\cdots,-s_n$。则：

$$F(s)=\frac{B(s)}{A(s)}=\frac{K_1}{(s+s_1)}+\frac{K_2}{(s+s_2)}+\cdots+\frac{K_n}{(s+s_n)} \quad (\text{Ⅱ}-17)$$

式中：$K_1,K_2,\cdots,K_n$—— 待定系数，可用下面的关系式求出：

$$K_i=\frac{B(s)}{A(s)}\cdot(s+s_i)\Big|_{s=-s_i} \quad (\text{Ⅱ}-18)$$

$$f(t)=L^{-1}[F(s)]=K_1\mathrm{e}^{-s_1t}+K_2\mathrm{e}^{-s_2t}+\cdots+K_n\mathrm{e}^{-s_nt}=\sum_{i=1}^{n}K_i\mathrm{e}^{-s_it} \quad (\text{Ⅱ}-19)$$

例 Ⅱ－2 $F(s)=\dfrac{s+3}{s^2+3s+2}$，求 $f(t)$。

解： $A(s)=s^3+3s+2=0$ 的根为：$s=-1,s=-2$。所以：

$$F(s)=\frac{s+3}{s^2+3s+2}=\frac{K_1}{s+1}+\frac{K_2}{s+2}$$

$$K_1=\frac{s+3}{(s+1)(s+2)}\cdot(s+1)\Big|_{s=-1}=2$$

$$K_2=\frac{s+3}{(s+1)(s+2)}\cdot(s+2)\Big|_{s=-2}=-1$$

$$F(s)=\frac{s+3}{s^2+3s+2}=\frac{2}{s+1}-\frac{1}{s+2}$$

$$f(t)=L^{-1}[F(s)]=2\mathrm{e}^{-t}-\mathrm{e}^{-2t}$$

2. 当 $A(s)=0$ 有 n 重 $s=-s_1$ 的实根时，则 $F(s)$ 可用部分分式展开成如下形式：

$$F(s)=\frac{B(s)}{A(s)}=\frac{B(s)}{(s+s_1)^n}$$

$$=\frac{K_{11}}{(s+s_1)^n}+\frac{K_{12}}{(s+s_1)^{n-1}}+\cdots+\frac{K_{1n}}{(s+s_1)} \quad (\text{Ⅱ}-20)$$

式中：$K_{1i}(i=1,2,\cdots,n)$—— 待定系数，可根据下面的关系求出：

$$K_{1i}=\frac{1}{(i-1)!}\cdot\frac{\mathrm{d}^{i-1}}{\mathrm{d}s^{i-1}}[B(s)]\Big|_{s=-s_1} \quad (\text{Ⅱ}-21)$$

$$f(t)=L^{-1}[F(s)]=L^{-1}\left[\frac{K_{11}}{(s+s_1)^n}+\frac{K_{12}}{(s+s_1)^{n-1}}+\cdots+\frac{K_{1n}}{(s+s_1)}\right]$$

$$=\frac{K_{11}}{(n-1)!}t^{n-1}\mathrm{e}^{-s_1t}+\frac{K_{12}}{(n-2)!}t^{n-2}\mathrm{e}^{-s_1t}+\cdots+K_{1n}\mathrm{e}^{-s_1t}$$

$$=\mathrm{e}^{-s_1t}\sum_{i=1}^{n}\frac{K_{1i}t^{n-i}}{(n-i)!} \quad (\text{Ⅱ}-22)$$

例 Ⅱ－3 设 $F(s)=\dfrac{s^2+2s+3}{(s+1)^3}$，求 $f(t)$。

解：

$$F(s)=\frac{s^2+2s+3}{(s+1)^3}=\frac{K_{11}}{(s+1)^3}+\frac{K_{12}}{(s+1)^2}+\frac{K_{13}}{(s+1)}$$

$$K_{11} = [B(s)]\Big|_{s=-1} = 2$$

$$K_{12} = \frac{d}{ds}[B(s)]\Big|_{s=-1} = 0$$

$$K_{13} = \frac{1}{2!}\frac{d^2}{ds^2}[B(s)]\Big|_{s=-1} = 1$$

$$F(s) = \frac{s^2+2s+3}{(s+1)^3} = \frac{2}{(s+1)^3} + \frac{1}{s+1}$$

$$f(t) = L^{-1}[F(s)] = L^{-1}\Big[\frac{2}{(s+1)^3} + \frac{1}{s+1}\Big]$$

$$= 2\cdot\frac{t^2}{2!}e^{-t} + e^{-t} = (t^2+1)e^{-t}$$

3. 当$A(s)=0$既有互异的实根又有重根时，就是上述两种情况的组合。举例加以说明：

例 Ⅱ－4 设 $F(s) = \dfrac{1}{s(1+T_0 s)^n}$，求 $f(t)$。

解：

$$F(s) = \frac{1}{s(1+T_0 s)^n} = \frac{1}{T_0^n}\left[\frac{1}{s(s+\frac{1}{T_0})^n}\right],$$

$$= \frac{1}{T_0^n}\left[\frac{K_1}{s} + \frac{K_{11}}{(s+\frac{1}{T_0})^n} + \frac{K_{12}}{(s+\frac{1}{T_0})^{n-1}} + \cdots + \frac{K_{1n}}{s+\frac{1}{T_0}}\right]$$

$$K_1 = \frac{B(s)}{A(s)}\cdot(s+0)\Big|_{s=0} = T_0^n$$

$$K_{11} = \frac{B(s)}{A(s)}\cdot(s+\frac{1}{T_0})^n\Big|_{s=-\frac{1}{T_0}} = \frac{1}{s}\Big|_{s=-\frac{1}{T_0}} = -T_0$$

$$K_{12} = \frac{d}{ds}\Big(\frac{1}{s}\Big)\Big|_{s=-\frac{1}{T_0}} = -T_0^2$$

$$K_{13} = \frac{1}{2!}\frac{d^2}{ds^2}\Big(\frac{1}{s}\Big)\Big|_{s=-\frac{1}{T_0}} = -T_0^3$$

$$\vdots$$

$$K_{1n} = \frac{1}{(n-1)!}\frac{d^{n-1}}{ds^{n-1}}\Big(\frac{1}{s}\Big)\Big|_{s=-\frac{1}{T_0}} = -T_0^n$$

所以：

$$F(s) = \frac{1}{T_0^n}\left[\frac{T_0^n}{s} - \frac{T_0}{\left(s+\frac{1}{T_0}\right)^n} - \frac{T_0^2}{\left(s+\frac{1}{T_0}\right)^{n-1}} - \cdots - \frac{T_0^n}{(s+\frac{1}{T_0})}\right]$$

$$= \frac{1}{s} - \frac{1}{T_0^{n-1}\left(s + \frac{1}{T_0}\right)^n} - \frac{1}{T_0^{n-2}\left(s + \frac{1}{T_0}\right)^{n-1}} - \cdots - \frac{1}{\left(s + \frac{1}{T_0}\right)}$$

$$f(t) = L^{-1}[F(s)]$$

$$= L^{-1}\left[\frac{1}{s} - \frac{1}{T_0^{n-1}\left(s + \frac{1}{T_0}\right)^n} - \frac{1}{T_0^{n-2}\left(s + \frac{1}{T_0}\right)^{n-1}} - \cdots - \frac{1}{\left(s + \frac{1}{T_0}\right)}\right]$$

$$= 1 - e^{-\frac{t}{T_0}}\left[1 + \frac{t}{T_0} + \frac{1}{2!}\left(\frac{t}{T_0}\right)^2 + \cdots + \frac{1}{(n-1)!}\left(\frac{t}{T_0}\right)^{n-1}\right]$$

例 Ⅱ－5 设 $F(s) = \frac{1}{s^2(1 + T_0 s)^n}$，求 $f(t)$。

解: 这时有 $s = 0$ 的二重根和 $s = -\frac{1}{T_0}$ 的 n 重根:

$$F(s) = \frac{1}{s^2(1 + T_0 s)^n} = \frac{1}{T_0^n}\left[\frac{1}{s^2(s + \frac{1}{T_0})^n}\right]$$

$$= \frac{1}{T_0^n}\left[\frac{K_1}{s^2} + \frac{K_2}{s} + \frac{K_{11}}{(s + \frac{1}{T_0})^n} + \frac{K_{12}}{(s + \frac{1}{T_0})^{n-1}} + \cdots + \frac{K_{1n}}{(s + \frac{1}{T_0})}\right]$$

$$K_1 = \frac{B(s)}{A(s)} \cdot (s + 0)^2 \Big|_{s=0} = T_0^n$$

$$K_2 = \frac{d}{ds} \cdot \left[\frac{B(s)}{A(s)} \cdot (s + 0)^2\right]\Big|_{s=0} = \frac{d}{ds}\left[\frac{1}{(s + \frac{1}{T_0})^n}\right]\Big|_{s=0} = -nT_0^{n+1}$$

$$K_{11} = \frac{B(s)}{A(s)} \cdot (s + \frac{1}{T_0})^n \Big|_{s=-\frac{1}{T_0}} = \frac{1}{s^2}\Big|_{s=-\frac{1}{T_0}} = T_0^2$$

$$K_{12} = \frac{d}{ds}\left(\frac{1}{s^2}\right)\Big|_{s=-\frac{1}{T_0}} = 2T_0^3$$

$$K_{13} = \frac{1}{2!}\frac{d^2}{ds^2}\left(\frac{1}{s^2}\right)\Big|_{s=-\frac{1}{T_0}} = 3T_0^4$$

$$\vdots$$

$$K_{1n} = \frac{1}{(n-1)!}\frac{d^{n-1}}{ds^{n-1}}\left(\frac{1}{s^2}\right)\Big|_{s=-\frac{1}{T_0}} = nT_0^{n+1}$$

$$F(s) = \frac{1}{T_0^n}\left[\frac{T_0^n}{s^2} - \frac{nT_0^{n+1}}{s} + \frac{T_0^2}{(s + \frac{1}{T_0})^n} + \frac{2T_0^3}{(s + \frac{1}{T_0})^{n-1}} + \cdots + \frac{nT_0^{n+1}}{(s + \frac{1}{T_0})}\right]$$

$$= \frac{1}{s^2} - \frac{nT_0}{s} + \frac{1}{T_0^{n-2}(s+\frac{1}{T_0})^n} + \frac{2}{T_0^{n-3}(s+\frac{1}{T_0})^{n-1}} + \cdots + \frac{nT_0}{s+\frac{1}{T_0}}$$

$$f(t) = L^{-1}[F(s)] = t - nT_0 + \frac{T_0 e^{-\frac{t}{T_0}}}{(n-1)!}(\frac{t}{T_0})^{n-1} + \frac{2T_0 e^{-\frac{t}{T_0}}}{(n-2)!}(\frac{t}{T_0})^{n-2} + \cdots + nT_0 e^{-\frac{t}{T_0}}$$

$$= t - nT_0 + T_0 e^{-\frac{t}{T_0}}\left[n + (n-1)\frac{t}{T_0} + \frac{(n-2)}{2!}(\frac{t}{T_0})^2 + \cdots + \frac{2}{(n-2)!}(\frac{t}{T_0})^{n-2} + \frac{1}{(n-1)!}(\frac{t}{T_0})^{n-1}\right]$$

四、利用拉普拉斯变换解常微分方程

利用拉普拉斯变换做工具可以解线性常微分方程，对一般的 n 阶微分方程：

$$a_n y^{(n)} + a_{n-1}y^{(n-1)} + \cdots\cdots + a_1 y + a_0 y = b_m u^{(m)} + \cdots\cdots + b_1 u + b_0 u$$

其步骤为：

1. 对方程两边进行拉普拉斯变换，并代入初始条件及输入。
2. 求出 $Y(s)$ 表达式。
3. 用部分分式展开求出 $y(t)$。

例 Ⅱ－5　设线性常微分方程为：

$$\frac{d^2y}{dt^2} + 5\frac{dy}{dt} + 6y = 6$$

初始条件为：$y(0^+) = 2, \dot{y}(0^+) = 2$。

求它的解 $y(t)$。

解：对方程两边进行拉普拉斯变换（利用微分规则），并代入初始条件：

$$s^2Y(s) - [sy(0) + \dot{y}(0)] + 5[sY(s) - y(0)] + 6Y(s) = \frac{6}{s}$$

$$\therefore \quad (s^2 + 5s + 6)Y(s) = \frac{6}{s} + 2s + 12$$

$$Y(s) = \frac{\frac{6}{s} + 2s + 12}{s^2 + 5s + 6} = \frac{2s^2 + 12s + 6}{s(s^2 + 5s + 6)}$$

$$= \frac{K_1}{s} + \frac{K_2}{(s+2)} + \frac{K_3}{(s+3)} = \frac{1}{s} + \frac{5}{s+2} - \frac{4}{s+3}$$

$$y(t) = L^{-1}[Y(s)] = 1 + 5e^{-2t} - 4e^{-3t}$$

第3章　热工对象和自动调节器的动态特性

§3.1　概　　述

自动控制系统主要由被控对象和自动调节器组成。设计和研究自动控制系统主要包括下面一些内容：根据生产过程的要求选择被调量和控制作用，用分析方法或试验方法建立被控对象的动态数学模型，拟定控制系统，选择控制规律，确定控制器参数，对控制系统进行仿真，最后到现场投运，根据投运结果对系统进行必要的修正，直到能圆满完成控制任务。

一个典型的只有一个被调量及一个控制量的单回路反馈控制系统可用图3－1表示。

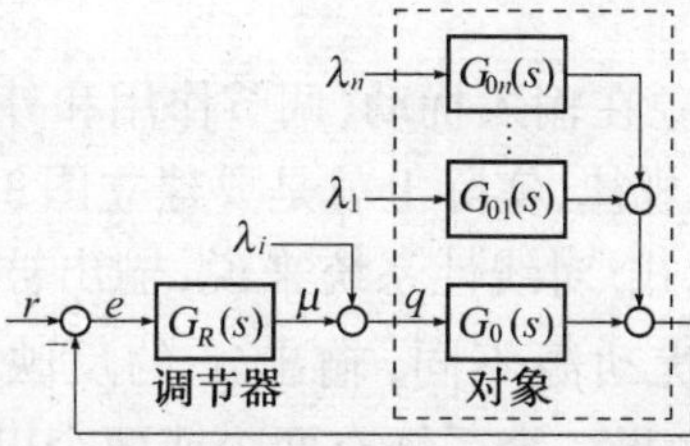

图3－1　单回路反馈控制系统方框图

图中：r—— 给定值；

y—— 被调量；

e—— 被调量与给定值的偏差；

μ—— 调节器输出；

q—— 调节量；

λ_i—— 内部扰动（除了调节器输出 μ 以外，会引起调节量 q 变化的扰动）；

$\lambda_1,\cdots,\lambda_n$—— 外部扰动；

$G_R(s)$—— 调节器传递函数；

$G_0(s)$—— 对象在调节量扰动下的传递函数（内扰特性）；

$G_{01}(s),\cdots,G_{0n}(s)$—— 对象在外扰下的动态特性。

显然，要对系统进行分析与综合必须了解以下动态特性：

1. 调节量扰动下对象的动态特性 $G_0(s)$，常称内扰特性；

2. 外部扰动 $\lambda_1,\cdots,\lambda_n$ 作用下，对象的动态特性 $G_{01}(s),\cdots,G_{0n}(s)$，常称为外扰特性；

3. 自动调节器的动态特性 $G_R(s)$。

如果以给定值 r 扰动或外扰之一 λ_1 为输入，可以分别求出系统输出 y 和调节器输出 μ 的传递函数：

$$G_1(s)=\frac{Y(s)}{R(s)}=\frac{G_R(s)G_0(s)}{1+G_R(s)G_0(s)} \tag{3-1}$$

$$G_2(s) = \frac{\mu(s)}{R(s)} = \frac{G_R(s)}{1 + G_R(s)G_0(s)} \tag{3-2}$$

$$G_3(s) = \frac{Y(s)}{\lambda_1(s)} = \frac{G_{01}(s)}{1 + G_R(s)G_0(s)} \tag{3-3}$$

$$G_4(s) = \frac{\mu(s)}{\lambda_1(s)} = -\frac{G_R(s)G_{01}(s)}{1 + G_R(s)G_0(s)} \tag{3-4}$$

其中,传递函数的分母都是$1 + G_R(s)G_0(s)$,也就是系统的特征多项式相同。所以,内扰下对象的动态特性 $G_0(s)$ 是十分重要的,因为它在闭合回路内,而 $G_{01}(s),\cdots,G_{0n}(s)$ 只在传递函数的分子上,不影响系统的特征方程。

本章介绍热工对象的动态特性 $G_0(s)$ 和 $G_{01}(s)$ 的特点、由阶跃响应曲线求近似传递函数的方法以及自动控制器的动态特性 $G_R(s)$。

§3.2 热工对象动态特性的特点

被控对象的动态特性是指对象在输入扰动(调节作用和外部扰动)发生变化时,其输出(被调量或被控量)随时间的变换规律,实际上就是要建立图3-1中的只有一个被调量 y 的 $G_0(s),G_{01}(s),\cdots,G_{0n}(s)$ 的表达式。对线性系统来说,输出被调量 y 的变化是各种扰动分别作用时输出 y 的叠加。显然,扰动源不同,输出 y 的反映也是不同的。也就是 $G_0(s)$,$G_{01}(s),\cdots,G_{0n}(s)$是不相同的。如果一个系统有两个或两个以上的被调量,如图3-2所示。那么它就是一个多输入多输出系统,它们就更加复杂些,这里只讨论一个被调量的单输入单输出系统。

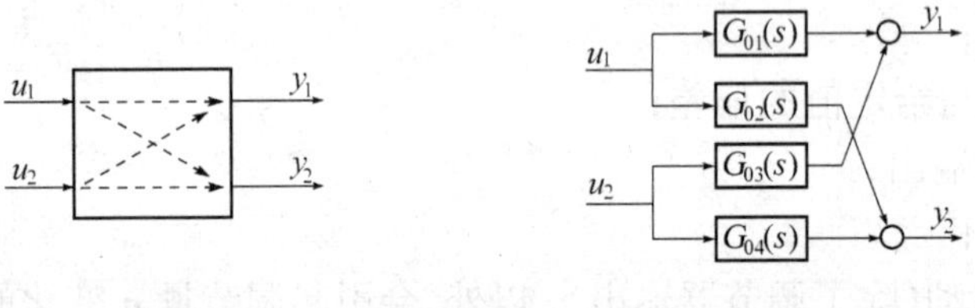

图3-2 两个输入两个输出的系统

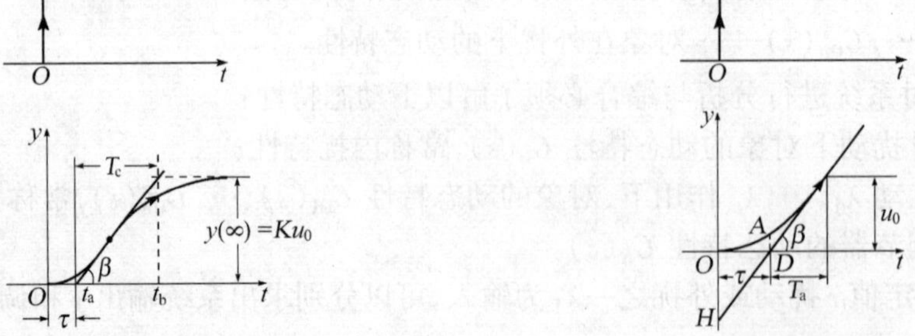

图3-3 热工对象阶跃响应曲线

被控对象的动态模型可以用分析方法建立,但由于过程机理复杂,用分析法建立的模型常常只能给出定性的结果。实际热工过程被控对象的动态模型常用试验的方法建立。最简单的试验方法是阶跃响应试验:输入阶跃扰动得到阶跃响应,通过一些简单方便的处理得到近似传递函数。例如,在图 3 - 1 表示的系统中,要得到 $G_0(s)$ 的表达式,试验时应做到其它扰动 $\lambda_1,\cdots,\lambda_n$ 和 λ_i 不变,只扰动 μ,得到输出 y 的变化曲线,这样才能求出 $G_0(s)$。

大多数热工对象的动态特性如用阶跃响应来描述,具有如图 3 - 3 中两大类的形状。图 a 是具有自平衡能力的对象,在阶跃扰动下,输出最终会稳定下来;图 b 是无自平衡能力对象,在阶跃扰动下输出 y 最终不可能稳定下来。可以用阶跃响应曲线上的某些特征参数值来表示它们的动态特性的特点。

一、有自平衡能力的对象

所谓对象**有自平衡能力**,就是指在阶跃输入扰动下,不需要经过外加调节作用,被调节对象的被调量经过一段时间后能自已稳定在一个新的平衡状态。

图 3 - 3a 所示为有自平衡能力对象的单位阶跃响应曲线,在此阶跃响应曲线的拐点 q 处画切线,与被调量的起始值和最终平衡值的横坐标轴线相交,得时间 τ 和 T_c,并把被调量的稳态变化量记作 $y(\infty)$,由此可定义下列特征参数:

1. 自平衡系数(或自平衡率)ρ

$$\rho = \frac{u_0}{y(\infty)} \tag{3-5}$$

式中:u_0—— 阶跃输入量的幅值。

ρ 表示对象的输出量(被调量) 每变化一个单位,能克服多大的输入不平衡。ρ 越大,对象的自平衡能力就越强。$\rho = 0$ 表示对象没有自平衡能力。ρ 的倒数为$\frac{y(\infty)}{u_0}$,它就是对象的**静态放大系数** K。

2. 时间常数 T_c

如果被调量以曲线上的最大速度(即阶跃响应曲线上拐点 q 处的速度) 变化,则从起始值至最终平衡值所需的时间,就是对象的时间常数 T_c。

$$T_c = t_b - t_a \tag{3-6}$$

也可用拐点 q 处的变化速度来代替 T_c 作为特征参数,即

$$\varepsilon = \frac{\left.\frac{\mathrm{d}y(t)}{\mathrm{d}t}\right|_{t=q}}{u_0} \tag{3-7}$$

式中,ε 称为对象的**响应速度**,它表示对象在单位阶跃输入作用下,输出量可能出现的最大变化速度。

由图 3 - 3a 可知,$\left.\frac{\mathrm{d}y(t)}{\mathrm{d}t}\right|_{t=q} = \frac{y(\infty)}{T_c}$,所以:$T_c = \frac{y(\infty)}{\left.\frac{\mathrm{d}y(t)}{\mathrm{d}t}\right|_{t=q}} = \frac{y(\infty)}{\varepsilon u_0} = \frac{1}{\varepsilon\rho}$,即:

$$T_c = \frac{1}{\varepsilon\rho} \tag{3-8}$$

通常将对象响应速度 ε 的倒数定义为对象的**响应时间** T_a,即:

$$T_a = \frac{1}{\varepsilon} \tag{3-9}$$

3. 延迟时间 τ

它是指从输入信号阶跃变化瞬间至切线与被调量起始值横轴交点间的距离，如图3－3a所示。

$$\tau = t_a \tag{3-10}$$

二、无自平衡能力的对象

所谓对象**无自平衡能力**，是指在阶跃输入扰动下，被调量在最后阶段以一定的速度不断变化，不能稳定下来。

图3－3b所示为无自平衡能力对象的单位阶跃响应曲线，作该曲线的渐进线，与时间坐标轴交于 D 点，得到时间间隔 τ 和倾斜角 β，由此可定义下列特征参数：

1. 延迟时间 τ

从输入信号阶跃变化瞬间至渐近线与时间坐标轴交点的距离，即：

$$\tau = OD \tag{3-11}$$

τ 反映了对象在阶跃输入作用下，被调量的变化速度由零变到接近于渐近线斜率所需的时间的长短。

2. 响应速度（飞升速度）ε

$$\varepsilon = \frac{\left.\dfrac{\mathrm{d}y(t)}{\mathrm{d}t}\right|_{t=\infty}}{u_0} \tag{3-12}$$

式中：u_0—— 阶跃输入量的幅值；

ε 表示当输入信号为单位阶跃输入时，阶跃响应曲线上被调量的最大变化速度。

有时也采用 ε 的倒数代替 ε 作为特征参数，即：

$$T_a = \frac{1}{\varepsilon} \tag{3-13}$$

式中：T_a—— 对象的**响应时间**。

综上所述，有自平衡能力的热工对象可用 ε（或 T_a），ρ，τ 三个特征参数来表示它的动态特性；无自平衡能力的热工对象可用 ε，τ 两个特征参数来表示它的动态特性。如果考虑到无自平衡能力的热工对象的 ρ 等于零，那么，不论对象有无自平衡能力，都可统一用 ε，ρ，τ 三个特征参数来表示它的动态特性。虽然它们不能很确切地表达热工对象的动态特性，但是，这三个特征参数在热工调节系统的工程整定中是经常要用到的。

由试验得到的热工对象阶跃响应曲线，可以通过数学处理的方法写出热工对象的近似传递函数，从而为自动调节系统的进一步分析研究和整定计算提供必要的数学模型。对于图3－3所示的典型热工对象阶跃响应特性曲线，可用下列高阶传递函数来近似描述：

有自平衡能力的对象：

$$G_0(s) = \frac{K}{(1 + T_0 s)^n} \tag{3-14}$$

无自平衡能力对象：

$$G_0(s) = \frac{1}{T_a s(1 + T_0 s)^n} \tag{3-15}$$

式中：K—— 传递系数；

n—— 阶数；

T_0, T_a—— 时间常数。

下一节介绍如何用阶跃响应特性曲线来求取传递函数中各系数的数值。

§3.3　由实验阶跃响应曲线求对象的近似传递函数

由阶跃响应实验得到的阶跃响应曲线是对象的动态模型的非参数表示方法，有时不能直接用到系统分析中去，因此，还需要将非参数模型处理成近似传递函数的表达形式。这一节简单说明由实验阶跃响应曲线求取近似传递函数的方法。

一、有自平衡能力的对象

1. 切线法

有自平衡能力对象的阶跃响应曲线如图 3－3a 所示。选用 $G_0(s)=\dfrac{K}{(1+T_0 s)^n}$ 的高阶惯性环节来表示对象的近似传递函数，则利用阶跃响应曲线上的特征参数，来确定传递函数中的常数 K, T_0 和 n 的原理及方法如下：

若 $G_0(s)=\dfrac{Y(s)}{U(s)}=\dfrac{K}{(1+T_0 s)^n}$，则输入阶跃扰动 $U(s)=\dfrac{u_0}{s}$ 时，其输出 $y(t)$ 为：

$$y(t)=L^{-1}\left[\frac{u_0}{s}\cdot\frac{K}{(1+T_0 s)^n}\right]$$

$$=Ku_0\left\{1-e^{-\frac{t}{T_0}}\left[1+\frac{t}{T_0}+\frac{1}{2!}\left(\frac{t}{T_0}\right)^2+\cdots+\frac{1}{(n-1)!}\left(\frac{t}{T_0}\right)^{n-1}\right]\right\} \quad (3-16)$$

图 3－4　高阶惯性环节的响应曲线

响应曲线可用图 3－4 表示，过拐点 A 作 $y(t)$ 的切线可得到时间 T_c 和 τ，以及 $y(t)$ 的稳态值 $y(\infty)$。显然 $y(\infty)=Ku_0$。由 $\dfrac{d^2 y}{dt^2}=0$ 可得响应曲线上拐点 A 的坐标 t_A：

$$t_A=(n-1)T_0 \quad (3-17)$$

拐点 A 的输出：

$$y(t)\Big|_{t=t_A}=Ku_0\left\{1-e^{-(n-1)}\left[1+(n-1)+\frac{1}{2!}(n-1)^2+\cdots+\frac{1}{(n-1)!}(n-1)^{n-1}\right]\right\} \quad (3-18)$$

拐点 A 处的输出 $y(t)$ 的变化速度是 $y(t)$ 的最大变化速度，其值为：

$$\left.\frac{dy}{dt}\right|_{t=t_A} = \left.\left(\frac{dy}{dt}\right)\right|_{\max} = \frac{Ku_0}{T_0(n-1)!}(n-1)^{n-1}e^{-(n-1)} \tag{3-19}$$

时间 T_c 是 $y(t)$ 以最大变化速度变化，从 $y(t)=0$ 变化到 $y(t)|_{t=\infty}$ 所经过的时间，即

$$T_c = \frac{y(\infty)}{\left.\left(\frac{dy}{dt}\right)\right|_{t=t_A}} = T_0(n-1)!\frac{e^{(n-1)}}{(n-1)^{n-1}} \tag{3-20}$$

延迟时间 τ 为：

$$\tau = t_A - \frac{\left. y(t)\right|_{t=t_A}}{\left.\left(\frac{dy}{dt}\right)\right|_{t=t_A}} = (n-1)T_0 - \frac{T_0(n-1)!e^{(n-1)}}{(n-1)^{n-1}}\cdot$$

$$\left\{1-e^{-(n-1)}\left[1+(n-1)+\frac{1}{2!}(n-1)^2+\cdots+\frac{1}{(n-1)!}(n-1)^{n-1}\right]\right\} \tag{3-21}$$

这样可以计算无因次时间比：

$$\frac{T_c}{T_0} = f_1(n) = (n-1)!\frac{e^{(n-1)}}{(n-1)^{n-1}} \tag{3-22}$$

$$\frac{\tau}{T_0} = f_2(n) = (n-1) - \frac{(n-1)!e^{(n-1)}}{(n-1)^{n-1}}$$

$$\left\{1-e^{-(n-1)}\left[1+(n-1)+\frac{1}{2!}(n-1)^2+\cdots+\frac{1}{(n-1)!}(n-1)^{n-1}\right]\right\} \tag{3-23}$$

$$\frac{\tau}{T_c} = \frac{f_2(n)}{f_1(n)} = f_3(n) \tag{3-24}$$

它们说明，$\frac{T_c}{T_0}$，$\frac{\tau}{T_0}$ 以及 $\frac{\tau}{T_c}$ 都只是阶次 n 的单值函数，将不同的阶次 n 代入表达式可以得到表 3－1 的计算结果，或用图 3－5 的关系曲线表示。

表 3－1 $G(s)=\frac{K}{(1+T_0s)^n}$ 中的 n，T_0 值与其阶跃响应曲线上 τ，T_c 值的关系

n	1	2	3	4	5	6	7	8	9	10	14	25
$\frac{\tau}{T_c}$	0	0.104	0.218	0.319	0.41	0.493	0.57	0.642	0.71	0.773	1.0	1.5
$\frac{\tau}{T_0}$	0	0.282	0.805	1.43	2.10	2.81	3.56	4.31	5.08	5.86	9.12	18.5
$\frac{T_c}{T_0}$	1	2.718	3.695	4.46	5.12	5.7	6.22	6.71	7.16	7.6	9.10	12.32

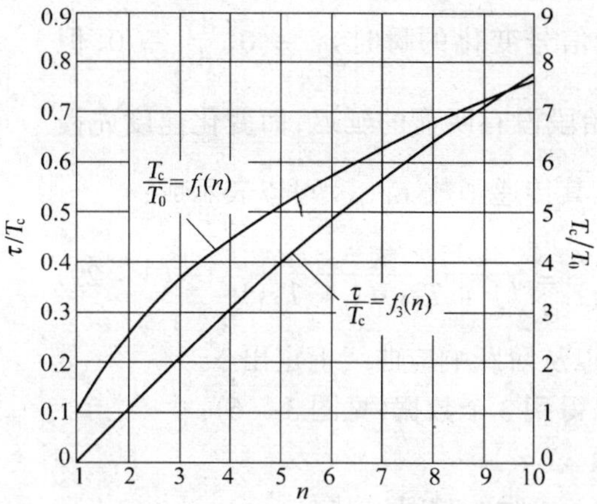

图 3－5　$\frac{\tau}{T_c}=f_3(n)$ 和 $\frac{T_c}{T_0}=f_1(n)$ 的曲线（$n=1\sim10$）

或将上述计算结果表 3－1 或曲线图 3－5，整理成拟合公式：

$$n=24\frac{\frac{\tau}{T_c}+0.12}{2.93-\frac{\tau}{T_c}}\quad(n=3\sim6\text{时，误差为}\pm1\%)\tag{3-25}$$

$$T_0=\frac{\tau+0.5T_c}{n-0.35}\quad(n\geqslant2\text{时，误差为}\pm0.5\%)\tag{3-26}$$

当计算的 n 不为整数时，即：

$$n=n_1+\alpha\tag{3-27}$$

式中：n_1—— 整数部分；

α—— 小数部分。

则可用：

$$G_0(s)=\frac{K}{(1+T_0s)^{n_1}(1+\alpha T_0s)}\tag{3-28}$$

表示近似传递函数。

通过阶跃响应曲线，用作图的方法可得到 $y(\infty)$，T_c 和 τ 的数值，则 $K=\frac{y(\infty)}{u_0}$，再用表 3－1 或图 3－5，或（3－25）式和（3－26）式得到近似的传递函数中的 n，T_0 值。

2. 两点法（选点法）

上述切线法只利用了阶跃响应曲线上拐点的数据，通过拐点 A 作响应曲线的切线有一定的随意性，所以 τ 和 T_c 的数值可能因不同作图结果而产生较大差别。如果在阶跃曲线上适当选取两个点，则可用这两个点的数据求到近似传递函数的参数 K，n 和 T_0，这种方法称为两点法。其中，放大系数 K 仍用 $K=\frac{y(\infty)}{u_0}$ 求出。

（1）可以用二阶惯性环节近似的对象

二阶惯性环节的阶跃响应曲线如图 3－6 表示，它的特点是：

当 $t = 0$ 时(输入阶跃信号变化的瞬时) $y = 0, \frac{\mathrm{d}y}{\mathrm{d}t} = 0$, 但 $\frac{\mathrm{d}^2 y}{\mathrm{d}t^2} \neq 0$。在响应曲线的开始段没有明显的延迟，而变化速度先慢后快，最终具有自平衡能力。其传递函数 $G_0(s)$ 可以表示成:

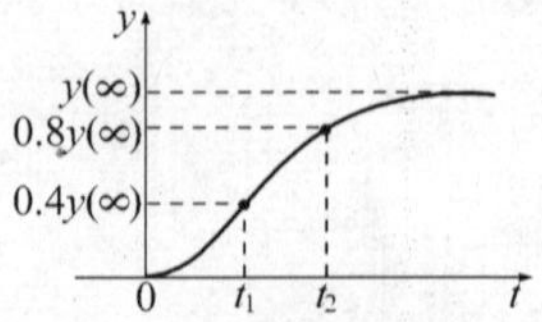

图 3 - 6　二阶惯性环节的阶跃响应曲线

$$G_0(s) = \frac{Y(s)}{U(s)} = \frac{K}{(1 + T_1 s)(1 + T_2 s)} \qquad (3-29)$$

其中,3 个常数 K, T_1, T_2 可以从阶跃响应曲线上定出。

在阶跃响应曲线上可以得到 3 个数据(见图 3 - 6):

(a) $y(t)$ 的最终稳定值 $y(\infty)$;

(b) $y(t)|_{t=t_1} = 0.4y(\infty)$ 时的时间 t_1;

(c) $y(t)|_{t=t_2} = 0.8y(\infty)$ 时的时间 t_2。

然后可以用下列关系式计算出传递函数(3 - 29) 式中的有关参数:

$$K = \frac{y(\infty)}{u_0} \qquad (3-30)$$

$$T_1 + T_2 \approx \frac{t_1 + t_2}{2.16} \qquad (3-31)$$

$$\frac{T_1 T_2}{(T_1 + T_2)^2} \approx \left(1.74 \frac{t_1}{t_2} - 0.55\right) \qquad (3-32)$$

由 $0.4y(\infty)$ 得到的 t_1 和由 $0.8y(\infty)$ 得到的 t_2。

当 $0.32 < \frac{t_1}{t_2} < 0.46$ 时,可用(3 - 31),(3 - 32) 求出 T_1, T_2,取(3 - 29) 的传递函数;

当 $\frac{t_1}{t_2} = 0.32$ 时,用一阶惯性环节表示,时间常数 $T = \frac{t_1 + t_2}{2.12}$;

当 $\frac{t_1}{t_2} = 0.46$ 时,可以用 $G_0(s) = \frac{K}{(1 + T_0 s)^2}$ 表示,此时 $T_1 = T_2 = T_0 = \frac{t_1 + t_2}{2 \times 2.28}$;

如果 $\frac{t_1}{t_2} > 0.46$,这时应该用高阶惯性环节表示,具体方法如下所述:

(2) 用高阶惯性环节 $G_0(s) = \frac{K}{(1 + T_0 s)^n}$ 近似的对象

当输入为阶跃函数时,输出 $y(t)$ 为:

$$y(t) = K u_0 \left\{1 - \mathrm{e}^{-\frac{t}{T_0}} \left[1 + \frac{t}{T_0} + \frac{1}{2!}\left(\frac{t}{T_0}\right)^2 + \cdots + \frac{1}{(n-1)!}\left(\frac{t}{T_0}\right)^{n-1}\right]\right\} \qquad (3-33)$$

取 $y(t_1) = 0.4y(\infty)$ 和 $y(t_2) = 0.8y(\infty)$,这样,可以在阶跃响应曲线上得到 $y(\infty)$, t_1 和 t_2 的值,进而可以确定 K, T_0, n,其方法为:

$$K = \frac{y(\infty)}{u_0} \qquad (3-34)$$

由表 3 - 2 查出 n 的阶次,或用下列拟合公式求出有关参数:

$$\sqrt{n} \approx \frac{1.075 t_1}{t_2 - t_1} \quad (n = 1 \sim 16 \text{ 时,误差为} \pm 10\%) \qquad (3-35)$$

$$nT_0 \approx \frac{t_1 + t_2}{2.16} \quad (n = 1 \sim 16\text{时,误差为} \pm 2\%) \tag{3-36}$$

表 3-2 高阶惯性环节阶数 n 与 $\frac{t_1}{t_2}$ 的计算结果

n	1	2	3	4	5	6	7	8	9	10	12	13	14	∞
$\frac{t_1}{t_2}$	0.32	0.46	0.53	0.58	0.62	0.65	0.67	0.685	0.70	0.71	0.735	0.74	0.75	1.00

二、无自平衡能力的对象

无自平衡能力对象的阶跃响应曲线用图 3-3b 表示,选择带有高阶惯性作用的积分环节来近似,其近似传递函数为:

$$G_0(s) = \frac{Y(s)}{U(s)} = \frac{1}{T_a s(1 + T_0 s)^n} \tag{3-37}$$

那么,可以利用作图的方法,从阶跃响应曲线上的特征参数,决定传递函数中的常数 T_a,T_0 和 n。其原理和方法为:

如果环节的传递函数 $G_0(s) = \frac{1}{T_a s(1 + T_0 s)^n}$,则当输入为阶跃函数时,输出 $y(t)$ 为:

$$y(t) = L^{-1}\left[\frac{u_0}{s} \cdot \frac{1}{T_a s(1 + T_0 s)^n}\right] = \frac{u_0}{T_a}\Big\{t - nT_0 + T_0 e^{-\frac{t}{T_0}} \cdot$$

$$\left[n + (n-1)\frac{t}{T_0} + \frac{(n-2)}{2!}\left(\frac{t}{T_0}\right)^2 + \cdots + \frac{1}{(n-1)!}\left(\frac{t}{T_0}\right)^{n-1}\right]\Big\} \tag{3-38}$$

$y(t)$ 的渐近线($y(t)$ 表达式中,令 $t \to \infty$)方程为:

$$y_s(t) = \frac{u_0}{T_a}(t - nT_0) \tag{3-39}$$

由渐近线与时间轴及纵坐标的交点,可得 $OD = \tau = nT_0$,$OH = y_H = \frac{nT_0 u_0}{T_a}$,对应于时间 $t = \tau = nT_0$ 时的输出 $y(t)$ 值为:

$$y(t)\big|_{t=\tau=nT_0} = DA = y_A$$

$$= \frac{u_0}{T_a}T_0 e^{-n}\left[n + (n-1)\frac{n}{1!} + (n-2)\frac{n^2}{2!} + \cdots + \frac{1}{(n-1)!}n^{n-1}\right] \tag{3-40}$$

$$\frac{DA}{OH} = \frac{y_A}{y_H} = e^{-n}\left[1 + (n-1) + (n-2)\frac{n}{2!} + \cdots + \frac{1}{(n-1)!}n^{n-2}\right] = f(n) \tag{3-41}$$

它表示 $\frac{y_A}{y_H}$ 的值仅是 n 的函数,根据不同的 n 值,计算出表 3-3。

表 3-3　n 与 $\frac{y_A}{y_H}$ 关系的计算结果

n	1	2	3	4	5	6
$\frac{y_A}{y_H}$	0.368	0.271	0.224	0.195	0.175	0.161

可将表 3-3 的数据拟合成公式：

$$n \approx \frac{1}{2\pi}\left(\frac{y_H}{y_A}\right)^2 - \frac{1}{6} \quad \text{（选用最近的一个整数）} \tag{3-42}$$

同时，渐近线 $y_s(t)$ 的斜率为：$\tan\beta = \frac{\mathrm{d}y_s(t)}{\mathrm{d}t} = \frac{u_0}{T_a} = \frac{y_H}{OD} = \frac{y_H}{\tau}$，所以：

$$T_a = \frac{\tau}{y_H}u_0 \tag{3-43}$$

$$T_0 = \frac{\tau}{n} \tag{3-44}$$

从而可以用作图的方法在响应曲线上得到 τ, y_H, y_A 的值，按(3-42)，(3-43)，(3-44)式求出近似传递函数 $G_0(s) = \frac{Y(s)}{U(s)} = \frac{1}{T_a s(1+T_0 s)^n}$ 中的 n，T_a 和 T_0 值。

当求出的 n 值不是整数时，可用类似于(3-27)式的方法适当改变传递函数的形式。当 $n \geqslant 6$ 时，可将传递函数的形式简化为：

$$G_0(s) = \frac{1}{T_a s}\mathrm{e}^{-\tau s} \tag{3-45}$$

式中 $\tau = OD$。显然(3-45)的阶跃响应在 $t = \tau$ 处不是光滑的曲线，有明显的转折点，可用于近似计算中。

三、用数值积分的方法（面积法）求对象的近似传递函数

上面各种由阶跃响应曲线求近似传递函数的方法实际上只用到了响应曲线上有限点的数值，例如切线法只用了拐点，两点法只用了 $0.4y(\infty)$ 和 $0.8y(\infty)$ 的数据。数值积分的方法（面积法）原理上说是一种较通用的方法，而且适用于任何形式的响应曲线。使用这种方法得出传递函数中各项系数时，用到了实验曲线上的很多数据，所以对作图随意性的误差不很敏感。但这种方法的计算工作量较大，因而在数值计算中发生错误的机会亦大大增加；加上面积法缺乏直观性，难于发现不合理的结果并找出原因，所以这种方法只适用于性质比较简单而实验误差较大或不能简单判定合适的传递函数形式的情况。

设对象的传递函数为：

$$G_0 = \frac{Y(s)}{U(s)} = \frac{b_0 + b_1 s + \cdots + b_m s^m}{a_0 + a_1 s + \cdots + a_n s^n} = B_0 - B_1 s + B_2 s^2 - B_3 s^3 + \cdots \tag{3-46}$$

当输入阶跃扰动时，

$$Y(s) = G_0(s)\frac{u_0}{s} = u_0\left[\frac{B_0}{s} - B_1 + B_2 s - B_3 s^2 + \cdots\right] \tag{3-47}$$

(3 - 47) 式中的各常数 $B_0, B_1, B_2\cdots$，可由阶跃响应曲线求出，其原理和方法如下。

设对象有自平衡能力，应用拉普拉斯终值定理可得：

$$\lim_{t\to\infty} y(t) = y(\infty) = \lim_{s\to 0} sY(s) = B_0 u_0$$

因而可以得到：

$$B_0 = \frac{y(\infty)}{u_0} \tag{3 - 48}$$

式中：$y(\infty)$—— 阶跃响应曲线的稳态值；

u_0—— 扰动量。

则(3 - 47) 式可以写成：

$$\frac{B_0}{s} - \frac{1}{u_0}Y(s) = B_1 - B_2 s + B_3 s^2 - \cdots \tag{3 - 49}$$

将(3 - 48) 的结果代入，可将(3 - 49) 式等号左端化成：

$$\frac{B_0}{s} - \frac{1}{u_0}Y(s) = \frac{1}{u_0}\left[\frac{y(\infty)}{s} - Y(s)\right] = \frac{1}{u_0}\int_0^\infty [y(\infty) - y(t)]e^{-st}dt \tag{3 - 50}$$

将 e^{-st} 展开成 st 的幂级数，即：

$$e^{-st} = 1 - st + \frac{(st)^2}{2!} - \frac{(st)^3}{3!} + \cdots \tag{3 - 51}$$

将(3 - 51) 式代入(3 - 50) 式，再与(3 - 49) 式比较可得：

$$\frac{1}{u_0}\left\{\int_0^\infty [y(\infty) - y(t)]dt - s\int_0^\infty [y(\infty) - y(t)]t dt + s^2\int_0^\infty [y(\infty) - y(t)]\frac{t^2}{2!}dt - \cdots\right\}$$
$$= B_1 - B_2 s + B_3 s^2 - \cdots$$

对比等号两边 s 同次幂的系数可得到：

$$\left.\begin{aligned}
B_1 &= \frac{1}{u_0}\int_0^\infty [y(\infty) - y(t)]dt \\
B_2 &= \frac{1}{u_0}\int_0^\infty [y(\infty) - y(t)]t dt \\
B_3 &= \frac{1}{u_0}\int_0^\infty [y(\infty) - y(t)]\frac{t^2}{2!}dt \\
&\cdots\cdots\cdots\cdots \\
B_K &= \frac{1}{u_0}\int_0^\infty [y(\infty) - y(t)]\frac{t^{K-1}}{(K-1)!}dt
\end{aligned}\right\} \tag{3 - 52}$$

从上面导出的关系可以看出，如果用实验方法得到了阶跃响应曲线，原则上可以用(3 - 48) 和(3 - 52) 式求出对象的传递函数。由(3 - 52) 可知，各常数 $B_1, B_2\cdots$ 是以阶跃响应曲线为基础，用数值积分的方法求出来的。

上述用数值积分从阶跃响应曲线求传递函数的方法，对于存在 $y(\infty)$ 的对象，是一种通用的数学方法，可以适用于包括振荡过程的传递函数。但是，由于数值计算的误差，实际上只能定出前三个常数(B_0, B_1 和 B_2),B_3 以后的各项系数误差越来越大,已经没有实际意义。而只根据这三个常数往往可以写出好几种不同形式的传递函数,究竟哪一种形式合理,还应从阶跃响应曲线的大致形状来判断。因此,用数值积分方法从阶跃响应曲线求出传递函数表达式时,仍需先选择一种传递函数的形式,其中只有三个常数需要确定。例如:对于一般有自平衡能力的热工对象,可用

$$G(s) = \frac{K}{(1 + T_0 s)^n} = K(1 - nT_0 s + \frac{n(n+1)}{2}T_0^2 s^2 + \cdots)$$
$$= B_0 - B_1 s + B_2 s^2 - B_3 s^3 + \cdots \qquad (3-53)$$

式中,$B_0 = K$; $\frac{B_1}{B_0} = nT_0$; $\frac{B_2}{B_0} = \frac{n(n+1)}{2}T_0^2$ 或 $\frac{B_2}{B_1} = \frac{n+1}{2}T_0$。

由此可得出:

$$K = B_0; \qquad (3-54)$$

$$T_0 = (2\frac{B_2}{B_1} - \frac{B_1}{B_0}); \qquad (3-55)$$

$$n = \frac{B_1}{B_0}\frac{1}{T_0} = \frac{1}{2\frac{B_0 B_2}{B_1^2} - 1}. \qquad (3-56)$$

而 B_0, B_1, B_2 的数值由阶跃响应曲线求出,见(3-48)式和(3-52)式。

(3-52)式中的积分可以采用数值积分和列表计算的方法,一般从实验得到的阶跃响应曲线上读出 $N = 10 \sim 12$ 个点,各点间最好取相同的时间间隔 Δt,这样:$z_i = y(\infty) - y(t_i)$,其中 $t_i = i\Delta t, i = 0,1,2,\cdots$ 为各点的次序,如图 3-7 所示。则:

$$\left.\begin{aligned} B_0 &= \frac{y(\infty)}{u_0} \\ B_1 &= \frac{\Delta t}{u_0}(\frac{z_0}{2} + \sum_{i=1}^{N} z_i) \\ B_2 &= \frac{(\Delta t)^2}{u_0}\sum_{i=1}^{N}(iz_i) \end{aligned}\right\} \qquad (3-57)$$

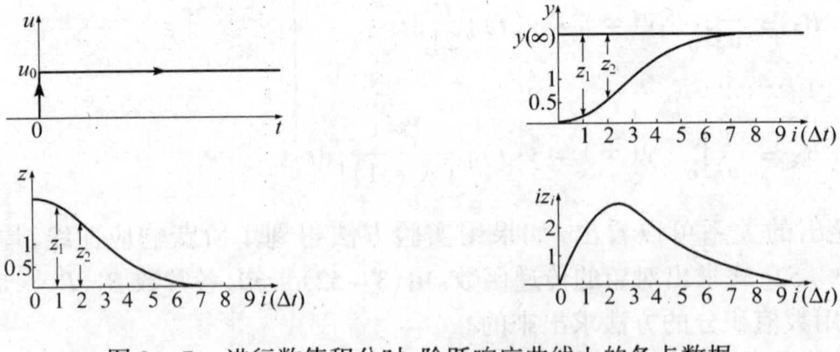

图 3-7 进行数值积分时,阶跃响应曲线上的各点数据

以上介绍了由实验得到的阶跃响应曲线求出对象的近似传递函数的几种方法，并都假定对象传递函数的形式中包含有多阶惯性环节。一般热工对象，尤其是有传热过程的对象，是可以用这种形式表达的。但应指出，合理的传递函数形式不仅应根据阶跃响应曲线的形状，还应根据生产过程的具体特点确定。例如，阶跃响应曲线的起始阶段常有延迟，如果对象是有纯延迟性质的，就应在传递函数中串联有纯延迟环节 $e^{-\tau s}$，其中 τ 是纯延迟时间，一般可根据物质传送过程估算出来；如果对象不具有纯延迟性质，则应用多阶惯性环节来近似。

§3.4　自动调节器的基本调节作用

自动调节器通常指调节单元和执行器，在单回路反馈系统中，自动调节器的输入信号为被调量与给定值的偏差信号 $e(t)$，输出信号为执行机构的位移 $\mu(t)$。生产过程自动调节系统中应用的自动调节器，就其动态特性而言都是**比例**、**积分**和**微分三种基本调节作用**的组合，下面讨论这三种调节作用的主要特点。

1. 比例调节作用（P 作用）

比例调节作用的动态方程为：

$$\mu(t) = S_1 e(t) = \frac{1}{\delta} e(t)$$

用传递函数表示为：

$$G_p(s) = \frac{\mu(s)}{E(s)} = S_1 = \frac{1}{\delta} \tag{3-58}$$

式中：S_1—— 调节器的**比例系数**或**比例增益**；

δ—— 调节器的**比例带**，它是比例增益 S_1 的倒数。

在实际调节器中，比例增益（或比例带）都是可以根据需要调整的。

比例调节作用的特点是：执行器位移 μ 与偏差 e 的大小成比例，执行器输出位移的速度 $\frac{d\mu}{dt}$ 与偏差信号的变化速度 $\frac{de}{dt}$ 成比例，这种调节动作基本上是正确的。因此，**只有比例作用的调节器是能执行自动调节任务的**。但由于执行器的位移（一般也就是调节机构的位移）与偏差有着一一对应关系，而调节机构的位移必须随对象负荷的改变而改变，因而当对象的负荷改变时，比例作用调节器的调节结果将使被调量与给定值之间的偏差发生改变（当给定值不变时，则调节结果使被调量发生改变），所以只有比例调节作用的调节器常称为**有差调节器**。

图 3－8 所示的浮子式直接作用液面调节系统，为应用比例作用调节器的一个例子。在这个例子中，若没有任何摩擦，则调节阀门位置 μ 随时都与液面位置 H 一一对应。当液位为 H_0 时，阀门开度为 μ_0；当水位偏离 H_0 的数值为 ΔH 时，阀门偏离 μ_0 的数值为 $\Delta\mu$，两者之间随时都存在下述关系：

$$\Delta\mu = \frac{b}{a}\Delta H$$

与（3－58）式对比后可见，此调节器为比例调节作用，它的比例增益为 $S_1 = \frac{b}{a}$，比例带

$\delta = \dfrac{a}{b}$。

在这个系统中，如果对象的负荷（流出流量 Q_2）增加一定数值，调节结束后调节阀应开大到某一确定位置（使流入流量 $Q_1 = Q_2$），液面必定会平衡在较低的位置；反之，如果负荷减少一定数值，则液面必定平衡在较高的位置，才能使调节阀关小到某一确定位置。而且比例增益 S_1 越大（即杠杆比 $\dfrac{b}{a}$ 越大，比例带 δ 越小），则液面的平衡位置变化越小；反之，S_1 越小（即 δ 越大），则液面的平衡位置变化越大。以上是对此调节系统静态（或称为稳态，指从一个平衡状态到达另一个平衡状态后的情况）的定性分析。

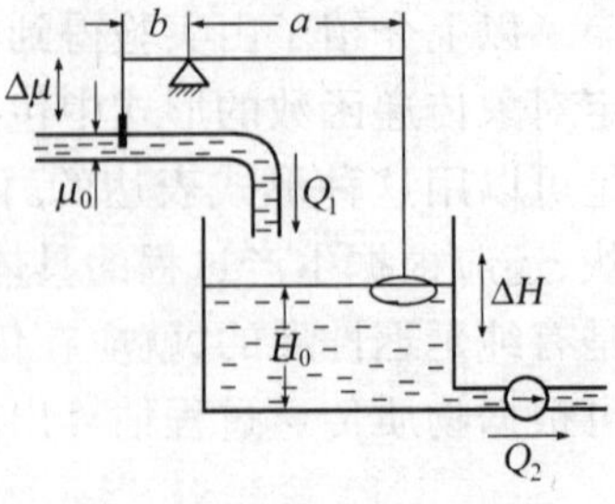

图 3 – 8　浮子式液面调节系统示意图

自动调节系统在调节过程中状态的变化要列出系统的动态方程或传递函数后才能进行动态分析。对于图 3 – 8 所示的系统也可以定性地分析调节器比例增益 S_1（或比例带 δ）对调节过程的影响：若 S_1 较大（在此系统中杠杆比 $\dfrac{b}{a}$ 较大），则液面 H 改变较小时，调节阀开度 μ 就有较大改变，这样就可使被调量（液面）在调节过程中的变化较小，但是很可能使调节阀开度变化过大，因而造成调节过程的反复振荡（考虑到调节器动作时有摩擦阻力）；反之，如果 S_1 较小，则液面 H 改变较大时，调节阀开度 μ 的位置改变较小，这样可以防止调节阀动作过头，减少调节过程的振荡，但是在调节过程中被调量（液面）就可能出现较大变化。

从以上分析可以看出，在使用只有比例调节作用的调节器时，比例增益 S_1（或比例带 δ）必须适当选择。S_1 增大（δ 减小）可以减少对象被调量的稳态偏差和动态偏差，但会使调节过程趋于更加振荡；S_1 减小（δ 增大）可以减少调节过程的振荡，但会增加对象被调量的稳态偏差和动态偏差。对象在不同负荷时，其调节结果将使被调量的稳态值有差，这是比例作用调节器的特点。

2. 积分调节作用（I 作用）

积分调节作用的动态方程为：

$$\mu(t) = S_0\int_0^t e(t)\mathrm{d}t$$

或
$$\frac{\mathrm{d}\mu(t)}{\mathrm{d}t} = S_0 \mathrm{e}(t)$$

用传递函数表示为：

$$G_I(s) = \frac{\mu(s)}{E(s)} = \frac{S_0}{s} \tag{3 – 59}$$

式中：S_0—— 表示积分作用大小的常数，也称为**积分速度**，即偏差为 1 时输出信号的变化速度$\left[\dfrac{\mathrm{d}\mu(t)}{\mathrm{d}t}\right]\Bigg|_{e=1}$。

自动调节系统中采用只有积分作用的调节器时，只要对象的被调量不等于给定值（即偏差 e 存在），执行器就会不停地动作，而且偏差 e 的数值越大，执行器输出的移动速度$\dfrac{\mathrm{d}\mu(t)}{\mathrm{d}t}$

越快。只有当偏差等于零(即调节器的输入信号为零或被调量等于给定值)时,调节过程才能结束,调节系统才能平衡。调节过程如能结束,必定是没有偏差(被调量必定等于给定值),这是使用**积分调节作用的特点**。因此,积分作用调节器也称为**无差调节器**。积分调节作用的这个特点很适合于希望被调量等于给定值的调节要求,但是应用只有积分作用的调节器时,往往容易造成调节动作过头而引起调节过程的反复振荡。这是由于在只有积分作用的调节器中,执行器输出的移动速度$\frac{\mathrm{d}\mu(t)}{\mathrm{d}t}$只与偏差$e$的大小成正比。偏差越大,执行器输出的移动速度越大,它没有考虑到偏差的变化趋势(是偏差在继续增加中达到这个数值,还是正在减小时达到这个数值),因而调节动作不能认为是完全合理的。为了说明这一点,现举出如图3-9所示的用积分作用调节器的液面调节系统加以说明。

图3-9　用积分作用调节器的液面调节系统示意图

当负荷Q_2阶跃减少后,液位H上升,偏差增加,调节器动作,关小调节阀,使Q_1(流入的液体流量)减少,因而液面上升速度减慢。至b点(见图3-9b)液面变化速度等于零,此时$Q_1 = Q_2$,但偏差$(H - H_0)$达到最大,此时积分作用调节器以很快的速度继续关小调节阀,因而使$Q_1 < Q_2$,液面开始下降。观察调节过程中a、c两点,它们的偏差相同$(H_{ac} - H_0)$,因此积分调节作用使调节阀以同样速度$\left[\frac{\mathrm{d}\mu(t)}{\mathrm{d}t} = S_0(H_{ac} - H_0)\right]$关小。然而$a$、$c$两点的状态并不完全相同,在$a$点时,液面正在上升$(Q_1 > Q_2)$,而在$c$点时,液面正在下降$(Q_1 < Q_2)$。如果说,在$a$点时由于$Q_1 > Q_2$,继续使调节阀关小的动作是正确的;那么,在$c$点时,$Q_1$已经小于$Q_2$,此时积分作用调节器还是以像$a$点时一样的速度关小调节阀的动作就不能认为是完全正确的。因为在Q_1已经小于Q_2的情况下,继续关小调节阀势必造成Q_1的过分减少,而使液面更快地下降。等到过程进行到d点时虽然偏差等于零,但流入流量Q_1已很小于负荷Q_2,于是液面迅速下降。接下去就因液面H低于给定值H_0,调节器就使调节阀向开大方向动作。采用只有积分作用的调节器,将使调节过程反复振荡。

在积分作用调节器中,常数S_0的数值可以根据需要选定。S_0的数值增加,则在同样偏差值时,执行器的动作速度加快,这样可以减小调节过程中被调量的动态偏差,但会增加调节过程的振荡;反之,S_0的数值减少,则可以减少调节过程的振荡,但会增加被调量的动态偏差。

由于积分调节作用容易造成调节过程的振荡,因此除非调节对象和系统中其它环节的动态特性很好(有自平衡能力,惯性和迟延都很小)才能应用只有积分调节作用的调节器,而在实际工业生产过程中是很少采用的。但是积分调节作用使调节过程结束后偏差等于零的特点,可以用来作为工业调节器的一个组成部分。

3. 微分调节作用(D 作用)

微分调节作用的动态方程为:

$$\mu(t)=S_2\frac{\mathrm{d}e(t)}{\mathrm{d}t}$$

用传递函数表示为:

$$G_D(s)=\frac{\mu(s)}{E(s)}=S_2 s \tag{3-60}$$

式中:S_2—— 表示微分作用大小的常数。

如果自动调节器只有微分调节作用,那是不能执行调节任务的。因为微分调节作用的输出 $\mu(t)$ 只与偏差 e 的变化速度$\frac{\mathrm{d}e(t)}{\mathrm{d}t}$成正比。而任何自动调节系统,不管受到什么扰动,在调节过程结束时偏差的变化速度总是等于零($\frac{\mathrm{d}e(t)}{\mathrm{d}t}=0$),此时只有微分调节作用的调节器输出 μ 也将等于零,即执行器的位置最后总是回复到原来的数值,这样就不能适应调节的要求。但是,微分调节作用有它的**显著特点**:当偏差 e 一有变化速度(此时偏差的变化量尚未形成,比例调节作用和积分调节作用都未动作时),微分调节作用立即动作。这种比比例调节作用和积分调节作用都提前的调节动作,将能有效地限制偏差的进一步变化。因此,在自动控制系统中应用具有微分作用的调节器,能减小调节过程中被调量偏离其给定值的幅度(即减少动态偏差)。这就是自动调节器中加入微分调节作用的主要目的。

从上面讨论的**三种基本调节作用**中可以看出:比例调节作用是自动调节器中的主要成分,只有比例作用的调节器也可以执行调节任务;积分调节作用只能在少数情况下可以单独应用,在一般情况下积分调节作用和微分调节作用是自动调节器的辅助成分,利用它们的动作特点改善自动调节系统的性能。因此,工业上应用的自动调节器就其动态特性分类,主要有:

(1) 比例作用调节器(只有比例调节作用的自动调节器,简称 P 作用调节器);

(2) 积分作用调节器(只有积分调节作用的自动调节器,简称 I 作用调节器);

(3) 比例加积分作用调节器(自动调节器的动态特性为比例调节作用和积分调节作用的相加,简称 PI 作用调节器);

(4) 比例加微分作用调节器(自动调节器的动态特性为比例调节作用和微分调节作用的相加,简称 PD 作用调节器);

(5) 比例加积分加微分作用调节器(自动调节器的动态特性为比例调节作用、积分调节作用和微分调节作用的相加,简称 PID 作用调节器)。

工业生产过程的自动调节中,还有一种位式调节作用。自动调节器的输出只有两个位置(双位调节器)或三个位置(三位调节器),这种调节器结构简单、使用方便,在一般电炉和恒温器的温度自动调节中应用较多。调节系统中应用位式调节器时,被调量将在一定范围内波动。

§3.5 工业调节器的动态特性

比例调节器和积分调节器(仅指动态特性)分别属于比例环节和积分环节,它们的工作特点已在上一节作过定性讨论，下面讨论比例加积分、比例加微分和比例加积分加微分作用调节器。

1. 比例加积分作用（PI）调节器

比例加积分作用调节器的动态方程为：

$$\mu(t) = S_1 e(t) + S_0 \int_0^t e(t)\mathrm{d}t = \frac{1}{\delta}\left[e(t) + \frac{1}{T_i}\int_0^t e(t)\mathrm{d}t\right] \tag{3-61}$$

传递函数为：

$$G_{PI}(s) = \frac{\mu(s)}{E(s)} = S_1 + \frac{S_0}{s} = \frac{1}{\delta}\left(1 + \frac{1}{T_i s}\right) \tag{3-62}$$

式中：S_1—— 比例作用的系数，比例系数；

S_0—— 积分作用的系数；

δ—— 比例带，$\delta = \frac{1}{S_1}$；

T_i——PI 调节器的积分时间，$T_i = \frac{S_1}{S_0}$。

比例加积分作用调节器的阶跃响应曲线，如图 3－10 所示。当输入信号阶跃变化量为 e_0 时，阶跃响应曲线方程为：

$$\mu(t) = S_1 e_0 + S_0 e_0 t = \frac{e_0}{\delta}\left(1 + \frac{1}{T_i}t\right) \tag{3-63}$$

图 3－10　PI 调节器的阶跃响应曲线

比例加积分作用调节器有两个可以调整的参数 S_0 和 S_1 或 δ 和 T_i。在一般工业生产的 PI 调节器上具体能调整的参数是 δ 和 T_i（与调节器的组成原则及结构有关）；而在分析和讨论调节器的作用时，有时用 S_0 和 S_1 的数值比较方便，因为它们较清楚地表示出积分作用和比例作用的大小。至于 S_0，S_1 和 δ，T_i 之间的换算关系上面已经说明，即：

$$\delta = \frac{1}{S_1}; \qquad T_i = \frac{S_1}{S_0}$$

下面再说明一下 T_i 的意义和对 T_i 数值的其它表示方式。

$T_i = \frac{S_1}{S_0}$ 称为 PI 调节器的积分时间，T_i 的具体数值表示出调节器中比例作用和积分作用的比值。从（3－61）式中可以看出，改变 T_i 的数值只是改变积分作用的大小，从而改变了调节器中比例作用和积分作用的相对大小。加大 T_i 值就是减小积分作用，而使比例作用的成分相对增加。当 $T_i \to \infty$ 时，积分作用消失，调节器就只有比例作用。减小 T_i 值时，积分作用增加而比例作用相对减弱。当 $T_i \to 0$ 时，比例作用消失，调节器就只有积分作用。所以改变

T_i 的数值实际上就是改变 PI 调节器中比例作用和积分作用之间的相对大小。T_i 的量纲是时间，常用单位为分或秒。

有些资料称 T_i 为**两倍时间**，这是从 PI 调节器的阶跃响应曲线上来定义的。从图3 - 10的曲线上可以看出：比例作用的输出为 $\frac{1}{\delta}e_0$，由于有了积分作用，经过 T_i 时间后调节器的阶跃响应将增加为比例作用输出值的两倍（$2 \times \frac{1}{\delta}e_0$），故称 T_i 为两倍时间。

T_i 的倒数 $\frac{1}{T_i}$ 称为**复原速度**（或**再调速度**）。有些资料把比例加积分作用调节器看成在比例调节器的基础上加入积分作用。调节系统中应用比例作用调节器时，其调节结果是被调量将是有差的，而加入积分作用后就使被调量回复到给定值（无差）。积分作用的加入，可理解为在比例调节器调节结束后再由积分作用消除偏差（称为再调或复原）。T_i 越小，积分作用越强，也就是复原速度（或再调速度）越快。复原速度的快慢也可以从图 3 - 10 的阶跃响应曲线上来定义：设比例作用的输出为 μ_P（$\mu_P = \frac{1}{\delta}e_0$）；积分作用的输出是以等速度变化的，如果每分钟的变化量为 μ_I（$\mu_I = \frac{1}{\delta T_i}e_0$），则

$$\text{复原速度} = \frac{\text{每分钟积分作用的输出变化量}}{\text{比例作用的输出变化量}} = \frac{\mu_I}{\mu_P} = \frac{1}{T_i} \tag{3-64}$$

例如，给出 PI 调节器的复原速度为每分钟 4 次，即 $T_i = \frac{1}{4}$ 分 = 15 秒。

关于 PI 调节器中另一个参数 δ，借用比例调节器中的名称仍称为比例带。当 $T_i \to \infty$ 时，比例积分作用调节器就成为比例作用调节器（$G_P(S) = \frac{1}{\delta}$）。但在比例积分作用调节器中，当改变比例带 δ 的数值时，既改变比例作用也改变积分作用的大小，而两个作用的比值则不变（T_i 值不变时）。

比例加积分调节器兼有比例调节作用和积分调节作用的特点，调节系统中采用这种调节器时，由比例作用保证调节过程不致过分振荡（减小 S_1 或增大 δ 值可以削弱振荡倾向；减小 S_0 或增大 T_i 值也能削弱振荡倾向，但 S_0 值过小或 T_i 值过大将使调节过程的时间拖得太长），而由积分作用保证调节结果无差（被调量等于给定值）。因此，比例加积分作用调节器在工业生产过程自动调节系统中得到广泛应用。

2. 比例加微分作用（PD）调节器

比例加微分作用调节器的动态方程为：

$$\mu(t) = S_1 e(t) + S_2 \frac{\mathrm{d}e(t)}{\mathrm{d}t} = \frac{1}{\delta}\left[e(t) + T_d \frac{\mathrm{d}e(t)}{\mathrm{d}t}\right] \tag{3-65}$$

用传递函数表示为：

$$G_{PD}(s) = \frac{\mu(s)}{E(s)} = S_1 + S_2 s = \frac{1}{\delta}(1 + T_d s) \tag{3-66}$$

式中：S_1—— 表示比例作用大小的系数，比例系数；

S_2—— 表示微分作用大小的系数；

δ—— 比例带，$\delta = \frac{1}{S_1}$；

T_d—— 比例加微分作用调节器的**微分时间**，$T_d = \frac{S_2}{S_1}$。

它的阶跃响应曲线如图 3 – 11a 所示。由于微分作用在阶跃响应曲线上不能确切表示，故在图 3 – 11b 上画出了当输入信号为等速度变化时 *PD* 调节器的响应曲线。

图 3 – 11　比例微分调节器的响应曲线

当输入信号等速度变化 $e(t) = at$ 时，输出信号的响应为：

$$\mu(t) = \frac{1}{\delta}(at + aT_d) \tag{3-67}$$

从图 3 – 11b 和(3 – 67)式中可以看出，当输入为速度 a 的等速度信号时，*PD* 调节器在一开始就有一个跃变输出$\frac{1}{\delta}aT_d$，而如果没有微分作用，则比例调节器的输出要经过 T_d 时间后才能达到$\frac{1}{\delta}aT_d$。因此，微分时间 T_d 也称为**导前时间**。

在比例微分调节器中也有两个可以调整的参数 S_1 和 S_2 或 δ 和 T_d，一般工业调节器上具体供调整的是 δ 和 T_d 的数值。其中，微分时间 $T_d = \frac{S_2}{S_1}$ 表示微分调节作用和比例调节作用的比值，改变 T_d 的数值只改变微分作用的大小。当 $T_d = 0$ 时，没有微分作用，此时调节器只有比例作用，它的比例带就是 *PD* 调节器中的 δ 值。调节器中另一个参数 δ 的数值改变时，将同时改变比例作用和微分作用的大小而两者的比值不变。

在实际应用的比例微分调节器中，微分作用都是实际微分环节，此时调节器的传递函数为：

$$G_{PD}(s) = \frac{\mu(s)}{E(s)} = \frac{1}{\delta}\left(1 + \frac{T_d s}{1 + \frac{T_d}{k_d}s}\right) \tag{3-68}$$

式中：T_d——*PD* 调节器的微分时间；

k_d——*PD* 调节器的微分增益。

其阶跃响应曲线如图 3 – 12 所示。阶跃响应曲线的阴影部分的面积代表微分作用的大小，可求出这块面积就等于$\frac{T_d}{\delta}e_0$。在阶跃响应曲线的一开始可以看出微分增益 k_d 的作用：k_d

值越大时，一开始的输出变化量越大。时间常数 $\frac{T_d}{k_d}$ 值越小，则阶跃响应曲线越接近于图 3－11a。由于微分作用对各种干扰反应灵敏，因此微分增益不宜过大（在电子调节器中 $k_d \approx 10$）。

图 3－12　实际 PD 调节器的阶跃响应曲线

由于微分作用只在偏差 e 变化时起作用，因此在调节系统处于平衡状态时比例微分调节器仍具有比例调节器的特点，即调节结束后被调量将是有差的。但是，当调节系统中使用比例微分调节器时，只要微分作用的大小选择适当，不仅可以减少调节过程中被调量的动态偏差，也能减少调节过程的振荡倾向，因而可以适当地加大比例作用（与比例调节器相比），还能使调节过程不致过分振荡。而由于比例作用的增加（S_1 值加大或 δ 值减小），可以使调节结束时的被调量稳态偏差减少。有些调节系统中需要用有差调节器而又希望稳态偏差较小（例如汽轮发电机调速系统），如果用比例调节器时调节过程过于振荡，则可应用比例微分调节器。此外，在有些情况下，希望调节过程较快结束而被调量允许有差时，也可应用比例微分调节器。应该指出，在应用比例微分调节器时，过大的微分作用对调节反而有害。因为此时微分作用对偏差的反应过于灵敏，使调节过程最后阶段不容易平衡，而且由于直接作用到调节器的各种干扰而使执行器可能大幅度反复动作。

3．比例加积分加微分作用（*PID*）调节器

PID 调节器是比例、积分和微分三种调节作用的叠加，它的动态方程为：

$$\mu(t) = S_1 e(t) + S_0\int_0^t e(t)\mathrm{d}t + S_2\frac{\mathrm{d}e(t)}{\mathrm{d}t}$$

$$= \frac{1}{\delta}\left[e(t) + \frac{1}{T_i}\int_0^t e(t)\mathrm{d}t + T_d\frac{\mathrm{d}e(t)}{\mathrm{d}t}\right] \qquad (3-69)$$

用传递函数表示为：

$$G_{PID}(s) = \frac{\mu(s)}{E(s)} = S_1 + \frac{S_0}{s} + S_2 s = \frac{1}{\delta}\left(1 + \frac{1}{T_i s} + T_d s\right) \qquad (3-70)$$

式中，$\delta = \frac{1}{S_1}$；$T_i = \frac{S_1}{S_0}$；$T_d = \frac{S_2}{S_1}$。调节器中这些参数的意义和 *PI*、*PD* 调节器中的相同。

实际工业用 *PID* 调节器的传递函数为：

$$G_{PID}(s) = \frac{\mu(s)}{E(s)} = \frac{1}{\delta}\left(1 + \frac{1}{T_i s} + \frac{T_d s}{1 + \frac{T_d}{k_d}s}\right) \qquad (3-71)$$

（3－70）式和（3－71）式所表示的 *PID* 调节器，它们的阶跃响应曲线分别如图 3－13 中

的(a) 和(b) 所示。

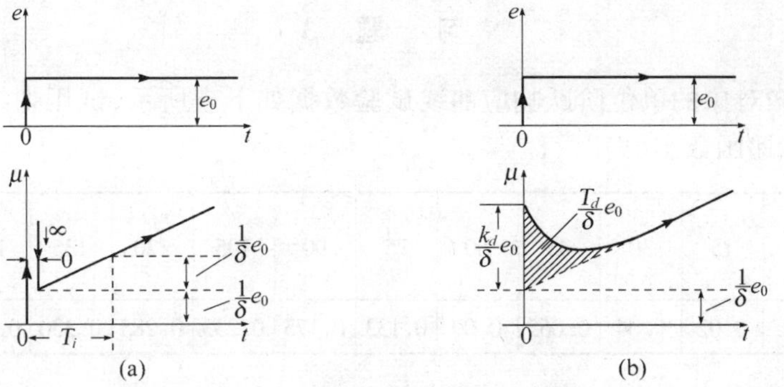

图 3 - 13　*PID* 调节器的阶跃响应曲线

在自动调节系统中应用 *PID* 调节器时,往往可以看作是在 *PI* 调节器中适当加入微分作用,以减少调节过程中被调量的动态偏差。在图 3 - 13b 中的阴影面积代表调节器中微分作用的大小,可以求出这块面积为$\frac{T_d}{\delta}e_0$。

PID 调节器中有三个可以调整的参数 S_0、S_1 和 S_2 或 δ、T_i 和 T_d,这种调节器兼有比例、积分和微分作用的特点。在调节系统中应用这种调节器时,只要三个调节作用配合得当就可以得到比较好的调节效果。但是应该注意到,正由于 *PID* 调节器具有三个调节作用,互相配合就比较复杂一些。有些工业生产的 *PID* 调节器,由于具体结构上的特点而使调整调节器三个参数的数值时互有牵连,也增加了使用它的复杂性,而且由于微分作用对各种干扰比较灵敏,因此 *PID* 调节器一般只应用于多容惯性对象的控制系统中(如各种温度的自动控制系统中)。

以上讨论各种自动调节器的应用特点时,都假定调节器使用在单回路反馈控制系统中,至于调节器参数(S_0, S_1 和 S_2 或 δ, T_i 和 T_d) 数值如何确定,将在第 7 章中进行讨论。

§3.6　小　结

为了分析研究自动调节系统,必须了解调节对象和调节器的动态特性。

热工调节对象是多输入的,影响同一个被调量的因素很多。因此,应该了解在各种输入下对象的动态特性,其中以调节作用(操作量) 为输入的动态特性最重要。

热工对象一般用阶跃响应试验来测试它的动态特性,常见的有有自平衡能力对象和无自平衡能力对象两种。从阶跃响应曲线求出近似传递函数是经常应用到的,根据热工对象阶跃响应曲线不振荡的特点,本章介绍了三种求近似传递函数的方法。根据实验得到的阶跃响应曲线上某些特征数值,来求出对象的近似传递函数比较方便,也切实可行。

工业调节器的动态特性是 P, I, D 作用的组合,调节系统中应用这种调节器每一种调节作用有它特定的作用。其中,比例(P) 作用是主要的,积分(I) 作用将使调节结果无差,微分(D) 作用为了减少动态偏差。

工业调节器中都有可以调整的参数(δ, T_i 和 T_d),正确选择这些参数的数值才能使自动调节系统发挥最好的作用。关于调节系统中调节器参数确定,将在第 7 章中进行讨论。

习　题　3

3 - 1　已知对象的单位阶跃响应曲线试验数据如下表所示,试用切线法、选点法及面积法求其近似传递函数 $G(s)$。

时间(s)	0	15	30	45	60	75	90	105	120	135	150	165	180
输出	0	0.02	0.04	0.065	0.09	0.133	0.175	0.233	0.285	0.330	0.379	0.430	0.485

时间(s)	195	210	225	240	255	270	285	300	315	330	345	360	375
输出	0.540	0.595	0.650	0.710	0.780	0.830	0.885	0.950	0.980	0.998	0.999	1.0	1.0

3 - 2　电子调节器设计时,常用电子元器件实现如图 3 - 14 的框图表示的动态关系。

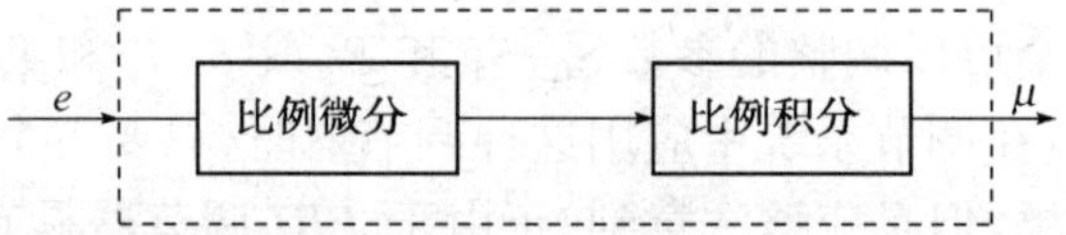

图 3 - 14　调节器框图

其中比例微分运算的运算关系为:

$$G_1(s) = K_p \frac{1 + T_D s}{1 + \dfrac{T_D}{K_D} s}$$

比例积分运算的运算关系为:

$$G_2(s) = K_1 (1 + \frac{1}{T_i s})$$

说明该调节器具有何种调节规律,调节器参数 K_P^*, K_I^*, T_D^*, T_i^*, K_D^* 如何设置?

3 - 3　已知某调节器的结构示意图如图 3 - 15 所示,试推导其传递函数 $G_R(s) = \dfrac{\mu(s)}{E(s)}$,并说明调节规律是属于什么性质的。

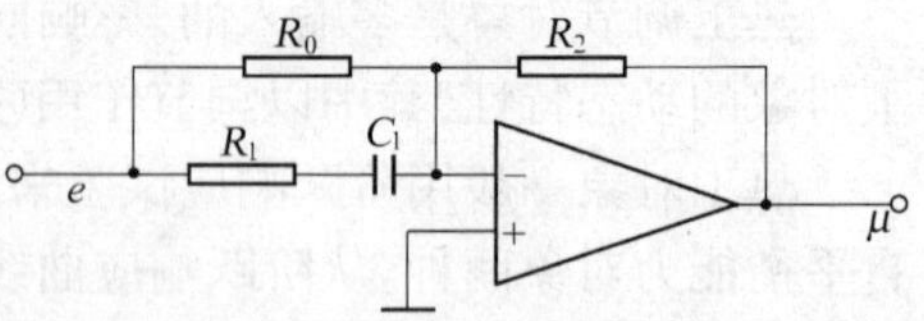

图 3 - 15　调节器结构示意图

3 - 4　图 3 - 16 所示为简单的汽轮机调节系统,试从原理上分析该调节系统的调节规律是属于什么性质的。

3 - 5　上题中,若调速器改为如图 3 - 17 所示,则调节规律又是属于什么性质的?为什么?

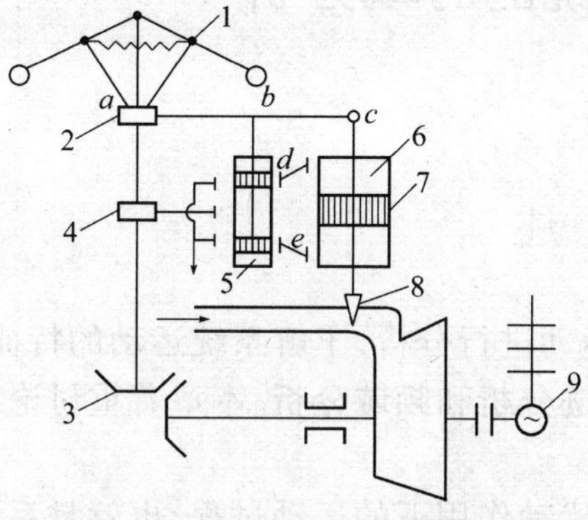

图 3－16　汽轮机调节系统

1－调速器;2－滑环;3－减速齿轮;4－主油泵;
5－滑阀;6－油动机;7－活塞;8－调节阀;9－发电机

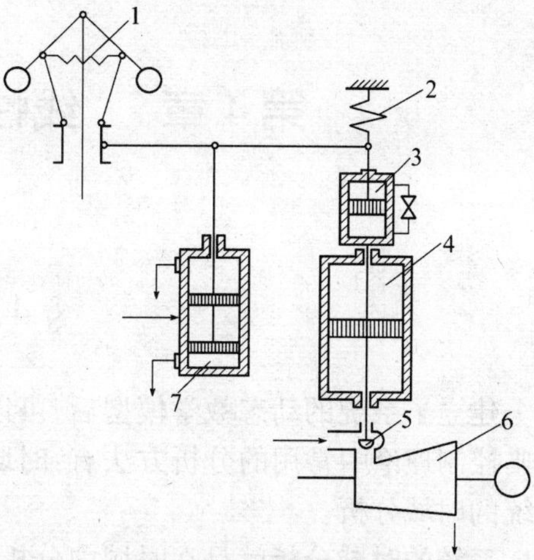

图 3－17　带弹性反馈的汽轮机调节系统

1－调速器;2－定位弹簧;3－阻尼器;4－油动机;
5－调节阀;6－汽轮机;7－滑阀

第 4 章　线性控制系统的时域分析

§4.1　概　述

建立了系统的动态数学模型后，可以对系统的运动进行分析，了解系统运动的特征。在经典控制理论中常用的分析方法有：**时域分析**、**根轨迹分析**和**频域分析**。本章着重讨论线性系统的时域分析。

系统的时域分析就是在时域内分析控制系统在扰动作用下的运动过程，也就是系统的调节过渡过程。这样的分析结果可以直接得到系统的输出变量，主要是被调量和调节量随时间的变化过程，从而了解系统运动的动态和静态特性。

根据描述系统运动的微分方程，用拉普拉斯变换作工具，直接解出控制系统输出变量的时间响应，从而对系统的运动进行分析，这是系统运动的**定量分析**。

线性常微分方程的解包括两部分：一部分是齐次方程的**通解**，它是输入为零时系统的运动，称系统的**自由运动**，或称系统的**瞬态响应**，不管系统受到什么形式的输入扰动，在系统的输出中，这一部分总是存在的，**它只与系统本身的结构与特性有关，而与输入无关**；另一部分是系统在输入信号作用下的非齐次方程的**特解**，称系统的**强迫运动**，亦称系统的**稳态响应**。

在实际的控制系统中，输入扰动信号的形式是多种多样的，为了研究方便，常对输入扰动进行近似和抽象，常用的典型输入信号有：单位阶跃输入 $u(t) = \mathbf{1}(t)$，单位脉冲输入 $u(t) = \delta(t)$ 和单位斜坡输入 $u(t) = \boldsymbol{t}$。如果假定控制系统处在某一初始稳定状态，扰动在 $t \geqslant 0$ 时刻 加入，这样可以求出系统在扰动作用下的输出响应，它可表示成：

$$y(t) = L^{-1}[G(s)U(s)] \tag{4-1}$$

如果系统的输入信号为单位阶跃函数 $\mathbf{1}(t)$，则

$$y(t) = L^{-1}\left[\frac{1}{s} \cdot G(s)\right] \tag{4-2}$$

输出 $y(t)$ 中包含了系统的自由运动 $y_1(t)$，或称系统的瞬态响应；也包含系统的稳态响应 $y_2(t)$，稳态响应 $y_2(t)$ 可以由终值定理求出，即

$$y_2(t) = \lim_{t \to \infty} y(t) = \lim_{s \to 0} sY(s)$$

对于用一阶或二阶常微分方程描述的低阶系统，可以求出典型输入下的输出响应，从而可以详细分析系统的性能及系统中有关参数对系统工作性能的影响。对于用高阶微分方程描述的系统，要直接解出系统在输入作用下的输出响应就比较困难，但仍可利用微分方程的特征方程，对系统的瞬态响应特点进行分析，了解高阶系统运动的基本特征。

对线性系统来说，一个高阶系统的瞬态响应可以由若干个低阶系统的瞬态响应组成，其中总会存在起主导作用的一阶或二阶系统，所以，对于二阶系统的运动应比较充分地了解，讨论二阶系统的特性有着十分重要的意义。

§4.2　二阶系统分析

由二阶微分方程描述的系统或系统的传递函数分母为关于 s 的二次多项式的系统称为二阶系统，在控制工程中二阶系统十分重要。

一、二阶系统实例

实例 1：由 RLC 元件串联构成的电路，可以得到电容 C 两端的电压 u_C 与输入电压 u_1 的关系为：

$$G(s)=\frac{U_C(s)}{U_1(s)}=\frac{1}{LCs^2+RCs+1} \tag{4-3}$$

这是一个二阶系统。

实例 2：在前面讨论过的双容水箱液位控制系统中，扰动输入为 Q_3，输出为水位 H_2 时，它们的关系为：

$$G(s)=\frac{H_2(s)}{Q_3(s)}=-\frac{A_1Rs+1}{A_1A_2Rs^2+(A_1+A_2)s+\alpha\dfrac{b}{a}} \tag{4-4}$$

也是一个二阶系统。

实例 3：由比例调节器与无自平衡能力对象构成的单回路控制系统如图 4－1 所示：

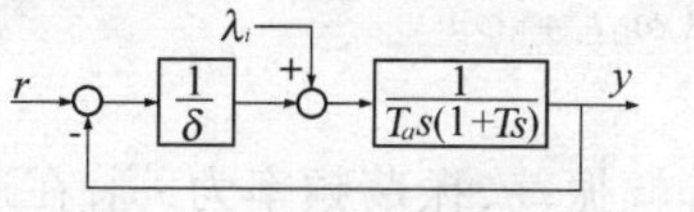

图 4－1　单回路控制系统

$$G_1(s)=\frac{Y(s)}{R(s)}=\frac{\dfrac{1}{\delta}\dfrac{1}{T_as(1+Ts)}}{1+\dfrac{1}{\delta}\dfrac{1}{T_as(1+Ts)}}=\frac{1}{\delta T_aTs^2+\delta T_as+1} \tag{4-5}$$

$$G_2(s)=\frac{Y(s)}{\lambda_i(s)}=\frac{\dfrac{1}{T_as(1+Ts)}}{1+\dfrac{1}{\delta}\dfrac{1}{T_as(1+Ts)}}=\frac{\delta}{\delta T_aTs^2+\delta T_as+1} \tag{4-6}$$

传递函数分母为关于 s 的二次多项式，所以为二阶系统。

二阶系统的特征方程用

$$a_2s^2+a_1s+a_0=0 \tag{4-7}$$

表示，为了讨论方便，将它化成二阶系统特征方程的规范形式

$$s^2+2\zeta\omega_0s+\omega_0^2=0 \tag{4-8}$$

式中：ω_0—— 二阶系统的**无阻尼自然振荡频率**$\left(\omega_0 = \sqrt{\dfrac{a_0}{a_2}}\right)$；

ζ—— 二阶系统的**阻尼系数或阻尼比**$\left(\zeta = \dfrac{a_1}{2\sqrt{a_0 a_2}}\right)$。

(4 - 3) 式和(4 - 5) 式的传递函数可以化成：

$$G(s) = \frac{\omega_0^2}{s^2 + 2\zeta\omega_0 s + \omega_0^2} \tag{4 - 9}$$

二阶系统特征方程的根有两个：

$$s_{1,2} = -\zeta\omega_0 \pm \omega_0\sqrt{\zeta^2 - 1} \tag{4 - 10}$$

在方程的系数同号时，阻尼系数 ζ 不同，方程的根的特点也不同。当 $\zeta = 0$ 时，方程有一对虚根；$0 < \zeta < 1$ 时，方程有实部为负的一对共轭复根；$\zeta \geqslant 1$ 时，方程有两个负实根。它们所反映的二阶系统的自由运动特征是不同的，所以，ζ 和 ω_0 是二阶系统的两个重要参数。

二、二阶系统瞬态响应的特点

二阶系统的瞬态响应取决于二阶系统特征方程 $s^2 + 2\zeta\omega_0 s + \omega_0^2 = 0$ 的根，可以根据阻尼系数 ζ 的大小分别讨论：

1. 无阻尼情况($\zeta = 0$)

这时，二阶系统特征方程有一对虚根 $s_{1,2} = \pm j\omega_0$，系统的瞬态响应为：

$$y_1(t) = B_1\sin(\omega_0 t + \varphi) \tag{4 - 11}$$

式中：B_1—— 积分常数。

这时，系统的瞬态响应为等幅振荡，振荡频率为 ω_0，在这种情况下，系统受到扰动作用后，系统的输出运动中总存在一个振幅不变的周期振荡，不再会达到平衡状态。如果控制系统出现这种情况，就称它为**边界稳定的系统**。

2. 过阻尼情况($\zeta \geqslant 1$)

阻尼系数 $\zeta \geqslant 1$ 时，二阶系统的特征方程有两个负实根，$\zeta = 1$ 时，为相等的负实根，$\zeta > 1$ 时，为互异的负实根。

(1) 当 $\zeta = 1$ 时，特征方程的根为 $s_{1,2} = -\zeta\omega_0 = -\alpha$，瞬态响应为(**临界阻尼运动**)：

$$y_1(t) = e^{-\alpha t}(B_2 + B_3 t) \tag{4 - 12}$$

(2) 当 $\zeta > 1$ 时，特征方程有两个互异的负实根 $s_{1,2} = -\zeta\omega_0 \pm \omega_0\sqrt{\zeta^2 - 1}$，这时瞬态响应为：

$$y_1(t) = B_4 e^{-(\zeta\omega_0 - \omega_0\sqrt{\zeta^2-1})t} + B_5 e^{-(\zeta\omega_0 + \omega_0\sqrt{\zeta^2-1})t} \tag{4 - 13}$$

式中：B_2, B_3, B_4, B_5—— 积分常数。

在 $\zeta \geqslant 1$ 时，瞬态响应都是随时间衰减的非周期过程，而且，当 $t \to \infty$ 时，$y_1(t) \to 0$。说明当系统受到扰动后，只要扰动消失，系统就能回到原来的平衡状态，这样的系统称为**稳定的系统**。

3. 欠阻尼情况($0 < \zeta < 1$)

当$0 < \zeta < 1$时,二阶系统的特征方程有一对实部为负的共轭复根

$$s_{1,2} = -\zeta\omega_0 \pm j\omega_0\sqrt{1-\zeta^2} = -\alpha \pm j\omega \tag{4-14}$$

式中:α—— 复根的实部($\alpha = \zeta\omega_0$);

ω—— 振荡频率($\omega = \omega_0\sqrt{1-\zeta^2}$)。

系统的瞬态响应为:

$$y_1(t) = e^{-\alpha t}(B_6\sin\omega t + B_7\cos\omega t) = B_8e^{-\alpha t}\sin(\omega t + \varphi) \tag{4-15}$$

式中:B_6, B_7—— 积分常数;

$B_8 = \sqrt{B_6^2 + B_7^2}$;

$\varphi = \arctan\dfrac{B_7}{B_6}$。

这时,系统的瞬态响应为衰减振荡过程,当$t \to \infty$时,$y_1(t) = 0$。这样的系统也是**稳定的**。

实际使用的控制系统,它们的瞬态响应在$t \to \infty$时,只有$y_1(t) = 0$才是稳定的,只有稳定的系统才具有实用意义。

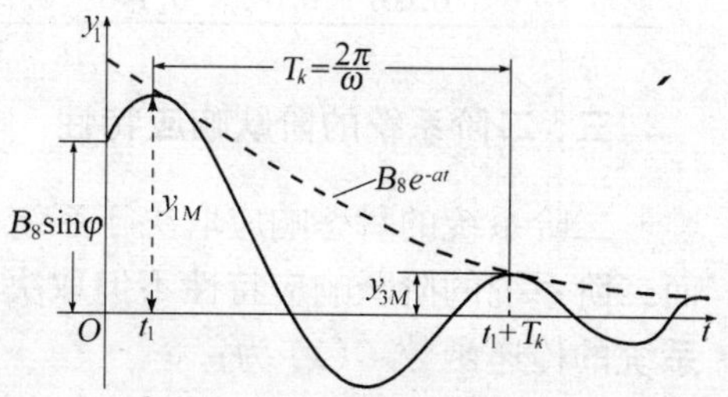

图4-2 二阶系统衰减振荡的瞬态响应

上面分别讨论了二阶系统阻尼系数ζ不同时,系统不同的瞬态响应的特点。其中最常使用到的是$0 < \zeta < 1$的情况,图4-2画出了衰减振荡时的瞬态响应,从图可以给出描述衰减振荡特点的指标。

用ψ表示振荡一个周期后瞬态响应振幅的相对减少,称**衰减率**。则

$$\psi = \frac{y_{1M} - y_{3M}}{y_{1M}} = 1 - \frac{y_{3M}}{y_{1M}} = 1 - \frac{y(t_1 + \frac{2\pi}{\omega})}{y(t_1)}$$

$$= 1 - \frac{B_8e^{-\alpha(t_1+\frac{2\pi}{\omega})}\sin[\omega(t_1 + \frac{2\pi}{\omega}) + \varphi]}{B_8e^{-\alpha t_1}\sin(\omega t_1 + \varphi)}$$

$$= 1 - e^{-2\pi\frac{\alpha}{\omega}} = 1 - e^{-2\pi m} = 1 - e^{\frac{-2\pi\zeta}{\sqrt{1-\zeta^2}}} \tag{4-16}$$

式中:y_{1M}——$t = t_1$时瞬态响应的幅值;

y_{3M}——$t = t_1 + \dfrac{2\pi}{\omega}$时瞬态响应的幅值;

m—— 特征方程根的负实部与虚部的比,称为**衰减指数**$\left(m = \dfrac{\alpha}{\omega}\right)$。

(4-16)式表示系统瞬态响应的衰减率ψ与特征方程的根之间有着确定的关系,当系统特征方程有一对实部为负的共轭复根时,只要实部与虚部数值之比相同,即m相同,那么它

们所对应的瞬态响应的衰减率 ψ 也相同。图 4 – 3 表示了瞬态响应衰减率 ψ 相同时，一对共轭复根在 s 平面上的位置。

从图可见，1 和 2 两个数值不同的共轭复根都在折线 AOC 上，都具有相同的衰减率 ψ，但瞬态响应是不同的，位置 1 的工作频率为 ω_1，它低于位置 2 的工作频率 ω_2，衰减速度（以时间为准的衰减程度）也是不同的，2 点处的 α_2 大，所以衰减速度大。但以一个周期的衰减为准，它们的衰减率 ψ 是相同的，折线 AOC 称为**等衰减率线**。

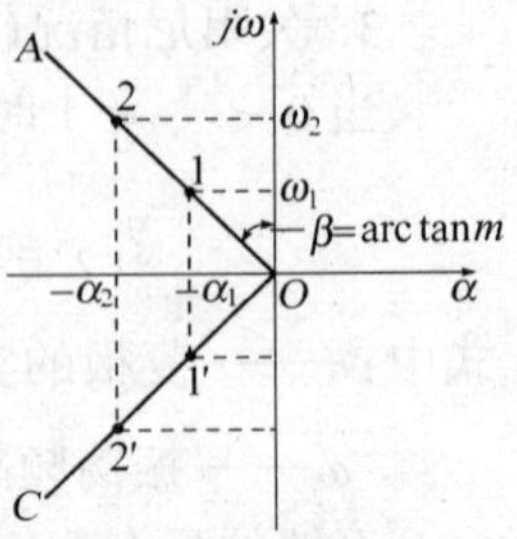

图 4 – 3　瞬态响应衰减率 ψ 相同时共轭复根的位置

二阶系统的 ψ,ζ,m 有着固定的关系，表 4 – 1 给出了它们之间的数值关系，在分析和整定热工自动控制系统时经常会用到，尤其是 $\psi = 0.75$ 和 $\psi = 0.9$ 时的数值。

表 4 – 1　二阶系统 ψ,ζ,m 的对应关系

ψ	0	0.30	0.45	0.60	0.75	0.90	0.95	0.973	0.980	0.998	0.9998	1
ζ	0	0.057	0.095	0.144	0.216	0.344	0.43	0.50	0.529	0.707	0.8	≥1
m	0	0.057	0.095	0.146	0.221	0.366	0.477	0.577	0.623	1.0	1.33	∞

三、二阶系统的阶跃响应特性

二阶系统的瞬态响应取决于系统特征方程的根，也就是取决于传递函数分母的多项式，而二阶系统的阶跃响应特性不但取决于传递函数的分母，也取决于传递函数的分子。如二阶系统的传递函数 $G(s)$ 为：

$$G(s) = \frac{Y(s)}{U(s)} = \frac{b_1 s + b_0}{a_2 s^2 + a_1 s + a_0}$$

则在单位阶跃输入下它的输出响应为：

$$y(t) = L^{-1}\left(\frac{1}{s} \cdot \frac{b_1 s + b_0}{a_2 s^2 + a_1 s + a_0}\right) \tag{4-17}$$

在已知 $G(s)$ 的表达式后，通过部分分式展开不难得到 $y(t)$，从而可以进一步对 $y(t)$ 的特性进行评价。下面以一个简单的控制系统为例，说明二阶系统阶跃响应的特性。

由比例调节器（比例带为 δ）和无自平衡能力对象组成的单回路反馈系统如图 4 – 4 所示。

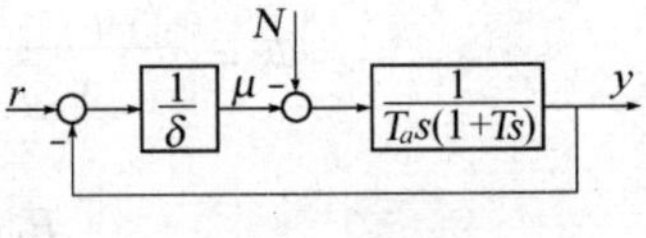

图 4 – 4　单回路反馈控制系统

N – 负荷；μ – 调节量；y – 被调量；r – 给定值。

其中，对象特性中的时间常数 T_a 和 T 都是已知的。根据框图可导出如下的传递函数：

$$G_1(s) = \frac{\mu(s)}{N(s)} = \frac{1}{\delta T_a T s^2 + \delta T_a s + 1} \tag{4-18}$$

$$G_2(s) = \frac{Y(s)}{-N(s)} = \frac{\delta}{\delta T_a T s^2 + \delta T_a s + 1} \tag{4-19}$$

显然，这是一个二阶系统，可用二阶系统的规范形式表示：

$$G_1(s) = \frac{\mu(s)}{N(s)} = \frac{\omega_0^2}{s^2 + 2\zeta\omega_0 s + \omega_0^2} \tag{4-20}$$

$$G_2(s) = \frac{Y(s)}{-N(s)} = \frac{\delta\omega_0^2}{s^2 + 2\zeta\omega_0 s + \omega_0^2} \tag{4-21}$$

式中：$\zeta = \frac{1}{2}\sqrt{\frac{\delta T_a}{T}}$；

$\omega_0 = \sqrt{\frac{1}{\delta T_a T}}$。

这个二阶系统的阻尼系数 ζ 可以通过改变比例调节器的比例带 δ 来改变，当 δ 增加时，ζ 也增加，而无阻尼自然振荡频率 ω_0 减小。

下面分别讨论在负荷 N 为单位阶跃扰动下，被调量 y 和调节量 μ 的阶跃响应，并给出有关的特征参数。

1. 在负荷 N 为单位阶跃扰动下，调节量 μ 的阶跃响应为：

$$\mu(t) = L^{-1}\left[\frac{1}{s}\cdot G_1(s)\right] = L^{-1}\left(\frac{1}{s}\cdot\frac{\omega_0^2}{s^2 + 2\zeta\omega_0 s + \omega_0^2}\right) \tag{4-22}$$

根据阻尼系数 ζ 的不同分几种情况讨论：

(1) 当 $0 < \zeta < 1$ 时，即欠阻尼的情况。这时，二阶系统的特征方程有一对实部为负的共轭复根：

$$s_{1,2} = -\zeta\omega_0 \pm j\omega_0\sqrt{1-\zeta^2} = -\alpha \pm j\omega$$

则
$$\mu(t) = L^{-1}[\mu(s)] = L^{-1}\left\{\frac{\omega_0^2}{s[(s+\alpha)^2 + \omega^2]}\right\}$$

$$= 1 - \frac{e^{-\alpha t}}{\sqrt{1-\zeta^2}}\sin(\omega t + \arccos\zeta) \tag{4-23}$$

式中：$\alpha = \zeta\omega_0$；

$\omega = \omega_0\sqrt{1-\zeta^2}$。

(2) 当 $\zeta = 1$ 时，即临界阻尼的情况。这时，二阶系统的特征方程有两个相等的负实根：

$$s_{1,2} = -\omega_0$$

$$\mu(t) = L^{-1}[\mu(s)] = L^{-1}\left[\frac{\omega_0^2}{s(s+\omega_0)^2}\right]$$

$$= 1 - e^{-\omega_0 t}(1 + \omega_0 t) \tag{4-24}$$

(3) 当 $\zeta > 1$ 时，即过阻尼的情况。这时，二阶系统的特征方程有两个互异的负实根：

$$s_{1,2} = -\zeta\omega_0 \pm \omega_0\sqrt{\zeta^2 - 1} = \omega_0(-\zeta \pm \sqrt{\zeta^2 - 1})$$

则：

$$\mu(t) = L^{-1}[\mu(s)] = L^{-1}\left[\frac{\omega_0^2}{s(s + \zeta\omega_0 + \omega_0\sqrt{\zeta^2-1})(s + \zeta\omega_0 - \omega_0\sqrt{\zeta^2-1})}\right]$$

$$= 1 - \frac{\omega_0}{2\sqrt{\zeta^2 - 1}}\left(\frac{e^{\lambda_1 t}}{\lambda_1} - \frac{e^{\lambda_2 t}}{\lambda_2}\right) \tag{4-25}$$

式中：$\lambda_1 = \omega_0(-\zeta - \sqrt{\zeta^2 - 1})$；

$\lambda_2 = \omega_0(-\zeta + \sqrt{\zeta^2 - 1})$。

将不同 ζ 值时 $\mu(t)$ 的单位阶跃响应表达式(4－23)，(4－24)和(4－25)得到的响应曲线用图4－5表示。

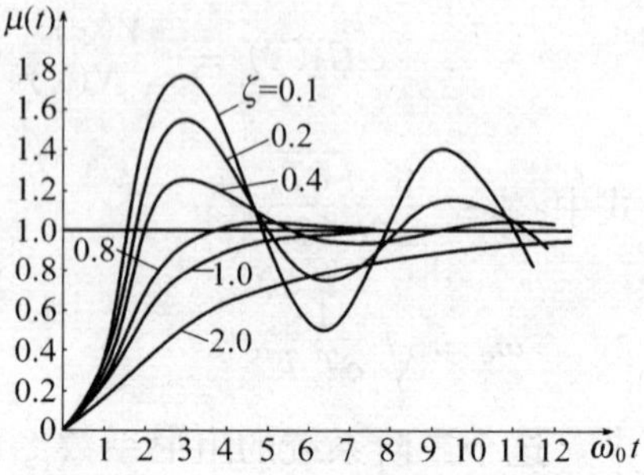

图4－5 $G_1(s) = \frac{\mu(s)}{N(s)} = \frac{\omega_0^2}{s^2 + 2\zeta\omega_0 s + \omega_0^2}$ 的单位阶跃响应曲线

从图4－5的不同 ζ 时的 $\mu(t)$ 响应曲线可见，$\mu(t)$ 的稳态值 $\mu(\infty) = 1$，从具有积分特性的对象看，要使输出不再变化，其输入量 μ 与 N 的差应为零，所以 $\mu(\infty)$ 的值与 N 的阶跃值相等，在动态过程中，调节量 μ 会超过稳态值 $\mu(\infty)$，它的最大值发生在第一个波峰上，ζ 越小（δ 越小）超过的量越大，当 $\zeta \geqslant 1$ 时，不会发生超调，ζ 越大（δ 越大）调节过程越慢。

当 $0 < \zeta < 1$ 时，$G_1(s) = \frac{\mu(s)}{N(s)} = \frac{\omega_0^2}{s^2 + 2\zeta\omega_0 s + \omega_0^2}$ 的单位阶跃响应曲线形状可以单独画出如图4－6所示，从曲线上可以定出如下的一些常用的性能指标：

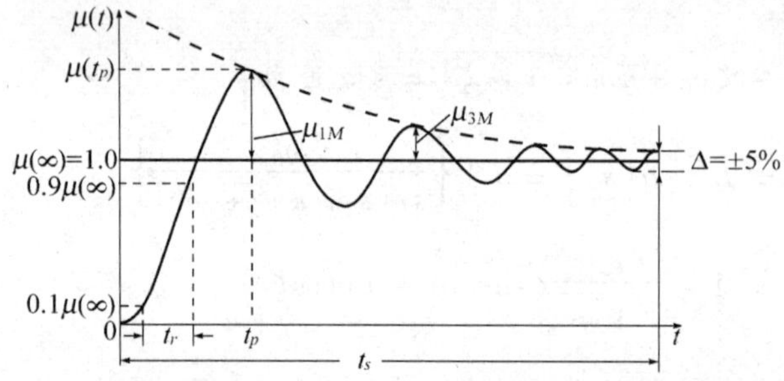

图4－6 当 $0 < \zeta < 1$ 时，$G_1(s) = \frac{\omega_0^2}{s^2 + 2\zeta\omega_0 s + \omega_0^2}$ 的单位阶跃响应曲线

(1) **上升时间** t_r：单位阶跃响应从0.1变化到0.9稳态值所经历的时间，表示响应初始阶段的快慢。

(2) **峰值时间** t_p：单位阶跃响应超过稳态值达到第一个峰值所经历的时间。

(3) **超调量** M_p：调节过程中最大波峰值 $\mu(t_p)$ 和稳态值 $\mu(\infty)$ 的差与稳态值的相对比例

$$M_p = \frac{\mu(t_p) - \mu(\infty)}{\mu(\infty)} \times 100\% \tag{4-26}$$

(4) **衰减率** ψ

$$\psi = \frac{\mu_{1M} - \mu_{3M}}{\mu_{1M}} = \frac{\mu(t_p) - \mu(t_p + T_K)}{\mu(t_p)} \tag{4-27}$$

式中：$T_K = \dfrac{2\pi}{\omega}$ 为振荡周期。

(5) **调节过渡过程时间** t_s：在单位阶跃响应曲线的稳态值附近取 ±5%（或 ±2%）作为误差带 Δ，响应曲线从开始到进入该区域（而不再出去）的时间称为调节过渡过程时间。

(6) **稳态误差** $e(\infty)$：系统单位阶跃响应的实际稳态值与期望值之间的偏差。

其中衰减率 $\psi = 1 - e^{-2\pi m}$ 在瞬态响应中已说明，从 $\mu(t)$ 的阶跃响应曲线可以求出上述性能指标中的一些参数。当 $0 < \zeta < 1$ 时，$\mu(t)$ 的表达式为(4－23)式，所以有：

(a) 峰值时间：由 $\dfrac{d\mu(t)}{dt} = 0$，可得

$$\frac{d\mu(t)}{dt} = -\frac{e^{-\zeta\omega_0 t}}{\sqrt{1-\zeta^2}}[\omega\cos(\omega t + \arccos\zeta) - \zeta\omega_0\sin(\omega t + \arccos\zeta)] = 0$$

$$\tan(\omega t + \arccos\zeta) = \frac{\omega}{\zeta\omega_0} = \frac{\omega_0\sqrt{1-\zeta^2}}{\zeta\omega_0} = \frac{\sqrt{1-\zeta^2}}{\zeta}$$

上式中，若令 $\arccos\zeta = \beta$，则 $\tan\beta = \dfrac{\sqrt{1-\zeta^2}}{\zeta}$，即：

$$\tan(\omega t + \beta) = \tan\beta \tag{4－28}$$

所以，当 $\dfrac{d\mu(t)}{dt} = 0$ 时，有 $\omega t_p = n\pi(n = 0,1,2\cdots)$ 的关系。

第一个峰值出现在 $n = 1$ 的时刻

$$t_p = \frac{\pi}{\omega} = \frac{\pi}{\sqrt{1-\zeta^2}\,\omega_0}$$

(b) 超调量 M_p：

将 $t_p = \dfrac{\pi}{\omega}$ 代入 $\mu(t)$ 的表达式(4－23)中可得到：$\mu(t_p) = 1 + e^{\frac{-\pi\zeta}{\sqrt{1-\zeta^2}}}$，所以有：

$$M_p = \frac{\mu(t_p) - \mu(\infty)}{\mu(\infty)} = e^{\frac{-\pi\zeta}{\sqrt{1-\zeta^2}}} \tag{4－29}$$

考虑到 $\psi = 1 - e^{\frac{-2\pi\zeta}{\sqrt{1-\zeta^2}}}$，所以可得到：$\psi = 1 - M_p^2$，即：

$$M_p = \sqrt{1-\psi} \tag{4－30}$$

对传递函数为 $G_1(s) = \dfrac{\mu(s)}{N(s)} = \dfrac{\omega_0^2}{s^2 + 2\zeta\omega_0 s + \omega_0^2}$ 的二阶系统可以得到 ψ, M_p 之间的关系式(4－30)，它们之间的数值对应关系可用表 4－2 表示。

表 4－2　二阶系统 $\dfrac{\mu(s)}{N(s)} = \dfrac{\omega_0^2}{s^2 + 2\zeta\omega_0 s + \omega_0^2}$ 的衰减率 ψ 和超调量 M_p 的对应数值

ψ	0	0.3	0.45	0.6	0.75	0.9	0.95	0.973	0.98	0.998	0.9998	1
M_p	1	0.837	0.742	0.632	0.50	0.316	0.224	0.163	0.141	0.044	0.014	0

从表 4－2 关系可见,瞬态响应的衰减率 ψ 越小,则超调量 M_p 越大;二阶系统的阻尼系数 ζ 越小,衰减率 ψ 越小,超调量 M_p 越大。对这个系统来说,ζ 小表示 δ 小,即比例作用较大。当 $\psi = 0.75$ 时,上述系统的超调量 $M_p = 0.5$。

对传递函数形式不像(4－20)式表示的系统,可以用同样的方法确定 M_p 的表达式,但不存在像表 4－2 这样的数值之间的关系。

(c) 过渡过程时间 t_s:

对于二阶欠阻尼系统($0 < \zeta < 1$),单位阶跃响应的表达式为:

$$\mu(t) = 1 - \frac{e^{-\zeta\omega_0 t}}{\sqrt{1-\zeta^2}}\sin(\omega t + \arccos\zeta)$$

$$= 1 - \frac{e^{-\zeta\omega_0 t}}{\sqrt{1-\zeta^2}}\sin(\omega_0\sqrt{1-\zeta^2}\,t + \arccos\zeta)$$

它是一个衰减振荡过程,振荡频率为 $\omega_0\sqrt{1-\zeta^2}$,衰减的包络线的方程为:

$$B(t) = 1 \pm \frac{1}{\sqrt{1-\zeta^2}}e^{-\zeta\omega_0 t} \tag{4-31}$$

令 $T = \frac{1}{\zeta\omega_0}$,它具有时间的因次,称**衰减时间常数**,则系统的衰减速度取决于时间常数 T(它实际上是一对共轭复根的负实部 α 的倒数),T 越大,衰减得越慢,调节过渡过程时间 t_s 就越长,从包络线的方程可以求出 t_s(采用 ±2% 误差带时),当 $t = t_s$ 时,$B(t) = 1 \pm 2\%$,

即: $1 \pm 2\% = 1 \pm \frac{1}{\sqrt{1-\zeta^2}}e^{-\frac{t_s}{T}}$。

由此可以求出 t_s 的大小。实际上,可以对 t_s 进行估计。当 $0 < \zeta < 0.9$,采用 ±2% 的误差带时,

$$t_s \approx 4T = \frac{4}{\zeta\omega_0} \tag{4-32}$$

如果采用 ±5% 误差带,则

$$t_s \approx 3T = \frac{3}{\zeta\omega_0} \tag{4-33}$$

2. 在负荷 N 单位阶跃扰动下,被调量 y 的阶跃响应

$$y(t) = L^{-1}\left(\frac{1}{s}\cdot\frac{\delta\omega_0^2}{s^2 + 2\zeta\omega_0 s + \omega_0^2}\right) \tag{4-34}$$

与调节量 μ 相比,差别仅在于系数 δ,所以:

(1) 当 $0 < \zeta < 1$ 时

$$y(t) = \delta\left[1 - \frac{e^{-\zeta\omega_0 t}}{\sqrt{1-\zeta^2}}\sin(\omega_0\sqrt{1-\zeta^2}\,t + \arccos\zeta)\right] \tag{4-35}$$

(2) 当 $\zeta = 1$ 时

$$y(t)=\delta[1-e^{-\omega_0 t}(1+\omega_0 t)] \tag{4-36}$$

(3) 当 $\zeta > 1$ 时

$$y(t)=\delta\left[1-\frac{\omega_0}{2\sqrt{\zeta^2-1}}\left(\frac{e^{\lambda_1 t}}{\lambda_1}-\frac{e^{\lambda_2 t}}{\lambda_2}\right)\right] \tag{4-37}$$

式中：$\lambda_1=-\omega_0(\zeta+\sqrt{\zeta^2-1})$；

$\lambda_2=-\omega_0(\zeta-\sqrt{\zeta^2-1})$。

将(4－35)，(4－36)和(4－37)式的关系画出如图4－7的曲线，从响应曲线可见：

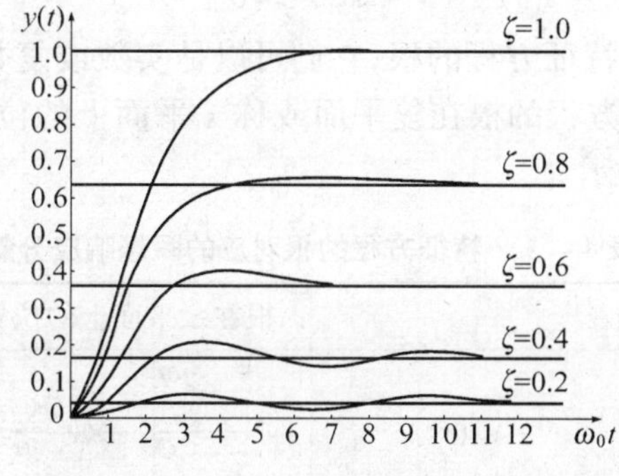

图4－7 $G_2(s)=\frac{Y(s)}{-N(s)}=\frac{\delta\omega_0^2}{s^2+2\zeta\omega_0 s+\omega_0^2}$ 的单位阶跃响应曲线

当 $t\to\infty$ 时，$y(t)$ 都不趋于零，控制都有静态偏差，其大小与 δ 成比例，同时，也可以求出调节过程的动态偏差。动态偏差与静态偏差都与 δ(即 ζ) 有关。

比较上述例子的二阶系统的阶跃响应曲线可以看到：系统的阻尼系数 ζ 越大(即 δ 越大)，被调量 y 的动态偏差与静态偏差就越大，而调节量 μ 的超调就越小。反之，阻尼系数 ζ 越小(即 δ 越小)，被调量 y 的偏差越小，而调节量 μ 的超调就越大。同时，在 $0<\zeta<1$ 时，ζ 增大，阶跃响应曲线达到稳态值就快，而当 $\zeta>1$ 时，ζ 增大，则达到稳态值反而越慢。所以，为了使过渡过程具有较小的偏差与较小的超调量，在一般自动控制系统中，常选择 $\zeta=0.216\sim0.344$(对应的瞬态响应衰减率 $\psi=0.75\sim0.9$)。对上例的系统的超调量 $M_p=0.5\sim0.316$。有些生产过程不允许出现调节量的过大超调及反复振荡，这时应选择较大的 ζ 值，例如 $\zeta=0.5\sim0.8$，相应的衰减率 $\psi=0.973\sim0.9998$，接近于 $\psi=1$。

二阶系统的阶跃响应不但取决于传递函数的分母，也取决于传递函数的分子，所以对不同于 $G_1(s)$ 和 $G_2(s)$ 形式的二阶系统，可以用类似的方法得到 M_p 等指标，但是对二阶系统瞬态响应来说，只要系统的特征方程相同，瞬态响应的衰减率 ψ 总是相同的。

§4.3 高阶系统的瞬态响应分析

实际的控制系统常用高阶(高于二阶)微分方程来描述，如果已写出系统的传递函数，那么在已知输入信号时，原则上可以求出高阶系统的输出响应，从而对系统性能进行评价。但是，求解高阶微分方程有一定困难，而且在工程实践中也并不需要确切定量地了解系统运动的全过程,而只需要了解系统运动的主要特征,常常只需对系统的瞬态响应进行分析。系统的瞬态响应由系统的特征方程的根来确定。设系统的传递函数为:

$$G(s) = \frac{Y(s)}{U(s)} = \frac{b_m s^m + b_{m-1} s^{m-1} + \cdots + b_1 s + b_0}{a_n s^n + a_{n-1} s^{n-1} + \cdots + a_1 s + a_0} \quad (n \geqslant m) \tag{4-38}$$

系统的特征方程为:

$$a_n s^n + a_{n-1} s^{n-1} + \cdots + a_1 s + a_0 = 0 \tag{4-39}$$

(4 - 39) 式原则上可以分解成:

$$a_n(s - P_1)(s - P_2)\cdots(s - P_n) = 0$$

式中,$P_1, P_2, \cdots, P_n$ 为特征方程的根,它们可以是实数或复数,每一个根都对应着系统瞬态响应的一个分量,特征方程的根在复平面或称 s 平面上的位置与它所对应的瞬态响应分量的关系可用表 4 - 3 表示。

表 4 - 3　特征方程的根对应的瞬态响应分量

根的性质		根在 s 平面上的位置	瞬态响应分量
实根 $s = \sigma$	$\sigma > 0$	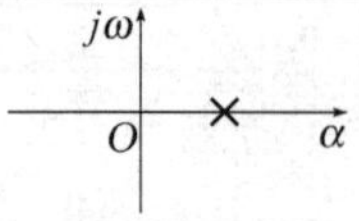	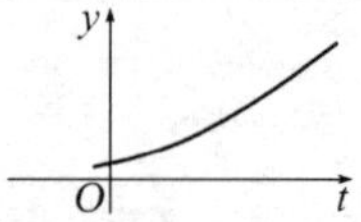
	$\sigma < 0$	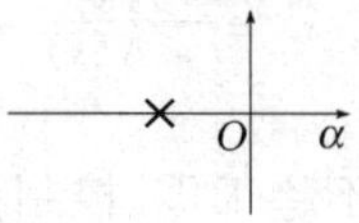	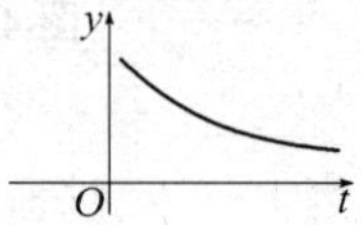
一对复根 $s = \sigma \pm j\omega$	$\sigma > 0$	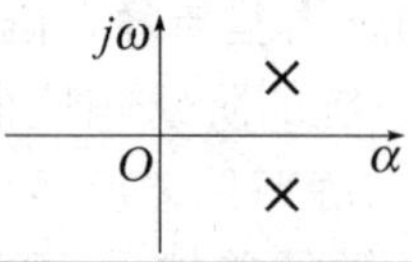	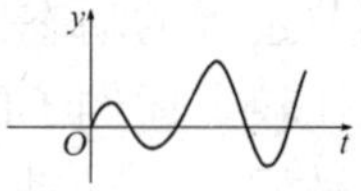
	$\sigma < 0$	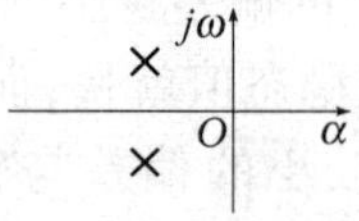	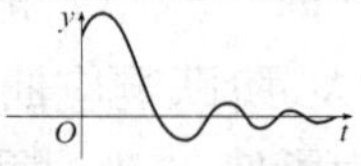
	$\sigma = 0$	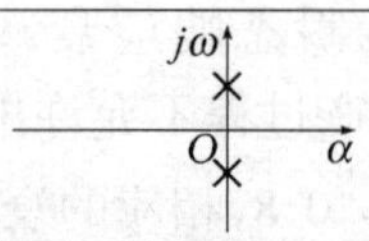	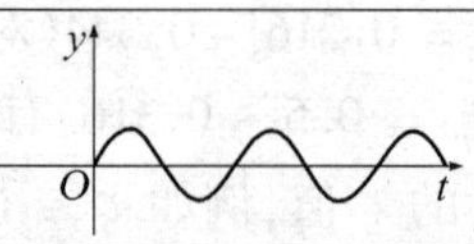

上述系统的瞬态响应 $y_1(t)$ 为:

$$y_1(t) = \sum_{i=1}^{n} A_i \, e^{P_i t} \tag{4-40}$$

式中:A_i—— 积分常数。

从(4 - 40) 式可以看出:

1. 如果系统特征方程的根都是负的或实部为负的复根,即所有的根都在 s 平面虚轴的左边,则当 $t \to \infty$ 时,$y_1(t) \to 0$,这样的系统如果在扰动输入后系统开始运动,当扰动消失后,系统可以回到原来的初始平衡状态,这样的系统是**稳定的**。

2. 系统特征方程的根只要有一个为正的或实部为正的复根，即有一个根在 s 平面虚轴的右边，不管其余的根的位置如何，则当 $t \to \infty$ 时，$y_1(t)$ 由于有一个在 s 平面虚轴的右边的根而趋向无穷大，亦即受到扰动作用后系统运动，即使扰动消失，系统也会离原来的初始状态越来越远，直到破坏系统过程正常进行。这样的系统是**不稳定的**。

3. 如果系统的特征方程的根没有在 s 平面右半平面内的根，但只要有一对虚根，即在虚轴上的根，那么系统的瞬态响应 $y_1(t)$ 因该虚根而引起等幅振荡，即使造成系统运动的扰动消失，系统也不能回到原来的状态。这样的系统被称为**边界稳定的或临界稳定的**。

这样，可以利用系统特征方程的根在 s 平面上的分布位置决定系统是否稳定。同时，如果系统是稳定的，它的特征方程的根都在 s 平面虚轴的左边，利用根离开虚轴距离的大小可以分析系统瞬态响应的一些特征，例如，对具有负实部的一对共轭复根，它对应了一个二阶子系统的瞬态响应，可以利用二阶系统分析方法得到该瞬态响应的衰减率 ψ，该二阶系统的阻尼系数 ζ 等特征。在一个稳定的高阶系统中，它的特征方程的根都在 s 平面虚轴的左边，有的离虚轴远，有的离虚轴近，其中，总有一个离虚轴最近的负实根，或离虚轴最近的一对共轭复根，它们所对应的瞬态响应分量随时间 t 的增大，衰减得最慢，所以对高阶系统来说，经过一定时间后，该分量就决定了高阶系统的瞬态响应（因为其它对应着离虚轴远的根衰减得快）。这样，离虚轴最近的负实根称为高阶系统的**主导负实根**，离虚轴最近的共轭复根称为高阶系统的**主导复根**。高阶系统的瞬态响应可以近似用离虚轴最近的主导根对应的瞬态响应来表示。也就是说，高阶系统有时可以近似成一个二阶系统来分析。

§4.4　系统的稳定性和劳斯稳定性判据

一、控制系统的稳定性及稳定条件

稳定性是控制系统的重要特性，只有稳定的系统才具有实际使用价值。在二阶系统与高阶系统分析中已初步讨论了稳定性的概念。如果一个控制系统处在平衡状态（稳定状态），系统受到扰动作用后就会运动，离开原来的平衡状态，若扰动消失，这时系统已处在无输入作用的情况，亦即处在自由运动状态，若系统又能回到原来的初始平衡状态，则称系统是稳定的；否则就是不稳定的；若产生等幅振荡，就称系统是边界稳定的。稳定性是系统去除扰动后自身恢复的能力，所以它是系统本身的固有特性，与输入信号及初始条件都无关，是系统自由运动的特性。

系统的自由运动特性就是系统的瞬态响应特性，它取决于系统特征方程根在 s 平面上的分布情况，只有系统特征方程的根全部分布在 s 平面虚轴的左边时，系统才是稳定的，这时系统瞬态响应的所有分量在 $t \to \infty$ 时都趋向于零。

二、劳斯（Routh）稳定性判据

1877 年，劳斯提出了判别代数方程的根中正根和负根数目的一种方法，将这种方法用到自动控制原理中就是劳斯稳定性判据。其方法如下。

1. 设系统的特征方程为：

$$a_n s^n + a_{n-1} s^{n-1} + \cdots + a_1 s + a_0 = 0 \tag{4-41}$$

式中系数 $a_i(i = 0,1\cdots,n)$ 都是实数，且 $a_0 \neq 0$，若 $a_0 = 0$，特征方程有零根，它所对应的瞬态响应分量就是常数，当 $t \to \infty$ 时，它既不趋于零，也不趋于无穷大，所以既不是稳定的，也不是不稳定的，而且该常数的值是不定的。有些原理教科书上称这时的系统为**中性的**。

2. 特征方程的所有系数同号(都为正或都为负)，这是特征方程不会出现正根的必要条件，但还不充分。因此，只有在特征方程系数同号时才有必要进一步判别系统是否稳定，如果特征方程中有零或异号的系数，则特征方程一定有正根或实部为正的复根，系统是不稳定的，如果只是要了解系统是否稳定，就不需再进一步判别。

3. 在 a_i 同号，$a_0 \neq 0$ 时，将特征方程的系数排列及计算成如下劳斯阵列：

$$\begin{array}{llllll} s^n & a_n & a_{n-2} & a_{n-4} & a_{n-6} & \cdots \\ s^{n-1} & a_{n-1} & a_{n-3} & a_{n-5} & a_{n-7} & \cdots \\ s^{n-2} & b_1 & b_2 & b_3 & b_4 & \cdots \\ s^{n-3} & c_1 & c_2 & c_3 & c_4 & \cdots \\ s^{n-4} & d_1 & d_2 & d_3 & d_4 & \cdots \\ \vdots & \vdots & \vdots & & & \\ s^2 & e_1 & e_2 & & & \\ s^1 & f_1 & & & & \\ s^0 & g_1 & & & & \end{array} \tag{4-42}$$

式中，系数 $b_i, c_j\cdots$ 等用下面关系求出：

$$b_1 = \frac{a_{n-1}a_{n-2} - a_n a_{n-3}}{a_{n-1}}; \quad b_2 = \frac{a_{n-1}a_{n-4} - a_n a_{n-5}}{a_{n-1}}; \quad b_3 = \frac{a_{n-1}a_{n-6} - a_n a_{n-7}}{a_{n-1}} \quad \cdots$$

$$c_1 = \frac{b_1 a_{n-3} - a_{n-1} b_2}{b_1}; \quad c_2 = \frac{b_1 a_{n-5} - a_{n-1} b_3}{b_1}; \quad c_3 = \frac{b_1 a_{n-7} - a_{n-1} b_4}{b_1} \quad \cdots$$

$$d_1 = \frac{c_1 b_2 - b_1 c_2}{c_1}; \quad d_2 = \frac{c_1 b_3 - b_1 c_3}{c_1}; \quad d_3 = \frac{c_1 b_4 - b_1 c_4}{c_1} \quad \cdots$$

$$\vdots$$

一直计算到 s^0 为止。劳斯阵列大体上是一个三角形阵列。

4. 劳斯判据如下：

特征方程(4－41)式的根中出现正根的数目等于劳斯阵列(4－42)式中第一列系数正负符号改变的次数。如果劳斯阵列中第一列的系数全为正值，则系统特征方程无正根。因此，如果已知系统的特征多项式，它们的系数是同号，且常数项不为零，则通过计算劳斯阵列，若阵列第一列系数的符号都为正，则特征方程无正根，系统是稳定的。若第一列系数出现负值，则系统是不稳定的，而且第一列系数正负号改变的次数就是特征方程的正根个数。下面举例说明劳斯判据的应用。

例 4－1　设已知系统的特征方程为：

$$s^3 + 4s^2 + 100s + 500 = 0$$

用劳斯判据判别系统的稳定性。

解:方程中各系数是同号的。列出劳斯阵列为:

s^3	1	100
s^2	4	500
s^1	-25	0
s^0	500	0

第一列系数符号改变两次:由 $+4$ 到 -25 和由 -25 到 $+500$,说明有两个根在 s 平面右半平面内(两个正根),所以系统是不稳定的。

如果三阶系统用 $a_3s^3 + a_2s^2 + a_1s + a_0 = 0$ 表示,a_3, a_2, a_1, a_0 同号,且 $a_0 \neq 0$,则劳斯阵列为:

s^3	a_3	a_1
s^2	a_2	a_0
s^2	$\dfrac{a_2a_1 - a_3a_0}{a_2}$	0
s^0	a_0	

要使系统稳定的充要条件是:$a_2a_1 > a_3a_0$(劳斯阵列第一列系数为正)。表示对三阶系统来说,特征方程两头的系数积(a_3a_0)应比内部两系数积(a_2a_1)小才是稳定的。

利用劳斯稳定性判据可以确定使系统稳定时系统中某个参数的取值。

例 4-2 系统框图如图 4-8 所示,确定使系统闭环稳定的 K_p 的取值。

解:系统的闭环特征方程为:

$$1 + \frac{K_p}{s(s+1)(s+5)} = 0$$

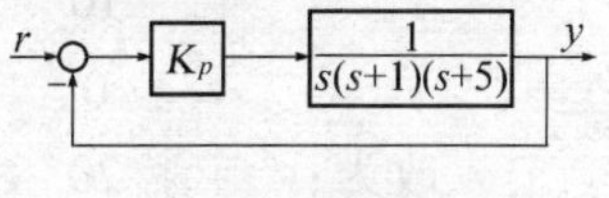

图 4-8 单回路系统框图

即:

$$s^3 + 6s^2 + 5s + K_p = 0$$

三阶系统稳定的充要条件是:$a_2a_1 > a_3a_0$,所以可得当 $0 < K_p < 30$ 时,闭环系统稳定。

三、计算劳斯阵列时两种特殊情况的处理

在计算劳斯阵列应用劳斯判据时,计算过程可能会出现两种特殊情况:

1. 阵列未算完,第一列出现一个系数为零,而这一行的其它系数不为零。

这时,在计算下一行的系数时会出现分母为零,可以用一个任意小的正数 ε 代替零,然后继续计算,最后在判断阵列第一列系数的符号时,可用 $\varepsilon \to 0^+$ 判断系数符号的正负,再应用劳斯判据。

例 4-3 设系统的特征方程为:

$$s^5 + s^4 + 4s^3 + 4s^2 + 2s + 1 = 0$$

用劳斯判据判断系统的稳定性。

解:这是一个五阶系统,劳斯阵列为:

s^5	1	4	2
s^4	1	4	1
s^3	0	1	0
改为：	ε	1	0
s^2	$\dfrac{4\varepsilon-1}{\varepsilon}$	1	0
s^1	$\dfrac{-\varepsilon^2+4\varepsilon-1}{4\varepsilon-1}$	0	0
s^0	1		

当 $\varepsilon \to 0^+$ 时，第三行的第一个系数 ε 为正，第四行的第一个系数 $\to -\infty$，第五行的第一个系数 $\to 1$，所以劳斯阵列第一列系数符号改变两次，系统不稳定，有两个根在 s 平面右面。

2. 在计算劳斯阵列时，在最后一行前出现某一行的系数全为零，表示特征方程的根中有对称于原点的根（数值相同而正负号不同的一对实根；虚轴上的一对虚根；对称于原点的两对复数根）。这时可利用全为零一行的上一行系数构成一个辅助多项式 $f(s)$，用 $f'(s)$ 的系数代替全为零的一行，继续算完劳斯阵列。此时，由 $f(s)=0$ 可以求出对称于原点的根。

例 4－4 设系统的特征方程为：

$$s^3+10s^2+16s+160=0$$

用劳斯判据判断系统的稳定性。

解：计算劳斯阵列：

s^3	1	16
s^2	10	160
s^1	0	0
改为：	20	0
s^0	160	

用上一行系数作：$f(s)=10s^2+160$

则：$f'(s)=20s+0$

劳斯阵列第一列系数全为正，由阵列看没有在 s 平面右边的根。而由 $f(s)=0$ 可以求出 $s=\pm j4$，有一对虚根，所以系统为边界稳定的。

四、劳斯判据应用的推广

上面介绍了应用劳斯判据可以判断系统是否稳定，若系统不稳定，可以判断特征方程根在 s 平面虚轴右边的个数，还可以确定使系统稳定的某个参数的取值。利用劳斯判据还可以判断系统特征方程的根是否都在虚轴左边且离开虚轴有一定的距离 α。这时，可以用 $s=s_1-\alpha$ 代入系统的特征方程中，再利用劳斯判据进行判别，判别结果将说明系统的特征方程是否有根在 $s=-\alpha$ 的右边，也就是检查系统瞬态响应是否满足一定的衰减速度（$e^{-\alpha t}$）的要求。

例 4－5 如图 4－9，如果要求系统特征方程的根在 $s=-1$ 的左边，确定 K 的取值。

解：系统的闭环特征方程为：

$$1+\frac{K}{(s+2)^3}=0; \qquad (s+2)^3+K=0$$

图 4－9　系统框图

用 $s=s_1-1$ 代入特征方程中，可得

$$s_1^3 + 3s_1^2 + 3s_1 + (K + 1) = 0$$

对三阶系统，稳定的充要条件为：$a_2 a_1 > a_3 a_0$，即：　$9 > K + 1, K + 1 > 0$，所以可得：当 $-1 < K < 8$ 时，系统闭环特征方程的根都在 $s = -1$ 的左边。如果只要求闭环系统稳定，则 K 的取值为：$72 > 8 + K, K + 8 > 0$，即：当 $-8 < K < 64$ 时，系统特征方程的根在虚轴的左边。

从上面的讨论可见，当特征方程已知时，用劳斯判据判断系统是否稳定还是比较方便的，而且还能确定特征方程根在 s 平面右半平面内的个数。如果系统中有纯延迟环节，那么劳斯判据就无法使用，而且劳斯判据不提供特征方程根的具体分布，因此无法判断系统瞬态响应的其它特点，也不提供改善瞬态响应的方法，所以有一定的局限性。后面还将介绍用根轨迹法及频率法来分析系统。

§4.5　小　结

自动调节系统的性能应该根据它在实际运行时经常受到的输入作用的响应来进行评价。在研究热工过程自动控制系统时，通常以阶跃输入作用下的响应特性作为评价系统性能的依据。

本章对二阶系统的阶跃响应进行了较详细的讨论，这不仅由于二阶系统便于分析，而且在实际调节系统中它往往是系统响应的主要成分，在分析控制系统的性能时，常常用到二阶系统的特点。

系统的瞬态响应是系统的自由运动，它反映出系统的基本特性。而瞬态响应的基本特征决定于系统特征方程的根，因此就可以从研究系统特征方程的根在复平面（根平面或 s 平面）上的分布情况来研究系统的基本特点。

稳定性是控制系统的最基本性质。如果系统的特征方程已知，可以用劳斯判据来判别特征方程的根在虚轴两边的分布情况，从而判别系统是否稳定。用劳斯判据还可判别系统瞬态响应的衰减速度（$e^{-\alpha t}$ 中的 α 值），但不能用它来进一步分析系统的其它性质。

习　题　4

4－1　控制系统如图 4－10 所示：

(1) 求出 $\psi = 0.9$ 和 $\psi = 0.75$ 时的 δ 值。

(2) 当输入 λ 为单位阶跃时，分别求出当 $\psi = 0.75$ 和 $\psi = 0.9$ 时，

(a) $\mu(t)$ 的超调量；

(b) $y(t)$ 的最大动态偏差和稳态偏差。

4－2　例 2－4 的双容水箱液位控制系统中，当 $A_1 = A_2 = 2, R = 1, \alpha = 1$ 时，确定使 H_2 的瞬态响应为 $\zeta = 0.5$ 时的 $\frac{b}{a}$ 值；并确定使 H_2 为非周期过程时的 $\frac{b}{a}$ 的值。

4－3　用劳斯判据判别下列各特征方程中正根和负根的数目。

(1) $5s^3 + 6s^2 + 6s + 2 = 0$

(2) $s^4 + 2s^3 + 2s^2 + 3s + 6 = 0$

(3) $s^5 + s^4 + 2s^3 + 2s^2 + 3s + 25 = 0$

(4) $s^4 + 2s^3 + 8s^2 + 4s + 3 = 0$

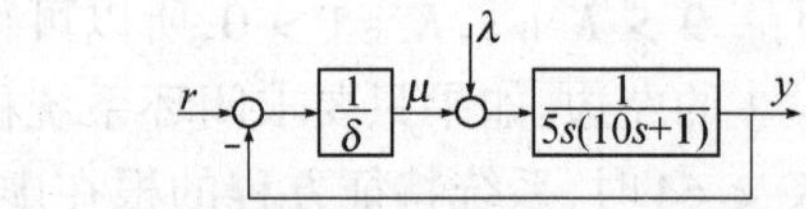

图 4 – 10　习题 4 – 1 的系统

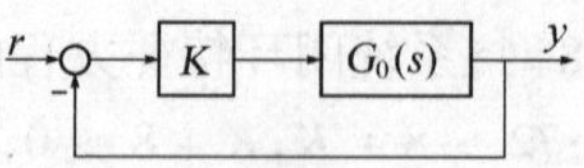

图 4 – 11　习题 4 – 4 的系统

4 – 4　单回路系统如图 4 – 11 所示，确定使系统闭环稳定时 K 的取值。

(1) 当 $G_0(s) = \dfrac{1}{s(s+1)(s+5)}$；

(2) 当 $G_0(s) = \dfrac{1}{s(s+2)(s^2+s+1)}$；

(3) 当 $G_0(s) = \dfrac{1}{s(0.1s+1)(0.25s+1)}$。

4 – 5　在习题 4 – 4 中，如果希望闭环特征方程的根在 s 平面左半平面内至少离虚轴距离为 1，求这时的 K 的取值。

4 – 6　系统框图如图 4 – 12 所示，确定使系统闭环稳定的 K 与 K_1 的取值。

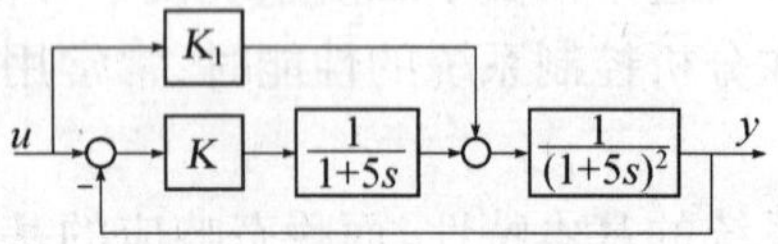

图 4 – 12　习题 4 – 6 框图

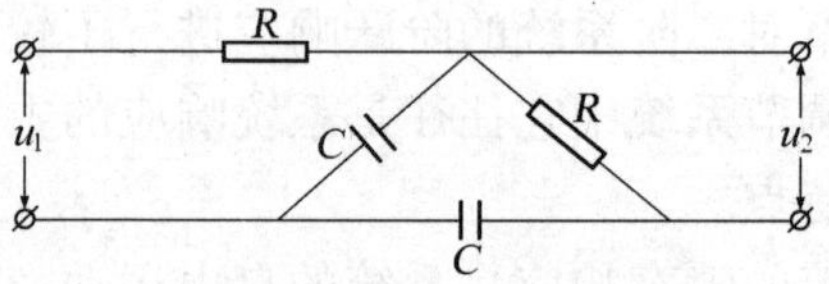

图 4 – 13　习题 4 – 8 电路图

4 – 7　设单回路反馈系统的开环传递函数为：

$$G_K(s) = \frac{K}{s\left(1+\dfrac{s}{3}\right)\left(1+\dfrac{s}{6}\right)}$$

若要求闭环特征方程的根的实部小于 – 1，问 K 的取值为多少？如果要求实部小于 – 2，K 又如何取值？

4 – 8　电路如图 4 – 13 所示。

(1) 求出 $G(s) = \dfrac{U_2(s)}{U_1(s)}$

(2) 要求输出 u_2 的瞬态响应为非周期过程，对参数 R 和 C 有什么要求？

第5章 线性控制系统的根轨迹分析

根轨迹法是求取系统特征方程根的一种图解方法。所谓**根轨迹**，是指坐标图(根平面)上描绘出的，当系统中一个参数值改变时特征方程根的变化曲线。

在介绍根轨迹法之前，先说明两个经常用到的术语：

(1) 系统的开环传递函数

设图5－1为所研究的调节系统，这个系统有一个闭合回路，系统的特征方程为：

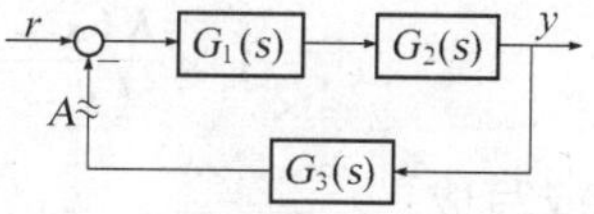

图5－1 说明开环传递函数的示意图

$$1 + G_1(s)G_2(s)G_3(s) = 0$$

式中，$G_1(s)$，$G_2(s)$ 和 $G_3(s)$ 的乘积称为该系统的开环传递函数，用 $G_K(s)$ 表示，则系统的特征方程可表示为：

$$1 + G_K(s) = 0 \tag{5-1}$$

如果系统的闭合回路中有更多环节，那么它的开环传递函数 $G_K(s)$ 为这个闭合回路中所有串联着的各环节的传递函数的乘积。之所以称之为开环传递函数，是因为如果设想闭合回路的反馈通道不接入(在图5－1中 A 处断开)，使系统处在开环(即不闭合)状态，此时，从前向通道第一个环节 $G_1(s)$ 的输入到反馈环节 $G_3(s)$ 的输出之间各环节的综合传递函数就是 $G_K(s)$。(5－1)式的关系表示出，可以用系统开环时的传递函数来研究系统的特性。

(2) 传递函数的零点和极点

无论是系统的闭环传递函数还是系统的开环传递函数，一般都可表示为：

$$G(s) = \frac{b_m s^m + b_{m-1}s^{m-1} + \cdots + b_1 s + b_0}{a_n s^n + a_{n-1}s^{n-1} + \cdots + a_1 s + a_0}$$

$$= \frac{K(s - Z_1)(s - Z_2)\cdots(s - Z_m)}{(s - P_1)(s - P_2)\cdots(s - P_n)} \tag{5-2}$$

式中，$P_1, P_2, \cdots, P_n; Z_1, Z_2, \cdots, Z_m$ 可能是实数也可能是复数。

当 $s = Z_1$ 或 $Z_2, \cdots, Z_m$ 等代入(5－2)式时，$G(s) = 0$，故称 $Z_1, Z_2, \cdots, Z_m$ 为(系统的闭环或开环)传递函数 $G(s)$ 的**零点**。

当 $s = P_1$ 或 $P_2, \cdots, P_n$ 等代入(5－2)式时，$G(s) \to \infty$，故称 $P_1, P_2, \cdots, P_n$ 为(系统的闭环或开环)传递函数的**极点**。系统(闭环)传递函数的极点就是系统特征方程的根。

§5.1 根轨迹的概念

设系统的开环传递函数为 $G_K(s)$，它可以表示成：

$$G_K(s) = G_1(s)G_2(s)G_3(s) = \frac{b_m s^m + \cdots + b_1 s + b_0}{a_n s^n + \cdots + a_1 s + a_0} \quad (n \geqslant m)$$

$$= \frac{K(s - Z_1)\cdots(s - Z_m)}{(s - P_1)\cdots(s - P_n)} \tag{5-3}$$

式中：K—— 系统的开环增益；

Z_j—— 系统的开环零点($j = 1,2,\cdots,m$)；

P_i—— 系统的开环极点($i = 1,2,\cdots,n$)。

由于开环传递函数 $G_K(s)$ 是各个环节传递函数的乘积，所以开环零点 Z_j 和开环极点 P_i 很容易求得。

系统的闭环特征方程为：

$$1 + G_K(s) = 0$$

$$1 + \frac{K(s - Z_1)\cdots(s - Z_m)}{(s - P_1)\cdots(s - P_n)} = 0 \tag{5-4}$$

或写成：

$$(s - P_1)\cdots(s - P_n) + K(s - Z_1)\cdots(s - Z_m) = 0 \tag{5-5}$$

当 $n \geqslant m$ 时，闭环特征方程也是 n 次的，它有 n 个根 $r_1, r_2, \cdots, r_n$。显然，当 $n \geqslant 3$ 时，要通过(5－5)式求出 n 个闭环特征方程的根是很困难的。

将(5－4)式的闭环特征方程改写成：

$$\frac{K(s - Z_1)\cdots(s - Z_m)}{(s - P_1)\cdots(s - P_n)} = -1 \tag{5-6}$$

若 s 是闭环特征方程的根，则它一定满足方程(5－6)式。如果在复平面上标出系统的开环零点 Z_j 和开环极点 P_i，如图5－2所示。

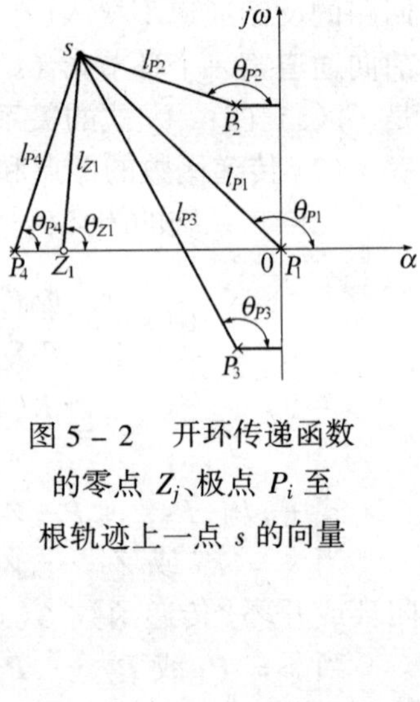

图5－2　开环传递函数的零点 Z_j、极点 P_i 至根轨迹上一点 s 的向量

选择任意一个点 s，则(5－6)式中的$(s - Z_j)$和$(s - P_i)$就是复平面上从开环零点 Z_j 和开环极点 P_i 开始指向 s 的向量，它们可以用模和幅角表示。例如：

$$s - Z_1 = l_{Z1}e^{j\theta_{Z1}}$$

$$s - Z_2 = l_{Z2}e^{j\theta_{Z2}}$$

……

$$s - P_1 = l_{P1}e^{j\theta_{P1}}$$

$$s - P_2 = l_{P2}e^{j\theta_{P2}}$$

……

闭环特征方程(5－6)式可写成：

$$\frac{Kl_{Z1}\cdots l_{Zm}e^{j(\theta_{Z1}+\theta_{Z2}+\cdots+\theta_{Zm})}}{l_{P1}\cdots l_{Pn}e^{j(\theta_{P1}+\theta_{P2}+\cdots+\theta_{Pn})}} = 1 \cdot e^{\pm(2N+1)j\pi} \tag{5-7}$$

从而可得到：

$$\begin{cases} \dfrac{K\prod l_{Zj}}{\prod l_{Pi}} = 1 & (5-8a) \\ \sum \theta_{Zj} - \sum \theta_{Pi} = \pm(2N+1)\pi & (5-8b) \end{cases}$$

也就是将闭环特征方程(5－6)式化成了两个方程(5－8a)式和(5－8b)式,若 s 是闭环特征方程的根(或称闭环极点),那么它一定同时满足(5－8a)式和(5－8b)式,其中(5－8a)式称**模值条件**,(5－8b)式称**幅角条件**。

(5－8a)式和(5－8b)式给出了如何通过开环零点 Z_j 和开环极点 P_i 在复平面上找出闭环极点的原则方法,它可以表示成:

(1) 在复平面上标出开环零点 Z_j 和开环极点 P_i;

(2) 在复平面上任取一点 s,连接开环零点 Z_j 和开环极点 P_i 到该点的向量$(s-Z_j)$和$(s-P_i)$;

(3) 计算幅角 $\sum\theta_{Zj}-\sum\theta_{Pi}$ 是否满足(5－8b)式,若满足,则可能是闭环特征方程的根;

(4) 在满足(5－8b)式关系的可能的闭环极点中,再找出满足(5－8a)式的点,它们就是闭环特征方程的根。

显然,上述原则方法实际上是要经过无数次的试凑才能找到闭环极点的。其中,满足幅角条件(5－8b)式的点是闭环特征方程根的集合。如果假定系统的开环增益 K 从零变化到无穷大,那么闭环极点在复平面上就会运动出 n 条轨迹,这就是**闭环根轨迹**。

开环增益 K 在单回路系统中与调节器的比例带 δ 有直接关系。如果开环增益 K 一定,而某个开环极点 P_1 或开环零点在复平面上的位置发生变化,闭环极点的轨迹也会变化,原则上也可作出闭环根轨迹,但就更复杂一些。下面只讨论开环增益 K 从零变化到无穷大时,作闭环特征方程根轨迹的一些问题和方法。

§5.2 作闭环根轨迹图的几条规则

设系统的闭环特征方程为:

$$1+G_K(s)=1+\frac{K(s-Z_1)\cdots(s-Z_m)}{(s-P_1)\cdots(s-P_n)}=0 \qquad (n\geqslant m) \tag{5-9}$$

式中:K—— 系统的开环增益为所研究的可变参数。

K 从零变化到无穷大时的根轨迹,可根据以下几条规则画出其大致位置和形状。

规则1:根轨迹的分支数

根轨迹的分支数等于系统特征方程的最高阶数,当(5－9)式中的 $n\geqslant m$ 时,根轨迹有 n 个分支。根轨迹的每一个分支表示出当系统的开环增益 K 变化时,特征方程中的一个根的变化情况。

规则2:根轨迹的起点和终点

1. 起点:$K=0$ 时根轨迹上的点。

根轨迹的模值条件为:

$$\left|\frac{(s-Z_1)(s-Z_2)\cdots(s-Z_m)}{(s-P_1)(s-P_2)\cdots(s-P_n)}\right|=\frac{1}{K} \tag{5-10}$$

为了满足根轨迹上述模值条件,当 $K\to0$ 时,s 值必须趋近于开环极点 $P_1,P_2,\cdots,P_n$ 中的一个。因此,$K=0$ 时根轨迹的起点就是开环传递函数的各个极点。开环传递函数有 n 个极点时，根轨迹有 n 个起点。

2. 终点：$K \to \infty$ 时根轨迹上的点。

为了满足(5 - 10)式根轨迹的模值条件，当 $K \to \infty$ 时，s 必须满足下面两个条件之一：

(1) 趋近于开环零点 $Z_1, Z_2, \cdots, Z_m$ 中的一个；

(2) 当 $n > m$ 时，$s \to \infty$。根轨迹的终点数必须等于起点数，因此当 $n > m$ 时，就有 m 分支根轨迹趋近于开环传递函数的零点，还有 $(n - m)$ 分支根轨迹趋向无穷远处(这意味着开环传递函数还有 $n - m$ 个零点在无穷远处)。

以上这两条规则主要是对特征方程为(5 - 6)式的系统而言的，这种系统具有 n 个开环有限极点，m 个开环有限零点和 $n - m$ 个开环无穷远零点(当 $n > m$ 时)。这时根轨迹的分支数等于开环有限极点数 n，各支根轨迹起自 n 个开环极点，终止于 n 个开环零点(包括无穷远零点在内)。

如果系统的开环有限极点数 n 少于开环有限零点数 $m(n < m)$，那么这个系统将有 n 个开环有限极点，$m - n$ 个开环无穷远极点和 m 个开环有限零点。这时根轨迹的分支数等于开环有限零点数 m，各支根轨迹起自 m 个极点(包括无穷远极点在内)，终止于 m 个零点。

因此，如果我们把无穷远处的开环极点和开环零点都包括在内，那么总可以说系统开环极点的数目等于开环零点的数目，而系统的根轨迹起自开环极点，终止于开环零点。

规则 3：根轨迹在实轴上的位置

根轨迹在实轴上的位置，由位于实轴上的开环极点和零点来确定：如果在实轴上某一段的右边，位于实轴上的开环极点和零点的总数是奇数，那么这一段就是根轨迹的一部分。

例如，在图 5 - 3 中，P_1 和 Z_1 点之间是根轨迹(在这一段右边有一个极点)；P_2 点的左边都是根轨迹(在这一段右边，零点和极点总数为 3 个)。

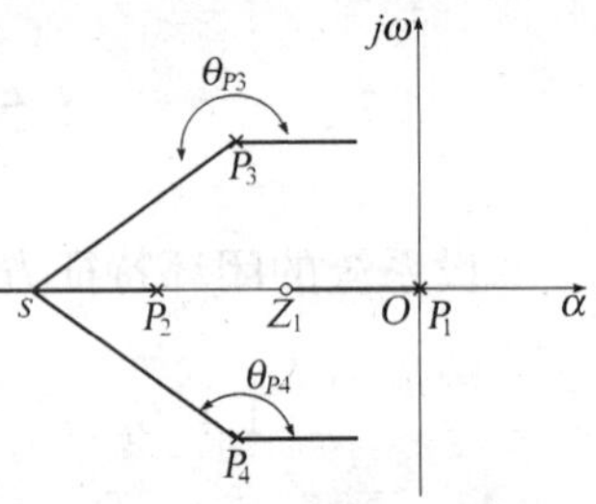

图 5 - 3　实轴上的根轨迹

开环传递函数的复数零点和极点(如图 5 - 3 中的 P_3, P_4)对决定实轴上的根轨迹没有影响($\because \theta_{P3} + \theta_{P4} = 360°$)。

上述结论可用根轨迹的幅角条件来证明。

规则 4：不在实轴上的根轨迹必对称于实轴

这是因为，复数根总是共轭的，即复数根总是成对出现而且对称于实轴的。因此，不在实轴上的根轨迹必对称于实轴。

规则 5：根轨迹的渐近线

系统开环传递函数的极点数 n 超过零点数 m 时，有 $n - m$ 支根轨迹的终点趋向无穷大，即当 $K \to \infty$ 时，$s \to \infty$。当 $s \to \infty$ 时，根轨迹趋近于某一直线，此直线称为根轨迹的**渐近线**。

1. 渐近线与实轴的夹角。

设渐近线与实轴的夹角为 ϕ，ϕ 角的数值按下式计算：

$$\phi = \pm \frac{2N + 1}{n - m} \times 180° \quad (N = 0, 1, 2 \cdots) \tag{5 - 11}$$

式中：n—— 系统开环传递函数极点的数目；

m—— 系统开环传递函数零点的数目。

$N = 0$ 时，求出与实轴最小夹角的渐近线；$N = 1, 2 \cdots$ 时，得出其它的渐近线。但根轨迹的渐近线只有 $n - m$ 条，N 的数值继续增加时，所求得的 ϕ 角将使渐近线重复。

(5 - 11) 式可从根轨迹的幅角条件得到，由于 $s \to \infty$ 时，所有从开环零点和极点至 s 点的向量都具有同样的幅角 ϕ。因此，此时根轨迹的幅角条件可写为：

$$(\theta_{Z1} + \theta_{Z2} + \cdots + \theta_{Zm}) - (\theta_{P1} + \theta_{P2} + \cdots + \theta_{Pn}) = (m - n)\phi = \pm(2N + 1) \times 180°$$

此即(5 - 11) 式。

2. 渐近线与实轴的交点。

设渐近线与实轴的交点坐标为 σ，则

$$\sigma = \frac{(P_1 + P_2 + \cdots + P_n) - (Z_1 + Z_2 + \cdots + Z_m)}{n - m}$$

$$= \frac{\sum_{i=1}^{n} P_i - \sum_{j=1}^{m} Z_j}{n - m} \qquad (5 - 12)$$

式中：P_i—— 开环传递函数各极点的数值；

Z_j—— 开环传递函数各零点的数值；

n, m—— 分别为开环传递函数的极点数与零点数。

极点和零点的数值(P_i 和 Z_j) 可能是复数，但由于复数总是共轭出现的，因此 σ 的数值总是实数。

(5 - 12) 式的简要证明如下：

当 $s \to \infty$ 时，对 s 而言，开环传递函数的零点和极点可以看作都集中在实轴上坐标为数 σ 的某一点，或者说开环传递函数的零点和极点所对应的各因子$(s - Z_j)_{j=1,2,\cdots,m}$ 和 $(s - P_i)_{i=1,2,\cdots,n}$ 都可用$(s - \sigma)$来代替，即成立下列关系：

$$\frac{K(s - Z_1)(s - Z_2)\cdots(s - Z_m)}{(s - P_1)(s - P_2)\cdots(s - P_n)} \approx \frac{K(s - \sigma)^m}{(s - \sigma)^n} = \frac{K}{(s - \sigma)^{n-m}} \qquad (5 - 13)$$

将上式左右两边分别展开如下：

$$左边 = \frac{K[s^m + (-Z_1 - Z_2 - \cdots - Z_m)s^{m-1} + \cdots]}{s^n + (-P_1 - P_2 - \cdots - P_n)s^{n-1} + \cdots}$$

$$= \frac{K}{s^{n-m} + [(-P_1 - P_2 - \cdots - P_n) - (-Z_1 - Z_2 - \cdots - Z_m)]s^{n-m-1} + \cdots}$$

$$右边 = \frac{K}{s^{n-m} + (n - m)(-\sigma)s^{n-m-1} + \cdots}$$

对比等号两边的展开式，可以看出 s 的最高阶项s^{n-m} 的系数已相同，而 s^{n-m-1} 项的系数也应相同，即

$$(n - m)\sigma = (P_1 + P_2 + \cdots + P_n) - (Z_1 + Z_2 + \cdots + Z_m)$$

这就是(5 - 12) 式。

规则 6：根轨迹与实轴的相交点(分离点或会合点)

根轨迹与实轴相交，表示 K 变化到某一数值时，特征方程出现两个相等的实根。如果实轴上的根轨迹位于两个相邻的开环极点之间，则此两极点之间必有根轨迹的分离点，即当 K 逐渐增加时，从两极点出发的两支根轨迹逐渐靠拢，相遇后离开实轴。如果实轴上的根轨迹

位于两个相邻的开环零点之间,则此两零点之间必有根轨迹的会合点,即当 K 增加到一定数值时,两支对称于实轴的根轨迹趋近实轴,并在实轴上会合。如果实轴上的根轨迹位于一个开环极点和一个开环零点之间,则一般不存在分离点或会合点,但也可能既有分离点又有会合点。

根轨迹与实轴的相交点可由下列关系进行计算:

如果系统的特征方程为:

$$1+\frac{KB(s)}{A(s)}=0 \tag{5-14}$$

或

$$K=-\frac{A(s)}{B(s)} \tag{5-15}$$

式中,$A(s)$,$B(s)$ 都是 s 的多项式,K 为系统的开环增益,则根轨迹与实轴的交点可以在

$$\frac{\mathrm{d}K}{\mathrm{d}s}=0 \tag{5-16}$$

的关系式中求出。

由(5 - 16)式中求出的根 $s=s_1$ 必须与本规则一开始讨论的位置相符合:即所求出的 $s=s_1$ 值必须是实数,相应的 K 必须是正的值。

上述方法是根据特征方程出现重根的条件得出的。因为(5 - 14)的特征方程可写成:

$$f(s)=A(s)+KB(s)=0 \tag{5-17}$$

上式对 s 求导数:

$$\frac{\mathrm{d}f(s)}{\mathrm{d}s}=\frac{\mathrm{d}A(s)}{\mathrm{d}s}+K\frac{\mathrm{d}B(s)}{\mathrm{d}s}=0 \tag{5-18}$$

如果系统特征方程有重根,则 s 等于重根时此两式必须同时满足。由此两式可求出出现重根时的 K 值和重根的值。

由(5 - 18)式得:

$$K=-\frac{A'(s)}{B'(s)}$$

代入(5 - 17)式得:

$$A(s)B'(s)-A'(s)B(s)=0 \tag{5-19}$$

由(5 - 19)式可求出重根的数值。

而从(5 - 17)式得

$$K=-\frac{A(s)}{B(s)}$$

$$\frac{\mathrm{d}K}{\mathrm{d}s}=-\frac{A'(s)B(s)-A(s)B'(s)}{[B(s)]^2} \tag{5-20}$$

可见:$\frac{\mathrm{d}K}{\mathrm{d}s}=0$时,就得到求系统特征方程重根的(5 - 19)式。因而(5 - 16)式可用来求出

根轨迹与实轴的交点。

规则 7:根轨迹与虚轴的交点

根轨迹与虚轴的交点可以在写出系统的特征方程后,用劳斯判据或试探方法求出,也可以令特征方程中的 $s = j\omega$,然后再分别使其虚部和实部等于零,求出 ω 和 K 的值,则 $\pm j\omega$ 就是根轨迹与虚轴的交点。

规则 8:根轨迹从开环复数极点出发时的出射角和到达开环复数零点时的入射角

如果系统开环传递函数中有复数极点(或复数零点),应了解根轨迹在复数极点(或复数零点)处的切线倾角,即出射角(或入射角)。在求出射角(或入射角)时,只要假定根轨迹上一点 S_1 趋近于该复数极点(或复数零点),于是就可以根据根轨迹幅角条件计算出出射角(或入射角)。如图 5 - 4 中,复数极点 P_1 的出射角 θ_{P1} 可按以下关系计算:

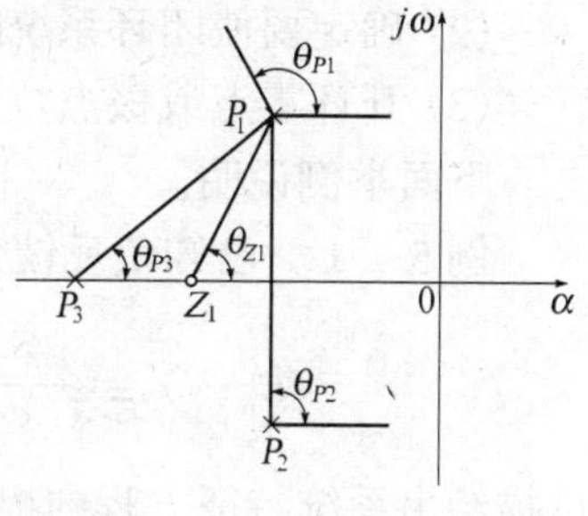

图 5 - 4　复数极点的出射角

$$\theta_{Z1} - \theta_{P1} - \theta_{P2} - \theta_{P3} = -180°$$

其中,$\theta_{P2} = 90°$。

则:　$\theta_{P1} = 90° + \theta_{Z1} - \theta_{P3}$

规则 9:系统特征方程的根和开环传递函数极点的关系

如果开环传递函数的极点数为 n,零点数为 m,而且 $n \geqslant m + 2$,则系统特征方程的所有根的和等于开环各极点值的和。证明如下:

设系统的开环传递函数 $G_K(s)$ 为:

$$G_K(s) = \frac{K(s - Z_1)\cdots(s - Z_m)}{(s - P_1)\cdots(s - P_n)} \tag{5 - 21}$$

式中:K—— 系统的开环增益;

Z_j—— 系统的开环零点($j = 1,2,\cdots,m$);

P_i—— 系统的开环极点($i = 1,2,\cdots,n$)。

当 $n \geqslant m + 2$ 时,系统的特征方程可写出为:

$$(s - P_1)\cdots(s - P_n) + K(s - Z_1)\cdots(s - Z_m) = s^n + (-P_1 - P_2 - \cdots - P_n)s^{n-1} + \cdots \tag{5 - 22}$$

如果系统特征方程的 n 个根为:$r_1, r_2, \cdots, r_n$,则

$$(s - r_1)(s - r_2)\cdots(s - r_n) = s^n + (-r_1 - r_2 - \cdots - r_n)s^{n-1} + \cdots \tag{5 - 23}$$

对比(5 - 22)式和(5 - 23)式可见:

$$r_1 + r_2 + \cdots + r_n = P_1 + P_2 + \cdots + P_n$$

即:

$$\sum_{i=1}^{n} r_i = \sum_{i=1}^{n} P_i \tag{5 - 24}$$

上式表明,在此情况下,系统特征方程各根之和将不随开环增益 K 的变化而改变。

应用以上几条规则往往可以较方便地描绘出根轨迹的大致形状,如果需要确定根轨迹上几点确切的数值,就可以在所画出的根轨迹附近用(5 - 8b)式的幅角条件来求出。至于在根轨迹上某一点处的 K 值,则可用(5 - 8a)式的模值条件求出。

§5.3　根轨迹作图举例

根据上面介绍的根轨迹作图的规则,可以利用已知的系统的开环零点和极点作出闭环系统的根轨迹的大致形状,这样,就可以对系统的特性进行一些分析,如:

(1) 分析开环增益变化时,对系统稳定性的影响。

(2) 确定要使闭环系统瞬态响应具有一定要求时的开环增益的大小。

(3) 开环零点或极点位置变化时,对闭环根轨迹的影响。

下面举例说明。

例 5－1　已知负反馈系统的开环传递函数为:

$$G_K(s) = \frac{K}{s(s+1)(s+2)}$$

试描绘出系统特征方程的根轨迹,并:

(1) 确定使系统闭环稳定时 K 的大小;

(2) 求使系统瞬态响应中振荡成分的阻尼系数 $\zeta = 0.5$ 时 K 的值。

解:根轨迹的形状如图 5－5 所示,作图的步骤如下:

(1) 在复平面上标出开环零点和开环极点的位置,在本例中,开环极点为:$p_1 = 0$,$p_2 = -1$,$p_3 = -2$,无有限的开环零点。

(2) 根轨迹的分支数:由规则 1,$n = 3$,所以有三个分支。

(3) 根轨迹的起点和终点:

由规则 2,根轨迹的起点($K = 0$)就是三个开环极点 p_1, p_2, p_3;根轨迹的终点($K = \infty$)为无穷开环零点。所以根轨迹的终点在无穷远处。

(4) 根轨迹在实轴上的位置:

由规则 3,在负实轴上[0, －1]和(－∞, －2]为根轨迹的一部分。

(5) 根轨迹的渐近线:

由规则 5,可以得根轨迹的渐近线与实轴的夹角 ϕ:

$$\phi = \pm\frac{(2N+1)\pi}{n-m} = \pm\frac{2N+1}{3}\pi$$

令:$N = 0,1,2$ 可以得到:

$$\phi = 60^\circ, \phi = -60^\circ \text{ 和 } \phi = -180^\circ$$

根轨迹渐近线与实轴的交点 σ 为

$$\sigma = \frac{\sum P_i - \sum Z_j}{n-m} = \frac{0-1-2}{3} = -1$$

根据 ϕ 和 σ 的值,可以画出根轨迹的渐近线。

(6) 根轨迹在实轴上的分离点(或根轨迹与实轴的交点)

在实轴的 p_1 和 p_2 之间有根轨迹的分离点,分离点的位置由规则 6 求出。

系统的闭环特征方程为:

$$1+\frac{K}{s(s+1)(s+2)}=0$$

所以 $K=-s(s+1)(s+2)=-(s^3+3s^2+2s)$

$$\frac{\mathrm{d}K}{\mathrm{d}s}=-(3s^2+6s+2)=0$$

可以求出：

$$s=-1\pm\frac{\sqrt{3}}{3}$$

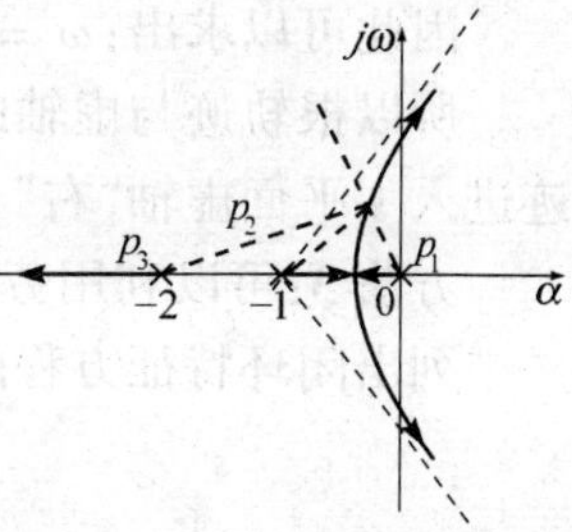

图 5－5　例 5－1 的根轨迹

在本例中分离点只可能在 0 和 －1 之间，所以分离点在实轴上的位置应为：

$$s=-1+\frac{\sqrt{3}}{3}=-0.423$$

到此，可以画出根轨迹的大致形状，如图 5－5 所示。

(1) 确定使系统处于边界稳定的 K 值。

从根轨迹的大致形状可以看到当 K 变大时，闭环根轨迹将变到在 s 平面的虚轴“右”边，这时闭环系统就不稳定了。所以，根轨迹与虚轴相交时的 K 值就是边界稳定时 K 的取值，只有当 K 的值小于交点处的 K 值时，闭环根轨迹在 s 平面虚轴“左”边，闭环系统才是稳定的。这样就要求确定根轨迹与虚轴相交的确切位置，并求出交点处 K 的取值。其方法可以有如下三种：

方法 1：试凑作图的方法。

可以在图 5－5 根轨迹与虚轴交点处附近的虚轴上选一点 s，量出由三个开环极点 p_1，p_2 和 p_3 指向 s 的向量的幅角 θ_{p1}，θ_{p2} 和 θ_{p3} 值，如果这三个角的和 $\theta_{p1}+\theta_{p2}+\theta_{p3}=180°$，那么该点 s 就是特征方程在虚轴上的根（根轨迹的幅角条件），然后量出开环极点 p_1，p_2 和 p_3 到该点 s 的长度（模）l_{p1}，l_{p2} 和 l_{p3}。则可以计算出这时的 K 值为：

$K=l_{p1}l_{p2}l_{p3}$　（根轨迹的模条件）

方法 2：计算的方法。

系统的闭环特征方程为：

$$1+\frac{K}{s(s+1)(s+2)}=0$$

或

$$s^3+3s^2+2s+K=0$$

用 $s=j\omega$ 代入特征方程，可以得到：

$$(j\omega)^3+3(j\omega)^2+2(j\omega)+K=0$$

整理后，可得：

$$(K-3\omega^2)+j\omega(2-\omega^2)=0$$

$$\begin{cases}K-3\omega^2=0\\ \omega(2-\omega^2)=0\end{cases}$$

因此可以求出：$\omega = \pm\sqrt{2}, K = 6$。

所以根轨迹与虚轴的交点为 $\pm j\sqrt{2}$，这时的 K 值为 6，当 $K > 6$ 时，系统就不稳定(根轨迹进入 s 平面虚轴“右”边)。

方法 3：可以利用劳斯判据得到根轨迹与虚轴的交点及交点处的 K 值。

列出闭环特征方程的劳斯阵列：

$$\begin{array}{lll} s^3 & 1 & 2 \\ s^2 & 3 & K \\ s^1 & \dfrac{6-K}{3} & 0 \\ s^0 & K & \end{array}$$

根轨迹与虚轴相交时，说明闭环特征方程有对称于原点的根 $\pm j\omega$，那么就表示劳斯阵列在未计算完的时候，有某一行的系数全为零。在该例中就是 s^1 的行。从而可以得到：

$$\frac{6-K}{3} = 0，所以\ K = 6。$$

再利用全为零的一行的上一行的系数作辅助多项式 $f(s) = 3s^2 + K$，由 $f(s) = 0$ 可以求出对称于原点的根。即：

$$3s^2 + 6 = 0，所以\ s = \pm j\sqrt{2}。$$

(2) 确定使系统瞬态响应振荡成分的阻尼系数 $\zeta = 0.5$ 时 K 的值。

先确定根轨迹上 $\zeta = 0.5$ 时一对复根的位置。

当 $\zeta = 0.5$ 时，复根应在 $\beta = \arctan m = \arctan\dfrac{\alpha}{\omega} = \arctan\dfrac{\zeta}{\sqrt{1-\zeta^2}} = 30°$ 的斜线(或折线)AOC 上。所以根轨迹与折线 AOC 的交点就是使振荡成分具有 $\zeta = 0.5$ 时根的位置。得到了该交点，可以量出该交点与 p_1, p_2 和 p_3 的距离(模 l_{p1}, l_{p2} 和 l_{p3})，从而计算出这时的 K 的数值：$K = l_{p1}l_{p2}l_{p3}$。

(a) 可以试探出，该交点为 $s = -0.33 \pm j0.58$ (b) 可以根据图 5－5 的关系，用计算的方法得到 K 值，从图可见：

$$\theta_{p1} = 120°, \theta_{p2} + \theta_{p3} = 60°$$

$$\tan\theta_{p2} = \frac{\omega}{1-\alpha}, \tan\theta_{p3} = \frac{\omega}{2-\alpha}$$

$$\frac{\alpha}{\omega} = \frac{\zeta}{\sqrt{1-\zeta^2}} = \frac{1}{\sqrt{3}}$$

$$\tan(\theta_{p2} + \theta_{p3}) = \tan 60° = \sqrt{3} = \frac{\tan\theta_{p2} + \tan\theta_{p3}}{1 - \tan\theta_{p2}\tan\theta_{p3}} = \frac{\dfrac{\omega}{1-\alpha} + \dfrac{\omega}{2-\alpha}}{1 - \dfrac{\omega}{1-\alpha}\cdot\dfrac{\omega}{2-\alpha}}$$

从上述关系中可以求出 ω 和 α 的大小，$\omega = \dfrac{\sqrt{3}}{3}, \alpha = \dfrac{1}{3}$。

从而可以求出：$l_{p1} = \sqrt{\alpha^2 + \omega^2}$

$$l_{p2} = \sqrt{(1-\alpha)^2 + \omega^2}$$

$$l_{p3} = \sqrt{(2-\alpha)^2 + \omega^2}$$

所以　　$K = l_{p1} l_{p2} l_{p3} = 1.04$。

(3) 同时,还可以求出当 $\zeta = 0.5$ 时,系统闭环特征方程的另一个负实根的大小。从上面的讨论可见,一对复根为:$s_{1,2} = -\dfrac{1}{3} \pm j\dfrac{\sqrt{3}}{3}$。

设另一个负实根为 α_3,则由规则 9 可得,$\sum r_i = \sum p_i$ (这里 $n = 3, m = 0$ 满足:$n \geqslant m + 2$),所以可以求出:

$$\alpha_3 + s_1 + s_2 = \sum p_i = -3$$

$$\alpha_3 = -3 - s_1 - s_2 = -3 + \frac{2}{3} = -2\frac{1}{3} = -\frac{7}{3} = -2.33$$

也可在图 5-5 上标出来。

例 5-2　单回路系统的闭环特征方程为:

$$s(s+1)(s+2) + K(s+a) = 0$$

(1) 当 $a = 3$ 时,确定使系统闭环稳定时 K 的取值;

(2) 当 a 变化时,系统根轨迹的变化情况是怎样的?

解:系统的开环传递函数为:

$$G_K(s) = \frac{K(s+a)}{s(s+1)(s+2)}$$

根据根轨迹的作图规则,当 $a = 3$ 时,可以作出根轨迹的大致形状如图 5-6 所示。

渐近线就是虚轴,所以不论 K 取何值(0 ~ ∞),闭环根轨迹不会到 s 平面虚轴的"右"边去,闭环系统总是稳定的。

当 a 从等于 3 增大,也就是开环零点向左移动,那么渐近线就会由虚轴($a = 3$)向右移动,如虚线的位置,这时,当 K 大到一定数值时,系统的根轨迹就会进入 s 平面虚轴的"右"边,系统就会不稳定,所以为使闭环稳定,K 的取值就受到限制。

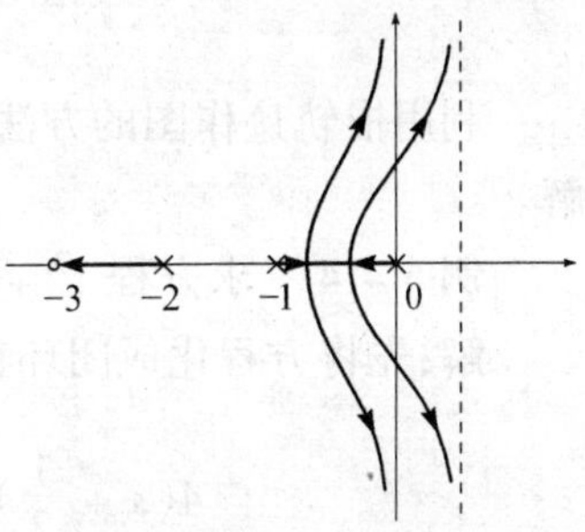

图 5-6　例 5-2 的根轨迹

当开环零点向右移动时(a 从等于 3 向小的方向变化),则根轨迹的渐近线向左移动(从虚轴开始),这样根轨迹不会进入虚轴"右"边,所以不论 K 的取值大小,闭环系统总是稳定的。

例 5-3　如果在复平面(s 平面)上已标出开环零、极点的位置,作出系统的闭环根轨迹的大致形状。

解:可用图 5-7 表示。

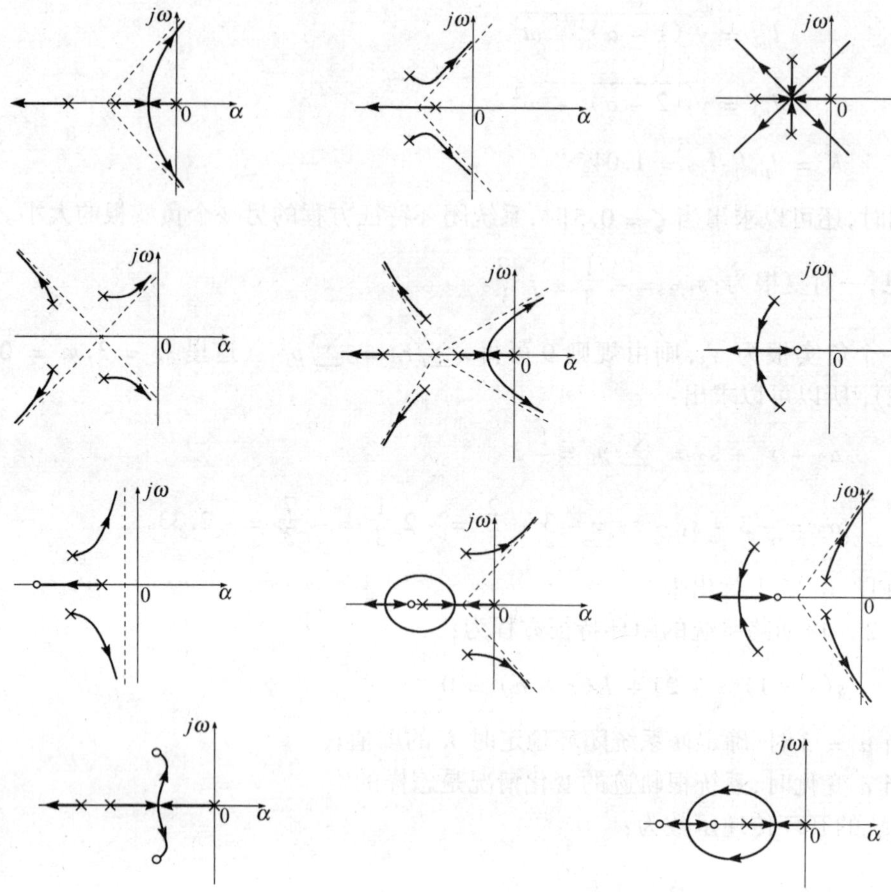

图 5 - 7　开环零、极点的分布及相应的根轨迹图

利用根轨迹作图的方法还可以用类似于下面例子的方法求解高次代数方程根的近似解。

例 5 - 4　求方程 $s^3+3s^2+4s+2=0$ 的根。

解:先将方程化成闭环特征方程 $1+G_K(s)=0$ 的形式,可以有多种不同的形式:

$$1+\frac{4(s+\frac{1}{2})}{s^2(s+3)}=0 \text{ 或 } 1+\frac{2}{s^3+3s^2+4s}=0 \text{ 或 } 1+\frac{3s^2+2}{s^3+4s}=0$$

化成何种形式,应考虑作图的方便,选择 $G_K(s)=\dfrac{4(s+\frac{1}{2})}{s^2(s+3)}$ 为例。

设开环增益为 K,作出闭环根轨迹,最后确定当 $K=4$ 时的闭环极点(根轨迹)的位置,就是上述方程的解。

上述系统的闭环根轨迹如图 5 - 8 所示。

在根轨迹上任取一点 s,可以得到从开环零点(z_j)和开环极点(p_i)到该点的模(长度)l_{pi},l_{zj},当该点满足根轨迹的模值条件

$$K = \frac{\prod l_{pi}}{\prod l_{zj}} = 4$$

时，它就是闭环极点，即闭环特征方程的根，这里，K 是已知的数值。在该例中，先在实轴$(-3, -\frac{1}{2})$寻找，用试凑的方法可以得到当 $s = -1$ 时，$l_{p1} = l_{p2} = 1, l_{p3} = 2, l_{z1} = \frac{1}{2}$，所以满足：

$$K = 4 = \frac{l_{p1} l_{p2} l_{p3}}{l_{z1}}$$

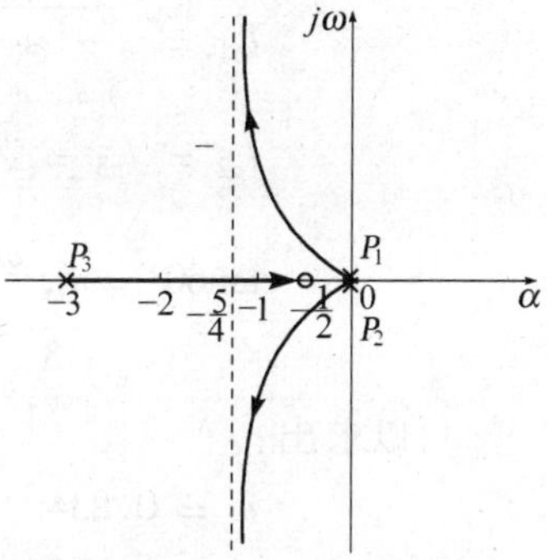

图 5－8　例 5－4 的根轨迹图

所以方程的一个实根为 $s_1 = -1$，已知了一个根，可以知道三次方程的另外两个根一定在非实轴上另外两个根轨迹分支上，即为共轭复根，它们是 $s_{2,3} = -1 \pm j$。

从上面的几个简单例子知道，可以通过作图的方法，在已知开环零点和极点的情况下，作出闭环根轨迹，对系统进行分析。单回路反馈控制系统的开环增益 K 主要反映了控制系统中调节器的参数比例增益（或比例带）的大小。所以通过根轨迹作图的方法，可以确定调节器的一个参数。

例 5－5　单回路系统如图 5－9 所示。用根轨迹作图的方法确定使系统闭环时的瞬态响应具有 $\psi = 0.75(m = 0.221)$ 时的 δ 的大小。

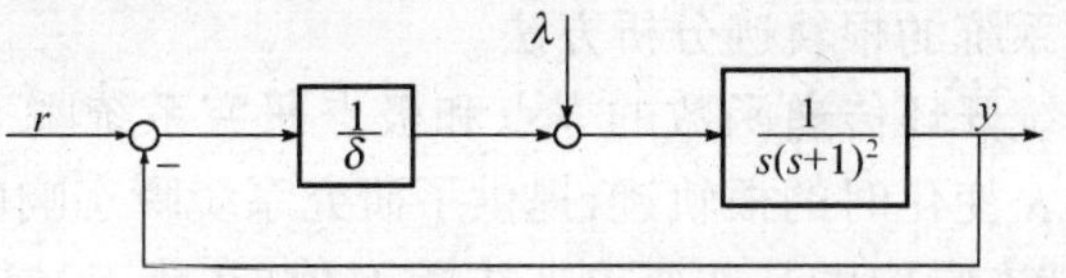

图 5－9　例 5－5 的框图

解：系统的开环传递函数为：

$$G_K(s) = \frac{\frac{1}{\delta}}{s(s+1)^2}$$

设 $K = \frac{1}{\delta}$，可以作出系统的闭环根轨迹如图 5－10 所示。

再在图 5－10 上作出 $\beta = \arctan m = \arctan 0.221 = 12°28'$ 的斜线，它与根轨迹的交点为 A。交点处的 K 值 $(\frac{1}{\delta})$ 就是使闭环瞬态响应 $\psi = 0.75$ 时的参数值。可以用作图或几何的方法求出：$K = 1.392$。

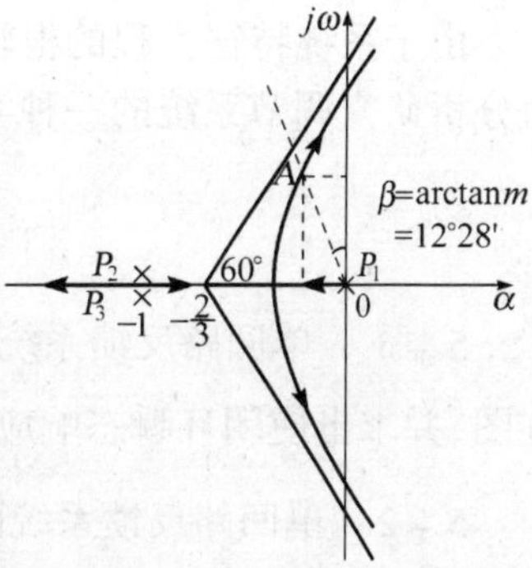

图 5－10　例 5－5 的根轨迹

或用近似的方法认为交点就是 $\beta = \arctan m$ 的斜线与渐近线的交点，这样，用几何的方法就很方便求出它的近似值。设交点为 $s = -\alpha \pm j\omega$，则：

$$\frac{\alpha}{\omega} = m = 0.221$$

$$l_{p1} = \sqrt{\alpha^2 + \omega^2}$$

$$l_{p2} = l_{p3} = \sqrt{(1-\alpha)^2 + \omega^2}$$

$$\tan 60^\circ = \frac{\omega}{\frac{2}{3} - \alpha} = \sqrt{3}$$

可以求出:

$$\omega = 0.834$$
$$\alpha = 0.184$$

所以:

$$l_{p1} = 1.017$$

$$l_{p2} = l_{p3} = 1.17$$

所以:

$$K = \frac{1}{\delta} = 1.392 \text{ 或 } \delta = 0.72 = 72\%$$

§5.4 小　结

本章介绍线性控制系统的根轨迹分析方法。

根轨迹法是根据系统开环传递函数的零点和极点研究系统瞬态响应的一种方法。在 s 平面上画出当系统增益 K 变化时的根轨迹,提供了研究系统瞬态响应的充分资料。利用根轨迹图,可以根据对系统瞬态响应的某些要求来选择 K 值(在热工过程自动控制系统中,系统的开环增益 K 中常包含调节器的比例带)。当然也可以用根轨迹来研究改善系统瞬态响应的措施。例如,在系统的开环传递函数中适当地增加(或移动)零点或极点,以改变系统的主导极点。

由于系统特征方程的根轨迹可以用一些基本规则较方便地画出,因此根轨迹法可以作为分析研究调节系统的一种实用方法。

习　题　5

5－1　单回路反馈系统的开环传递函数为:$G_K(s) = \dfrac{K(s+1)}{s(s+2)(s+3)}$,画出闭环根轨迹图,并求出使闭环瞬态响应主导振荡成分的阻尼系数 $\zeta = 0.5$ 时 K 的取值。

5－2　单回路反馈系统的开环传递函数为:$G_K(s) = \dfrac{K}{s(s+4)(s^2+4s+20)}$,画出闭环根轨迹图,并确定系统边界稳定时 K 的取值。

5－3　系统的闭环特征方程为:$s(s+1)(s+2)(s+3) + K(s+4) = 0$,画出闭环根轨迹图,并确定使系统稳定时 K 的大小。

5－4　系统的开环零点、极点的位置如图 5－11 所示,画出闭环根轨迹。

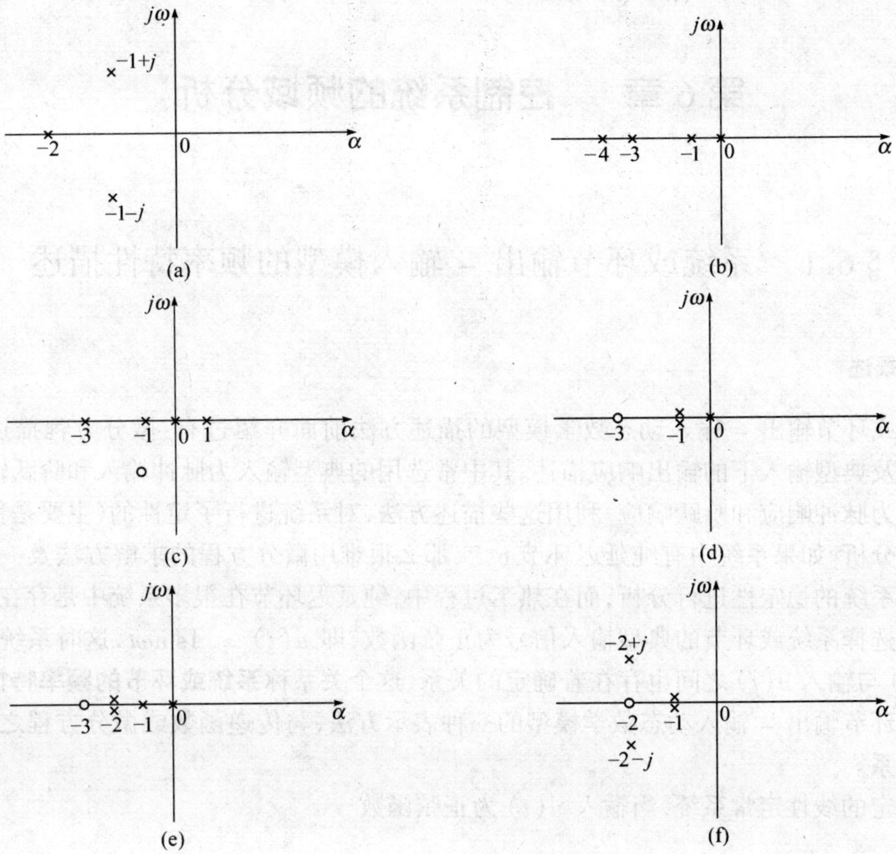
jω
−1+j
−2
0
α
−1−j
(a)
jω
−4
−3
−1
0
α
(b)
jω
−3
−1
0
1
α
(c)
jω
−3
−1
0
α
(d)
jω
−3
−2
−1
0
α
(e)
jω
−2+j
−2
−1
0
α
−2−j
(f)

图 5－11　习题 5－4 图

第 6 章　控制系统的频域分析

§6.1　系统或环节输出 - 输入模型的频率特性描述

一、概述

系统或环节输出 - 输入动态数学模型的描述方法前面介绍过有：微分方程描述、传递函数描述及典型输入下的输出响应描述。其中常选用的典型输入为脉冲输入和阶跃输入，得到的输出为脉冲响应和阶跃响应。利用这些描述方法，对系统进行了定性的（主要是稳定性）及定量的分析。如果系统中有纯延迟环节 $e^{-\tau s}$，那么很难用微分方程的求解方法及一般的代数判据对系统的稳定性进行分析，而在热工过程中，纯延迟环节在很多系统中是存在的。

如果选择系统或环节的典型输入信号为正弦函数，即 $u(t) = A\sin\omega t$，这时系统的稳态输出 $y(t)$ 与输入 $u(t)$ 之间也存在着确定的关系，这个关系称**系统或环节的频率特性**，它也是系统或环节输出 - 输入动态数学模型的一种表示方法，与传递函数或微分方程之间有着确定的联系。

对稳定的线性定常系统，当输入 $u(t)$ 为正弦函数

$$u(t) = A\sin\omega t \tag{6-1}$$

输出 $y(t)$ 在稳态时也是正弦函数

$$y(t) = B\sin(\omega t + \theta) \tag{6-2}$$

输入与输出的振荡频率 ω 相同，振幅与相位不同，当 ω 改变时，有：

$$\frac{B}{A} = M(\omega) \tag{6-3}$$

$$\theta = \theta(\omega) \tag{6-4}$$

说明：稳态时输出与输入的振幅比是频率 ω 的函数，输出与输入的相位差 θ 也是频率 ω 的函数，其中 $M(\omega)$ 称系统的**幅频特性**，$\theta(\omega)$ 称系统的**相频特性**，合起来称系统的**频率特性**或**频率响应特性**。

频率特性是系统或环节输出 - 输入动态数学模型的一种描述方法。

二、频率特性与传递函数的关系

如果稳定的线性定常系统的传递函数 $G(s)$ 为：

$$G(s) = \frac{Y(s)}{U(s)} = \frac{W(s)}{N(s)} = \frac{W(s)}{(s-s_1)(s-s_2)\cdots(s-s_n)} \tag{6-5}$$

式中：$s_1, s_2, \cdots, s_n$——传递函数的极点，它们可以是实数或共轭复数，由于是稳定的系统所以一定是负实数或实部为负的共轭复数。

当输入 $u(t) = A\sin\omega t$ 时，

$$U(s) = \frac{A\omega}{s^2 + \omega^2} = \frac{A\omega}{(s + j\omega)(s - j\omega)} \tag{6-6}$$

$$Y(s) = G(s)U(s) = \frac{A\omega}{(s + j\omega)(s - j\omega)} \cdot \frac{W(s)}{(s - s_1)(s - s_2)\cdots(s - s_n)} \tag{6-7}$$

用部分分式展开可得到：

$$Y(s) = G(s)U(s) = \frac{a_1}{s + j\omega} + \frac{a_2}{s - j\omega} + \frac{k_1}{s - s_1} + \frac{k_2}{s - s_2} + \cdots + \frac{k_n}{s - s_n} \tag{6-8}$$

式中：a_1, a_2 和 $k_1, k_2, \cdots, k_n$——待定系数，可以用第二章附录中的方法得到。即：

$$\left.\begin{aligned} a_1 &= G(s)\frac{A\omega}{s^2 + \omega^2}(s + j\omega)\Big|_{s=-j\omega} = -\frac{A}{2j}G(-j\omega) = -\frac{A}{2j}|G(j\omega)|e^{-j\angle G(j\omega)} \\ a_2 &= G(s)\frac{A\omega}{s^2 + \omega^2}(s - j\omega)\Big|_{s=j\omega} = \frac{A}{2j}G(j\omega) = \frac{A}{2j}|G(j\omega)|e^{j\angle G(j\omega)} \\ k_i &= G(s)\frac{A\omega}{s^2 + \omega^2}(s - s_i)\Big|_{s=s_i} \end{aligned}\right\} \tag{6-9}$$

求出 a_1, a_2 和 $k_i(i = 1,2,\cdots,n)$ 后，

$$y(t) = L^{-1}[Y(s)] = L^{-1}\left[\frac{a_1}{s + j\omega} + \frac{a_2}{s - j\omega} + \frac{k_1}{s - s_1} + \cdots\cdots\right]$$

$$= a_1e^{-j\omega t} + a_2e^{j\omega t} + k_1e^{s_1t} + \cdots\cdots + k_ne^{s_nt} \tag{6-10}$$

由于 $s_i(i = 1,2,\cdots,n)$ 为负实数或实部为负的共轭复数，所以当 $t \to \infty$ 时，$y(t)$ 表达式中的第三项开始的后面各项都趋于零，这时输出 $y(t)$ 只剩下稳态量，它为：

$$y(t) = a_1e^{-j\omega t} + a_2e^{j\omega t} = A \cdot |G(j\omega)| \cdot \frac{e^{j[\omega t + \angle G(j\omega)]} - e^{-j[\omega t + \angle G(j\omega)]}}{2j}$$

$$= A \cdot |G(j\omega)| \cdot \sin[\omega t + \angle G(j\omega)] = B\sin(\omega t + \theta) \tag{6-11}$$

式中：B——输出幅值；

θ——输出与输入的相位差。

在上面的表达式中 $G(j\omega)$ 是 $G(s)$ 中 s 用 $j\omega$ 代入的结果，它一定是一个复数，可以用模与幅角表示，即：

$$G(j\omega) = G(s)|_{s=j\omega} = M(\omega)e^{j\theta(\omega)} \tag{6-12}$$

所以有：

$$\frac{B}{A} = M(\omega) = |G(j\omega)| \tag{6-13}$$

$$\theta = \theta(\omega) = \angle G(j\omega) \tag{6-14}$$

它表示，当输入为正弦函数 $u(t)=A\sin\omega t$ 时，输出的稳态分量为 $B\sin(\omega t+\theta)$，而且，存在(6－13)和(6－14)式的关系，所以 $G(j\omega)$ 就是系统的频率特性，可以直接在系统的传递函数表达式中 s 用 $j\omega$ 代替而得到。

频率特性 $G(j\omega)$ 是一个复数，可以用模 $M(\omega)$ 和幅角 $\theta(\omega)$ 表示，它们表示了输出－输入的动态特性。所以 $G(j\omega)$ 也是系统输出－输入描述的一种形式，它是在频率域内对系统的描述，其中 $M(\omega)$ 是幅频特性，$\theta(\omega)$ 是相频特性，它们都是频率 ω 的函数。

如果系统是稳定的，那么在正弦输入的作用下，其输出的稳定分量也一定是正弦函数；如果系统是不稳定的，那么系统的输出不可能达到稳态，所以无法直接观察到稳定的正弦输出。对线性系统来说，在系统的输出中可以将稳态分量和暂态分量分离出来，而且其稳态分量的特性并不依赖系统的稳定性，所以频率特性的概念可以扩展为：在正弦输入作用下，线性定常系统输出的稳态分量与输入之间的关系，所以仍可用下式表示：

$$G(j\omega)=G(s)\Big|_{s=j\omega}=M(\omega)e^{j\theta(\omega)}$$

三、频率特性的图形表示

$G(j\omega)=M(\omega)e^{j\theta(\omega)}$ 可以用图形表示，常用的方法有：

1. 幅频特性图与相频特性图

在直角坐标中，横坐标以频率 ω 为变量，纵坐标分别为 $M(\omega)$ 和 $\theta(\omega)$ 所表示的图形分别称系统或环节的**幅频特性图**和**相频特性图**。

2. 极坐标图表示的幅相特性图（乃奎斯特 Nyquist 图）

在复平面上用模 $M(\omega)$ 与幅角 $\theta(\omega)$ 表示的图形，它是一个向量的矢端轨迹，称**幅相特性图**或称**乃奎斯特轨迹**。

3. 对数频率特性图（伯德 Bode 图）

直角坐标上，横坐标以 $\lg\omega$ 为变量，纵坐标分别为 $20\lg M(\omega)$（分贝）和 $\theta(\omega)$，得到**对数幅频特性图**和**对数相频特性图**，或称**伯德图**。这样的表示方法可以极大地方便作图。

例：如果 $G(s)=G_1(s)G_2(s)$，则

$$G(j\omega)=G_1(j\omega)G_2(j\omega)=M_1(\omega)M_2(\omega)e^{j[\theta_1(\omega)+\theta_2(\omega)]} \tag{6－15}$$

若已知 $G_1(j\omega)$ 和 $G_2(j\omega)$ 的对数频率特性可以方便的求出 $G(j\omega)$ 的对数频率特性。对数特性图的应用十分广泛，可参见有关教科书。

§6.2　基本环节的频率特性

环节的输出－输入动态特性可以用频率特性描述，下面分别介绍基本环节的频率特性。

一、简单环节的频率特性

常见的简单环节有：比例环节、积分环节、微分环节、一阶实际微分环节、一阶惯性环节和纯迟延环节。它们的传递函数、频率特性及频率特性的幅频、相频及幅相特性图形，可用

表 6－1 表示。

表 6－1　几种环节的频率响应特性举例

环节名称	传递函数	频率响应函数	幅频特性和相频特性	幅 相 特 性
积分环节	$G(s)=\frac{1}{T_a s}$	$G(j\omega)=\frac{1}{T_a j\omega}=\frac{1}{T_a\omega}e^{-j\frac{\pi}{2}}$ $\lvert G(j\omega)\rvert=\frac{1}{T_a\omega}$ $\angle G(j\omega)=-90°$	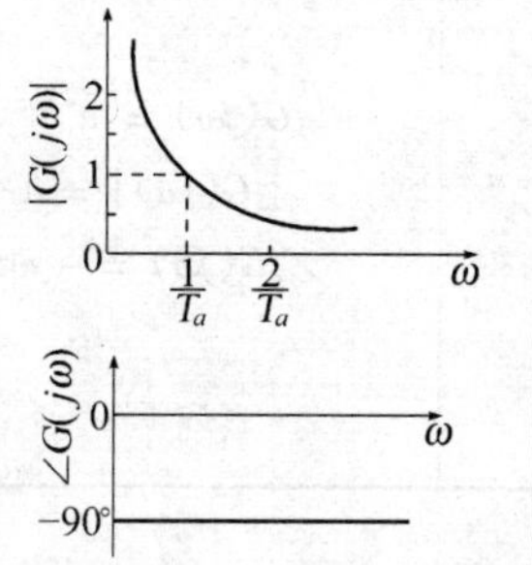	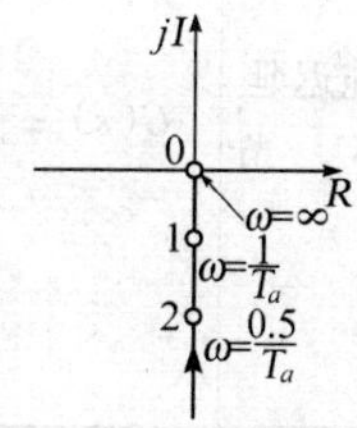
微分环节	$G(s)=T_d s$	$G(j\omega)=T_d j\omega=T_d\omega e^{j\frac{\pi}{2}}$ $\lvert G(j\omega)\rvert=T_d\omega$ $\angle G(j\omega)=90°$	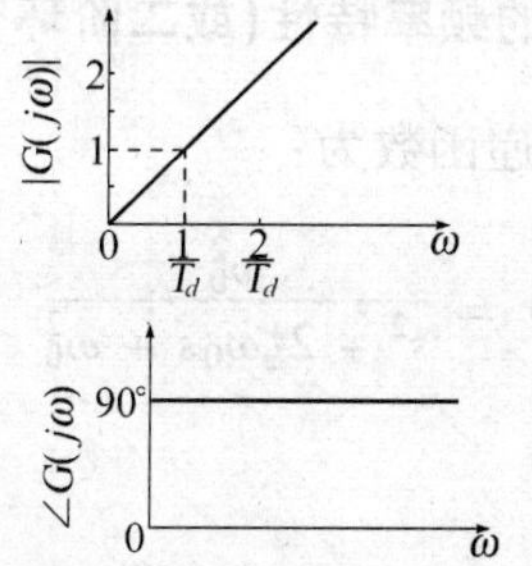	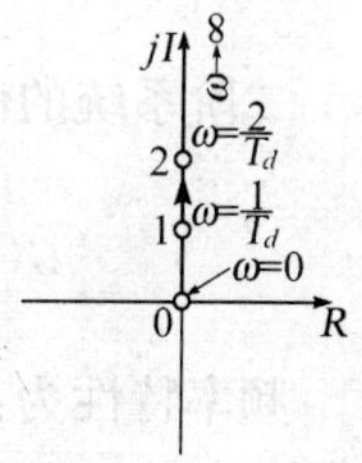
一阶惯性环节	$G(s)=\frac{k}{T_c s+1}$	$G(j\omega)=\frac{k}{T_c j\omega+1}$ $=\frac{k}{\sqrt{1+T_c^2\omega^2}}e^{-j\arctan T_c\omega}$ $\lvert G(j\omega)\rvert=\frac{k}{\sqrt{1+T_c^2\omega^2}}$ $\angle G(j\omega)=-\arctan T_c\omega$	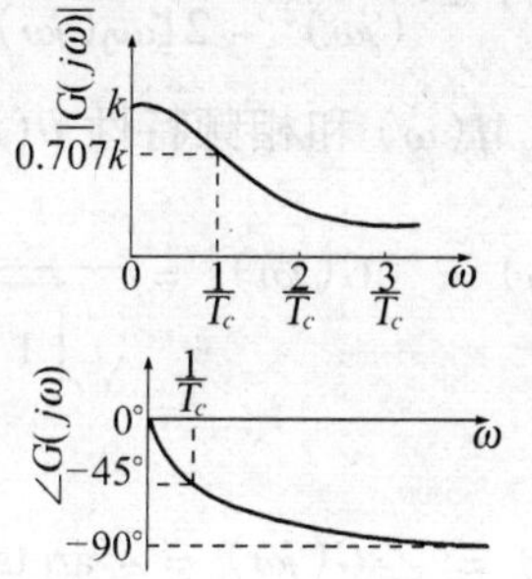	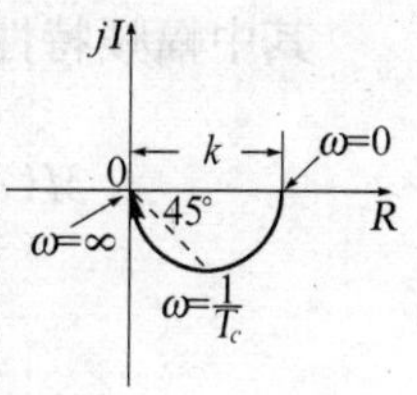
一阶实际微分环节	$G(s)=\frac{k_D T_D s}{T_D s+1}$	$G(j\omega)=\frac{k_D T_D j\omega}{T_D j\omega+1}$ $=\frac{k_D T_D\omega}{\sqrt{1+T_D^2\omega^2}}e^{j(\frac{\pi}{2}-\arctan T_D\omega)}$ $\lvert G(j\omega)\rvert=\frac{k_D T_D\omega}{\sqrt{1+T_D^2\omega^2}}$ $\angle G(j\omega)=\frac{\pi}{2}-\arctan T_D\omega$	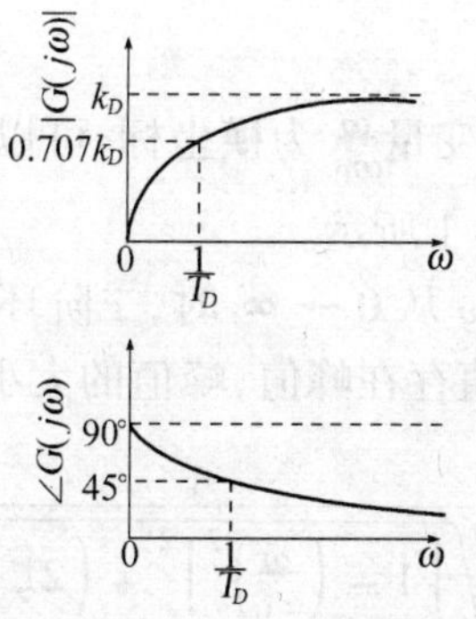	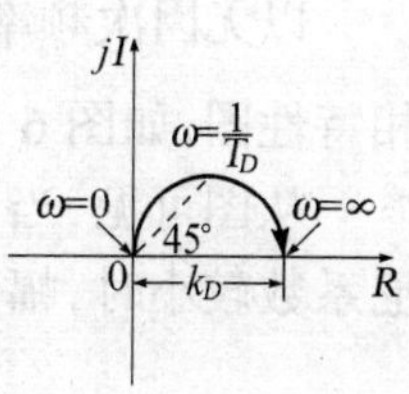

续表 6 – 1

环节名称	传递函数	频率响应函数	幅频特性和相频特性	幅相特性
纯迟延环节	$G(s)=\mathrm{e}^{-s\tau}$	$G(j\omega)=\mathrm{e}^{-j\omega\tau}$ $\lvert G(j\omega)\rvert=1$ $\angle G(j\omega)=-\omega\tau$	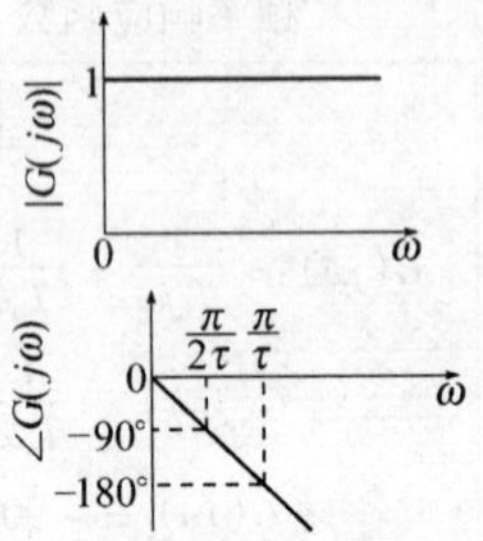	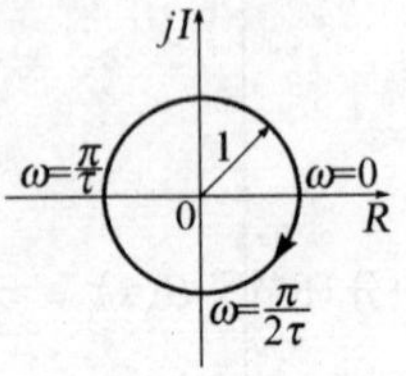

二、二阶系统的频率特性(或二阶环节的频率特性)

二阶系统的传递函数为:

$$G(s)=\frac{\omega_0^2}{s^2+2\zeta\omega_0 s+\omega_0^2} \tag{6-16}$$

频率特性为:

$$G(j\omega)=\frac{\omega_0^2}{(j\omega)^2+2\zeta\omega_0(j\omega)+\omega_0^2} \tag{6-17}$$

其中幅频特性 $M(\omega)$ 和相频特性 $\theta(\omega)$ 分别为:

$$M(\omega)=\lvert G(j\omega)\rvert=\frac{1}{\sqrt{\left[1-\left(\frac{\omega}{\omega_0}\right)^2\right]^2+\left(2\zeta\frac{\omega}{\omega_0}\right)^2}} \tag{6-18}$$

$$\theta(\omega)=\angle G(j\omega)=-\arctan\frac{2\zeta\frac{\omega}{\omega_0}}{1-\left(\frac{\omega}{\omega_0}\right)^2} \tag{6-19}$$

以无因次频率变量$\frac{\omega}{\omega_0}$为横坐标,可以画出不同阻尼系数 ζ 时的幅频、相频特性图及幅相特性图,如图 6 – 1 所示。

从图可见,当 ω 从 $0\to\infty$ 时,二阶环节的幅值从 1 变化到 0,幅角从 0 变化到 $-\pi$,当阻尼系数较小时,幅值存在峰值,峰值的大小及频率可以用下面的方法求得:

由:$M(\omega)=\frac{1}{\sqrt{\left[1-\left(\frac{\omega}{\omega_0}\right)^2\right]^2+\left(2\zeta\frac{\omega}{\omega_0}\right)^2}}$,令$\frac{\mathrm{d}M}{\mathrm{d}\omega}=0$,可以求得:

$$\omega_r=\omega_0\sqrt{1-2\zeta^2} \tag{6-20}$$

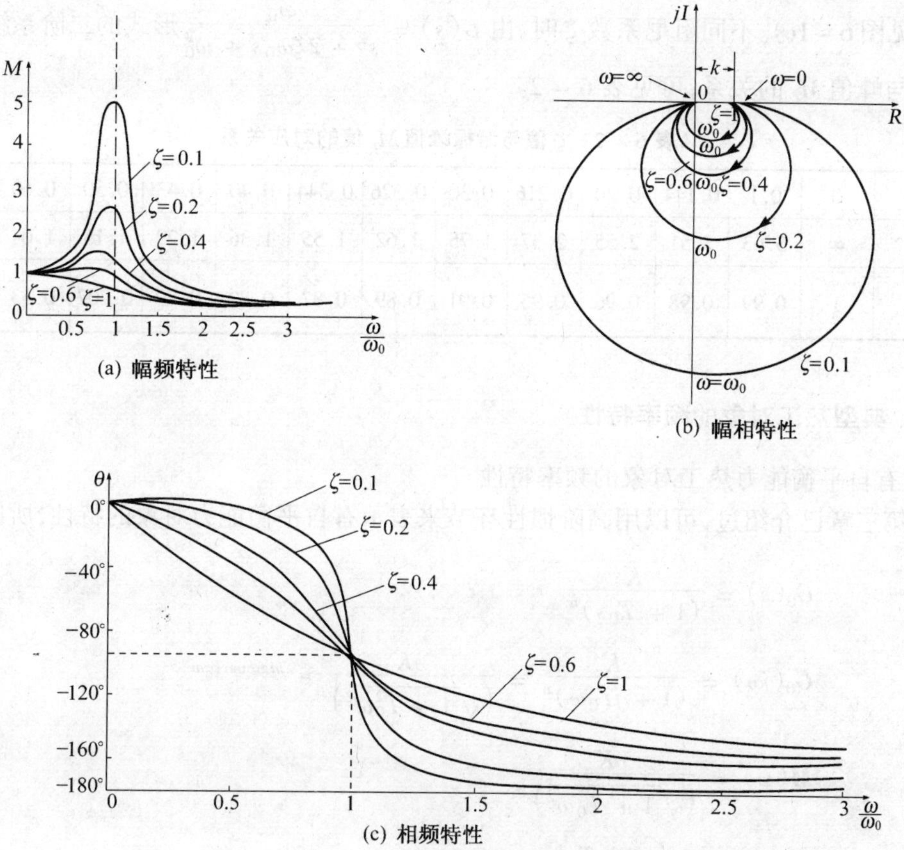

图 6－1　二阶系统或二阶环节的频率特性图

式中：ω_r——**峰值频率或谐振频率**。

将(6－20)式代入模的表达式中可以得到谐振峰值的值 M_r 为：

$$M_r = M(\omega_r) = \frac{1}{2\zeta\sqrt{1-\zeta^2}} \tag{6-21}$$

谐振时的幅角：

$$\theta(\omega) = \theta(\omega_r) = -\arctan\frac{\sqrt{1-2\zeta^2}}{\zeta} \tag{6-22}$$

当 $\zeta = 0$ 时，(即无阻尼时) $M_r = \infty$，$\omega_r = \omega_0$，这表明当输入正弦信号的频率等于无阻尼二阶系统的自然振荡频率 ω_0 时引起系统**共振**，使系统的输出幅值会趋于无穷大。

当 $0 < \zeta < 0.707$ 时，存在谐振频率 ω_r，因为 $\sqrt{1-2\zeta^2}$ 为正值，这时，$M_r > 1$，谐振频率 ω_r 小于阻尼振荡频率 ω_n($\omega_n = \omega_0\sqrt{1-\zeta^2}$)，$\zeta$ 值越小，峰值 M_r 越大，谐振频率 ω_r 越高。

当 $\zeta > 0.707$ 时，不再存在谐振频率，也不存在峰值 M_r，$M(\omega)$ 呈单调衰减，二阶系统在 $0.707 < \zeta < 1$ 时，系统的瞬态响应还是衰减振荡，但不会出现谐振。

当 $\zeta > 1$ 时，即在过阻尼时，$G(j\omega)$ 的幅相特性近似为一个半圆，当 $\omega = \omega_0$ 时，幅角为

$-\dfrac{\pi}{2}$。(见图6-1c)。不同阻尼系数ζ时,由 $G(s)=\dfrac{\omega_0}{s^2+2\zeta\omega_0 s+\omega_0^2}$形式的二阶系统的阻尼系数$\zeta$与峰值$M_r$的关系,可见表6-2。

表6-2　ζ值与谐振峰值M_r值的对应关系

ζ	0	0.1	0.144	0.20	0.216	0.30	0.326	0.344	0.40	0.43	0.50	0.60	0.707
M_r	∞	5.63	3.51	2.55	2.37	1.75	1.62	1.55	1.36	1.29	1.15	1.04	1
$\dfrac{\omega_r}{\omega_0}$	1	0.99	0.98	0.96	0.95	0.91	0.89	0.87	0.82	0.79	0.707	0.53	0

三、典型热工对象的频率特性

1. 有自平衡能力热工对象的频率特性

在第三章已介绍过,可以用高阶惯性环节来表示有自平衡能力对象的特性,所以

$$G_0(s)=\frac{K}{(1+T_0 s)^n} \tag{6-23}$$

$$G_0(j\omega)=\frac{K}{(1+jT_0\omega)^n}=\frac{K}{\left(\sqrt{1+T_0^2\omega^2}\right)^n}e^{-jn\arctan T_0\omega} \tag{6-24}$$

$$M(\omega)=\frac{K}{\left(\sqrt{1+T_0^2\omega^2}\right)^n} \tag{6-25}$$

$$\theta(\omega)=-n\arctan T_0\omega \tag{6-26}$$

其频率特性图可用图6-2表示,幅相特性(Nyquist轨迹)是一条蜗壳形状的曲线。

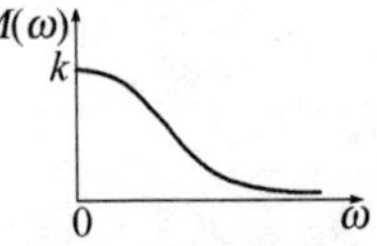

(a) 幅频特性

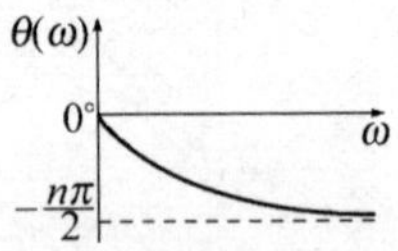

(b) 相频特性

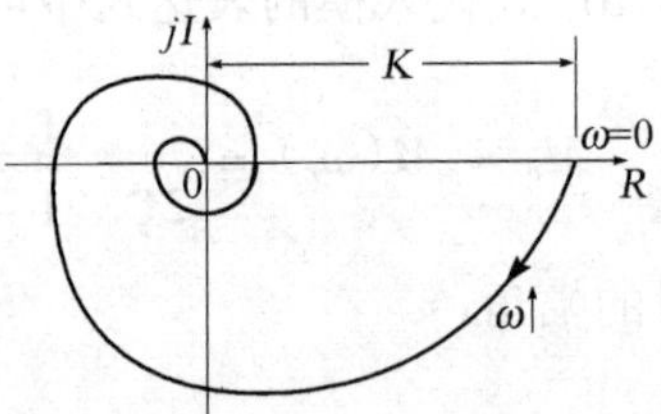

(c) 幅相特性

图6-2　有自平衡能力多容对象的频率特性

当$\omega=0$时,$M(\omega)=K$,随着ω的增大,幅值越来越小,曲线顺时针转过n个象限,最终当$\omega\to\infty$时,模趋于零。从幅频及相频特性图可见,有自平衡能力对象具有低通滤波特性,输出总是滞后于输入。

2. 无自平衡能力热工对象的频率特性

无自平衡能力热工对象可用如下传递函数表示:

$$G_0(s) = \frac{1}{T_a s(1 + T_0 s)^n} \tag{6-27}$$

其频率特性为：

$$G_0(j\omega) = \frac{1}{jT_a\omega(1 + jT_0\omega)^n} = \frac{1}{T_a\omega\left(\sqrt{1 + T_0^2\omega^2}\right)^n} e^{-j(\frac{\pi}{2} + n\arctan T_0\omega)} \tag{6-28}$$

$$M(\omega) = \frac{1}{T_a\omega\left(\sqrt{1 + T_0^2\omega^2}\right)^n} \tag{6-29}$$

$$\theta(\omega) = -(\frac{\pi}{2} + n\arctan T_0\omega) \tag{6-30}$$

其幅频、相频及幅相特性可用图 6－3 表示，其幅相特性在 $\omega = 0$ 时，$M(\omega) = \infty$，$\theta(\omega) = -\frac{\pi}{2}$；随着 ω 增加 $M(\omega)$ 变小，$\omega \to \infty$ 时，$M(\omega) \to 0$，无自平衡能力的对象也具有低通滤波特性，输出也是滞后于输入。

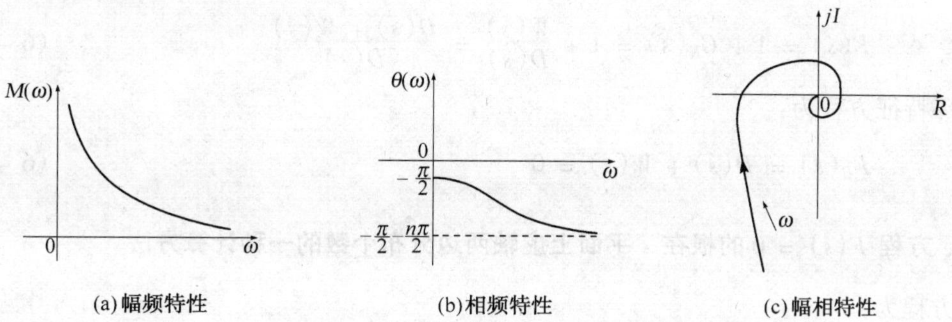

图 6－3　无自平衡能力对象的频率特性

§6.3　频率特性稳定性判据－乃奎斯特(Nyquist)判据

控制系统的稳定性是系统分析的重要内容，在实际工作中，应当首先分析系统的稳定性，若系统不稳定，那么其它分析也就没有意义了。乃奎斯特判据就是利用系统的开环频率特性判别和分析闭环系统稳定性的一种方法。由于是利用频率特性进行分析，所以是频域分析方法。

一、系统的开环传递函数与闭环特征多项式

设单回路反馈控制系统如图 6－4 所示。

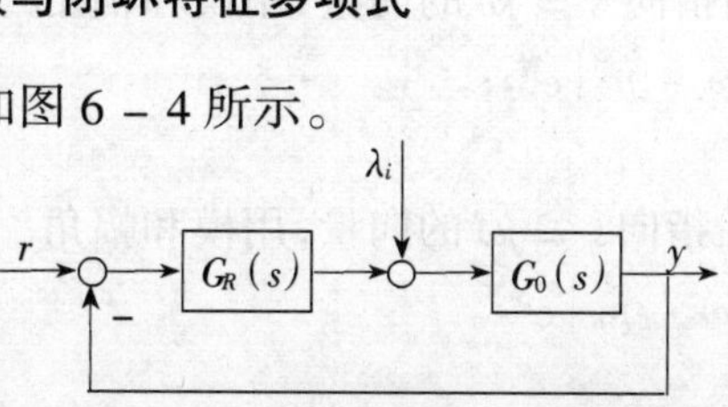

图 6－4　闭环系统方框图

图中：$G_R(s)$—— 调节器传递函数；

$G_0(s)$—— 对象传递函数；

r—— 给定值；

λ_i—— 扰动。

系统的闭环特征方程为：

$$1 + G_R(s)G_0(s) = 0 \tag{6-31}$$

$$1 + G_K(s) = 0 \tag{6-32}$$

式中：$G_K(s) = G_R(s)G_0(s)$—— 系统的**开环传递函数**。

系统的开环传递函数 $G_K(s) = G_R(s)G_0(s) = \dfrac{W(s)}{D(s)}$，它一般为一个分式多项式，则系统的开环特征方程为：

$$F_K(s) = D(s) = 0 \tag{6-33}$$

系统的闭环特征式为：

$$F(s) = 1 + G_K(s) = 1 + \frac{W(s)}{D(s)} = \frac{D(s) + W(s)}{D(s)} \tag{6-34}$$

闭环特征方程为：

$$F_C(s) = D(s) + W(s) = 0 \tag{6-35}$$

二、方程 $F(s) = 0$ 的根在 s 平面上虚轴两边分布个数的一种计算方法

设方程为：

$$\begin{aligned} F(s) &= a_n s^n + a_{n-1}s^{n-1} + \cdots + a_1 s + a_0 \\ &= a_n(s - p_1)(s - p_2)\cdots(s - p_n) \end{aligned} \tag{6-36}$$

式中：$p_1, p_2, \cdots, p_n$——$F(s) = 0$ 的根。

这些根在 s 平面上的分布情况可用图6-5表示，为了计算虚轴两边根的数目，在虚轴上任取一点 $s = j\omega$，则：

$$F(j\omega) = a_n(j\omega - p_1)(j\omega - p_2)\cdots(j\omega - p_n) \tag{6-37}$$

其中：$j\omega - p_1$—— 从 p_1 开始指向 $s = j\omega$ 的向量，用模和幅角表示为 $|j\omega - p_1|e^{j\phi_1}$；

$j\omega - p_2$—— 从 p_2 开始指向 $s = j\omega$ 的向量，用模和幅角表示为 $|j\omega - p_2|e^{j\phi_2}$；

⋮

$j\omega - p_n$—— 从 p_n 开始指向 $s = j\omega$ 的向量，用模和幅角表示为 $|j\omega - p_n|e^{j\phi_n}$。

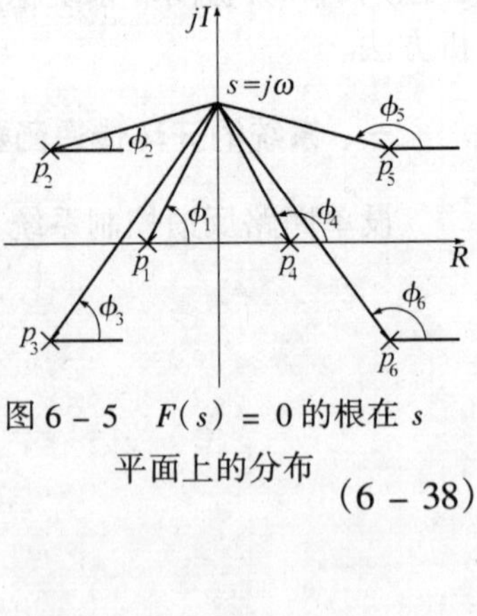

图6-5　$F(s) = 0$ 的根在 s 平面上的分布

所以：

$$F(j\omega) = F(s)|_{s=j\omega} = |F(j\omega)|e^{j\angle F(j\omega)} \tag{6-38}$$

模为：

$$|F(j\omega)| = a_n|j\omega - p_1|\cdot|j\omega - p_2|\cdots|j\omega - p_n| \tag{6-39}$$

幅角为：

$$\angle F(j\omega) = \phi_1 + \phi_2 + \cdots + \phi_n \tag{6-40}$$

如果令 ω 从 $-\infty$ 变化到 $+\infty$（向上），则虚轴两边的向量幅角的变化方向是不同的，位于虚轴“左”边的根当 ω 从 $-\infty$ 变化到 $+\infty$ 时，幅角的变化为从 $-\frac{\pi}{2}$ 逆时针变化到 $+\frac{\pi}{2}$，变化量为逆时针变化 180°；位于虚轴“右”边的根当 ω 从 $-\infty$ 变化到 $+\infty$ 时，幅角的变化量为顺时针变化 180°。如果 $F(s)=0$ 的 n 个根有 r 个在 s 平面虚轴“右”边，$(n-r)$ 个在虚轴的“左”边，则当 ω 从 $-\infty$ 变化到 $+\infty$ 时，$F(j\omega)$ 的幅角变化量：

$$\Delta\angle F(j\omega) = (n-r)\times 180° - r\times 180° = (n-2r)\times 180°\text{（逆时针）} \tag{6-41}$$

如果 $F(s)=0$ 的 n 个根全部在虚轴“左”边，则：

$$\Delta\angle F(j\omega) = n\times 180°\text{（逆时针）} \tag{6-42}$$

同时，从(6-39)式可见，只要 $F(s)=0$ 的根不在虚轴上，$|F(j\omega)|\neq 0$；如果 $F(s)=0$ 有根在虚轴上，即有 $s_1=\pm j\omega_1$ 的根，那么，ω 从 $-\infty\to+\infty$ 时，当 $s=s_1$，即 $\omega=\pm\omega_1$ 时，$|F(j\omega)|=0$。通过上面的讨论，可以给出用 $F(j\omega)$ 令 ω 从 $-\infty$ 变化到 $+\infty$ 时的轨迹来判断 $F(s)=0$ 的根在 s 平面虚轴两边个数的计算方法：

(1) 用 $j\omega$ 代入 $F(s)$ 的表达式，得到 $F(j\omega)=|F(j\omega)|e^{j\angle F(j\omega)}$（频率特性）；

(2) 令 ω 从 $-\infty\to+\infty$，作 $F(j\omega)$ 的轨迹（幅相特性），其矢端逆时针绕原点 $(0,j0)$ 转过 $\frac{n}{2}\times 360°$，即逆时针包围原点 $(0,j0)$ $\frac{n}{2}$ 圈，则 $F(s)=0$ 的根都在 s 平面虚轴的“左”边；

(3) 当 ω 从 $-\infty\to+\infty$ 时，$F(j\omega)$ 的矢端逆时针绕原点 $(0,j0)$ 转过 $(\frac{n}{2}-r)\times 360°$，即逆时针包围原点 $(0,j0)$ $(\frac{n}{2}-r)$ 圈，则有 r 个根在虚轴“右”边，$n-r$ 个根在虚轴“左”边；

(4) 当 ω 从 $-\infty\to+\infty$ 时，$F(j\omega)$ 的轨迹通过原点 $(0,j0)$，则 $F(s)=0$ 有在虚轴上的根，根的大小就是通过原点 $(0,j0)$ 时的 ω 值（$\pm j\omega$）。

三、乃奎斯特(Nyquist)判据

利用上面的方法，可以根据系统的开环频率特性 $G_K(j\omega)$ 分析闭环系统的稳定性。假设

$$F(s) = 1 + G_K(s) = \frac{D(s)+W(s)}{D(s)} = \frac{F_C(s)}{F_K(s)}$$

$$= \frac{K(s-p_1)(s-p_2)\cdots(s-p_n)}{(s-\overline{p_1})(s-\overline{p_2})\cdots(s-\overline{p_n})} \tag{6-43}$$

式中：$p_1,p_2,\cdots,p_n$—— 系统闭环特征方程的根，即 $F_C(s)=0$ 的根；

$\overline{p_1},\overline{p_2},\cdots,\overline{p_n}$—— 开环特征方程的根，即 $F_K(s)=0$ 的根。

用 $s=j\omega$ 代入(6-43)式，有：

$$F(j\omega) = 1 + G_K(j\omega) = \frac{K(j\omega-p_1)\cdots(j\omega-p_n)}{(j\omega-\overline{p_1})\cdots(j\omega-\overline{p_n})}$$

$$= \frac{K\prod |j\omega - p_i| e^{j(\phi_1+\phi_2+\cdots+\phi_n)}}{\prod |j\omega - \overline{p_i}| e^{j(\overline{\phi_1}+\overline{\phi_2}+\cdots+\overline{\phi_n})}} = \frac{K|F_C(j\omega)|}{|F_K(j\omega)|} e^{j(\sum\phi_i - \sum\overline{\phi_i})} \tag{6-44}$$

式中：ϕ_i—— 在 s 平面上，闭环特征方程的根 p_i 到 $j\omega$ 点的向量的幅角；

$\overline{\phi_i}$—— 在 s 平面上，开环特征方程的根 $\overline{p_i}$ 到 $j\omega$ 点的向量的幅角。

所以：

$$|F(j\omega)| = |1 + G_K(j\omega)| = \frac{K|F_C(j\omega)|}{|F_K(j\omega)|} \tag{6-45}$$

$$\angle F(j\omega) = \angle(1 + G_K(j\omega)) = \sum\phi_i - \sum\overline{\phi_i} \tag{6-46}$$

令 ω 从 $-\infty \to +\infty$ 变化，观察幅角的变化情况：

1. 若系统开环特征方程的 n 个根都在 s 平面虚轴的“左”边，也就是系统开环稳定。则当 ω 从 $-\infty \to +\infty$ 变化时，$F_K(j\omega)$ 的总的幅角变化为：

$$\Delta\angle F_K(j\omega) = \sum_{i=1}^{n}\Delta\overline{\phi_i} = n \times 180° \quad (\text{逆时针}) \tag{6-47}$$

在这样的条件下，如果：

(1) 闭环特征方程的 n 个根都在 s 平面虚轴“左”边，即闭环稳定。则当 ω 从 $-\infty \to +\infty$ 变化时，$F_C(j\omega)$ 的总的幅角变化为：

$$\Delta\angle F_C(j\omega) = \sum_{i=1}^{n}\Delta\phi_i = n \times 180° \quad (\text{逆时针}) \tag{6-48}$$

所以：

$$\Delta\angle F(j\omega) = \Delta\angle(1 + G_K(j\omega)) = \sum_{i=1}^{n}\Delta\phi_i - \sum_{i=1}^{n}\Delta\overline{\phi_i} = 0 \tag{6-49}$$

它表示 $F(j\omega) = 1 + G_K(j\omega)$ 的矢端不会绕原点 $(0, j0)$，也就是不包围原点 $(0, j0)$。

(2) 闭环特征方程的 n 个根中有 q 个在 s 平面虚轴的“右”边，有 $(n-q)$ 个根在虚轴“左”边，即闭环不稳定。则当 ω 从 $-\infty \to +\infty$ 变化时：

$$\Delta\angle F_C(j\omega) = \sum_{i=1}^{n}\Delta\phi_i = (n - 2q) \times 180° \quad (\text{逆时针}) \tag{6-50}$$

$$\begin{aligned}\Delta\angle F(j\omega) &= \Delta\angle(1 + G_K(j\omega)) = \sum_{i=1}^{n}\Delta\phi_i - \sum_{i=1}^{n}\overline{\phi_i} \\ &= (n-2q) \times 180° - n \times 180° = -q \times 360° \\ &= q \times 360° \quad (\text{顺时针})\end{aligned} \tag{6-51}$$

表示当 ω 从 $-\infty \to +\infty$ 变化时，$F(j\omega) = 1 + G_K(j\omega)$ 的矢端顺时针绕原点 $(0, j0)$ 包围 q 次。

(3) 闭环特征方程有根在虚轴上，而其余的根都在虚轴“左”边，也就是系统闭环为边界稳定。设该虚根为 $\pm j\omega_1$，这时，可以认为这对虚根位于虚轴"左"边，但离虚轴的距离为无穷小。因此，当 ω 从 $-\infty \to +\infty$ 变化时，$F(j\omega) = 1 + G_K(j\omega)$ 变化的角度仍为(6－49)式，即 $\Delta\angle F(j\omega) = 0$，所以 $F(j\omega) = 1 + G_K(j\omega)$ 的轨迹当 ω 从 $-\infty \to +\infty$ 变化时不包围原点 $(0, j0)$，但当 $\omega = \omega_1$ 时会通过原点 $(0, j0)$。

2. 若系统开环特征方程的 n 个根中有 r 个位于 s 平面虚轴的"右"边，有 $(n-r)$ 个根在 s 平面虚轴的"左"边，它表示系统开环不稳定。则当 ω 从 $-\infty \to +\infty$ 时：

$$\Delta\angle F_K(j\omega) = \sum_{i=1}^{n} \overline{\phi_i} = (n-r) \times 180° - r \times 180° = (n-2r) \times 180°(\text{逆时针}) \tag{6－52}$$

这时，如果闭环特征方程的 n 个根都在 s 平面虚轴的"左"边，也就是如果系统闭环稳定，则当 ω 从 $-\infty \to +\infty$ 时：

$$\Delta\angle F_C(j\omega) = n \times 180° \quad (\text{逆时针})$$

$$\Delta\angle F(j\omega) = n \times 180° - (n-2r) \times 180° = r \times 360°(\text{逆时针}) \tag{6－53}$$

它表示 $F(j\omega) = 1 + G_K(j\omega)$ 的轨迹逆时针包围原点 $(0, j0)$ r 次。

从上面讨论可以看出，根据系统的开环频率特性 $G_K(j\omega)$ 能够计算出闭环系统特征方程 $1 + G_K(s) = 0$ 的根在 s 平面上虚轴两边的分布数目。具体方法是：在 s 平面上作出 $1 + G_K(j\omega)$ 的轨迹（ω 从 $-\infty \to +\infty$），观察此轨迹与原点 $(0, j0)$ 的包围关系就可确切知道闭环特征方程的根在 s 平面上虚轴两边的分布数目。

如果用于判断闭环系统是否稳定，上面的讨论可以归纳成：

(1) 如果系统开环稳定（开环特征方程的根都在 s 平面虚轴"左"边），则闭环系统稳定的条件为：$1 + G_K(j\omega)$ 在复平面上的轨迹（ω 从 $-\infty \to +\infty$）不包围原点 $(0, j0)$。

(2) 如果系统开环不稳定，且已知开环特征方程有 r 个根在 s 平面虚轴"右"边，则闭环系统稳定的条件为：$1 + G_K(j\omega)$ 在复平面上的轨迹（ω 从 $-\infty \to +\infty$）逆时针包围原点 $(0, j0)$ r 次。

$1 + G_K(j\omega)$ 在复平面上的轨迹与原点 $(0, j0)$ 的关系等价于 $G_K(j\omega)$ 的轨迹与 $(-1, j0)$ 点的关系。所以就可以根据开环频率特性 $G_K(j\omega)$ 的轨迹与 $(-1, j0)$ 点的关系来判断闭环系统的稳定性。同时，$G_K(j\omega)$ 在复平面上的轨迹当 ω 值从 $-\infty \to 0 \to +\infty$ 时，是对称于实轴的，所以只要画出 $G_K(j\omega)$ 当 ω 从 $0 \to +\infty$ 的一半就可以观察与 $(-1, j0)$ 点的关系。

根据上面的讨论，用系统的开环频率特性 $G_K(j\omega)$ 判别系统（闭环）稳定性的乃奎斯特（Nyquist）判据叙述如下：（针对图 6－4 所示的单回路负反馈系统）

(1) 如果系统开环是稳定，则当开环系统的幅相特性 $G_K(j\omega)$（ω 从 $-\infty \to +\infty$）不包围 $(-1, j0)$ 点时，则闭环系统稳定。如果开环系统的幅相特性 $G_K(j\omega)$（ω 从 $-\infty \to +\infty$）通过 $(-1, j0)$ 点，则闭环系统为边界稳定。如果开环系统的幅相特性 $G_K(j\omega)$（ω 从 $-\infty \to +\infty$）顺时针包围 $(-1, j0)$ 点 q 次，则闭环系统不稳定，有 q 个根在 s 平面虚轴"右"边。

(2) 如果开环系统不稳定，且已知开环特征方程的根中有 r 个在 s 平面虚轴的"右"边，则只有当开环系统的幅相特性 $G_K(j\omega)$（ω 从 $-\infty \to +\infty$）逆时针包围 $(-1, j0)$ 点 r 次时，闭环系统才是稳定的。

因此，在应用 Nyquist 判据判别闭环系统的稳定性时，首先要判断此系统在开环时是否稳定。由于开环传递函数 $G_K(s)$ 是闭合回路内所有传递函数的乘积，所以开环极点是很容易求到的。判断系统开环是否稳定、不稳定时有几个根在 s 平面虚轴的"右"边都是比较简单的。在此基础上作出系统的开环频率特性的幅相特性轨迹，再应用 *Nyquist* 判据来判断闭环系统是否稳定。

例 6－1　负反馈系统如图 6－6 所示，试用 Nyquist 判据确定使系统处于边界稳定时的 δ 值，并讨论 δ 值大小对系统稳定性的影响。

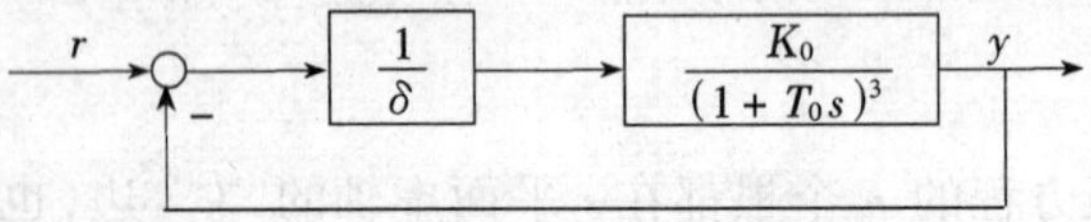

图 6－6　例 6－1 的系统框图

解：系统中调节器的传递函数：$G_R(s) = \dfrac{1}{\delta}$

对象的传递函数：$G_0(s) = \dfrac{K_0}{(1+T_0 s)^3}$

系统的开环传递函数

$$G_K(s) = \frac{K_0}{\delta(1+T_0 s)^3} = \frac{K}{(1+T_0 s)^3} \tag{6-54}$$

式中：$K = \dfrac{K_0}{\delta}$—— 系统的开环增益。开环特征方程为：

$$(1+T_0 s)^3 = 0 \tag{6-55}$$

它的三重根为 $s = -\dfrac{1}{T_0}$，所以开环稳定。系统的开环频率特性为：

$$G_K(j\omega) = \frac{K}{(1+jT_0\omega)^3} = \frac{K}{(\sqrt{1+T_0^2\omega^2})^3}e^{-j3\arctan T_0\omega} \tag{6-56}$$

其幅相特性图如图 6－7 所示：

边界稳定时，有：

$$\begin{cases} M(\omega) = \dfrac{K}{(\sqrt{1+T_0^2\omega^2})^3} = 1 \\ \theta(\omega) = -3\arctan T_0\omega = -\pi \end{cases} \tag{6-57}$$

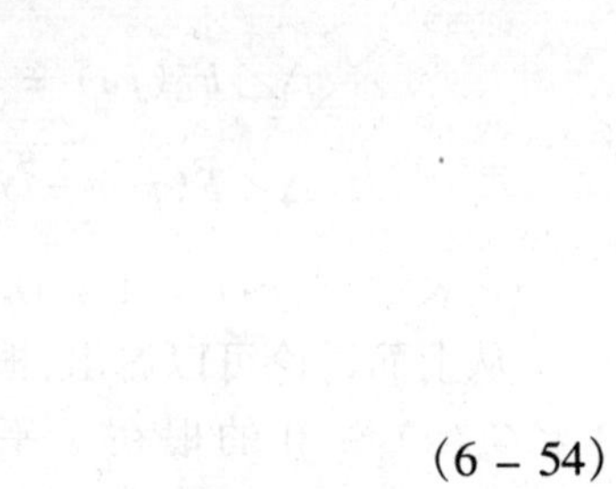

图 6－7　$G_K(j\omega)$ 的幅相特性

可以解出：$T_0\omega = \tan\dfrac{\pi}{3} = \sqrt{3}$，$\omega = \dfrac{\sqrt{3}}{T_0}$

$$K = (1+T_0^2\omega^2)^{\frac{3}{2}} = 8$$

或　$\delta = \dfrac{K_0}{K} = \dfrac{K_0}{8}$

所以，当 $\delta = \dfrac{K_0}{8}$ 时闭环系统为边界稳定。$G_K(j\omega)$ 通过 $(-1, j0)$ 点。闭环特征方程有一对

虚根：$\pm j\dfrac{\sqrt{3}}{T_0}$。

如果：$K < 8$，则 $G_K(j\omega)$ 不包围$(-1,j0)$点，闭环稳定。

$K > 8$，则 $G_K(j\omega)$ 包围$(-1,j0)$点，闭环不稳定。

由于 $K=\dfrac{K_0}{\delta}$，所以 δ 减小，则 K 增大，系统会不稳定。δ 增大，K 减小，闭环系统会稳定，从而看出调节器比例带 δ 变化时对系统稳定性的影响。这个结论对一般的热工控制系统都是成立的。

从这个例子可以看出，在运用乃氏判据时，并不需要把 $G_K(j\omega)$ 的幅相特性画得十分准确，主要是 $G_K(j\omega)$ 轨迹与$(-1,j0)$点的相对位置如何，同时 $G_K(j\omega)$ 通过$(-1,j0)$点，常常可以作为判断稳定与否的参考点。

例 6-2 系统如图 6-8 所示，分析系统闭环稳定时 K 的取值。

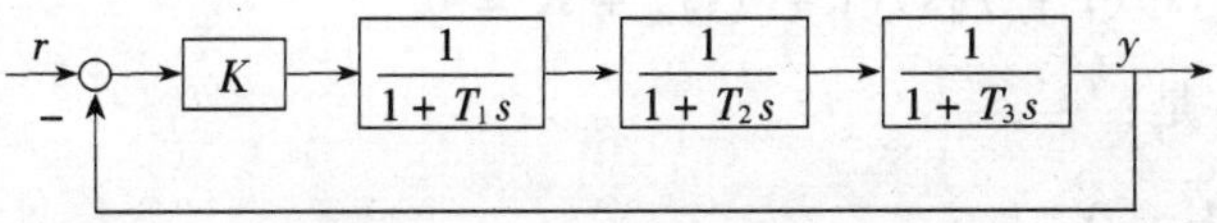

图 6-8 例 6-2 的系统框图

解：这是由比例调节器（比例增益为 K）和时间常数 T_1、T_2 和 T_3 不同的三阶对象构成的反馈控制系统。系统的开环传递函数 $G_K(s)$ 为：

$$G_K(s)=\frac{K}{(1+T_1 s)(1+T_2 s)(1+T_3 s)} \tag{6-58}$$

开环极点分别为 $-\dfrac{1}{T_1}$，$-\dfrac{1}{T_2}$ 和 $-\dfrac{1}{T_3}$，所以开环稳定。开环频率特性为：

$$G_K(j\omega)=\frac{K}{(1+jT_1\omega)(1+jT_2\omega)(1+jT_3\omega)}$$

$$=\frac{K}{\sqrt{1+T_1^2\omega^2}\sqrt{1+T_2^2\omega^2}\sqrt{1+T_3^2\omega^2}}e^{-j(\arctan T_1\omega+\arctan T_2\omega+\arctan T_3\omega)} \tag{6-59}$$

如果用模与幅角表示，那么由于 T_1,T_2,T_3 不同，要确定 K 的大小比较困难，可以将 $G_K(j\omega)$ 表示成实部 $R(\omega)$ 和虚部 $I(\omega)$，即 $G_K(j\omega)=R(\omega)+jI(\omega)$。由(6-59)式可以得到：

$$R(\omega)=\frac{K[1-(T_1T_2+T_2T_3+T_1T_3)\omega^2]}{[1-(T_1T_2+T_2T_3+T_1T_3)\omega^2]^2+\omega^2[(T_1+T_2+T_3)-T_1T_2T_3\omega^2]^2} \tag{6-60}$$

$$I(\omega)=\frac{-\omega K[(T_1+T_2+T_3)-T_1T_2T_3\omega^2]}{[1-(T_1T_2+T_2T_3+T_1T_3)\omega^2]^2+\omega^2[(T_1+T_2+T_3)-T_1T_2T_3\omega^2]^2} \tag{6-61}$$

当 $I(\omega)=0$ 时，模 $M(\omega)=R(\omega)$，这时应该在$(-1,j0)$点的右边才能使 $G_K(j\omega)$ 不包

围$(-1,j0)$点，所以由$I(\omega)=0$可以求出：

$$\omega=\sqrt{\frac{T_1+T_2+T_3}{T_1T_2T_3}} \tag{6-62}$$

这时，

$$R(\omega)=\frac{K}{-(2+\frac{T_1}{T_2}+\frac{T_1}{T_3}+\frac{T_2}{T_1}+\frac{T_2}{T_3}+\frac{T_3}{T_1}+\frac{T_3}{T_2})} \tag{6-63}$$

只有当$R(\omega)$的数值小于1，系统才能稳定，所以：

$$K<(2+\frac{T_1}{T_2}+\frac{T_1}{T_3}+\frac{T_2}{T_1}+\frac{T_2}{T_3}+\frac{T_3}{T_1}+\frac{T_3}{T_2}) \tag{6-64}$$

如果该题用劳斯判据，则系统的闭环特征方程为：

$$(1+T_1s)(1+T_2s)(1+T_3s)+K=0 \tag{6-65}$$

系统稳定的条件是：

$$\begin{cases}K+1>0\\(T_1T_2+T_2T_3+T_1T_3)(T_1+T_2+T_3)>(K+1)T_1T_2T_3\end{cases} \tag{6-66}$$

处理后可得到同样的结果。

四、开环传递函数中串联有积分环节时 Nyquist 判据的应用

在热工自动控制中常会遇到开环传递函数$G_K(s)$中串联有积分环节，例如采用PI作用调节器$G_R=\frac{1}{\delta}(1+\frac{1}{T_is})$，或无自平衡能力的对象。这时，开环特征方程$G_K(s)=0$具有$s=0$的根，这时开环既不能算是稳定的，但又不是不稳定的。而且当$\omega=0$时，$|G_K(j\omega)|=\infty$。这样，就不能看出$G_K(j\omega)$的轨迹是否包围$(-1,j0)$点，用下面两个例子说明处理方法：

1. 系统的开环传递函数中串联有一个积分环节时

开环传递函数为：

$$G_K(s)=\frac{K}{s(1+T_0s)} \tag{6-67}$$

开环频率特性为：

$$G_K(j\omega)=\frac{K}{\omega\sqrt{1+T_0^2\omega^2}}e^{-j(\frac{\pi}{2}+\arctan T_0\omega)} \tag{6-68}$$

也可以写成实部与虚部的形式：

$$G_K(j\omega)=-\frac{KT_0}{1+T_0^2\omega^2}-j\frac{K}{\omega(1+T_0^2\omega^2)} \tag{6-69}$$

可以作出$G_K(j\omega)$的幅相特性如图 6-9 所示，当$\omega\to0$时，有：

$$\lim_{\omega \to 0} G_K(j\omega) = -KT_0 - j\infty \tag{6-70}$$

说明：$\omega \to 0$ 时，是以离虚轴为 KT_0 的平行于虚轴的渐近线，$G_K(j\omega)$ 是否包围$(-1,j0)$点无法判断，因为 $\omega \to 0$ 时，$G_K(j\omega)$ 如何封闭无法判断，对于这种情况，可以假定：

$$G_K(s) = \frac{K}{(s+\varepsilon)(1+T_0 s)} \tag{6-71}$$

其中：ε 为趋近于零的一个正数，即为无穷小的正值，这样可以确定开环是稳定的，因为这时开环特征方程有 $s=-\varepsilon$ 和 $s=-\frac{1}{T_0}$ 两个负实根。

$$G_K(j\omega) = \frac{K}{\sqrt{\omega^2+\varepsilon^2}\sqrt{1+T_0^2\omega^2}} e^{-j(\arctan\frac{\omega}{\varepsilon}+\arctan T_0\omega)} \tag{6-72}$$

当 $\omega=0$ 时，$M(\omega)=\frac{K}{\varepsilon} \Rightarrow \infty$；$\theta(\omega)=0$。

即 $\omega=0$时，为正实轴上无穷远处的一个点，在图6-9中就可以用虚线表示说明不包围$(-1,j0)$点，闭环系统稳定。

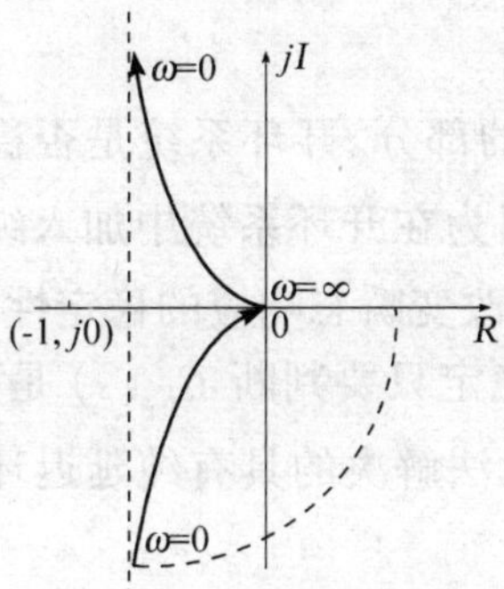

图6-9 $G_K(s)=\frac{K}{s(1+T_0 s)}$ 的频率特性

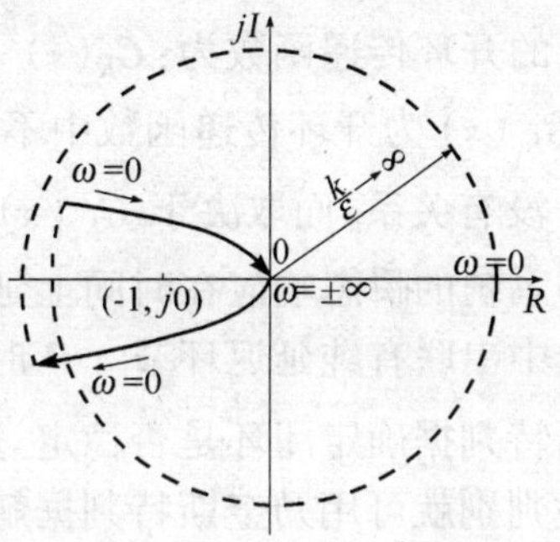

图6-10 $G_K(s)=\frac{K}{s^2(1+T_0 s)}$ 的频率特性

2. 系统中串联有两个积分环节时

开环传递函数为：

$$G_K(s) = \frac{K}{s^2(1+T_0 s)} \tag{6-73}$$

开环频率特性为：

$$G_K(j\omega) = \frac{K}{\omega^2\sqrt{1+T_0^2\omega^2}} e^{-j(\pi+\arctan T_0\omega)} \tag{6-74}$$

用上面相同的方法，设有一个很小的正数 ε，$G_K(s)$ 可以表示成(6-75)式，则开环是稳定的。

$$G_K(s) = \frac{K}{(s+\varepsilon)^2(1+T_0 s)} \tag{6-75}$$

$$G_K(j\omega) = \frac{K}{(\omega^2 + \varepsilon^2)\sqrt{1 + T_0^2\omega^2}} e^{-j(2\tan\frac{\omega}{\varepsilon} + \arctan T_0\omega)} \tag{6-76}$$

它的幅相特性可用图 6－10 表示。

当 $\omega = 0$ 时，$M(\omega) = \frac{K}{\varepsilon^2} \Rightarrow \infty$；$\theta(\omega) = 0$。

当 $\omega = 0^+$ 时，$M(\omega) = \infty$；$\theta(\omega)$ 为“负”。

所以可以画出 6－10 中的虚线，可见 $G_K(j\omega)$ 当 ω 从 $-\infty \to +\infty$ 包围$(-1, j0)$点两次，闭环不稳定。

如果将串联有积分环节的开环传递函数 $G_K(s)$ 表示成如下形式：

$$G_K(s) = \frac{1}{s^{n_1}} G_{K_1}(s) \tag{6-77}$$

不需要每次都用无穷小的正数 ε 处理，判定 $G_K(s)$ 是否稳定，只要判定 $G_{K_1}(s)$ 是否稳定就可以，然后作出 $G_K(j\omega)$ 的轨迹，再用乃氏判据判定稳定性。

五、开环传递函数中串联有纯延迟环节 $e^{-\tau s}$ 时乃氏判据的应用

设系统的开环传递函数为：$G_K(s) = G_{K_1}(s)e^{-\tau s}$ (6－78)

式中，$G_{K_1}(s)$ 为开环传递函数中不包括纯延迟环节的部分。开环系统是否稳定与纯延迟环节 $e^{-\tau s}$ 没有关系，而取决于 $G_{K_1}(s)$ 特征方程的根。因为在开环系统中加入纯延迟环节只会使开环系统的瞬态响应在时间上延迟一个 τ，而不会改变瞬态响应的稳定性。所以在开环传递函数中串联有纯延迟环节 $e^{-\tau s}$ 时，判断开环是否稳定只要判断 $G_{K_1}(s)$ 是否稳定，再应用乃奎斯特判据确定闭环是否稳定。这样用劳斯判据无法解决的具有纯延迟环节 $e^{-\tau s}$ 系统的稳定性判别就可用乃奎斯特判据解决。

例 6－3 设系统的开环传递函数为：

$$G_K(s) = \frac{K}{(1 + T_0 s)} e^{-\tau s} \tag{6-79}$$

已知 $K = \sqrt{2}$，$T_0 = 1$ 分，求使系统稳定的 τ 的值。

解：系统开环是否稳定取决于 $G_{K_1}(s) = \frac{K}{(1 + T_0 s)}$，可见开环稳定。

系统的开环频率特性为：

$$G_K(j\omega) = \frac{K}{\sqrt{1 + T_0^2\omega^2}} e^{-j(\arctan T_0\omega + \omega\tau)} \tag{6-80}$$

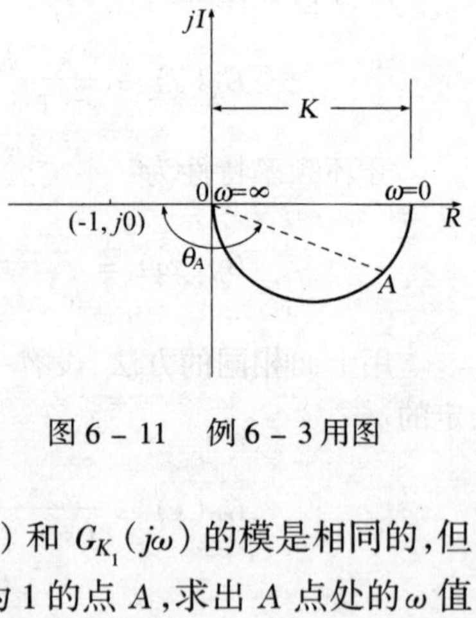

图 6－11 例 6－3 用图

如果没有纯延迟环节 $e^{-\tau s}$，则 $G_{K_1}(j\omega)$ 为一半圆，可见图 6－11。

$G_K(j\omega)$ 因为串联了纯延迟环节，在相同的 ω 值下 $G_K(j\omega)$ 和 $G_{K_1}(j\omega)$ 的模是相同的，但幅角要顺时针方向转过 $\omega\tau$。因此，可在 $G_{K_1}(j\omega)$ 上找出模值为 1 的点 A，求出 A 点处的 ω 值

ω_A，并求出向量$\overrightarrow{OA}$与负实轴的角度θ_A，则当$\omega_A\tau_A = \theta_A$时(或$\tau_A = \dfrac{\theta_A}{\omega_A}$时)$G_K(j\omega)$就通过$(-1,j0)$点，闭环系统为边界稳定，如果$\tau > \tau_A$，则$G_K(j\omega)$将包围$(-1,j0)$点，闭环不稳定。如果$\tau < \tau_A$则闭环稳定。

可以由边界稳定时，得：

$$M(\omega) = \frac{K}{\sqrt{1 + T_0^2\omega^2}} = 1 \tag{6-81}$$

$$\theta(\omega) = -(\arctan T_0\omega + \omega\tau) = -\pi \tag{6-82}$$

已知K和T_0，由(6-81)式可求出ω_A，代入(6-82)式可求出：τ_A，可得到：$\tau_A = \dfrac{3\pi}{4}$。所以，当$\tau < \tau_A$时，系统闭环稳定。

例6-4　系统如图6-12所示：

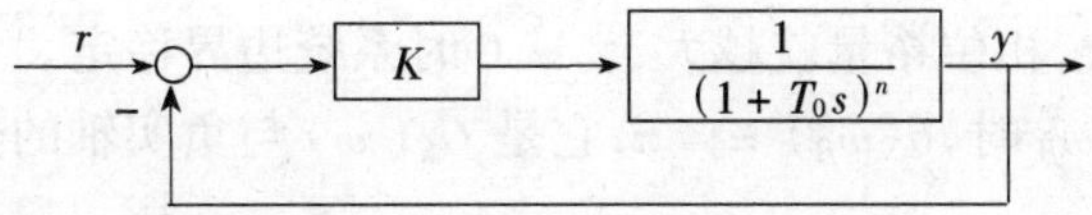

图6-12　例6-4的系统框图

确定使系统闭环稳定的K的取值。

解：系统的开环传递函数$G_K(s)$为：

$$G_K(s) = \frac{K}{(1 + T_0 s)^n}$$

所以系统开环稳定。系统的开环频率特性为：

$$G_K(j\omega) = \frac{K}{\left(\sqrt{1 + T_0^2\omega^2}\right)^n} e^{-jn\arctan T_0\omega} \tag{6-83}$$

当$n = 1, n = 2$时，不论K取何值(> 0)系统的开环频率特性都不会包围$(-1,j0)$点，所以K的取值不受限制。

当$n \geqslant 3$时，系统边界稳定时有：

$$M(\omega) = \frac{K}{\left(\sqrt{1 + T_0^2\omega_0^2}\right)^n} = 1 \tag{6-84}$$

$$\theta(\omega) = -\pi = -n\arctan T_0\omega \tag{6-85}$$

由(6-85)可得：$T_0\omega = \tan\dfrac{\pi}{n}$，

代入(6-84)可得：$K = \left(\sqrt{1 + \tan^2\dfrac{\pi}{n}}\right)^n = \left(\csc\dfrac{\pi}{n}\right)^n$。

所以$n \geqslant 3$时，使系统闭环稳定的K的取值为：$K < \left(\csc\dfrac{\pi}{n}\right)^n$。

六、稳定性裕量－相位裕量与增益裕量

控制系统必须是稳定的，而且还应有一定的稳定性裕量，使系统在各种环境变化后仍能很好地工作，所谓**稳定性裕量**是指系统离开边界稳定状态所具有的安全距离。乃奎斯特判据是利用开环系统的频率特性 $G_K(j\omega)$ 与 $(-1,j0)$ 点的关系来判断系统闭环是否稳定。所以，可以用开环幅相特性轨迹 $G_K(j\omega)$ 与 $(-1,j0)$ 点的靠近程度作为系统稳定性裕量的一种定量量度。

在热工控制系统中大多数系统的开环传递函数 $G_K(s)$ 的零点和极点都在 s 平面虚轴的左边，这样的系统称为**最小相位系统**。最小相位系统的 $G_K(s)$ 轨迹都具有 ω 增加时，幅值变小，相角加大(顺时针)的特点，可以用图 6－13 的形状表示。在 $G_K(j\omega)$ 的轨迹上可取两点 A 和 B 来表示 $G_K(j\omega)$ 轨迹与 $(-1,j0)$ 点的靠近程度。其中，在 A 点：$\omega=\omega_A$ 时，$M(\omega_A)=1$。设向量 OA 与正实轴的夹角为 θ（θ 从正实轴算起，逆时针方向为正），这个 θ 就是负值。而 OA 与负实轴的夹角为 γ（γ 从负实轴算起，逆时针方向为正），这时的 γ 值为正。将 γ 称为**相位裕量**。显然当 $M(\omega)=1$ 的位置点 A 到了第二象限，γ 就为负值，$G_K(j\omega)$ 包围 $(-1,j0)$ 点，系统闭环就不稳定。γ 越大，相位裕量就越大，$\gamma=0$ 时系统边界稳定。

图中 B 点：当 $\omega=\omega_B$ 时，$\theta(\omega_B)=-\pi$，它是 $G_K(j\omega)$ 与负实轴的交点。若 B 点与虚轴的距离为 a，定义 $1/a$ 为系统的**增益裕量**，显然，当 $a=1$ 时，系统边界稳定；当 $a<1$ 即 $\frac{1}{a}>1$ 时，系统闭环稳定；当 $a>1$ 即 $\frac{1}{a}<1$ 时，系统就不稳定。增益裕量常用对数形式表示：

$$k_g = 20\lg\left(\frac{1}{a}\right) \quad (\text{分贝 dB}) \tag{6-86}$$

当 $k_g>0$ 时，系统闭环稳定；当 $k_g=0$ 时，系统边界稳定；当 $k_g<0$ 时，系统闭环不稳定。

$G_K(j\omega)$ 轨迹与 $(-1,j0)$ 点的靠近程度必须同时用 k_g 和 γ 来表示，所以稳定性裕量也必须同时用相位裕量 γ 和增益裕量 k_g 来表示，只用其中某一个表示是不完全的。例如图 6－13 中用虚线表示的开环频率特性轨迹，其中一个与 $G_K(j\omega)$ 有相同的相位裕量 γ，另一个与 $G_K(j\omega)$ 有相同的增益裕量，但它们离 $(-1,j0)$ 都比 $G_K(j\omega)$ 靠得近。

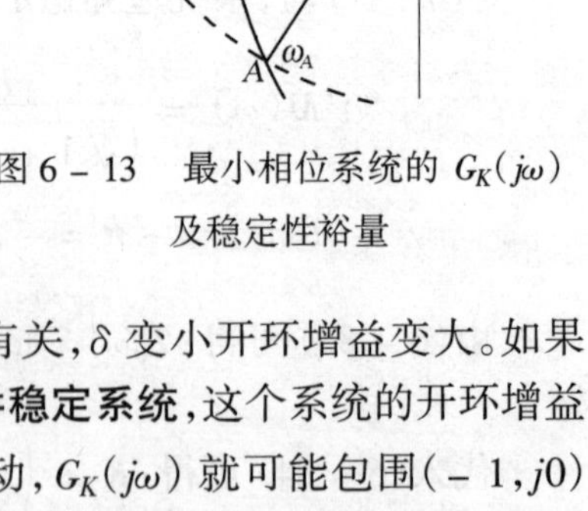

图 6－13　最小相位系统的 $G_K(j\omega)$ 及稳定性裕量

一般情况下控制系统应使：$\gamma=30\sim60°$，$k_g=6\sim12$ 分贝。

对图 6－13 所类似的开环频率特性轨迹，如果开环增益增加，则轨迹离 $(-1,j0)$ 点变近，稳定性裕量减少，过大的开环增益会使 $G_K(j\omega)$ 轨迹包围 $(-1,j0)$ 点而使闭环不稳定。开环增益在单回路反馈系统中与调节器的比例带 δ 有关，δ 变小开环增益变大。如果 $G_K(j\omega)$ 的频率特性轨迹如图 6－14 所示，这样的系统称**条件稳定系统**，这个系统的开环增益不能大，也不能太小，因为，开环增益增大，使 C 点向左移动，$G_K(j\omega)$ 就可能包围 $(-1,j0)$ 点，开环增益也不能减小太多，因为开环增益减小，将使 D 点向右移动，也可能包围 $(-1,j0)$ 点，从而都会使闭环不稳定。因此应该适当选择调节器参数，使开环增益有一个合适的大小，

从而保证系统闭环稳定。

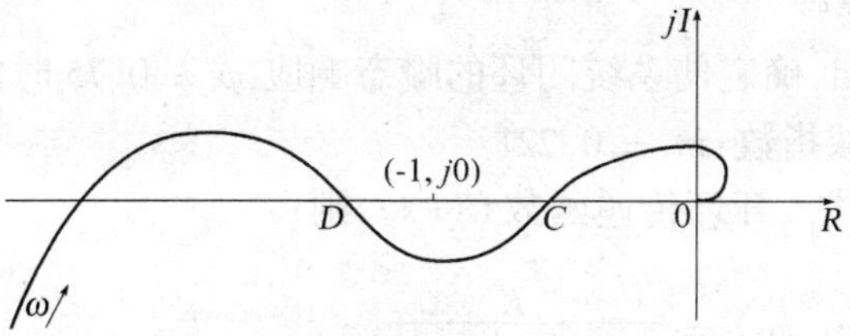

图 6－14　条件稳定的系统的 $G_K(j\omega)$

七、Nyquist 判据的推广

上面介绍的 Nyquist 判据是判别系统闭环特征根在 s 平面虚轴 $j\omega$ 两侧分布数目的，所以用 $s=j\omega$ 代入系统的开环传递函数 $G_K(s)$ 中，同时令 ω 从 $-\infty\to+\infty$，然后根据 $G_K(j\omega)$ 与 $(-1,j0)$ 点的关系来判定系统闭环是否稳定。如果不是以虚轴 $j\omega$ 为判别界限，而是以 s 平面上的某一条折线 AOC 作为判别界限，例如图 6－14 所示，那么也可以判定闭环特征方程的根在 AOC 两边的分布数目。

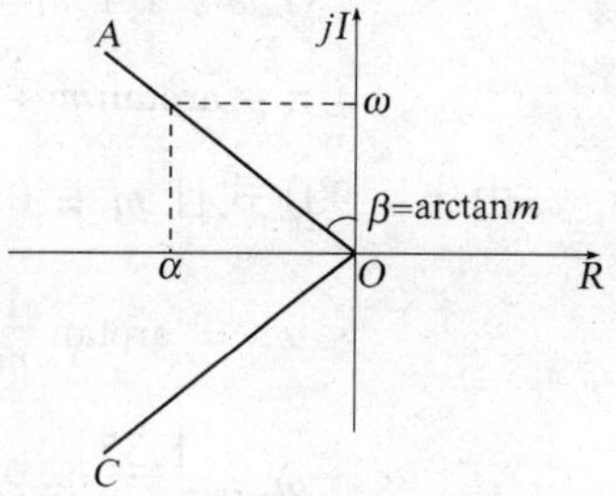

图 6－15　以折线 AOC 为特征方程根分布的界限

s 平面上的折线 AOC 上的根，代表了瞬态响应衰减率 ψ 相等的等衰减率折线，其衰减率 $\psi=1-e^{-2\pi\frac{\alpha}{\omega}}=1-e^{-2\pi\frac{\zeta}{\sqrt{1-\zeta^2}}}=1-e^{-2\pi m}$，折线 AOC 与虚轴的夹角为 $\beta=\arctan m$，位于折线 AOC 上的根具有衰减率 ψ，位于折线左侧的根瞬态响应的衰减率 ψ 都大于位于折线 AOC 上的根的瞬态响应衰减率 ψ。折线 AOC 上的任一点，它的根为 $s=-m\omega\pm j\omega$，其中 m 是与 AOC 折线衰减率 ψ 对应的衰减指数值，这样利用乃氏判据：根据开环传递函数 $G_K(s)$，使 $s=-m\omega\pm j\omega$，同时，令 ω 从 $-\infty\to+\infty$，得到 $G_K(-m\omega\pm j\omega)$ 的轨迹（称**广义频率特性轨迹**），用该轨迹与 $(-1,j0)$ 点的关系可判断闭环系统瞬态衰减率是否大于某个给定数值 ψ_0。

如果开环特征方程的根都在指定的衰减率为 ψ_0 的折线 AOC 的左侧，那么当开环广义频率特性 $G_K(-m\omega\pm j\omega)$，当 ω 从 $-\infty\to+\infty$ 的轨迹不包围 $(-1,j0)$ 点时，闭环系统的瞬态响应的衰减率都大于 ψ_0；如果 $G_K(-m\omega\pm j\omega)$ 当 ω 从 $-\infty\to+\infty$ 的轨迹通过 $(-1,j0)$ 点，但不包围 $(-1,j0)$ 点，则闭环系统的瞬态响应的衰减率等于指定的衰减率 ψ_0；如果开环系统的 $G_K(-m\omega\pm j\omega)$ 当 ω 从 $-\infty\to+\infty$ 顺时针包围 $(-1,j0)$ 点，则闭环系统瞬态响应的衰减率小于 ψ_0。

在作 $G_K(-m\omega\pm j\omega)$ 当 ω 从 $-\infty\to+\infty$ 的轨迹时，类似作 $G_K(j\omega)$ 轨迹一样，只要作出 ω 从 $0\to+\infty$ 的一侧，而 ω 从 $-\infty\to0$ 的轨迹，即 ω 为负（虚频）时的轨迹由实频轨迹对称于实轴得到。这样乃奎斯特判据得到了推广。当然，选择的 s 平面上的界限线还可以有其它形式。例如与虚轴平行的直线。

例 6－5　设系统的开环传递函数为：

$$G_K(s) = \frac{K}{T_a s}e^{-\tau s} \tag{6-87}$$

其中：T_a 和 τ 的数值已知，确定使系统闭环的瞬态响应 $\psi = 0.75$ 时的 K 的取值。

解：$\psi = 0.75$ 则衰减指数：$m = 0.221$。

用 $s = -m\omega + j\omega$ 代入开环传递函数 $G_K(s)$，则：

$$G_K(-m\omega + j\omega) = \frac{K}{T_a(-m\omega + j\omega)}e^{-\tau(-m\omega + j\omega)}$$

$$= \frac{Ke^{m\omega\tau}}{T_a\omega\sqrt{1 + m^2}} \cdot e^{-j(\pi - \arctan\frac{1}{m} + \omega\tau)} \tag{6-88}$$

开环传递函数的特征方程有一个 $s = 0$ 的根，这时，可以将 $s = 0$ 看成一个无穷小的负实根，所以开环系统瞬态响应的衰减率大于指定的衰减率 $\psi = 0.75$。这时使闭环系统瞬态响应的衰减率 $\psi = 0.75$ 的条件为 $G_K(-m\omega \pm j\omega)$ 当 ω 从 $-\infty \to +\infty$ 时的轨迹通过 $(-1, j0)$ 点。所以从(6－88)式就有：

$$\frac{Ke^{m\omega\tau}}{T_a\omega\sqrt{1 + m^2}} = 1 \tag{6-89}$$

$$\pi - \arctan m + \omega\tau = \pi \tag{6-90}$$

由(6－90)式且 $m = 0.221$ 可以求出：

$$\omega\tau = \arctan\frac{1}{m} = 1.35$$

$$\omega = \frac{1.35}{\tau}$$

代入(6－89)式可得：

$$K = \frac{T_a\omega\sqrt{1 + m^2}}{e^{m\omega\tau}} = \frac{1.35\sqrt{1 + (0.221)^2} \cdot \frac{T_a}{\tau}}{e^{0.221 \times 1.35}} \approx \frac{T_a}{\tau}$$

所以使闭环系统瞬态响应的衰减率 $\psi = 0.75$ 时，K 的值约为$\frac{T_a}{\tau}$，这时，这个系统的闭环主导复根为：

$$s = -m\omega \pm j\omega = -\frac{0.3}{\tau} \pm j\frac{1.35}{\tau}。$$

§6.4　闭环系统的频率特性

由系统的开环频率特性 $G_K(j\omega)$，利用乃氏判据可以研究闭环系统的稳定性，稳定性是闭环系统瞬态响应的重要特性。还可以用作图的方法，由开环频率特性 $G_K(j\omega)$ 的轨迹确定闭环系统的频率特性 $G(j\omega)$，从而可以分析二阶系统或可以用二阶系统近似的高阶系统的瞬态响应的一些特性。

设单回路反馈系统可以用图 6 - 16(a) 表示，它的开环频率特性 $G_K(j\omega)$ 的轨迹可用图 6 - 16(b) 表示。它的闭环传递函数为：

(a) 单回路反馈系统

(b) 由 $G_K(j\omega)$ 确定 $G(j\omega)$

图 6 - 16　单回路反馈系统

$$G(s) = \frac{Y(s)}{R(s)} = \frac{G_K(s)}{1 + G_K(s)} \tag{6-91}$$

$$G(j\omega) = \frac{G_K(j\omega)}{1 + G_K(j\omega)} \tag{6-92}$$

如果在 $G_K(j\omega)$ 上任取一点 A，A 点处 $\omega = \omega_1$，则向量 $\overrightarrow{OA}$ 表示 $G_K(j\omega_1)$，它的长度为 $|G_K(j\omega_1)|$，幅角为 $\phi = \angle G_K(j\omega_1)$，从 $(-1, j0)$ 点即 P 点指向 A 点的向量 $\overrightarrow{PA}$ 为 $1 + G_K(j\omega)$，它的长度为 $|1 + G_K(j\omega_1)|$，幅角 $\theta = \angle(1 + G_K(j\omega_1))$。这样，闭环频率特性 $G(j\omega)$ 在 $\omega = \omega_1$ 时，可表示成：

$$G(j\omega_1) = \frac{\overrightarrow{OA}}{\overrightarrow{PA}} = \frac{G_K(j\omega_1)}{1 + G_K(j\omega_1)}$$

闭环频率特性 $G(j\omega) = Me^{j\alpha}$ 对任意频率 ω 下的闭环频率特性可以用作图的方法得到。

一、等幅值轨迹（M 圆）

由于开环频率特性 $G_K(j\omega)$ 一定是一个复数，可以用实部与虚部表示，即：

$$G_K(j\omega) = R + jI$$

则闭环频率特性为：

$$\begin{aligned} G(j\omega) &= \frac{G_K(j\omega)}{1 + G_K(j\omega)} = \frac{R + JI}{(1 + R) + JI} \\ &= \frac{|R + JI|}{|(1 + R) + JI|} e^{j\angle\left(\frac{R + jI}{(1 + R) + jI}\right)} \end{aligned} \tag{6-93}$$

其幅值为：

$$M = \frac{|R + jI|}{|(1 + R) + jI|} \tag{6-94}$$

幅角为：

$$\alpha = \angle\left(\frac{R + jI}{(1 + R) + jI}\right) \tag{6-95}$$

其中幅频特性为：

$$M = \frac{|R + jI|}{|(1 + R) + jI|} = \frac{\sqrt{R^2 + I^2}}{\sqrt{(1 + R)^2 + I^2}} \tag{6-96}$$

式中：R 和 I 分别为 $G_K(j\omega)$ 轨迹在某一频率 ω 下的实部与虚部，即在 ω 为某一数值时 $G_K(j\omega)$ 的坐标，可以从图 6－16(b) 上方便地求出。由(6－96) 可知，只要得到了 R 和 I 值，就可以求出在该频率下的闭环频率特性的幅值 $|G(j\omega)|$。

在复平面上可以画出 M 值相等的轨迹，即等幅值轨迹，它们就是不同 M 时由(6－96) 式表示的关系。由(6－96) 式可得到：

$$R^2(1 - M^2) - 2M^2R - M^2 + (1 - M^2)I^2 = 0 \tag{6-97}$$

当 $M = 1$ 时，得到 $R = -\frac{1}{2}$，它是直线方程，表示通过$\left(-\frac{1}{2}, j0\right)$点与虚轴平行的直线。

当 $M \neq 1$ 时，(6－97) 式可以改写成：

$$\left(R + \frac{M^2}{M^2 - 1}\right)^2 + I^2 = \left(\frac{M}{M^2 - 1}\right)^2 \tag{6-98}$$

它表示不同 M 值时($M \neq 1$) 的等 M 轨迹为一个圆。圆心在$\left(-\frac{M^2}{M^2 - 1}, j0\right)$，半径为$\frac{M}{M^2 - 1}$。这样就可以在复平面上(即 $G_K(j\omega)$ 表示的平面上) 画出上述由(6－98) 式表示的等 M 轨迹。如图 6－17 所示，称为**等 M 圆**。从图 6－17 可见：当 $M > 1$ 时，等 M 圆的圆心在$(-1, j0)$ 点的左边，M 值越大 M 圆就越小，最终收敛于$(-1, j0)$ 点；当 $M < 1$ 时，等 M 圆的圆心在原点的右边，M 越小则 M 圆也越小，最终收敛于原点。等 M 圆是既对称于 $M = 1$ 的直线(通过$\left(-\frac{1}{2}, j0\right)$点平行于虚轴的直线)，又对称于实轴。给定一个 M 值，可以算出圆心和半径。例如：$M = 1.3$ 时，圆心为：$(-2.45, 0)$，半径为：1.88。

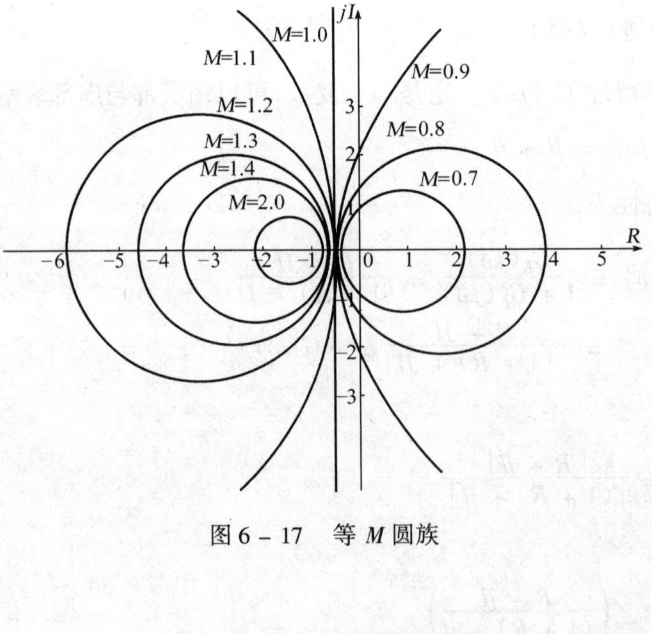

图 6－17　等 M 圆族

二、等相角轨迹（N 圆）

由（6－95）式可见：

$$\alpha = \angle G(j\omega) = \angle\left(\frac{R + jI}{(1 + R) + jI}\right) = \arctan\left(\frac{I}{R}\right) - \arctan\left(\frac{I}{1 + R}\right) \quad (6-99)$$

如果令 $\tan\alpha = N$，则：

$$N = \tan\alpha = \tan\left[\arctan\left(\frac{I}{R}\right) - \arctan\left(\frac{I}{1 + R}\right)\right] = \frac{\frac{I}{R} - \frac{I}{1 + R}}{1 + \frac{I^2}{R(1 + R)}} = \frac{I}{R^2 + R + I^2}$$

或写成：

$$R^2 + R + I^2 - \frac{I}{N} = 0$$

$$\left(R + \frac{1}{2}\right)^2 + \left(I + \frac{1}{2N}\right)^2 = \frac{1}{4} + \left(\frac{1}{2N}\right)^2 \quad (6-100)$$

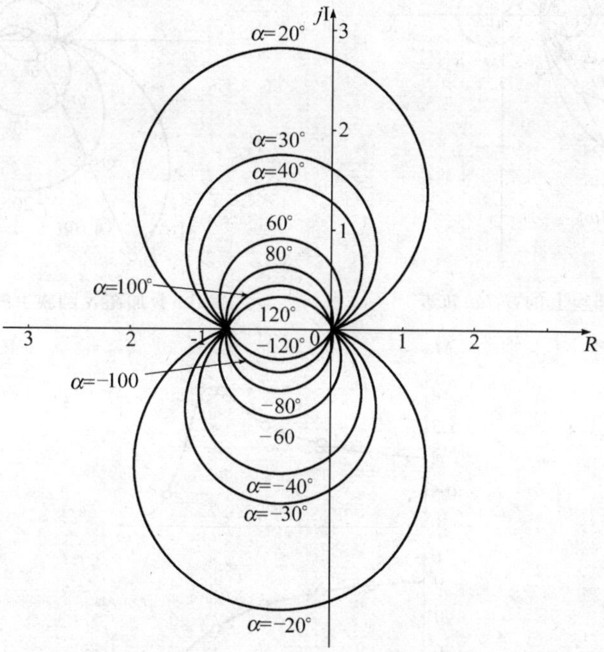

图 6－18　等 N 圆族

（6－100）式表示，当 N 一定时，（6－100）式也是一个圆的方程，圆心在 $\left(-\frac{1}{2}, -j\frac{1}{2N}\right)$，半径为 $\sqrt{\frac{1}{4} + \left(\frac{1}{2N}\right)^2}$。例如：当 $\alpha = 30°$ 时，$N = \tan\alpha = \frac{\sqrt{3}}{3} = 0.577$，这时的等 N 圆的圆心为（－0.5，－0.866），半径为 1。

不论 N 为何值,当 $R = I = 0$ 和 $R = -1, I = 0$ 时,式(6 - 100)总是成立的,它表示,等 N 图都通过$(-1, j0)$点和原点,不同 N 时的等 N 圆可用图 6 - 18 表示。

应当指出,图 6 - 18 给出的等 N 圆的轨迹实际上不是一个完整的圆,而是一段圆弧,$\alpha = 30°$ 和 $\alpha = -150°$ 的圆弧是同一个圆上的一部分。这是因为一个角度加上 $\pm 180°$(或者 $\pm n \times 180°$)其正切值是相等的。

三、在复平面上由开环频率特性 $G_K(j\omega)$ 确定闭环频率特性 $G(j\omega)$

由 $G(j\omega) = \dfrac{G_K(j\omega)}{1 + G_K(j\omega)}$,在等 M 圆轨迹的复平面上画出 $G_K(j\omega)$,就可以得到闭环频率特性 $G(j\omega)$ 的幅频特性。在等 N 圆轨迹的复平面上画出 $G_K(j\omega)$,就可以得到闭环频率特性 $G(j\omega)$ 的相频特性。图 6 - 19 表示了复平面上的 $G_K(j\omega)$ 与等 M 圆的交点,以及与等 N 圆的交点,可以作出闭环频率特性的幅频及相频特性。

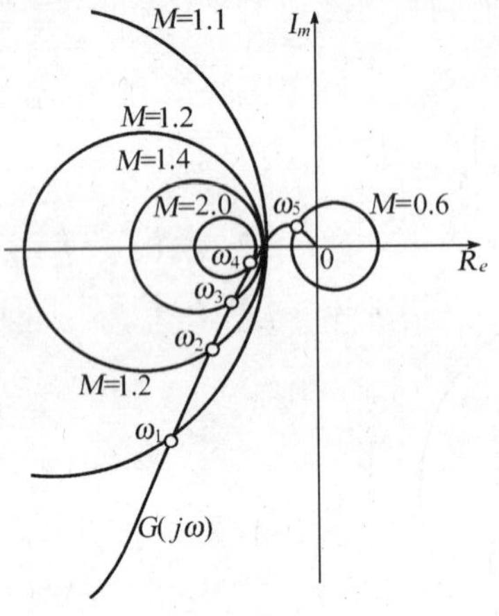

(a) 叠加在 M 圆族上的 $G(j\omega)$ 轨迹

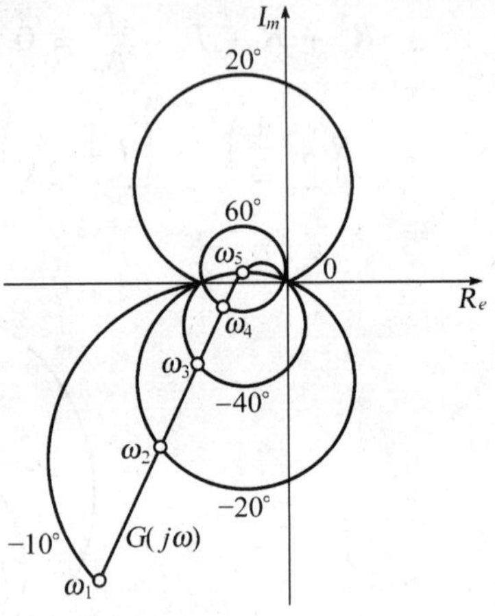

(b) 叠加在 N 圆族上的 $G(j\omega)$ 轨迹

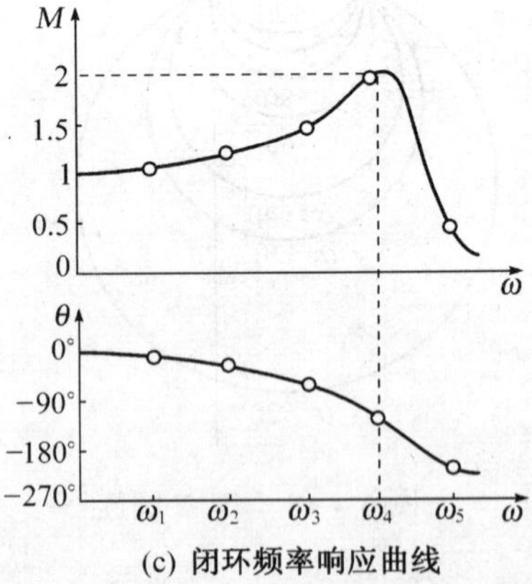

(c) 闭环频率响应曲线

图 6 - 19

其中闭环幅频特性 $|G(j\omega)|$ 得到的结果,还可以对系统闭环的瞬态响应作出定量分析。在复平面上,与 $G_K(j\omega)$ 相切的 M 圆的 M 值就是闭环幅频特性的最大幅值,也就是闭环系统

的谐振峰值 M_r。因为在这里讨论的系统中 $G_K(j\omega)$ 的幅值当 $\omega = 0$ 时为无穷大，即 $G_K(j\omega)|_{\omega=0} = \infty$，所以 $|G(j\omega)|_{\omega=0} = \left.\dfrac{|G_K(j\omega)|}{|1+G_K(j\omega)|}\right|_{\omega=0} = 1$。如果这个系统可以用二阶或近似二阶系统表示，那么对应于一定的谐振峰值 M_r，根据前面的讨论就可以得到系统的阻尼系数 ζ，从而得到闭环系统的瞬态响应的衰减率 ψ 值。

例如：在图 6－19 表示的系统中与 $G_K(j\omega)$ 相切的最大 M 值为 $M_r = 2$，所以对应的二阶系统的阻尼系数 $\zeta = 0.259$，相应的闭环系统瞬态响应的衰减率 $\psi = 0.81$。

四、调整系统开环增益的 M 圆方法

从上面的讨论可见，由在复平面上与 $G_K(j\omega)$ 相切的 M 圆值 M_r 可以得到二阶系统或近似二阶系统的瞬态响应衰减率 ψ 值，它是与 M_r 相对应的。即由 M_r 可以得到阻尼系数 ζ，从而得到衰减率 ψ。

将 M 圆的概念应用到系统设计中去，可以利用 M 圆调整系统的开环增益 K，使闭环系统瞬态响应具有预先给定的衰减率。对二阶系统或近似二阶系统，给定闭环系统瞬态响应的衰减率为 ψ_r，与值相对应的谐振峰值为 M_r，现在就是要调整系统的开环增益 K，使系统的谐振峰值为 M_r，也就是调整开环增益 K，使开环频率特性的幅相特性轨迹与 M 圆中的 M_r 圆相切。如果 $M_r > 1$，那么可以在复平面上画出 $M = M_r$ 的 M 圆，如图 6－20 所示。该 M 圆的半径为 $\dfrac{M_r}{M_r^2-1}$，圆心为：$\left(-\dfrac{M_r^2}{M_r^2-1}, j0\right)$。过原点 $(0, j0)$ 作该 M 圆的切线，可得到夹角 ϕ 和切点 B，由图 6－20 可以得到：

$$\sin\phi = \frac{\dfrac{M_r}{M_r^2-1}}{\dfrac{M_r^2}{M_r^2-1}} = \frac{1}{M_r} \qquad (6-101)$$

$$\phi = \arcsin\left(\frac{1}{M_r}\right) \qquad (6-102)$$

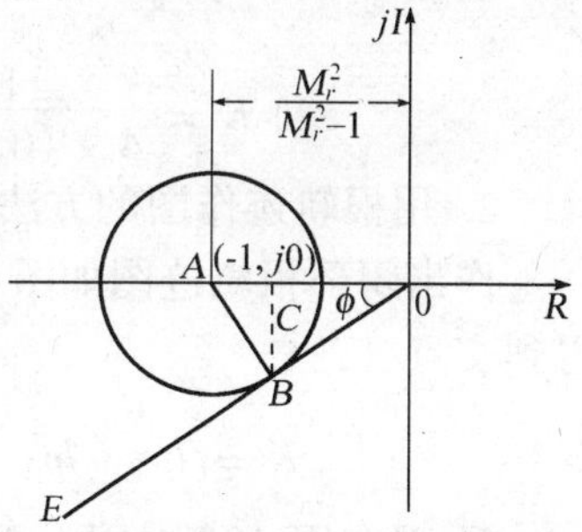

图 6－20　M 圆与切线角的关系

过 B 点作垂直于实轴的直线，设与实轴的交点为 C。

由于 $\sin\phi = \dfrac{AC}{AB} = \dfrac{AC}{\dfrac{M_r}{M_r^2-1}}$，所以：

$$AC = \frac{1}{M_r^2-1} \qquad (6-103)$$

$$OC = OA - AC = \frac{M_r^2}{M_r^2-1} - \frac{1}{M_r^2-1} = 1 \qquad (6-104)$$

所以 M 圆上，从原点所引的切线的切点与实轴的垂线的交点坐标为 $(-1, j0)$ 点。

由 (6－102) 式可见，夹角 ϕ 与 M_r 值之间有一一对应的关系（当 $M > 1$ 时）。这样，就可以利用它的闭环系统瞬态响应的衰减率 ψ，得到 M_r 值，从而得到从原点引出的与 M_r 圆相切的切线 OE，它与实轴的夹角为 $\phi = \arcsin\left(\dfrac{1}{M_r}\right)$。这个关系与坐标比例尺无关。所以可用作图的方法来确定开环增益 K 的数值。具体方法可归纳为：

(1) 将开环传递函数中的所有系数合并成 K,得到 $G_{K_1}(j\omega) = \dfrac{G_K(j\omega)}{K}$,作出 $G_{K_1}(j\omega)$ 的幅相特性轨迹。

(2) 由原点作直线 OE,使它与负实轴的夹角为 ϕ,且 $\phi = \arcsin\left(\dfrac{1}{M_r}\right)$,其中 M_r 是与给定衰减率相对应的谐振峰值。

(3) 试作一个圆心在负实轴上的圆,它既与 $G_{K_1}(j\omega)$ 的轨迹相切又与直线 OE 相切。设与 OE 直线相切的点为 B。

(4) 过 B 点作垂直于负实轴的直线,它与负实轴的交点为 C,该点坐标应为$(-1, j0)$,若 C 与原点的距离为 α,则 $K\alpha$ 应为 1。所以 $K = \dfrac{1}{\alpha} = \dfrac{1}{OC}$,从而可以确定开环增益 K 值。

例 6-6 系统如图 6-21,确定使系统瞬态响应的衰减率 $\psi = 0.9$ 时的 K 值。

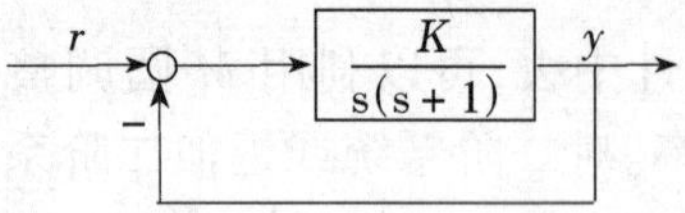

图 6-21 例 6-6 系统框图

解: 如果要确定使系统瞬态响应的衰减率 $\psi = 0.9$,用前面介绍过的方法有两种:

1. 系统的闭环特征方程为 $s^2 + s + K = 0$,它是一个二阶系统。

当 $\psi = 0.9$ 时,$\zeta = 0.344 = \dfrac{1}{2\sqrt{K}}$,所以:

$$K = \frac{1}{4 \times (0.344)^2} = 2.11。$$

2. 用根轨迹作图的方法

作出闭环根轨迹图如图 6-22,同时作出等 ψ 折线 AOC,得到交点 A,

$$K = lp_1 \cdot lp_2 = (\frac{1}{2\sin\beta})^2 = 2.11。$$

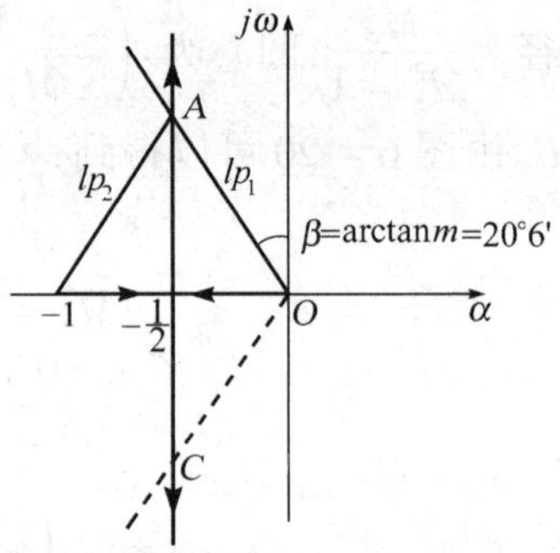

图 6-22 例 6-6 的闭环根轨迹图

3. 现在用 M 圆方法

开环传递函数 $G_K(s) = \dfrac{K}{s(s+1)}$,所以$\dfrac{G_K(s)}{K} = G_{K_1}(s) = \dfrac{1}{s(s+1)}$

(1) $G_{K_1}(j\omega) = \dfrac{1}{\omega\sqrt{1+\omega^2}} e^{j\left(\arctan\omega + \frac{\pi}{2}\right)}$,画出 $G_{K_1}(j\omega)$ 的轨迹,如图 6-23。

(2) 通过原点 O 作直线 OE,$\phi = 40°10' = \arcsin\left(\dfrac{1}{M_r}\right)$,在这里 $\psi = 0.9$。所以 $M_r = 1.55$。

(3) 圆心在负实轴上,作 M 圆,既与 $G_{K_1}(j\omega)$ 相切,又与 OE 相切,与 OE 的切点为B,由 B 点作垂直于负实轴的垂线,交点为 C,求出 OC 长度为α。

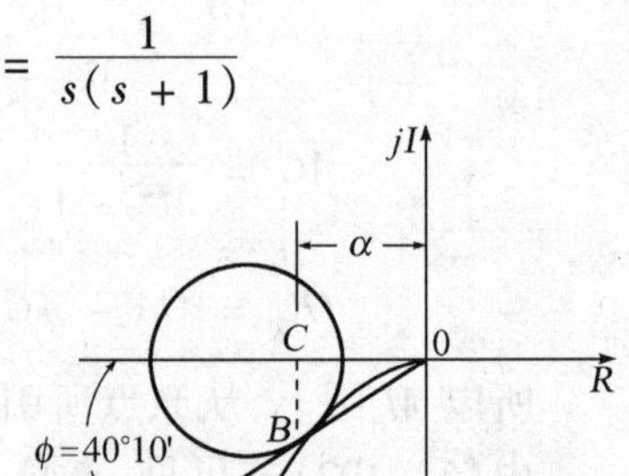

图 6-23 例 6-6 用 M 圆方法求 K

(4) 可以求出 $K = \frac{1}{\alpha} = 2.11$。

§6.5　小　结

频率响应特性是系统或环节动态特性的一种表达方式。频率响应是系统对正弦输入的稳态响应,在各个不同频率下的频率响应构成系统的频率响应特性。系统频率响应特性的数学表达式 $G(j\omega)$ 是传递函数 $G(s)$ 的一种特殊形式,$G(j\omega) = G(s)|_{s=j\omega}$。

系统的频率响应特性与其瞬态响应之间有一定关系,对于特定的二阶系统[(6 - 15) 式的形式],频率响应特性的谐振峰值 M_r 与系统阻尼系数 ζ 之间有着严格的数学关系。因此,可以根据闭环系统的频率特性分析研究闭环系统的瞬态响应。直接获得闭环系统的频率特性往往是比较困难的,应用 M 圆就可以由开环频率响应特性来分析闭环系统的瞬态响应。

乃奎斯特判据是用系统的开环频率响应特性研究闭环系统的稳定性,它是用频率响应特性分析研究自动控制系统的有力工具。应用乃奎斯特判据可以提出系统的稳定性裕量指标 - 相位裕量和增益裕量,这是很实用的指标。乃奎斯特判据略加推广,可以用来确定闭环系统的瞬态响应具有一定衰减率的条件,这在整定热工过程自动控制系统中会用到。由于热工过程自动控制系统开环时往往是稳定的(包括中性的),因此本章主要讨论了开环系统稳定情况下乃奎斯特判据的应用。

本章最后还介绍了根据系统的开环频率特性作出系统在不同频率下的闭环频率特性图的方法,包括等幅值轨迹(M 圆) 和等相角轨迹(N 圆)。

习　题　6

6 - 1　试证明下列一阶环节:

(1) $G(s) = \frac{k}{T_0 s + 1}$;　　(2) $G(s) = \frac{k_D T_D s}{T_D s + 1}$

的频率响应特性在复平面上的轨迹为半圆,并求出圆心位置和圆的半径。

6 - 2　画出下列传递函数在复平面上的频率响应特性(幅相特性) 曲线的大致形状:

(1) $G(s) = \frac{1}{s(10s + 1)}$;　　(2) $G(s) = \frac{1}{s}e^{-10s}$;

(3) $G(s) = \frac{2}{(10s + 1)(5s + 1)}$;　　(4) $G(s) = \frac{2}{10s + 1}e^{-5s}$。

6 - 3　由电阻、电容组成的滤波电路如下图 6 - 24 所示。已知:$R = 200\ k\Omega$,输入电压 $u_1 = A\sin\omega t$,$\omega = 1$ 弧度 / 秒。如果要求输出电压 u_c 的幅值为 $\frac{A}{5}$,试求电容器 C 的大小。

6 - 4　已知下列负反馈系统的开环传递函数,试用奈魁斯特判据判别闭环系统是否稳定:

(1) $G_K(s) = \frac{10}{(1 + 10s)^3}$;

(2) $G_K(s)=\dfrac{1}{s(1+5s)(1+10s)}$;

(3) $G_K(s)=\dfrac{1}{10s}e^{-10s}$;

(4) $G_K(s)=\dfrac{2}{1+5s}e^{-5s}$。

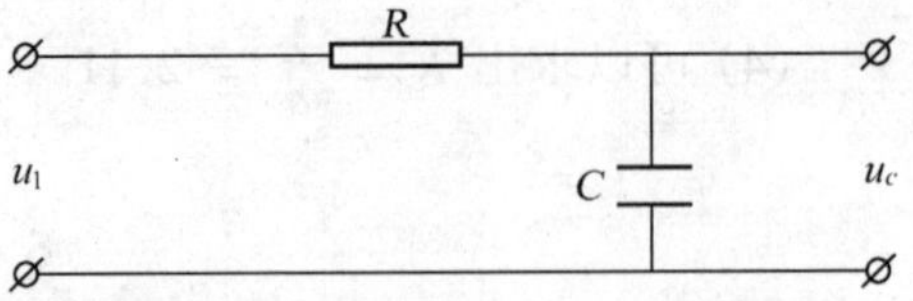

图 6 - 24　习题 6 - 3 的滤波电路

6 - 5　负反馈系统的开环传递函数为：$G_K(s)=\dfrac{k}{T_a s}e^{-s\tau}$。设其中 τ 和 T_a 的数值为已知，试求出使系统稳定的最大 k 值。

6 - 6　负反馈系统的开环传递函数为：$G_K(s)=\dfrac{k}{s(s+1)}e^{-s}$。试求出系统稳定时的最大 k 值。

6 - 7　控制系统如图 6 - 25 所示。求出使系统闭环稳定的最小 δ 的取值。

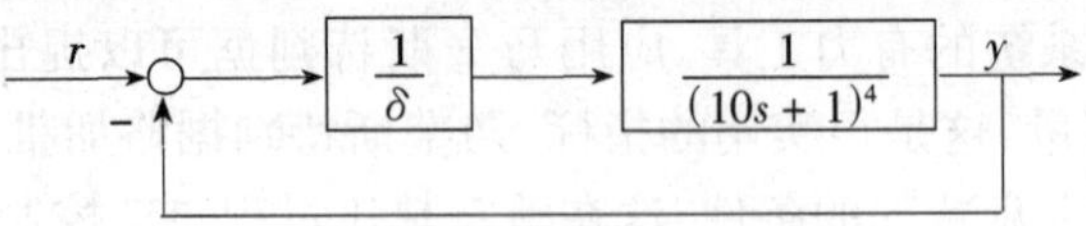

图 6 - 25　习题 6 - 7 的框图

6 - 8　单回路反馈控制系统的闭环特征方程为：$9s^2+6s+1+2e^{-\tau s}=0$，求使系统稳定的最大延迟时间 τ 的取值。

6 - 9　控制系统如图 6 - 26 所示，

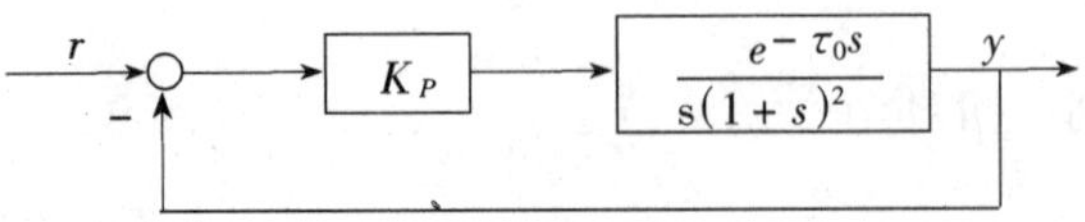

图 6 - 26　习题 6 - 9 框图

(1) 当 $\tau_0=0$ 时，确定使系统边界稳定的 K_P 值 K_{PC}。

(2) 当 $K_P=\dfrac{1}{2}K_{PC}$ 时，估算使系统边界稳定时允许的延迟时间 τ_0 及边界稳定时的频率 ω 值。

6 - 10　图 6 - 27 所示是开环传递函数 $G_K(s)$ 的幅相特性，图中 P 是 $G_K(s)$ 分母中实部为正的根的数目，试说明传递函数 $\dfrac{G_K(s)}{1+G_K(s)}$ 所代表的闭环系统是否稳定，为什么？

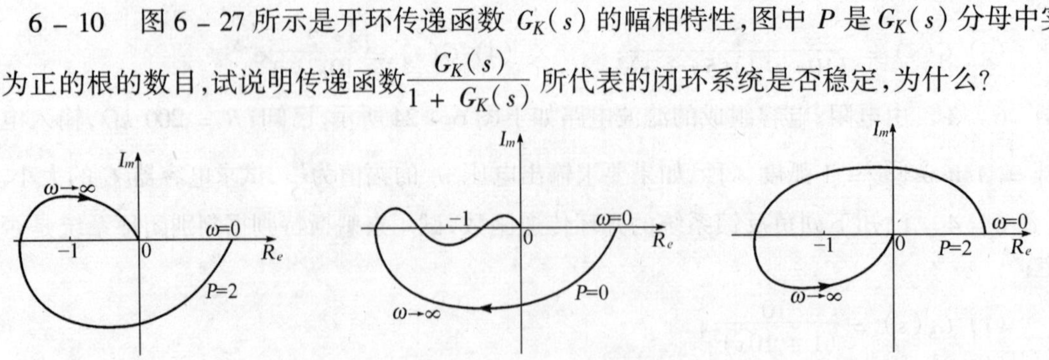

图 6 - 27　习题 6 - 10 乃奎斯特轨迹图

第 7 章　单回路控制系统的整定

§7.1　概　述

单回路反馈控制系统的典型框图可用图 7 – 1 表示。在前面的第 4 ~ 6 章中已经介绍了系统的分析方法。当控制系统的结构和系统中的所有参数都已确定的情况下，也就是已知 $G_R(s)$，$G_0(s)$ 和 $G_{01}(s)$ 等以后，可以对系统进行定性及定量分析，包括系统的稳定性、稳定性裕量大小，在受到输入扰动作用下过渡过程的动态偏差、静态偏差及过渡过程时间等，从而可以了解系统的工作情况及特点，对系统的工作进行评价。在实际工作中，还有一类更重要的问题需要解决，就是如果系统结构已定，调节器的动作规律也已确定，如何改变调节器参数使系统的过渡过程具有预期的性能要求。对于图 7 – 1 的系统就是已知对象特性 $G_0(s)$ 和 $G_{01}(s)$，且调节器 $G_R(s)$ 的动作规律已选定，例如选择 P 作用，PI 作用，PD 作用或 PID 作用，如何确定调节器的参数 S_1，S_0 和 S_2，使调节过渡过程具有预期的性能要求。这类命题就是系统的**综合**问题之一，常称**控制系统的参数整定**或**系统整定**。显然系统综合是在系统分析的基础上进行的。

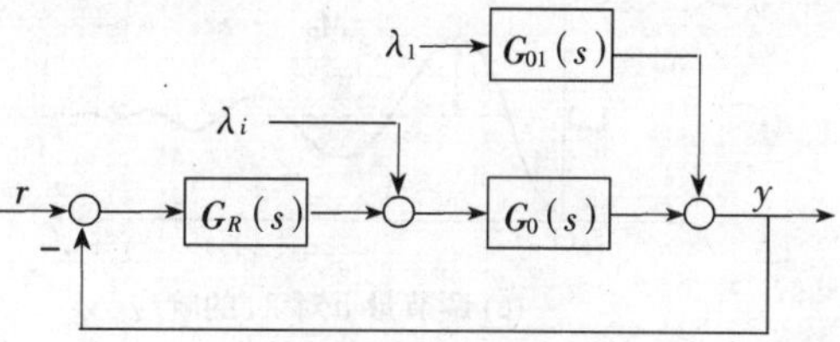

图 7 – 1　单回路反馈控制系统的典型框图

在将系统进行必要处理构成如图 7 – 1 的时候，调节器传递函数 $G_R(s)$ 是广义上的调节器，它还可能包括执行器等单元，其中只有调节单元的参数是可以改变的，同样，内扰下的对象动态特性 $G_0(s)$ 也可以根据分析需要，可以是包括调节阀门及变送单元等在内的广义对象，但它的参数是不会改变的。

调节器 $G_R(s)$ 的动作规律常依据控制要求及对象特性选择。例如：如果调节结束后被调量与给定值允许有静差，则可选择 P 作用或 PD 作用；如果要实现无差调节则应选用 PI 或 PID。其中 D 作用适用于对象特性有较大惯性或延迟的情况。

必须指出，单回路系统整定的结果只能使控制系统的工作在某个性能指标下是最优的，如果控制过程要求的性能指标用参数整定的方法无法达到，这时就应考虑改变系统结构组成复杂控制系统。但是，单回路系统的分析及整定是复杂系统分析及整定的基础。

§7.2 整定控制系统的性能指标

控制系统的性能指标是衡量和比较系统工作的一些准则。在系统实际工作中，当受到输入扰动作用后，系统的各个变量都会发生变化，为了比较系统的工作品质常用的输入信号为阶跃扰动的形式，而系统的输出常是被调量 y 与调节量 μ。在前面已经介绍，调节过渡过程的性能在定性上可以兼顾稳定性、准确性及快速性三个要求。其中，稳定性是首先需要保证的，只有稳定的系统才具有实际使用意义。从图 7 - 1 可见，系统的稳定性取决于系统的闭环特性方程 $1 + G_R(s)G_0(s) = 0$，系统在外扰下的调节过程除了与 $G_0(s)$ 有关外，还与 $G_{01}(s)$ 有关。但是，外扰特性 $G_{01}(s)$ 不会影响系统的稳定性，因为它在系统闭合回路外部，只会影响动态过程中的动态偏差等量。在内扰 λ_i 阶跃扰动下，输出被调量 y 和调节量 μ 的变化可用图 7 - 2 表示。

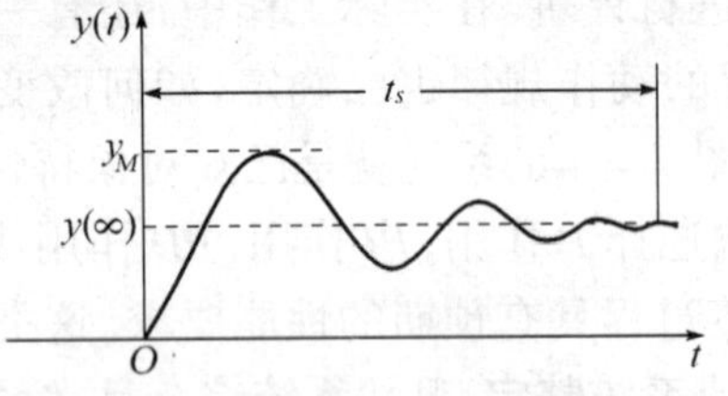

(a) 有差调节系统 y 的响应

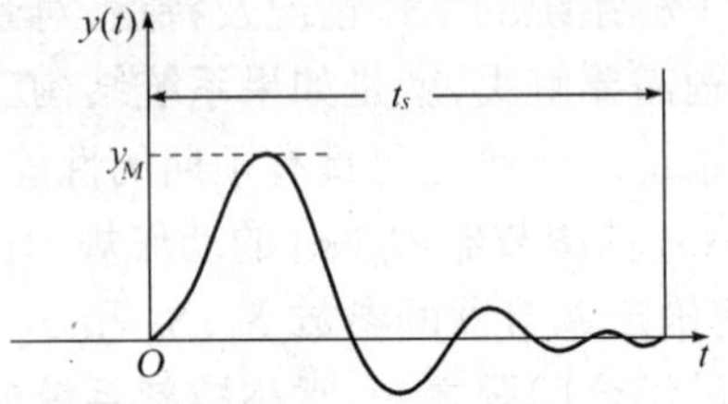

(b) 无差调节系统 y 的响应

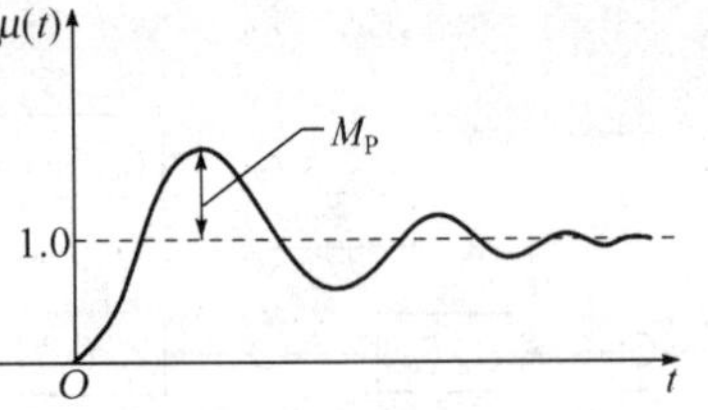

(c) 调节量 μ 对 λ_i 的响应

图 7 - 2　控制系统的阶跃响应

从阶跃扰动下的调节过程可见，评价系统的工作性能应考虑到被调量的静态偏差 $y(\infty)$、最大动态偏差 y_M 及过程时间 t_s，同时还应考虑调节量的超调量 M_p，过分超调在系统中也是不允许的。上面这些性能指标在图上很直观，但用这些指标整定系统却是十分困难的，因此，应将兼顾稳定性、准确性及快速性的指标用定量的形式来表示。在整定系统时所用的性能指标可以分成两类：一类是积分准则，另一类是稳定性裕量。

一、积分准则

在定值控制系统中，积分准则是在单位阶跃扰动下，系统的输出（被调量）y 与其稳态值 $y(\infty)$ 之间偏差的某个函数的积分数值，积分准则可以有不同的形式，下面几种是比较常见的形式：

1. 线性积分准则

$$I_1 = \int_0^{\infty} y(t)\mathrm{d}t \tag{7-1}$$

2. 绝对值积分准则

$$I = \int_0^{\infty} |y(t)|\mathrm{d}t \tag{7-2}$$

3. 平方积分准则

$$I_2 = \int_0^{\infty} y^2(t)\mathrm{d}t \tag{7-3}$$

4. 时间平方积分准则

$$I_3 = \int_0^{\infty} y^2(t)t\mathrm{d}t \tag{7-4}$$

式中的 $y(t)$ 是以 $y(\infty)$ 为基准的变量，即用 $y(t) - y(\infty)$ 代替 $y(t)$。如果选用上述任意积分准则为整定调节器参数的性能指标，就是选择调节器的参数使调节过程的积分准则的数值最小。

但是只利用上述积分准则有其局限性。例如：

1. 线性积分准则只适用于输出响应 $y(t)$ 不发生正、负波动的形式，如图 7－3a，这时 I_1 就是响应曲线包围的面积，包围的面积 I_1 最小，就是过程最好。如果 $y(t)$ 在时间轴上下波动，如图 7－3b 所示，则正负面积迭加，在等幅振荡时 I_1 最小且为零，这样的过程是边界稳定过程，并不希望发生。

虽然线性积分准则 I_1 只适用于某些过程，但 I_1 的计算却比较方便，可以用如下方法求得：

$$I_1 = \int_0^{\infty} y(t)\mathrm{d}t = \lim_{s\to 0}\int_0^{\infty} y(t)\mathrm{e}^{-st}\mathrm{d}t = \lim_{s\to 0}Y(s) \tag{7-5}$$

如图 7－1 的系统可以根据 $G_R(s)$、$G_0(s)$ 及 $G_{01}(s)$，方便地求出扰动为阶跃输入时的 $Y(s)$ 的表达式，从而计算出 I_1，当改变 $G_R(s)$ 的参数时，使 I_1 最小的调节器 $G_R(s)$ 的参数就是最佳的整定参数。

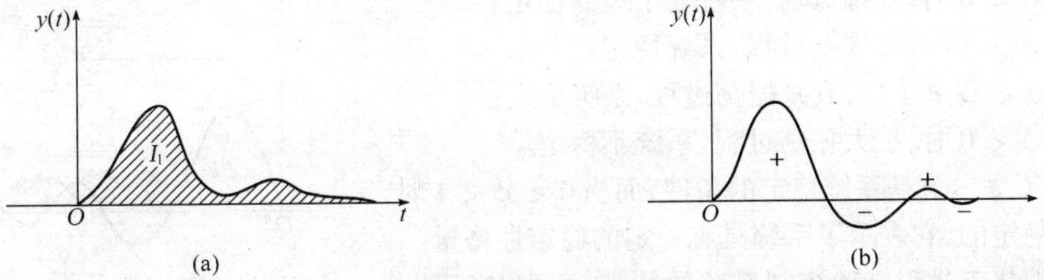

图 7－3　线性积分准则 I_1

2. 对 $y(t)$ 上下波动的过程可用绝对值积分准则 I 最小来整定参数，避免了使用 I_1 的缺点，但是 I 的计算比较困难，因为要知道 $y(t)$ 的具体过程才能进行。

3. 平方积分准则 I_2 避免了 I_1 的缺点，相对 I 来说，计算也方便些，但只根据平方积分准则 I_2 来确定调节器参数时常常会使 $y(t)$ 的偏差小，但波动次数多，过程时间长，而且为了使 $y(t)$ 偏差小，会造成很大的超调量，调节过程的稳定性裕量较小，所以 I_2 最小时，系统的工作品质常常不能认为是满意的，还应补充必要的具体的限制条件。

4. 为了使过程时间尽可能短，可以将时间 t 的因素引入积分表达式中，所以可以用时间平方积分准则最小的积分准则 I_3，但是要具体计算 I_3 就更加困难。

单独使用上面的一些积分准则作为整定控制系统的性能指标都不是很恰当。实际上，积分准则值相同的调节过程会有很大差别。如果再对系统的阶跃响应的形状作出某些具体约束，那么整定得到的结果会更合理。例如规定系统阶跃响应的衰减率 ψ 为给定数值，再应用上述的某个积分准则，整定控制系统就会更好。

如果对调节过程作更全面的分析，要求的输出变量不仅是被调量 y，还包括调节量 μ 以及其它表征系统工作品质的参数，则建立的描述过程最优的目标函数 I_L 为：

$$I_L = \int_0^{\infty} L(y_1, y_2, \cdots, \mu, \cdots, t)\,\mathrm{d}t \tag{7-6}$$

希望调节器的参数或控制作用方式能使 I_L 最大（或最小），这样的控制就成为**最优控制**。显然建立一个描述过程性能的目标函数的数学模型是十分重要的。

二、稳定性裕量

控制系统必须是稳定的才具有实际使用意义，而为了使系统有较好的工作品质还应有一定的稳定性裕量。稳定性裕量是相对于边界稳定（等幅振荡的调节过程）而言的，但是过大的稳定性裕量会使过程时间太长，也并不希望。原则上说，各类用于判断系统稳定性的判据都可以对稳定性裕量进行定义，例如使闭环特征方程的根在 s 平面左面而且离虚轴有一定的距离，又如利用 Nyquist 判据给出相位裕量与增益裕量等。但是稳定性裕量大小并没有统一的定义，而且也并不能指出调节过程的其它性能情况。根据热工过程自动控制系统的特点和系统整定的需要，可以用下面一些性能指标。

1. 衰减率 ψ

衰减率 ψ 可以从系统瞬态响应或阶跃响应曲线上定义，$\psi = \dfrac{y_{1M} - y_{3M}}{y_{1M}} = 1 - e^{-2\pi m}$，如图 7－4 所示。

当 $\psi = 0$ 时，等幅振荡，系统处于边界稳定；

当 $\psi \geqslant 1$ 时，非周期过程，系统稳定；

当 $0 < \psi < 1$ 时，衰减振荡过程，系统稳定；

当 $\psi < 0$ 时，扩大振荡过程，系统不稳定。

所以，$\psi > 0$ 是系统稳定的条件，而当 $0 < \psi < 1$ 时，系统是稳定的，它表示了系统具有一定的稳定性裕量。

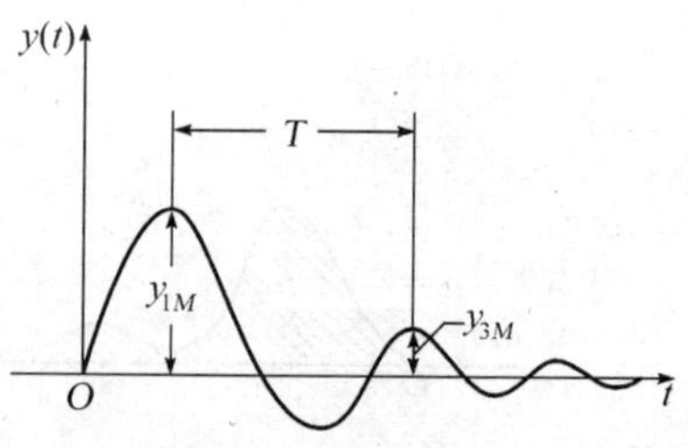

图 7－4　以时间轴为中心的振荡过程

根据热工过程自动控制系统的特点，一般热工调节对象的瞬态响应是不振荡的，由于负反馈系统的控制作用而使系统响应有振荡的倾向。如果偏差存在后，控制作用的速度越快或控制动作的幅度越大，就越容易造成调节量的超调，而使调节过程出现反复振荡。显然，过快的调节会使系统阶跃响应的衰减率偏低，此时被调量的动态偏差较小而响应过程的振荡次数较多，致使调节过程的时间增加；反之，过慢的调节会使系统阶跃响应的衰减率接近于 1（或等于 1），此时调节过程不振荡，调节过程时间很长而被调量的动态偏差也很大。因此，为了使系统瞬态响应的动态偏差较小、调节量的超调量不致于过大和调节过程时间较短，一般希望瞬态响应为衰减振荡过程，衰减率 ψ 的数值为 0.75 ~ 0.9。

以衰减率 $\psi = 0.75 \sim 0.9$ 作为整定控制系统时系统稳定性裕量的指标，兼顾了偏差、超调量和调节过程时间方面的要求，但是也不是对所有生产过程都一律要求系统瞬态响应的衰减率在 0.75 ~ 0.9 之间，应该根据生产过程的特点确定最适宜的衰减率数值。例如，对于电炉或一般恒温器温度的自动控制，要求温度的动态偏差较小而调节量允许有较大的超调量，那么衰减率可以取更低的数值，如 $\psi = 0.6$ 或更低；而对于锅炉燃烧过程自动控制，燃料量和送风量都不宜过大超调，衰减率则应取更高的数值，如 $\psi \approx 1$（略小于 1）。

在第 4 章中已经讨论过，对于二阶系统，其瞬态响应（或阶跃响应）的衰减率 ψ 的数值与系统特征方程的根在复平面上的位置有着肯定关系。如果要求系统瞬态响应的衰减率为(0,1) 间某一指定数值，也即要求系统特征方程的根位于复平面虚轴左边的某一折线 AOC 上，如图 7 – 5 所示。

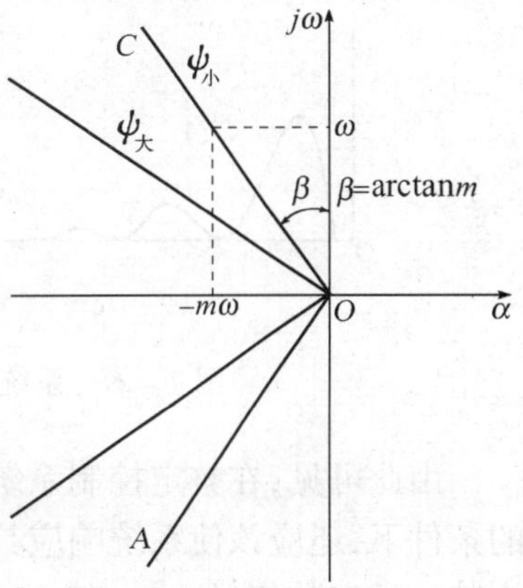

图 7 – 5　与值相对应的特征方程根的位置（二阶系统）

当 ψ 值越大时，折线 AOC 偏离虚轴的角度 β 也越大。ψ 与 $m = \tan\beta$ 值的一一对应关系见表 4 – 1。其中，$\psi = 0.75$ 时，$m = \tan\beta = 0.221$；$\psi = 0.9$ 时，$m = 0.366$。因此，就可以根据 ψ 等于某一指定值来计算出二阶系统中调节器的参数。

对于高阶系统，通过整定可以使特征方程的一对主导复根位于 m 为指定值的折线上（如图 7 – 5 中的 AOC），其余的根都在该折线左边，使系统瞬态响应中的主要振荡成分的衰减率等于与 m 相对应的数值。但在高阶系统中往往还有一个不振荡的衰减成分在瞬态响应中起明显的作用，这就是特征方程中还有一个主导负实根。如果这个主导负实根和主导复根的负实部相差不多，那么系统瞬态响应中的主要成分将叠加在指数衰减曲线上（即瞬态响应的振荡过程不是以水平轴为中心线）。此外，系统的瞬态响应中还有其它衰减较快的成分（对应于特征方程的其它根）在响应的起始阶段也起作用。因此，控制系统按照衰减率为指定值的要求整定后，从系统的阶跃响应曲线上测量到的衰减率也往往不等于整定时指定的衰减率。

还必须指出，以衰减率 ψ 为指定值作为整定控制系统的性能指标时，只是规定了系统特征方程的一对主导复根在复平面的一条折线上，即规定主导复根的实部（$-\alpha$）与虚部（ω）的比值 $\frac{\alpha}{\omega}$ 为某一数值。它只是表明主要振荡成分经过一个周期后振幅的相对减少，而没有规定振荡周期的长短（与 ω 值有关）和随时间衰减的速度（与 α 值有关），也没有表明阶跃响应有没有静态偏差，更没有表示出主要的不振荡衰减成分（高阶系统中的主导负实根）的影响，因此衰减率相同的阶跃响应可能具有很不相同的形状。图 7 – 6 为系统在单位阶跃扰动下的输出（被调量）响应，它们的衰减率都等于 0.75，但响应的形状差别很大。图中(a)、(b)、(c) 调节结果都是无差的，而(a) 图中曲线的动态偏差最大，周期最长（即频率最低）；(b) 图中曲线基本上以时间轴为中心的衰减振荡（响应特性主要取决于一对主导复根）；(c) 图曲线的衰减振荡偏在时间轴上方，振荡成分叠加在衰减的指数曲线上（系统特征方程有一对主导复根和一个主导负实根）。图(d) 中曲线是有稳态偏差的响应，此时调节器中没有积分作用。

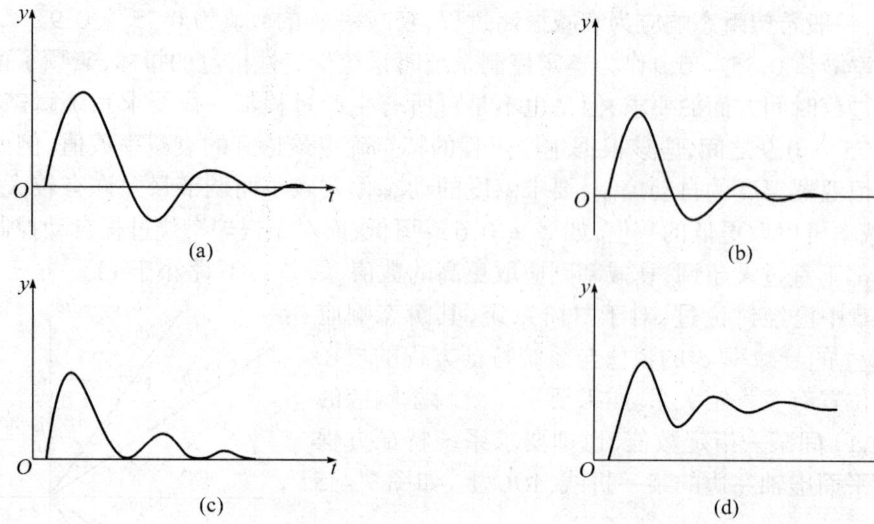

图 7－6　系统的单位阶跃响应曲线（$\psi = 0.75$ 调节器参数不同）

由此可见，在整定控制系统时不宜把衰减率的数值作为唯一的性能指标。在衰减率相同的条件下，还应该使系统响应具有较小的偏差和较高的频率。在整定控制系统时，以衰减率为某一规定数值（如 $\psi = 0.75 \sim 0.9$）计算出调节器的参数，如果计算出的整定参数有很多组数值，就应根据其它性能指标，例如以某种积分准则为最小的原则求出一组最佳的整定参数。

2. 谐振比 M_r

用频率特性来整定控制系统时，系统幅频特性的谐振比 M_r 可以作为系统的性能指标。在第 6 章中已经讨论过，当二阶系统传递函数的形式为：

$$G(s) = \frac{k\omega_0^2}{s^2 + 2\zeta\omega_0 s + \omega_0^2} \tag{7-7}$$

时，谐振比 M_r 与阻尼系数 ζ 有着一一对应关系（当 $0 \leqslant \zeta \leqslant 0.707$ 时，见表 6－2），因而也与瞬态响应的衰减率 ψ 有肯定关系（对于 $0 \leqslant \psi \leqslant 0.998$）。对于图 7－1 所示的控制系统，如以给定值 $r(t)$ 作为系统输入而以调节对象的输出 $y(t)$ 作为系统输出，即系统的传递函数为：

$$G(s) = \frac{G_R(s)G_0(s)}{1 + G_R(s)G_0(s)} \tag{7-8}$$

它的幅频特性与二阶系统很相似。因此，使 $G(s)$ 幅频特性的谐振比 M_r 为指定的数值作为指标来整定控制系统，就是使系统瞬态响应中的主要振荡成分的衰减率 ψ 等于指定的数值。

3. 增益裕量和相位裕量

当应用系统的开环频率特性和奈奎斯特判据来整定控制系统时，可以应用增益裕量和相位裕量的指定数值作为系统整定的性能指标。但是，增益裕量和相位裕量与系统瞬态响应的形状之间并没有明确的对应关系。对于一般自动控制系统，取相位裕量 $\gamma = 30° \sim 60°$，对数增益裕量 $K_g = 6 \sim 12\text{dB}$（增益裕量 K_g 和相位裕量 γ 的定义见第 6 章 6.3 节）。

以上介绍的几种系统的性能指标，都是与一定的整定计算方法相联系的。对于热工过程自动控制系统，常以瞬态响应的衰减率作为主要指标，它是一个比较形象的指标。

下面介绍几种整定控制系统的方法。

§7.3　使系统特征方程的主导复根的衰减指数 m 为指定值的整定计算方法(常称广义频率特性计算方法)

单回路调节系统如图 7 - 1 所示,系统的特征方程为:

$$1 + G_R(s)G_0(s) = 0 \tag{7-9}$$

式中:$G_R(s)$—— 调节器的传递函数;

$G_0(s)$—— 调节对象的传递函数。

整定的命题就是:确定调节器 $G_R(s)$ 的参数,使系统瞬态响应主导振荡成分的衰减指数 m 为指定数值。也就是确定 $G_R(s)$ 中的参数使闭环特征方程的根在给定的衰减指数 m 相应的等衰减率折线 AOC 上(如图 7 - 5 所示)。

将闭环特征方程(7 - 9) 式改写成:

$$-G_R(s) = \frac{1}{G_0(s)} = G_0^*(s) \tag{7-10}$$

式中:$G_0^*(s)$—— 对象传递函数的倒数。

当闭环特征方程的主导复根在等衰减率折线 AOC 上时,闭环特征方程的根为:

$$s = -\alpha \pm j\omega = -m\omega \pm j\omega \tag{7-11}$$

其中:m 为整定要求指定的数值,它与瞬态响应的衰减率 ψ 相对应,且 $\psi = 1 - e^{-2\pi m}$。

用 $s = -m\omega + j\omega$ 代入闭环特征方程(7 - 10) 式,可得:

$$-G_R(-m\omega + j\omega) = G_0^*(-m\omega + j\omega) \tag{7-12}$$

其中:$-G_R(-m\omega + j\omega)$ 和 $G_0^*(-m\omega + j\omega)$ 都是复数,可以分别表示成:

$$\begin{cases} -G_R(-m\omega + j\omega) = R_R(m,\omega) + jI_R(m,\omega) = A_R(m,\omega)e^{j\theta_R(m,\omega)} \\ G_0^*(-m\omega + j\omega) = R_0^*(m,\omega) + jI_0^*(m,\omega) = A_0^*(m,\omega)e^{j\theta_0^*(m,\omega)} \end{cases} \tag{7-13}$$

所以(7 - 12) 式又可表示成:

$$\begin{cases} R_R(m,\omega) = R_0^*(m,\omega) \\ I_R(m,\omega) = I_0^*(m,\omega) \end{cases} \tag{7-14}$$

或

$$\begin{cases} A_R(m,\omega) = A_0^*(m,\omega) \\ \theta_R(m,\omega) = \theta_0^*(m,\omega) \end{cases} \tag{7-15}$$

(7 - 14) 或(7 - 15) 式两个方程就是整定计算时确定 $G_R(s)$ 中参数的原则。

在(7 - 14) 或(7 - 15) 式的计算公式中,待定的未知数有调节器 $G_R(s)$ 中的参数和衰减振荡频率 ω,ω 就是主导复根的虚部。由于整定计算用的关系只有两个方程,所以只能唯一确定两个参数,当调节器 $G_R(s)$ 为比例作用调节器时,要求确定的参数只有比例作用大小的比例系数 S_1,这样解代数方程(7 - 14) 或(7 - 15) 式可以唯一确定 S_1 及 ω。如果调节器 $G_R(s)$ 为 PI 作用或 PD、PID 作用,要求确定的参数为 S_0, S_1, S_2 及 ω,由两个方程可以求得无数组解,这些解都是在 m 为指定值的条件下,即衰减率 ψ 为指定值的条件下求出的,他们都可使瞬态响应的衰减率 ψ 为一指定值,但振荡频率和振幅不同,这时还必须用其它性能指标在这些参数中选择一组最好的结果。不同调节作用时的整定计算方法可以分别说明如下:

一、调节器为比例作用(P 作用)

调节器传递函数 $G_R(s)$ 为:$G_R(s)=S_1$ 或 $G_R(s)=\dfrac{1}{\delta}$。这时,

$$-G_R(-m\omega+j\omega)=-S_1=S_1\mathrm{e}^{j\pi} \tag{7-16}$$

代入(7-14)或(7-15)式可得:

$$\begin{cases}S_1=-R_0^*(m,\omega)\\0=I_0^*(m,\omega)\end{cases} \tag{7-17}$$

或

$$\begin{cases}S_1=A_0^*(m,\omega)\\\pi=\theta_0^*(m,\omega)\end{cases} \tag{7-18}$$

这时,可以唯一确定 ω 和 S_1 值。

例 7-1　单回路系统如图 7-7 所示,已知对象的传递函数:$G_0(s)=\dfrac{1}{(1+T_0s)^5}$,$T_0$ 为已知时间常数;调节器为比例作用,传递函数为:$G_R(s)=S_1=\dfrac{1}{\delta}$,以系统瞬态响应的衰减率 $\psi=0.75$ 为整定指标,确定调节器参数 S_1 的数值。

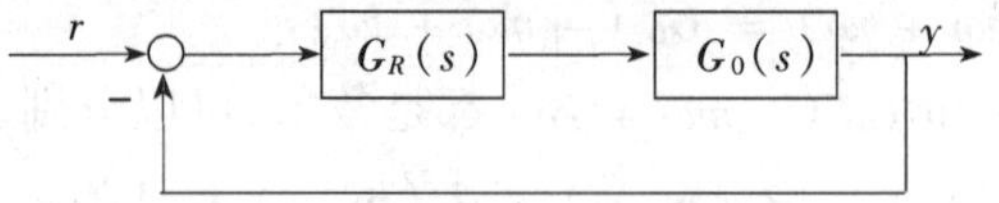

图 7-7　单回路系统

解:

$$G_0^*(-m\omega+j\omega)=(1-m\omega T_0+jT_0\omega)^5$$
$$=\left(\sqrt{(1-m\omega T_0)^2+T_0^2\omega^2}\right)^5\mathrm{e}^{j5\arctan\frac{T_0\omega}{1-mT_0\omega}} \tag{7-19}$$

即:

$$\begin{cases}A_0^*(m,\omega)=\left[(1-m\omega T_0)^2+T_0^2\omega^2\right]^{\frac{5}{2}}\\\theta_0^*(m,\omega)=5\arctan\dfrac{T_0\omega}{1-mT_0\omega}\end{cases}$$

代入(7-18)式,可得:

$$\left.\begin{aligned}S_1&=A_0^*(m,\omega)=\left[(1-m\omega T_0)^2+T_0^2\omega^2\right]^{\frac{5}{2}}\\\pi&=\theta_0^*(m,\omega)=5\arctan\frac{T_0\omega}{1-mT_0\omega}\end{aligned}\right\} \tag{7-20}$$

由(7-20)式的第二个式子可得:

$$\frac{T_0\omega}{1 - m\omega T_0} = \tan\frac{\pi}{5} = 0.727$$

$$T_0\omega = \frac{0.727}{1 + 0.727m}$$

当 $\psi = 0.75$ 时，$m = 0.221$，所以可以计算得到：

$$T_0\omega = 0.626$$

将 $T_0\omega$ 值代入(7 - 20)式的第一式子中可得到：

$$S_1 = [(1 - 0.221 \times 0.626)^2 + 0.626^2]^{\frac{5}{2}} = 1.37$$

因此，调节器的参数为：$S_1 = 1.37$ 或 $\delta = \frac{1}{S_1} \times 100\% = 73\%$

此时，系统闭环特征方程的主导复根为：

$$-m\omega \pm j\omega = \frac{1}{T_0}(-0.138 \pm j0.626)$$

系统瞬态响应中主导振荡成分的频率为：$\omega = \frac{0.626}{T_0}$，即振荡周期：$T = \frac{2\pi}{\omega} \approx 10T_0$。

利用同样的方法，可以计算出衰减率 ψ 为不同数值时的整定参数值，下面列出以几种不同衰减率 ψ 进行整定计算结果列于表 7 - 1。

表 7 - 1　例 7 - 1 系统在不同衰减率 ψ 时的计算结果

指定衰减率 ψ	0	0.75	0.9	0.998
与 ψ 值相应的 m	0	0.221	0.366	1
$T_0\omega$	0.727	0.626	0.574	0.42
振荡周期 T/T_0	8.64	10	10.9	15
S_1	2.89	1.37	0.888	0.188
δ	0.346	0.73	1.13	5.31

二、调节器为比例 - 积分作用（PI 作用）

比例 - 积分调节器的传递函数为：

$$G_R(s) = S_1 + \frac{S_0}{s} = \frac{1}{\delta}\left(1 + \frac{1}{T_i s}\right),$$

$$\delta = \frac{1}{S_1}, T_i = \frac{S_1}{S_0}$$

它有两个待整定参数 S_1 和 S_0 或 δ 和 T_i。在下面的计算中用 S_1 和 S_0 表示，用 $s = -m\omega + j\omega$ 代入 $G_R(s)$ 中，可得到：

$$\begin{aligned} -G_R(-m\omega + j\omega) &= -S_1 - \frac{S_0}{-m\omega + j\omega} \\ &= \left[\frac{S_0 m}{\omega(1 + m^2)} - S_1\right] + j\frac{S_0}{\omega(1 + m^2)} \end{aligned} \tag{7 - 21}$$

代入(7 - 14)式中，可得到：

$$\left.\begin{aligned} S_0 &= \omega(1+m^2)I_0^*(m,\omega) \\ S_1 &= mI_0^*(m,\omega) - R_0^*(m,\omega) \end{aligned}\right\} \tag{7-22a}$$

或者,由于

$$\begin{aligned} G_0^*(-m\omega + j\omega) &= R_0^*(m,\omega) + jI_0^*(m,\omega) = A_0^*(m,\omega)e^{j\theta_0^*(m,\omega)} \\ &= A_0^*(m,\omega)[\cos\theta_0^*(m,\omega) + j\sin\theta_0^*(m,\omega)] \end{aligned}$$

所以(7 - 22a)也可写成:

$$\left.\begin{aligned} S_0 &= \omega(1+m^2)[A_0^*(m,\omega)\sin\theta_0^*(m,\omega)] \\ S_1 &= A_0^*(m,\omega)[m\sin\theta_0^*(m,\omega) - \cos\theta_0^*(m,\omega)] \end{aligned}\right\} \tag{7-22b}$$

根据调节对象的传递函数 $G_0(s)$ 和指定的衰减指数 m 值由(7 - 22a)或(7 - 22b)式可以求出调节器的两个整定参数 S_0 和 S_1 以及振荡频率 ω。但是由两个关系式求解三个未知数,可得到无穷多组解。在任意给定一个 ω 下,都可唯一确定 S_0 和 S_1 两个参数值。如果把指定衰减率 ψ(对应于指定的衰减指数 m)下求出的 S_0 和 S_1 值表示在 $S_0 - S_1$ 参数平面上,则可将不同 ω 下的 S_0S_1 连接成一条曲线,对应曲线上的点都具有指定的衰减率 ψ,称为**等衰减率整定参数曲线**,指定的衰减率 ψ 不同时,等衰减率曲线也不同,可以用图 7 - 8 表示。

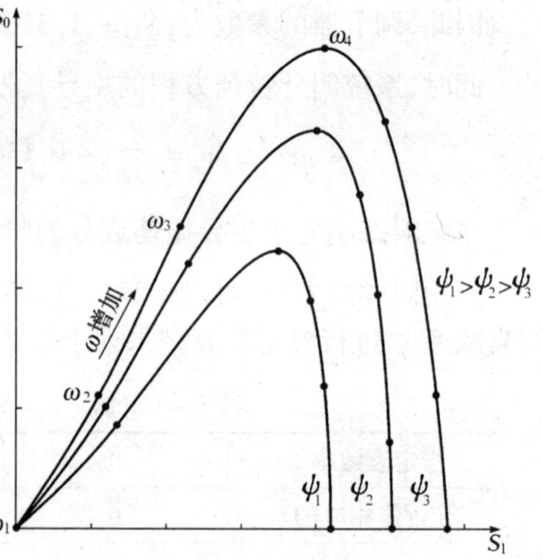

图 7 - 8 用 *PI* 调节器的单回路系统的等衰减率整定参数曲线

在等衰减率曲线上的各点(S_0, S_1)数值都满足系统的瞬态响应具有指定的衰减率 ψ 的要求。但是,他们的实际过程是不同的(因为振荡频率 ω 不同),到底那一组整定参数能使调节过程的品质指标最好,还应根据系统在输入阶跃扰动下的调节过渡过程来比较。原则上,可以用前面介绍的某个积分准则值最小作为约束条件,在无穷组参数中选择最佳的一组参数。这时,就需要根据在阶跃扰动输入下的调节过程计算积分准则,使积分准则最小来确定一组最好的整定参数,该方法实际上是很难做到的。下面从原则上给出选择最佳一组整定参数的方法,实际使用时表明,所得到的调节过程是较好的。

1. 当指定的衰减率 ψ 较大时($\psi > 0.9$),可以用线性积分准则最小的原则来确定等衰减率曲线上的一组最佳的整定参数,即:

$$\min I_1 = \int_0^\infty y(t)\mathrm{d}t$$

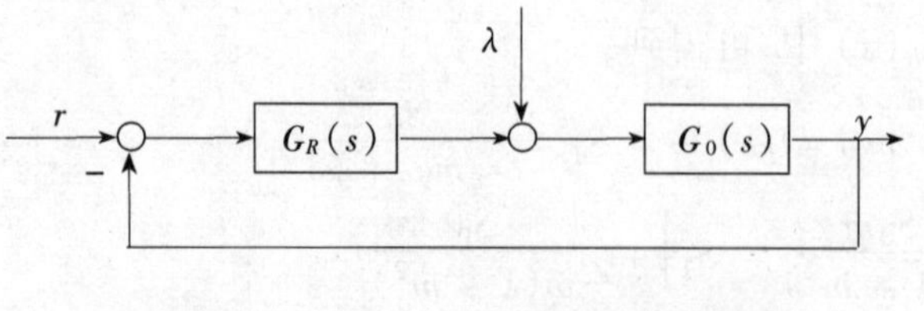

图 7 - 9 输入为 λ 的单回路控制系统

设单回路系统的输入扰动为 λ，如图7－9所示。当 λ 为单位阶跃扰动时，输出 $y(t)$ 的拉氏变换为：

$$Y(s)=\frac{1}{s}\cdot\frac{G_0(s)}{1+G_R(s)G_0(s)}$$

其中：$G_R(s)=S_1+\frac{S_0}{s}$，代入上式可得：

$$Y(s)=\frac{1}{s}\cdot\frac{G_0(s)}{1+(S_1+\frac{S_0}{s})G_0(s)}=\frac{1}{\frac{s}{G_0(s)}+(S_1s+S_0)} \quad (7-23)$$

线性积分准则最小就是：

$$\min I_1=\min\int_0^{\infty}y(t)\mathrm{d}t=\min[\lim_{s\to 0}Y(s)] \quad (7-24)$$

考虑到对象传递函数 $G_0(s)$ 中分母的阶次高于分子的阶次，所以：

$$\lim_{s\to 0}Y(s)=\lim_{s\to 0}\frac{1}{\frac{s}{G_0(s)}+(S_1s+S_0)}=\frac{1}{S_0} \quad (7-25)$$

线性积分准则 I_1 最小就是 S_0 最大。所以在图7－8的等衰减率曲线上选择最高的一点，从而得到一组最佳的整定参数 S_1，S_0 和 ω 值。

当 $\psi>0.9$ 时的调节过程表示输出 $y(t)$ 在时间轴上方的面积远大于在时间轴下方的面积，所以可以近似认为 I_1 最小为最好的调节过程。如果调节过程都在时间轴的上方，当然可选用 I_1 最小的一组参数。

2. 当衰减率 ψ 较小（$0.75\leqslant\psi\leqslant 0.9$）时，线性积分准则 I_1 的大小不能正确反映系统调节过程的性能。这时，可用平方积分准则 $I_2=\int_0^{\infty}y^2(t)\mathrm{d}t$ 或绝对值积分准则 $I=\int_0^{\infty}|y(t)|\mathrm{d}t$ 最小作为确定一组最佳参数的约束条件。但是由实际阶跃扰动调节过程很难计算得到 I_2 或 I 值，要得到 I_2 或 I 值与 S_0，S_1 的关系非常复杂，也较困难。但可以从控制的基本概念得出如下结论：在满足一定衰减率 ψ 的条件下，加大 S_0 和 S_1，将减少系统阶跃扰动下调节过程的动态偏差和过渡过程时间（当然这时调节量的变化将较大）。所以可以在等衰减率 ψ 曲线上选取 S_0S_1 最大或 $S_0S_1^2$ 最大的一组参数为确定的整定参数。S_0S_1 最大或 $S_0S_1^2$ 最大位于图7－8的等衰减率曲线的最高点附近的右下方。这样的选择原则实际上是经过大量仿真试验得到的结论。

因此，在单回路系统中进行 PI 作用调节器参数整定时的计算步骤包括两个内容：

(1) 根据调节对象的传递函数 $G_0(s)$ 和指定的衰减指数 m（或衰减率 ψ）按（7－22a）或（7－22b）式计算出等衰减率曲线（如图7－8）。

在计算过程中，可以预先估计一下频率 ω 的取值范围，ω 过大或过小将使 S_0 或 S_1 出现无意义的负值。在 ω 的计算范围内适当选定几个不同的 ω 值，计算出不同 ω 下的参数 S_0 和 S_1 值，并计算 S_0S_1 或 $S_0S_1^2$ 的数值。

(2) 在众多组的参数值中选择 S_0S_1 或 $S_0S_1^2$ 最大的一组参数作为所要确定的 PI 调节器的参数，这时，系统的瞬态响应频率就是与该参数 S_0、S_1 对应的 ω 值。

例 7-2 系统如图 7-7,但调节器为 PI 作用,其传递函数为:$G_R(s) = S_1 + \frac{S_0}{s}$,对象:$G_0(s) = \frac{1}{(1+T_0 s)^5}$,$T_0$ 为已知常数,确定使系统的 $\psi = 0.75$ 时的最佳整定参数。

解:由例 7-1:

$$G_0^*(-m\omega + j\omega) = [(1 - mT_0\omega)^2 + (T_0\omega)^2]^{\frac{5}{2}} e^{j5\arctan\frac{T_0\omega}{1-mT_0\omega}}$$

由(7-22b)式:

$$\begin{cases} S_1 = [(1 - mT_0\omega)^2 + (T_0\omega)^2]^{2.5}\left[m\sin\left(5\arctan\frac{T_0\omega}{1-mT_0\omega}\right) - \cos\left(5\arctan\frac{T_0\omega}{1-mT_0\omega}\right)\right] \\ T_0S_0 = \omega T_0(1+m^2)[(1-mT_0\omega)^2 + (T_0\omega)^2]^{2.5}\sin\left(5\arctan\frac{T_0\omega}{1-mT_0\omega}\right) \end{cases}$$

先估算 ωT_0 的计算范围:

$S_0 = 0$ 时,$\omega T_0 = 0$ 或 $\sin\left(5\arctan\frac{T_0\omega}{1-mT_0\omega}\right) = 0$,求出 $T_0\omega = 0.626$。

$S_1 = 0$ 时,$m\sin\left(5\arctan\frac{T_0\omega}{1-mT_0\omega}\right) - \cos\left(5\arctan\frac{T_0\omega}{1-mT_0\omega}\right) = 0$,即:

$$5\arctan\frac{T_0\omega}{1-mT_0\omega} = \arctan\frac{1}{m}$$

求出:$T_0\omega = 0.261$

以上估算中,$m = 0.221$。

因此,取 $T_0\omega$ 的计算范围为 0.261 至 0.626,这是使 S_0,S_1 都是正值的最低频率范围。当 $T_0\omega > 0.626$ 时,计算结果没有实际意义。列表计算如下(见表 7-2):$m = 0.221$

表 7-2 例 7-2 计算表

① $T_0\omega$	0.261	0.4	0.45	0.5	0.53	0.55	0.626
② $(T_0\omega)^2$	0.0681	0.16	0.2025	0.25	0.281	0.3025	0.3919
③ $mT_0\omega$	0.0577	0.0884	0.0995	0.1105	0.117	0.1216	0.1383
④ $1 - mT_0\omega$	0.9423	0.9116	0.9005	0.8895	0.8829	0.8784	0.8617
⑤ $(1 - mT_0\omega)^2$	0.8880	0.8310	0.8109	0.7912	0.7795	0.7716	0.7425
⑥ $(T_0\omega)^2 + (1 - mT_0\omega)^2$	0.9561	0.9910	1.013	1.041	1.060	1.074	1.134
⑦ $[(T_0\omega)^2 + (1 - mT_0\omega)^2]^{2.5}$	0.8938	0.9780	1.033	1.106	1.158	1.195	1.370
⑧ $\frac{T_0\omega}{1 - mT_0\omega}$	0.2770	0.4388	0.4997	0.5620	0.60	0.6260	0.726
⑨ $\arctan\frac{T_0\omega}{1 - mT_0\omega}$	15.5°	23.69°	26.55°	29.34°	30.96°	32.05°	36°

续表 7 - 2

⑩ $5\arctan\dfrac{T_0\omega}{1-mT_0\omega}=\gamma$	77.5°	118.45°	132.76°	146.7°	154.8°	160.25°	180°
⑪ $\sin\gamma$	0.9763	0.8792	0.7342	0.5490	0.4255	0.3379	0
⑫ $\cos\gamma$	0.2164	- 0.4764	- 0.6789	- 0.8358	- 0.9050	- 0.9412	- 1
⑬ $m\sin\gamma$	0.2158	0.1943	0.1623	0.1213	0.094	0.0747	0
⑭ $m\sin\gamma-\cos\gamma$	≈ 0	0.6707	0.8412	0.9571	0.999	1.016	1
⑮ $S_1=$ ⑦ × ⑭	0	0.656	0.869	1.059	1.157	1.2145	1.37
⑯ $T_0S_0=(1+m^2)\times$ ① × ⑦ × ⑪	0.239	0.36	0.358	0.3184	0.274	0.233	0
⑰ $T_0S_0S_1=$ ⑮ × ⑯	0	0.236	0.311	0.337	0.317	0.283	0
⑱ $T_0S_0S_1^2=$ ⑮^2 × ⑯	0	0.155	0.27	0.357	0.367	0.344	0

由以上计算,可选择调节器的整定参数为:

$T_0S_0S_1=$ 最大时,$S_1=1.059$,$S_0=\dfrac{0.3184}{T_0}$,此时 $\omega T_0=0.5$;

或 $T_0S_0S_1^2=$ 最大时,$S_1=1.157$,$S_0=\dfrac{0.274}{T_0}$,此时 $\omega T_0=0.53$。

这两组参数都可以作为调节器的整定参数值,通常总希望系统的响应具有稍高的频率,因此可取:$S_1=1.157$,$S_0=\dfrac{0.274}{T_0}$,作为调节器的最佳整定参数,即:$\delta=\dfrac{1}{S_1}=0.864$,$T_i=\dfrac{S_1}{S_0}\approx 4.2T_0$。此时,系统特征方程的主导复根为 $-\dfrac{0.117}{T_0}\pm j\dfrac{0.53}{T_0}$;系统瞬态响应中主导振荡成分的周期为 $T=\dfrac{2\pi}{\omega}=11.86T_0$。

与例 7 - 1 的计算结果比较,可见当调节器中增加积分作用时,为了保持系统响应为同样的衰减率必须增加 δ 值,同时也增加了振荡周期,即调节过程较为缓慢。

三、调节器为比例 - 微分作用(PD)

比例 - 微分调节器的传递函数为:

$$G_R(s)=\frac{1}{\delta}(1+T_ds)=S_1+S_2s$$

它有两个待整定参数:δ,T_d 或 S_1,S_2。以 $s=-m\omega+j\omega$ 代入 $G_R(s)$ 中,则:

$$\begin{aligned}-G_R(-m\omega+j\omega)&=-S_1-S_2(-m\omega+j\omega)\\&=-(S_1-S_2m\omega)-jS_2\omega\end{aligned}\tag{7-26}$$

代入(7 - 14)式,得:

$$-(S_1-S_2m\omega)=R_0^*(m,\omega)$$

$$-S_2\omega=I_0^*(m,\omega)$$

$$\left.\begin{aligned}S_2&=-\frac{1}{\omega}I_0^*(m,\omega)\\S_1&=-mI_0^*(m,\omega)-R_0^*(m,\omega)\end{aligned}\right\}\tag{7-27a}$$

$$\left.\begin{aligned}S_2 &= -\frac{1}{\omega}A_0^*(m,\omega)\sin\theta_0^*(m,\omega)\\S_1 &= -A_0^*(m,\omega)[m\sin\theta_0^*(m,\omega)+\cos\theta_0^*(m,\omega)]\end{aligned}\right\}\qquad(7-27b)$$

当已知调节对象的传递函数 $G_0(s)$ 且 m 值指定时，根据(7－27a)或(7－27b)式计算出等衰减率曲线如图 7－10 所示。

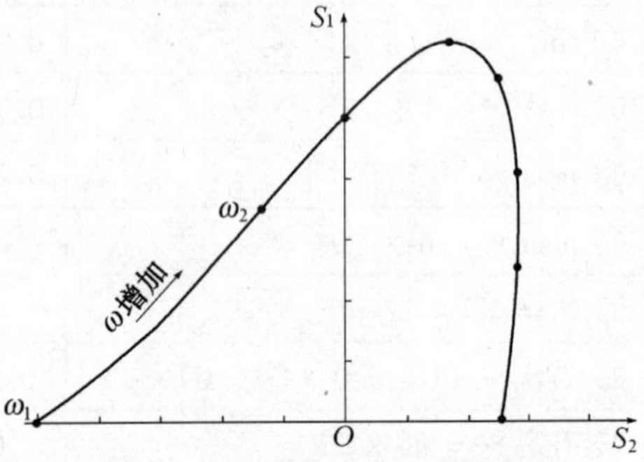

图 7－10　用 *PD* 调节器的单回路调节系统的等衰减率整定参数曲线

按下述原则从等衰减率曲线上选择一组最佳整定参数(S_1 和 S_2 值)：由于调节系统中采用 *PD* 调节器时，调节结果将是有差的(指调节对象输入扰动后被调量的响应)。为了在保证系统瞬态响应的衰减率一定的前提下尽量减小稳态偏差，应选择尽可能大的 S_1 值。因此，在等衰减率曲线上以 S_1 数值最大的点作为调节器的整定参数。

在整定计算时，可按上一小节整定 *PI* 调节器类似的步骤列表进行，在不同的 ω 值下计算出在指定 m 值时调节器的参数值 S_1, S_2，然后取其中 S_1 值最大的一组 S_1, S_2 值作为调节器的最佳整定参数。也可以以 S_1 取最大值作为在等衰减率曲线上选择调节器最佳整定参数的一个准则，即在等衰减率曲线上求出 S_1 的极大值，可写出计算公式为：

$$\frac{\partial S_1}{\partial \omega}=0\qquad(7-28)$$

由(7－28)式求出使 S_1 为极大时的 ω 值。这样根据(7－27a)或(7－27b)式，再加上(7－28)式就有三个关系式，就能唯一地确定调节器的一组整定参数 S_1, S_2 值以及 ω 值。整定计算过程可以先用(7－28)式求出使 S_1 为最大值时的 ω 值，然后把此 ω 值代入(7－27a)或(7－27b)式，求出 S_1 和 S_2 值。

例 7－3　在例 7－2 中，调节器改用比例－微分作用。求：$\psi=0.75$ 时调节器的整定参数。

解：调节对象的传递函数为：

$$G_0(s)=\frac{1}{(1+T_0s)^5}$$

$$G_0^*(s)=(1+T_0s)^5$$

$$G_0^*(-m\omega+j\omega)=[1+T_0(-m\omega+j\omega)]^5=R_0^*(m,\omega)+jI_0^*(m,\omega)$$

式中：

$$\left.\begin{aligned}R_0^*(m,\omega)&=(1-mT_0\omega)^5-10(1-mT_0\omega)^3(T_0\omega)^2+5(1-mT_0\omega)(T_0\omega)^4\\I_0^*(m,\omega)&=5(1-mT_0\omega)^4T_0\omega-10(1-mT_0\omega)^2(T_0\omega)^3+(T_0\omega)^5\end{aligned}\right\}\qquad(7-29)$$

代入(7－27a)式得：

$$\begin{aligned}-S_1=&\,5m(1-mT_0\omega)^4T_0\omega-10m(1-mT_0\omega)^2(T_0\omega)^3+m(T_0\omega)^5+(1-mT_0\omega)^5\\&-10(1-mT_0\omega)^3(T_0\omega)^2+5(1-mT_0\omega)(T_0\omega)^4\end{aligned}\qquad(7-30)$$

根据(7－28)式，使 $\frac{\partial S_1}{\partial \omega}=0$，得：

$$T_0\omega(1-mT_0\omega)[(1-mT_0\omega)^2-(T_0\omega)^2]=0$$

使 S_1 为极大值的条件为：

$$(1-mT_0\omega)^2-(T_0\omega)^2=0$$

于是求得：$T_0\omega=\dfrac{1}{m+1}$

当 $m=0.221$ 时，$T_0\omega=0.819$

把 $T_0\omega$ 和 m 值代入(7－29)式，得：

$$R_0^*(m,\omega)=-1.474$$

$$I_0^*(m,\omega)=-1.474$$

再代入(7－27a)式，求出调节器的最佳整定参数为：

$$\begin{cases}S_1=-[mI_0^*(m,\omega)+R_0^*(m,\omega)]=1.8\\ S_2=-\dfrac{T_0}{\omega T_0}I_0^*(m,\omega)=1.8T_0\end{cases}\quad 或 \quad \begin{cases}\delta=\dfrac{1}{S_1}=0.56\\ T_d=\dfrac{S_2}{S_1}=T_0\end{cases}$$

此时，系统特征方程的主导复根为：

$$-m\omega\pm j\omega=-\frac{0.181}{T_0}\pm j\frac{0.819}{T_0}$$

系统瞬态响应中主导振荡成分的周期 $T=\dfrac{2\pi}{\omega}=7.67T_0$。

与例7－1中的计算结果比较，可以看出，当调节器中增加微分作用后，为了得到同样的衰减率，比例带 δ 值将减小，而瞬态响应的频率增加(即振荡周期缩短)，衰减速度加快(对时间而言)，即调节过程进行得较快。

四、调节器为比例－积分－微分作用(*PID*)

比例－积分－微分调节器的传递函数为：

$$G_R(s)=\frac{1}{\delta}(1+\frac{1}{T_is}+T_ds)=S_1+\frac{S_0}{s}+S_2s$$

它有三个整定参数：δ，T_i 和 T_d 或 S_1，S_0 和 S_2。

以 $s=-m\omega+j\omega$ 代入 $G_R(s)$，则：

$$-G_R(-m\omega+j\omega)=-[S_1+\frac{S_0}{-m\omega+j\omega}+S_2(-m\omega+j\omega)]$$

$$=-(S_1-\frac{m}{\omega(1+m^2)}S_0-m\omega S_2)+j[\frac{S_0}{\omega(1+m^2)}-S_2\omega] \tag{7－31}$$

代入(7－14)式，得出：

$$\left.\begin{aligned}S_0&=\omega(1+m^2)[I_0^*(m,\omega)+\omega S_2]\\ S_1&=mI_0^*(m,\omega)-R_0^*(m,\omega)+2m\omega S_2\end{aligned}\right\} \tag{7－32a}$$

或

$$\left.\begin{aligned}S_0&=\omega(1+m^2)[A_0^*(m,\omega)\sin\theta_0^*(m,\omega)+\omega S_2]\\ S_1&=A_0^*(m,\omega)[m\sin\theta_0^*(m,\omega)-\cos\theta_0^*(m,\omega)]+2m\omega S_2\end{aligned}\right\} \tag{7－32b}$$

在调节对象的传递函数 $G_0(s)$ 已知后，就可以用(7－32a)或(7－32b)式计算 *PID* 调节器的待整定参数。但是计算用的关系式只有两个，而要求解出四个未知数(S_0,S_1,S_2 和 ω)，因此计算过程是很繁杂的。一般可以用下述步骤探求：

(1) 设定一系列 S_2 值。在每一个 S_2 值上，计算出 S_0-S_1 参数的等衰减率曲线。

(2) 对于每一个 S_2 值，在 S_0-S_1 等衰减率曲线上选出一组最适当的 S_0,S_1 值。

以上两步和计算 *PI* 调节器整定参数时相同。

(3) 对于上述选出的各组 S_0,S_1,S_2 值，分别作出调节系统阶跃响应曲线，以其绝对值积分准则 $I=\int_0^\infty|y(t)|\mathrm{d}t$ 最小的一组参数值 S_0,S_1,S_2 作为调节器的整定参数。

实际工业生产过程的自动调节系统中应用 *PID* 调节器，往往是因为调节对象具有较大的迟延和惯性(高阶惯性环节，如以温度为被调量的各种对象)。应用 *PID* 调节器的主要目的是加强调节过程一开始的调节动作，以减少被调量的动态偏差同时希望使稳态偏差等于零。但是，对于高阶惯性对象，即使微分作用很强，即被调量一有变化调节器输出立即迅速动作时，它对减少被调量动态偏差的作用也是有限度的，而且微分作用对其它直接输入调节器的干扰过于敏感，因此微分作用也不宜过强。*PID* 调节器可以认为是在 *PI* 调节器中适当加入微分作用。而且很多工业生产过程用的 *PID* 调节器中微分作用的设置是有限制的，一般 $\frac{T_d}{T_i}$ 比值的最大值在0.15～0.25之间，而在实际应用上 $\frac{T_d}{T_i}$ 的比值取0.15～0.25也是适当的。如果在整定 *PID* 调节器时先规定 $\frac{T_d}{T_i}=$ 常数，即 $\frac{S_0S_2}{S_1^2}=$ 常数，那么调节器就只有两个独立的整定参数，这时整定计算方法就和计算 *PI* 调节器整定参数的方法基本相同。

例7－4　在例7－2中，调节器改用比例－积分－微分作用。求：$\psi=0.75$ 时调节器的整定参数。

解：调节对象的传递函数为：

$$G_0(s)=\frac{1}{(1+T_0s)^5}$$

在例7－3中已得到：

$$G_0^*(-m\omega+j\omega)=R_0^*(m,\omega)+jI_0^*(m,\omega)$$

式中：

$$\left.\begin{aligned}R_0^*(m,\omega)&=(1-mT_0\omega)[(1-mT_0\omega)^4-10(1-mT_0\omega)^2(T_0\omega)^2+5(T_0\omega)^4]\\I_0^*(m,\omega)&=T_0\omega[5(1-mT_0\omega)^4-10(1-mT_0\omega)^2(T_0\omega)^2+(T_0\omega)^4]\end{aligned}\right\}\quad(7-33)$$

设 *PID* 调节器中 $\frac{T_d}{T_i}=0.25$，即 $S_2=0.25\frac{S_1^2}{S_0}$，则根据(7－32a)整定计算式为：

$$\left.\begin{aligned}T_0S_0&=\omega T_0(1+m^2)\left[I_0^*(m,\omega)+0.25\frac{S_1^2}{T_0S_0}\omega T_0\right]\\S_1&=mI_0^*(m,\omega)-R_0^*(m,\omega)+0.5m\omega T_0\frac{S_1^2}{T_0S_0}\end{aligned}\right\}\quad(7-34)$$

如果 $\frac{T_d}{T_i}=0.15$，即 $S_2=0.15\frac{S_1^2}{S_0}$，则整定计算式为：

$$\left.\begin{aligned} T_0S_0 &= \omega T_0(1+m^2)\left[I_0^*(m,\omega)+0.15\frac{S_1^2}{T_0S_0}\omega T_0\right] \\ S_1 &= mI_0^*(m,\omega)-R_0^*(m,\omega)+0.3m\omega T_0\frac{S_1^2}{T_0S_0} \end{aligned}\right\} \quad (7-35)$$

利用(7－33)和(7－34)式或(7－33)和(7－35)式。就可以用列表计算方法计算出 $\frac{T_d}{T_i}=0.25$ 或 $\frac{T_d}{T_i}=0.15$ 时 *PID* 调节器的最佳整定参数。在计算时要先估计一下 $T_0\omega$ 的计算范围，然后设定一组 $T_0\omega$ 值，并列表进行计算。$T_0\omega$ 的计算范围可以先估算出调节器只有比例作用时的 $(T_0\omega)_p$ 值。在用 *PID* 调节器时，系统瞬态响应中主导振荡成分的频率 $(T_0\omega)_{PID}$ 将略高于 $(T_0\omega)_p$ 值 $[(T_0\omega)_{PID}\approx(1.1\sim1.3)(T_0\omega)_P]$。在本例中，当 $m=0.221$ 和调节器只有比例作用时，$(T_0\omega)_P=0.626$(见例7－1)，因此可先定出 $T_0\omega$ 的计算范围为0.6～0.8。其计算结果列于表7－3中。

表7－3　例7－4计算结果

$T_0\omega$	0.6		0.65		0.7		0.75		0.8	
$R_0^*(m,\omega)$	－1.297		－1.425		－1.510		－1.542		－1.515	
$I_0^*(m,\omega)$	0.15		－0.148		－0.497		－0.882		－1.307	
$\frac{T_d}{T_i}$	0.25	0.15	0.25	0.15	0.25	0.15	0.25	0.15	0.25	0.15
S_1	1.65	1.56	1.82	1.71	1.94	1.83	2.02	1.91	2.03	1.95
T_0S_0	0.55	0.42	0.55	0.39	0.53	0.36	0.50	0.31	0.45	0.29
$T_0S_0S_1^2$	1.50	1.02	1.82	1.14	1.99	1.20	2.04	1.13	1.85	1.10

由以上计算可以得出调节器的最佳整定参数为：

(1) 当 $\frac{T_d}{T_i}=0.25$ 时，$T_0\omega=0.75$

$$\begin{cases} S_1=2.02 \\ S_0=\dfrac{0.50}{T_0} \\ S_2=0.25\dfrac{S_1^2}{S_0}=2.04T_0 \end{cases} \quad 或 \quad \begin{cases} \delta\approx0.5 \\ T_i\approx4T_0 \\ T_d\approx T_0 \end{cases}$$

振荡周期：$T=8.4T_0$

(2) 当 $\frac{T_d}{T_i}=0.15$ 时，$T_0\omega=0.7$

$$\begin{cases} S_1=1.83 \\ S_0=\dfrac{0.36}{T_0} \\ S_2=1.4T_0 \end{cases} \quad 或 \quad \begin{cases} \delta\approx0.55 \\ T_i\approx5.1T_0 \\ T_d\approx0.76T_0 \end{cases}$$

振荡周期：$T = 9T_0$

在例 7－2 中，当调节器为 PI 而衰减率要求相同（$\psi = 0.75$）时，整定计算结果为 $\delta = 0.864, T_i = 4.2T_0$，振荡周期 $T = 11.86T_0$。由此可以看出，当调节器为 PID 作用时，系统的响应比采用 PI 调节器时来得快。尤其当调节对象受到扰动，被调量开始变化后，采用 PID 调节器时的调节动作要比 PI 调节器快得多，因而可以减少被调量的动态偏差。

在上例中计算了 $\frac{T_d}{T_i} = 0.15$ 和 0.25 时 PID 调节器的整定参数，从计算结果的趋势可以看出，如果 $\frac{T_d}{T_i}$ 值愈大，则整定参数的数值（S_0, S_1, S_2）愈大，频率也愈高（即系统瞬态响应的振荡周期愈短）。在这种情况下，被调量一有变化，调节器动作的速度和幅度也就更大，这对减少被调量的动态偏差总是有利的。但可能造成调节量的过大超调。因此，热工过程自动调节系统中应用的 PID 调节器，其 $\frac{T_d}{T_i}$ 比值一般不宜超过 0.25。

§7.4 用根轨迹法进行整定

用根轨迹法整定调节系统，是应用根轨迹作图方法的原则来选择调节器的参数，使系统特征方程中对瞬态响应起主导作用的根满足某一指定要求，从而使系统的瞬态响应满足指定的性能指标。

在第 5 章中已介绍了系统根轨迹的作图方法，根轨迹上各点（即系统特征方程根）应满足下列条件：

$$\left.\begin{aligned}&\text{幅角条件}\quad \angle G_K(s) = \pm(2N+1)180^\circ\\&\qquad\qquad (N = 0,1,2,\cdots)\\&\text{模值条件}\quad |G_K(s)| = 1\end{aligned}\right\}\tag{7-36}$$

对于图 7－1 所示的单回路调节系统：

$$G_K(s) = G_R(s)G_0(s)\tag{7-37}$$

式中：$G_K(s)$—— 系统的开环传递函数；

$G_0(s)$—— 闭环系统中调节对象的传递函数；

$G_R(s)$—— 调节器的传递函数。

在整定调节系统时，$G_0(s)$ 为已知。对于热工调节对象，$G_0(s)$ 通常只有极点，且都在负实轴上；$G_R(s)$ 的形式已定，而其中有一个或一个以上的参数待确定，这些待定的参数有的包括在系统的增益中，有的则表现为可变的开环极点或零点；当要求系统瞬态响应主导振荡成分的衰减率 ψ 为某一指定值时，相应的一对主导复根在根平面的某一确定折线上（见图 7－5）。利用根轨迹作图方法可以定出一个或两个可变零点、极点（开环）的适当位置和开环增益，以使系统特征方程的主导复根位于根平面确定的折线上，从而求出调节器的整定参数值和系统特征方程的主导复根；同时也可以看出特征方程的其它根对系统瞬态响应的影响。下面分别讨论控制系统中应用不同调节器时的根轨迹作图整定方法。

一、调节器为比例作用（P）

比例调节器的传递函数为：

$$G_R(s) = \frac{1}{\delta}$$

系统的开环传递函数为：

$$G_K(s) = \frac{1}{\delta}G_0(s) \tag{7-38}$$

开环传递函数 $G_K(s)$ 的零点、极点就是调节对象传递函数 $G_0(s)$ 的零点和极点，调节器只有一个待定参数 δ，δ 的改变只改变系统的开环增益而不改变根轨迹的形状。因此，满足指定衰减率 ψ 的主导复根的位置可以唯一确定，只要找出根轨迹与指定折线的交点，然后用模值条件求出调节器的整定参数 δ 值。

例7－5 图 7－1 所示的单回路调节系统中，已知调节对象的传递函数 $G_0(s) = \frac{1}{(1+T_0 s)^2}$，$T_0 = 20\text{s}$；调节器为比例作用，即 $G_R(s) = \frac{1}{\delta}$。试用根轨迹法求出 $\psi = 0.75$ 和 $\psi = 0.9$ 时调节器的整定参数 δ 值。

解：系统的开环传递函数为：

$$G_K(s) = \frac{1}{\delta}\frac{1}{(1+T_0 s)^2} = \frac{1}{\delta T_0^2}\frac{1}{(s+\frac{1}{T_0})^2}$$

它有两个重极点：$p_{1,2} = -\frac{1}{T_0} = -0.05$

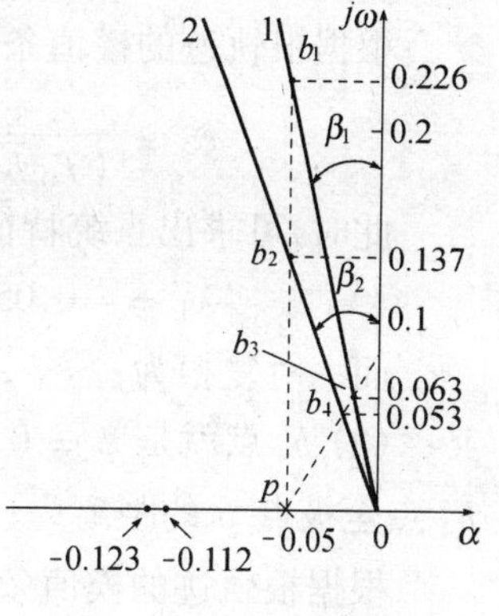

图 7－11 用根轨迹法求比例调节器的整定参数

在图 7－11 的根平面上点出重极点 $p_{1,2} = -0.05$，并作出：$\beta_1 = \arctan 0.221 = 12°28'$ 的斜线 0－1（系统特征方程根在此斜线上时，瞬态响应 $\psi = 0.75$）；$\beta_2 = \arctan 0.336 = 20°6'$ 的斜线 0－2（瞬态响应 $\psi = 0.9$ 对应的主导复根位置）。

此系统的根轨迹为与负实轴垂直并通过极点 $(-0.05, j0)$ 的直线，根轨迹交斜线 0－1 于 b_1 点；交斜线 0－2 于 b_2 点。

（1）b_1 点就是 $\psi = 0.75$ 时系统特征方程复根中的一个，从图上可利用几何关系（或直接量出）求出：b_1 点的纵坐标 $\omega_1 = \frac{0.05}{0.221} = 0.226(\text{s}^{-1})$，此时系统特征方程的一对复根为：$-0.05 \pm j0.226$。

根据根轨迹的模值条件：

$$\left|G_K(s)\right| = \frac{1}{\delta T_0^2}\cdot\frac{1}{(\overline{b_1 p})^2} = 1$$

式中：$\overline{b_1 p}$ 是点 b_1 至极点 p 的距离，$\overline{b_1 p} = 0.226$。

故 $\psi = 0.75$ 时调节器整定参数 δ 值为：

$$\delta_1 = \frac{1}{T_0^2(\overline{b_1 p})^2} = \frac{1}{(20 \times 0.226)^2} = 0.049。$$

（2）b_2 点为 $\psi = 0.9$ 时系统特征方程复根中的一个，b_2 点的纵坐标可求出（或直接从图上量出）为：$\omega_2 = \frac{0.05}{0.366} = 0.137(\text{s}^{-1})$。

根据根轨迹的模值条件，得出 $\psi = 0.9$ 时调节器的整定参数为：

$$\delta_2 = \frac{1}{(20 \times 0.137)^2} = 0.133。$$

例 7－6 在上例中，如果调节对象的传递函数改为 $G_0(s) = \frac{1}{(1 + T_0 s)^3}$，$T_0 = 20\text{s}$；调节器为比例作用，即 $G_R(s) = \frac{1}{\delta}$。试用根轨迹法求 $\psi = 0.75$ 和 $\psi = 0.9$ 时调节器的整定参数 δ 值。

解：系统的开环传递函数为：$G_K(s) = \frac{1}{\delta}\frac{1}{(1 + T_0 s)^3} = \frac{1}{\delta T_0^3}\frac{1}{(s + \frac{1}{T_0})^3}$

开环传递函数有三个重极点：$p_{1,2,3} = -\frac{1}{T_0} = -0.05$

仍应用上例中的图 7－11，在 $(-0.05, j0)$ 处为三重极点。系统的根轨迹有三条分支，都从 $(-0.05, j0)$ 点出发，一支在负实轴上 $(-0.05, j0)$ 点的左边，另两支与实轴夹角分别为 $+60°$ 和 $-60°$。从 $(-0.05, j0)$ 点作与实轴夹角为 $+60°$ 的直线，与斜线 0－1 和 0－2 分别相交于 b_3 和 b_4。

(1) b_3 点就是 $\psi = 0.75$ 时系统的主导复根之一，从图上直接量得（或用三角公式求出）b_3 点的值为 $-0.0137 + j0.063$；b_3 点至极点 p 的距离为：$\overline{b_3 p} = 0.072$。

根据根轨迹的模值条件，求出 $\psi = 0.75$ 时调节器参数整定值为：

$$\delta_3 = \frac{1}{(T_0\,\overline{b_3 p})^3} = \frac{1}{(20 \times 0.072)^3} = 0.33。$$

此时，可求出系统特征方程的一个负实根为：

$$\lambda_1 = -0.05 \times 3 - (-0.0137 \times 2) = -0.123。$$

而一对复根为：$\lambda_{2,3} = -0.0137 \pm j0.063$。

(2) b_4 点就是 $\psi = 0.9$ 时系统的主导复根之一，可得出 b_4 点的值为：$-0.019 + j0.053$；b_4 点至极点 p 的距离为：$\overline{b_4 p} = 0.0614$。

根据根轨迹的模值条件，得出 $\psi = 0.9$ 时调节器的整定参数为：

$$\delta_4 = \frac{1}{(20 \times 0.0614)^3} = 0.54$$

此时，可求出系统特征方程的一个负实根为：

$$\lambda_4 = -0.05 \times 3 - (-0.019 \times 2) = -0.112$$

而一对复根为：$\lambda_{5,6} = -0.019 \pm j0.053$。

从上面两个例子中可以看出：同一个调节系统，当整定指标 ψ 值增加时，系统响应的振荡频率（ω 值）减小。在例 7－6 中还能看出系统特征方程的一个负实根所对应的瞬态响应成分衰减很快，因此系统瞬态响应主要决定于一对复数根。用根轨迹法整定系统时，能较清楚地看出系统特征方程的根所对应的响应成分在系统瞬态响应中的作用。

二、调节器为积分作用（I）

积分作用调节器的传递函数为：

$$G_R(s) = \frac{S_0}{s}$$

系统的开环传递函数为：

$$G_K(s) = \frac{S_0}{s} G_0(s) \tag{7-39}$$

在开环传递函数中，除调节对象传递函数 $G_0(s)$ 的极点（和零点）外，又在原点处增加了一个固定极点。在原点处增加一个极点，将使系统的根轨迹向虚轴方向移动。图 7 – 12 表示一个二阶系统当开环传递函数中增加一个在原点的极点时，系统根轨迹的改变情形。

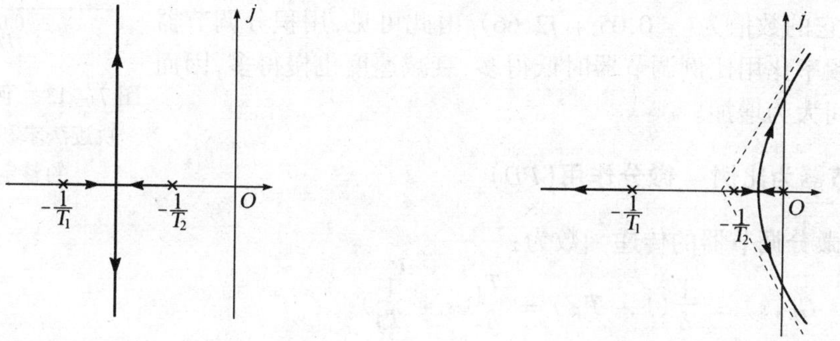

(a) $G_K(s) = \frac{K}{(s + \frac{1}{T_1})(s + \frac{1}{T_2})}$ (b) $G_K(s) = \frac{K}{s(s + \frac{1}{T_1})(s + \frac{1}{T_2})}$

图 7 – 12 在原点处增加极点对系统根轨迹的影响

从图上可以看出，如果要求系统具有一定的衰减率，那么在原点处增加极点后（图 7 – 12b）将使系统瞬态响应的频率和衰减速度大为减少（与图 7 – 12a 比较）。

例 7 – 7 在单回路调节系统中，已知调节对象的传递函数为 $G_o(s) = \frac{1}{(1 + T_0 s)^2}$，$T_0 = 20$s。调节器为积分作用，即 $G_R(s) = \frac{S_0}{s}$。试求 $\psi = 0.75$ 时调节器的整定参数 S_0。

解：系统的开环传递函数为：

$$G_K(s) = \frac{S_0}{s(1 + T_0 s)^2} = \frac{S_0}{T_0^2} \frac{1}{s(s + \frac{1}{T_0})^2}$$

在根平面上作出相应于 $\psi = 0.75$ 的斜线 $0b_1$ 和极点 $P_0(0,0)$，$P_1(-0.05, j0)$ 及 $P_2(-0.05, j0)$ 如图 7 – 13 所示。

开环传递函数有三个极点，系统的根轨迹有三支，一支在负实轴上 $(-0.05, j0)$ 点的左边，其它两支根轨迹的渐近线分别与实轴成 $\pm 60°$ 角。为了求出根轨迹与斜线 $0b_1$ 的交点，无需画出根轨迹的形状，只需从 $p_{1,2}$ 点引出一条与实轴的夹角为 θ_p 的直线，如图 7 – 13 所示。根据根轨迹的幅角条件，θ_p 应为：

$$\theta_p = \frac{180 - 102°28'}{2} = 38°46'$$

此直线与 $0b_1$ 线交于 b_5，b_5 就是系统特征方程主导复数根中的一个，从图上可直接量出（或用三角公式计算出）b_5 点的数值为 $-0.0075 + j0.034$，b_5 点至原点距离 $l_{p0} = \overline{b_5 p_0} = 0.035$，$b_5$ 点至 $p_{1,2}$ 点距离 $l_{p1,2} = \overline{b_5 p_{1,2}} = 0.055$。

根据根轨迹的模值条件，可求出 $\psi = 0.75$ 时调节器的参数 S_0 值为：

$$S_0 = T_0^2 l_{p0}(l_{p1,2})^2 = (20 \times 0.055)^2 \times 0.035 = 0.042$$

此时，系统特征方程的一对复根为 $\lambda_{7,8} = -0.0075 \pm j0.034$；而另一个负实根可求出为 $\lambda_9 = -0.05 \times 2 - (-0.0075 \times 2) = -0.085$。可见，系统的瞬态响应主要决定于特征方程中的一对复数根。

如果调节系统中所用的不是积分调节器，而是比例调节器，那么在同样衰减率 $\psi = 0.75$ 时，系统特征方程的复根之一在 b_1 点(图 7－13)，它的数值为 $(-0.05 + j2.66)$。由此可见，用积分调节器时系统响应频率比用比例调节器时低得多，衰减速度也慢得多，因而调节过程时间大为增加。

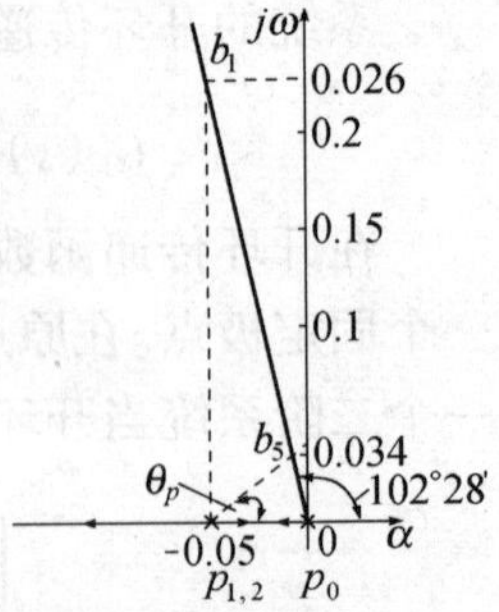

图 7－13　例 7－7 用根轨迹法求积分调节器的整定参数

三、调节器为比例－微分作用(PD)

比例－微分调节器的传递函数为：

$$G_R(s) = \frac{1}{\delta}(1 + T_d s) = \frac{T_d}{\delta}\left(s + \frac{1}{T_d}\right)$$

系统的开环传递函数为：

$$G_K(s) = \frac{T_d}{\delta}\left(s + \frac{1}{T_d}\right)G_0(s) \tag{7－40}$$

在开环传递函数中，除了调节对象传递函数 $G_0(s)$ 的极点(和零点)外，又增加了一个可变零点 $(-\frac{1}{T_d}, j0)$。在求调节器的整定参数时，首先就要确定此零点的位置，从而求出 T_d 值，然后根据根轨迹的模值条件求出 δ 值。这里应该注意到改变 T_d 值不仅改变了开环零点的位置，也改变了系统的开环增益。

图 7－14 表示出开环传递函数中一个零点的位置改变对系统根轨迹的影响。

在图 7－14a 中，开环传递函数有三个固定实数极点和一个可变实数零点。从图上可以看出零点位置在负实轴上改变时对系统根轨迹的影响，以及估计出为使系统瞬态响应具有一定衰减率 ψ 时零点的位置(即 T_d 的数值)。当 T_d 增加时(零点从左向右移动)，系统的复数根轨迹从右向左，而负实轴上的根轨迹从左向右移动，因此在选择调节器的整定参数时，就要注意使一对复数根和一个负实根配置适当。

图 7－14a 中的三个极点都在 $(-\frac{1}{T_0}, j0)$，设整定要求使系统瞬态响应的衰减率 ψ 具有一定数值。当取 $T_d = T_0$ 时，零点 $(-\frac{1}{T_d}, j0)$ 抵消一个极点，此时系统特征方程的一对复根为 $(-\frac{1}{T_0} \pm j\frac{1}{mT_0})$[图(a)(3)，其中 m 为与 ψ 对应的数值]；如果取 $T_d < T_0$[图(a)(2)]，则系统一对复根的实部和虚部都减小(指绝对值，以下讨论中也相同)，而另一个负实根的绝对值大于 $\frac{1}{T_0}$；如果取 $T_d > T_0$[图(a)(4)]，则系统一对复根的实部和虚部都增大，但另一个负实根的绝对值却小于 $\frac{1}{T_0}$。根据系统特征方程的根与瞬态响应的关系，可以肯定，在这种情况下应该取 $T_d = T_0$，即以开环传递函数的可变零点去抵消一个极点。

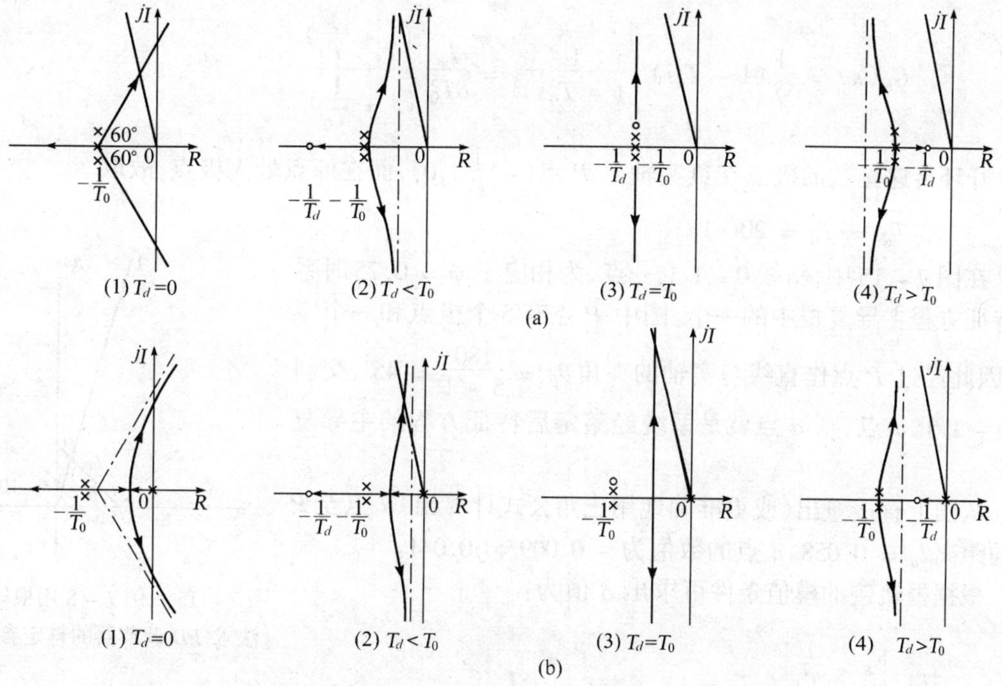

图 7－14　开环传递函数中的一个零点位置改变时系统根轨迹的改变

(a) $G_K(s)=\dfrac{K\left(s+\frac{1}{T_d}\right)}{\left(s+\frac{1}{T_0}\right)^3}$　　(b) $G_K(s)=\dfrac{K\left(s+\frac{1}{T_d}\right)}{s\left(s+\frac{1}{T_0}\right)^2}$

图 7－14b 的开环传递函数中有一个极点在原点，另外两个极点在$\left(-\frac{1}{T_0},j0\right)$。使系统满足一定衰减率要求时，如取 $T_d=T_0$，则系统特征方程只有一对复根为$\left(-\frac{1}{2T_0}\pm j\frac{1}{2mT_0}\right)$［图(b)(3)］；如果 $T_d<T_0$［图(b)(2)］，则一对复根的实部和虚部都减小，而另一个负实根的绝对值却大于$\frac{1}{T_0}$，显然 T_d 不应小于 T_0；如果 $T_d>T_0$［图(b)(4)］，则一对复根的实部和虚部的绝对值都大于 $T_d=T_0$ 时的数值，但另一个负实根的绝对值小于$\frac{1}{T_d}$。由此可见，T_d 的数值应适当地大于 T_0，选择 T_d 时应使负实根与虚轴的距离略大于主导复根与虚轴的距离，至少应使主导复根的实部与负实根相等(其绝对值大于$\frac{1}{2T_0}$)。这样，系统的瞬态响应或阶跃响应性能将比 $T_d=T_0$ 时更好一些。

在 T_d 值选定后，就可以根据根轨迹的模值条件确定比例微分调节器的另一个参数 δ。

例 7－8　在单回路调节系统中，已知调节对象的传递函数为 $G_o(s)=\dfrac{1}{(1+T_0s)^5}$，$T_0=20$s。调节器为比例－微分作用 $G_R(s)=\dfrac{1}{\delta}(1+T_ds)$。求 $\psi=0.75$时，调节器的整定参数值。

解：系统的开环传递函数为：

$$G_K(s)=\frac{1}{\delta}(1+T_d s)\frac{1}{(1+T_0 s)^5}=\frac{T_d}{\delta T_0^5}\frac{(s+\frac{1}{T_d})}{(s+\frac{1}{T_0})^5}$$

开环传递函数的极点在负实轴上 P 点$(-\frac{1}{T_0},j0)$，而在原点处无极点，故取

$$T_d=T_0=20(\mathrm{s})。$$

在图 7 - 15 中，斜线 0 - 1 上一点，为相应于 $\psi=0.75$ 时系统特征方程主导复根中的一个。图中 P 点有 5 个极点和一个零点，因此经过 P 点作直线与实轴的夹角 $\theta_p=\frac{180}{5-1}=45°$，交斜线 0 - 1 于 d 点，则 d 点就是系统经整定后特征方程的主导复根。

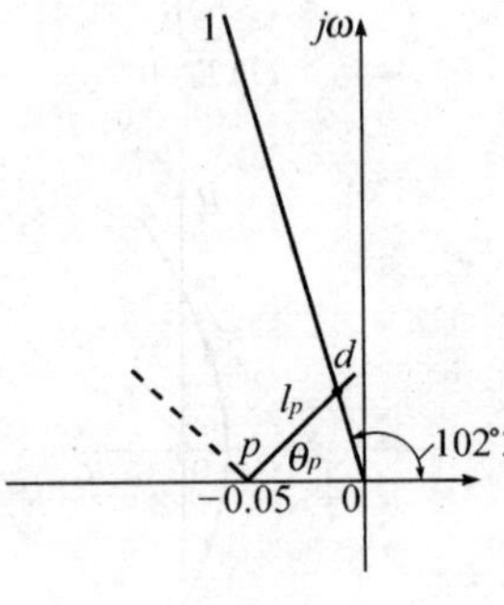

图 7 - 15　例 7 - 8 用根轨迹法求 PD 调节器的整定参数

从图上直接量出(或更准确地用三角公式计算出) d 点至 P 点的距离 $l_p=0.058$。d 点的数值为 $-0.009+j0.041$。

根据根轨迹的模值条件可求出 δ 值为：

$$\delta=\frac{T_d}{T_0^5}\frac{\left|s+\frac{1}{T_d}\right|}{\left|s+\frac{1}{T_0}\right|^5}=\frac{1}{(T_0 l_p)^4}=\frac{1}{(20\times 0.058)^4}=0.55$$

调节器的另一个整定参数 T_d 已定出为：$T_d=T_0=20\mathrm{s}$。此时，系统特征方程的主导复根为：$-0.009\pm j0.041$。

以上所得到的结果和例 7 - 3 中的结果是相同的。从图 7 - 15 和根轨迹作图原则不难求出系统特征方程还有一对复数根，它与主导复根对称于 P 点，这一对复数根的值为 $-0.091\pm j0.041$。系统的特征方程的根就是这样两对复数根，与主导复根相比，另一对复数根所对应的瞬态响应衰减速度(对时间而言)要快得多。

四、调节器为比例 - 积分作用(PI)

比例 - 积分调节器的传递函数为：

$$G_R(s)=\frac{1}{\delta}(1+\frac{1}{T_i s})=\frac{1}{\delta}\frac{s+\frac{1}{T_i}}{s}$$

当调节系统中采用比例 - 积分调节器时，系统的开环传递函数为：

$$G_K(s)=\frac{1}{\delta}\frac{s+\frac{1}{T_i}}{s}G_0(s) \tag{7-41}$$

在开环传递函数中，除了调节对象传递函数 $G_0(s)$ 的极点(和零点)外，增加了一个在原点处的固定极点以及在负实轴上的一个可变零点$(-\frac{1}{T_i},j0)$。用根轨迹法求出单回路调节系统中比例 - 积分调节器的整定参数时，首先在根平面上确定一个适当的零点$(-\frac{1}{T_i},j0)$，使

系统特征方程的一对主导复根与一个主导负实根适当配合。关于系统开环传递函数在原点处有一个固定极点时，一个零点位置改变时根轨迹的影响已在上面讨论过(图 7 - 14b)。当调节器为比例积分作用，调节对象传递函数 $G_0(s)$ 在原点处没有极点而其它极点都在负实轴上时就属于这种情况。此时，可变零点的位置应选择在极点$(-\frac{1}{T_0},j0)$的右边，即 T_i 应为大于 T_0 的某一数值。至于 T_i 的具体数值，可根据使系统特征方程的主导负实根与主导复根的负实部相等的原则定出。如果调节对象传递函数 $G_0(s)$ 在原点已有一个极点，其它极点都在负实轴上$(-\frac{1}{T_0},j0)$，那么调节器为比例 - 积分作用时，系统开环传递函数在原点就有双重极点，此时 T_i 的数值应比 T_0 大得多一些[即零点$(-\frac{1}{T_i},j0)$更靠近虚轴]。T_i 的具体数值也可按系统主导负实根与主导复根的负实部相等的原则定出。图 7 - 16 表示了调节对象为 $G_0(s)=\frac{1}{s(1+T_0s)^2}$，调节器为 $G_R(s)=\frac{1}{\delta}(1+\frac{1}{T_is})$ 时，系统根轨迹的大致形状。

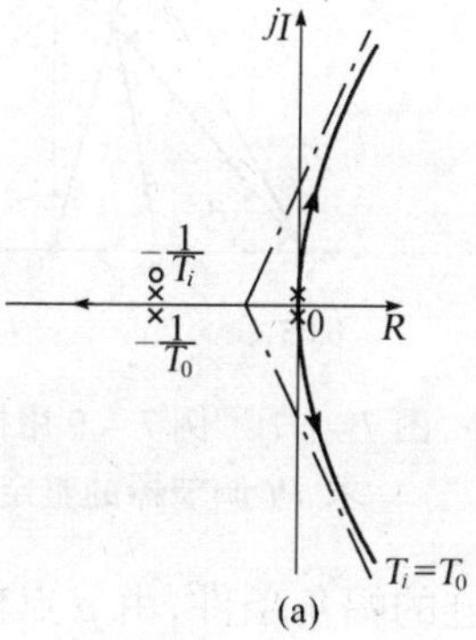

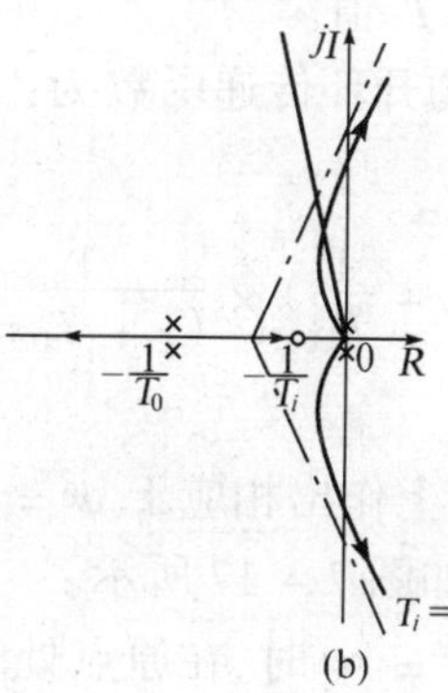

图 7 - 16　开环传递函数在原点处有双重极点时，根轨迹的大致形状

从图中可以看出，在这个具体例子中只有当 $T_i > T_0$ 时，系统才可能是稳定的；而如果开环传递函数在原点只有一个极点[调节对象为 $G_0(s)=\frac{1}{(1+T_0s)^n}$]，则即使 $T_i=T_0$ 系统也可能达到稳定。图 7 - 16b 为此系统在 $T_i=4T_0$ 时的根轨迹。由此可知，T_i 值应大于 $4T_0$ 才能使主导负实根与主导复根的实部相等；而如果调节对象改为 $G_0(s)=\frac{1}{(1+T_0s)^3}$，那么 T_i 值大约为 $2.5T_0$(见例 7 - 9)。从图 7 - 16b 中还可以看出，当调节对象 $G_0(s)$ 在原点处有一个极点(一般无自平衡对象)，而用比例 - 积分调节器组成单回路调节系统时，设经过整定(按一定衰减率要求)后系统的主导复根为 $-m\omega \pm j\omega$，那么 T_i 的数值应大于$\frac{1}{m\omega}$(即$\frac{1}{T_i} < m\omega$)；而对于调节对象为 $G_0(s)=\frac{1}{(1+T_0s)^n}$ 时，T_i 的数值应小于$\frac{1}{m\omega}$。

用根轨迹法求比例积分调节器的整定参数时，估计 T_i 值的大致范围[即估计零点$(-\frac{1}{T_i},j0)$的范围]还比较方便，但是要确切定出 T_i 的数值就比较困难，如果用逐点试探的方法来选取最适当的一组 δ 和 T_i 值，计算也很复杂。建议用下述步骤求出 T_i 值：

(1) 先在根平面上求出当调节器为比例作用时(即令 $T_i = \infty$) 系统特征方程的主导复根：$\lambda_P = -m\omega_P + j\omega_P$。

(2) 调节器为比例积分作用时，系统经整定后的主导振荡成分频率 ω_{PI} 低于 ω_P。通常 $m = 0.221$ 时，$\omega_{PI} = 0.75 \sim 0.85\omega_P$。据此定出主导复根 $\lambda_{PI} = -m\omega_{PI} + j\omega_{PI}$ 在根平面上的位置，λ_{PI} 与 λ_P 在同一条 m 值的斜线上。

(3) 由 λ_{PI}，根据根轨迹的幅角条件定出零点$(-\frac{1}{T_i}, j0)$，从而求出 T_i 值。

零点$(-\frac{1}{T_i}, j0)$ 定出后，根据根轨迹的模值条件求出 δ 值。

例 7－9 单回路调节系统中已知调节对象传递函数为：$G_0(s) = \frac{1}{(1+T_0 s)^3}$，$T_0 = 20(\mathrm{s})$。调节器为比例积分作用，即 $G_R(s) = \frac{1}{\delta}(1 + \frac{1}{T_i s})$。求 $\psi = 0.75$ 时调节器的整定参数 δ 和 T_i 值。

解：系统的开环传递函数为：

$$G_K(s) = \frac{1}{\delta}(1 + \frac{1}{T_i s}) \times \frac{1}{(1+T_0 s)^3} = \frac{1}{\delta T_0^3} \times \frac{(s + \frac{1}{T_i})}{s(s + \frac{1}{T_0})^3}$$

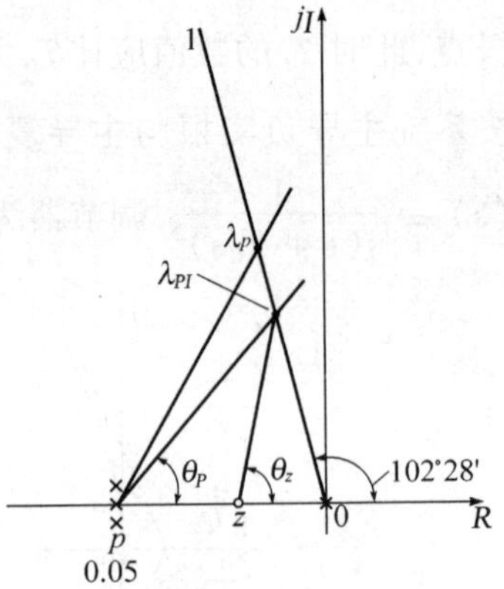

图 7－17　例 7－9 用根轨迹法求 PI 调节器的整定参数

在根平面上作出相应于 $\psi = 0.75$ 的斜线 0－1 和标出极点位置，如图 7－17 所示。

(1) 当 $T_i = \infty$ 时，在原点处的极点被抵消，根据根轨迹的幅角条件，由 p 点作出与实轴夹角为 60° 的直线与斜线 0－1 相交于 λ_P 点。应用三角公式或直接从图上量出 λ_P 为：

$-0.0138 + j0.0626$。

(2) 设 $\omega_{PI} = 0.8\omega_P = 0.8 \times 0.0626 = 0.05$，则 λ_{pI} 为：$-0.011 + j0.05$。

应用三角公式(或直接从图上量出) 求出：$\theta_p = 52.05°$；λ_{PI} 至 p 点距离：$\overline{p\lambda_{PI}} = l_p = 0.063$；$\lambda_{PI}$ 至 0 点距离：$\overline{0\lambda_{PI}} = l_0 = 0.0512$。

(3) 据根轨迹的幅角条件，零点(z) 至 λ_{PI} 的幅角 θ_z 为：

$$\theta_z = 102.47° + 3 \times 52.05° - 180° = 78.62°。$$

据此定出零点位置 z，并求出 z 点坐标为$(-0.021, j0)$，则 T_i 的值为：

$$T_i = \frac{1}{0.021} = 47.6(\mathrm{s})$$

(4) 零点 z 至 λ_{PI} 的距离可求出(或直接从图上量出) 为：$\overline{z\lambda_{PI}} = l_z = 0.051$。

根据根轨迹的模值条件，调节器的 δ 值为：

$$\delta = \frac{\left| s + \frac{1}{T_i} \right|}{T_0^3 \mid s \mid \left| s + \frac{1}{T_0} \right|^3} = \frac{l_z}{T_0^3 l_0 l_p^3} = \frac{0.051}{20^3 \times 0.0512 \times (0.063)^3} = 0.5。$$

故调节器的整定参数值为：$\delta = 0.5$，$T_i = 47.6\mathrm{s}$。

五、调节器为比例 – 积分 – 微分作用(*PID*)

比例 – 积分 – 微分调节器的传递函数用下式表示：

$$G_R(s) = \frac{1}{\delta^*}\left(1 + \frac{1}{T_i^* s} + T_d^* s\right) = \frac{1}{\delta^*}\frac{1 + T_i^* s + T_d^* T_i^* s^2}{T_i^* s} \tag{7-42}$$

当$\frac{T_d^*}{T_i^*} \leqslant 0.25$时，上式有两个实数零点，故可表示为：

$$G_R(s) = \frac{1}{\delta}(1 + T_d s)\left(1 + \frac{1}{T_i s}\right) = \frac{T_d}{\delta} \cdot \frac{\left(s + \frac{1}{T_d}\right)\left(s + \frac{1}{T_i}\right)}{s} \tag{7-43}$$

在上两式中，各系数数值之间的关系为：

$$\delta^* = \frac{\delta}{F};\ T_i^* = FT_i;\ T_d^* = \frac{T_d}{F} \tag{7-44}$$

其中：$F = 1 + \frac{T_d}{T_i}$

单回路调节系统中应用 *PID* 调节器时，系统的开环传递函数为：

$$G_K(s) = \frac{T_d}{\delta} \cdot \frac{\left(s + \frac{1}{T_d}\right)\left(s + \frac{1}{T_i}\right)}{s} G_0(s) \tag{7-45}$$

在开环传递函数中，除了调节对象 $G_0(s)$ 的极点(和零点)外，增加了一个在原点处的固定极点和两个可以改变的零点$\left[\left(-\frac{1}{T_d}, j0\right)\right.$和$\left.\left(-\frac{1}{T_i}, j0\right)\right]$。根据上面关于比例 – 微分调节器和比例 – 积分调节器整定的讨论，对单回路调节系统中 *PID* 调节器的整定可按以下步骤进行：

(1) 调节器 $G_R(s)$ 的一个零点$\left(-\frac{1}{T_d}, j0\right)$用于抵消 $G_0(s)$ 中的一个极点，其效果相当于把 $G_0(s)$ 的分母降低一阶。

(2) 以第一步中把 $G_0(s)$ 减少一个极点后的传递函数作为调节对象，根据整定 *PI* 调节器时所用的方法，选择调节器 $G_R(s)$ 的另一个零点$\left(-\frac{1}{T_i}, j0\right)$，求出调节器 $G_R(s)$ 的另一个参数 δ。

(3) 由所得的 δ, T_i, T_d 值，根据(7 – 44)式的关系计算出调节器的整定参数 δ^*, T_i^* 和 T_d^*。

例 7 – 10 单回路调节系统中已知调节对象传递函数为：$G_0(s) = \frac{1}{(1 + T_0 s)^4}$，$T_0 = 20\text{s}$。调节器为比例 – 积分 – 微分作用，它的传递函数可表示为：

$$G_R(s) = \frac{1}{\delta^*}\left(1 + \frac{1}{T_i^* s} + T_d^* s\right) = \frac{T_d}{\delta} \cdot \frac{\left(s + \frac{1}{T_d}\right)\left(s + \frac{1}{T_i}\right)}{s}$$

求 $\psi = 0.75$ 时，调节器的整定参数 δ^*，T_i^* 和 T_d^*。

解：系统的开环传递函数为：

$$G_K(s) = \frac{T_d}{\delta} \cdot \frac{(s + \frac{1}{T_d})(s + \frac{1}{T_i})}{s} \cdot \frac{1}{(1 + T_0 s)^4} = \frac{T_d}{\delta T_0^4} \cdot \frac{(s + \frac{1}{T_d})(s + \frac{1}{T_i})}{s(s + \frac{1}{T_0})^4}$$

(1) 令：$T_d = T_0 = 20\text{s}$，则上式成为：

$$G_K(s) = \frac{1}{\delta T_0^3} \frac{s + \frac{1}{T_i}}{s(s + \frac{1}{T_0})^3} \tag{7-46}$$

(7－46) 式等于调节对象 $G_0(s) = \frac{1}{(1 + T_0 s)^3}$ 与调节器 $G_R(s) = \frac{1}{\delta}(1 + \frac{1}{T_i s})$ 组成调节系统时的开环传递函数。

(2) 在例 7－9 中已经得到了系统的开环传递函数为(7－46) 式时的整定参数值(对于 $\psi = 0.75$)：$T_i = 46.7\text{s}$，$\delta = 0.5$。

(3) 根据(7－44) 式中的关系，计算出调节器的整定参数如下：

由于：$F = 1 + \frac{T_d}{T_i} = 1.428$，

因此，$\delta^* = \frac{\delta}{F} = \frac{0.5}{1.428} = 0.35$；$T_i^* = FT_i = 1.428 \times 46.7 = 66.7\text{s}$；

$T_d^* = \frac{T_d}{F} = \frac{20}{1.428} = 14\text{s}$。

而：$\frac{T_d^*}{T_i^*} = \frac{14}{66.7} = 0.21$ 是满足 $\frac{T_d^*}{T_i^*} \leqslant 0.25$ 要求的。

工业生产过程自动控制系统中应用的 *PID* 调节器，往往由于实现 *PID* 作用所采用的结构原则上的特点，而使 T_d^* 和 T_i^* 的比值 $\frac{T_d^*}{T_i^*}$ 小于 0.25，有的甚至只有 0.1 左右。在调节系统中应用这种 *PID* 调节器时，就只能使 $\frac{T_d^*}{T_i^*}$ 的比值为调节器所能达到的最大值。这时，调节器的参数就不能按上述方法整定，因为调节器传递函数 $G_R(s)$[(7－43) 式] 的两个零点之间存在着肯定关系。例如：

$\frac{T_d^*}{T_i^*} = 0.25$ 时，$T_d = T_i$ 两个零点重合在一起；

$\frac{T_d^*}{T_i^*} = 0.18$ 时，$T_d = 0.308T_i$，设一个零点为$(-\frac{1}{T_d}, j0)$ 但另一个为$(-\frac{0.308}{T_d}, j0)$；

$\frac{T_d^*}{T_i^*} = 0.15$ 时，$T_d = 0.225T_i$，设一个零点为$(-\frac{1}{T_d}, j0)$ 则另一个为$(-\frac{0.225}{T_d}, j0)$。

在这种情况下，只能用试凑的方法来定出这两个零点在根平面负实轴上的位置。

六、系统中有纯迟延环节时的整定方法

当调节系统中有纯迟延环节时，调节器的整定参数也可以用根轨迹法的概念来求出。先

举例说明系统中有纯迟延环节时根轨迹的作图方法。

设系统的开环传递函数为：

$$G_K(s) = K\frac{e^{-s\tau}}{s} \tag{7-47}$$

根轨迹上各点应满足幅角条件如下：

$$\angle G_K(s) = \angle e^{-s\tau} - \angle s = \pm(2N+1)180°(N=0,1,2\cdots) \tag{7-48}$$

式中：$\angle s$—— 原点至根轨迹上一点 s（向量）的幅角。

幅角 $\angle e^{-s\tau}$ 可按以下关系求出：

令根轨迹上一点 s 的值为 $s=\alpha+j\omega$，则：$e^{-s\tau}=e^{-(\alpha+j\omega)\tau}=e^{-\alpha\tau}e^{-j\omega\tau}$，故：

$$\angle e^{-s\tau} = -\omega\tau(\text{弧度}) = -\frac{180}{\pi}\omega\tau(\text{度}) = -57.3\omega\tau(\text{度}) \tag{7-49}$$

而幅角：$\angle s = \arctan\frac{\omega}{\alpha}$。

因此，(7－48) 式的幅角条件可写成：

$$\angle s = \pm(2N+1)180° - 57.3\omega\tau \tag{7-50}$$

根据(7－50) 式就可以作出系统的根轨迹，例如给出一个 $\omega=\omega_1$ 值就可以计算出根轨迹上一点 s_1 的幅角 $\angle s_1 = 180° - 57.3\omega_1\tau$（$\tau$ 是已知的），然后从原点[$G_K(s)$ 的极点]作一条幅角为 $\angle s_1$ 的斜线，再作一条 $\omega=\omega_1$ 的水平线，两线相交的点就是 s_1，如图 7－18a 所示。

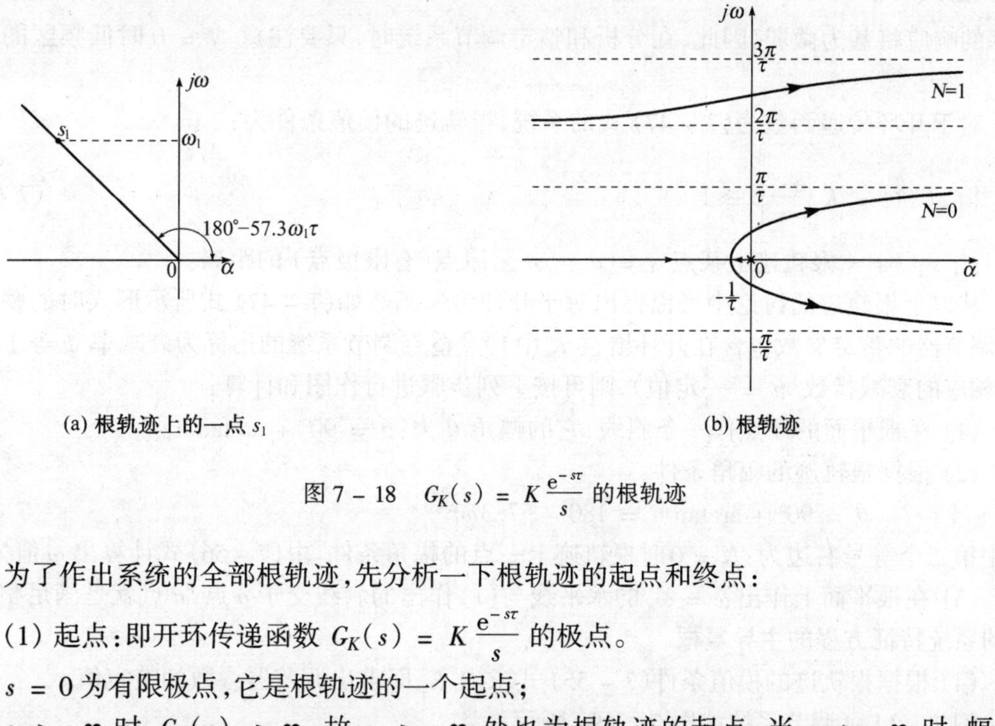

图 7－18　$G_K(s)=K\frac{e^{-s\tau}}{s}$ 的根轨迹

为了作出系统的全部根轨迹，先分析一下根轨迹的起点和终点：

(1) 起点：即开环传递函数 $G_K(s)=K\frac{e^{-s\tau}}{s}$ 的极点。

$s=0$ 为有限极点，它是根轨迹的一个起点；

$s\to-\infty$ 时，$G_K(s)\to\infty$，故 $s\to-\infty$ 处也为根轨迹的起点。当 $s\to-\infty$ 时，幅角：$\angle s=\pm180°$。根据根轨迹的幅角条件(7－50) 式得：$\omega\tau=\pm2N\pi$；即

$$\omega\tau = 0,\ \pm2\pi,\ \pm4\pi,\ \pm6\pi,\cdots \tag{7-51}$$

(2) 终点：即开环传递函数 $G_K(s) = K\frac{e^{-s\tau}}{s}$ 的零点。

$s \to \infty$ 时，$G_K(s) \to 0$，故 $s \to \infty$ 处为根轨迹的终点。当 $s \to \infty$ 时，幅角 $\angle s = 0°$。根据根轨迹的幅角条件，得：$\omega\tau = \pm(2N+1)\pi$；即：

$$\omega\tau = \pm\pi, \pm 3\pi, \pm 5\pi, \cdots \tag{7-52}$$

因此，$G_K(s) = K\frac{e^{-s\tau}}{s}$ 时，系统的根轨迹有无穷多支，他们存在的区间为：

$\omega\tau = 0 \to \pi; 0 \to -\pi; 2\pi \to 3\pi; -2\pi \to -3\pi;$

$4\pi \to 5\pi; -4\pi \to -5\pi; \cdots$

根轨迹如图 7－18(b) 所示，在该图上只作出 $\omega\tau = 0 \to \pi, 0 \to -\pi$ 和 $2\pi \to 3\pi$ 三支。

根轨迹在负实轴上有分离点，利用根轨迹作图法的基本规则可求出为：$\alpha = -\frac{1}{\tau}$

根轨迹与虚轴的交点，可根据系统特征方程

$$1 + \frac{K}{s}e^{-s\tau} = 0 \tag{7-53}$$

求出为：$\omega\tau = \pm(2N\pi + \frac{\pi}{2})$；即：

$$\omega\tau = \frac{\pi}{2}, -\frac{\pi}{2}, \frac{5\pi}{2}, -\frac{5\pi}{2}, \cdots \tag{7-54}$$

从根轨迹的形状可以看出，当 $N \geqslant 1$ 时，各支根轨迹的点相应于振荡频率 ω 较高的瞬态响应。N 愈大时根轨迹上各点的频率愈高。而系统中的积分环节 $\frac{1}{s}$ 却具有低通滤波性能，较高频率的响应将甚为微弱。因此，在分析和整定调节系统时，只要注意 $N = 0$ 时低频区的根轨迹。

对于开环传递函数为(7－47)式的系统，根轨迹的模值条件为：

$$|G_K(s)| = K\frac{e^{-\alpha\tau}}{|s|} = 1 \tag{7-55}$$

式中：$|s|$——根轨迹上某点 $s = \alpha + j\omega$ 至原点(有限极点)的距离。

从以上根轨迹的讨论中可以得出对于开环传递函数如(7－47)式所示形式时的整定方法(调节器的整定参数包含在开环增益 K 中)。设整定调节系统的指标为衰减率 ψ 等于一定值(相应的衰减指数 m = 一定值)，则可按下列步骤进行作图和计算：

(1) 在根平面的原点作一条斜线，它的幅角 θ 为：$\theta = 90° + \arctan m$。

(2) 根据根轨迹的幅角条件：

$$\theta = 90° + \arctan m = 180 - 57.3\omega\tau \tag{7-56}$$

式中第二个等号右边为：$N = 0$ 时根轨迹上一点的幅角条件。由(7－56)式计算出 ω 值为 ω_a。

(3) 在根平面上作出 $\omega = \omega_a$ 的水平线与(1)作出的斜线交于 a 点，a 点就是满足整定要求的系统特征方程的主导复根。

(4) 根据根轨迹的模值条件(7－55)式求出 K，即求出调节器参数的整定值。

例 7－11 调节系统如图 7－19a 所示：

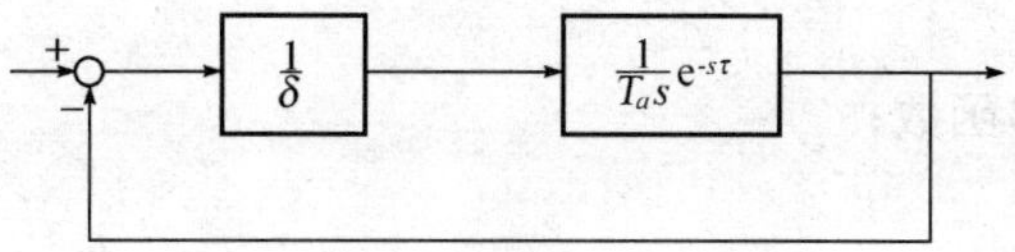

(a) 系统框图

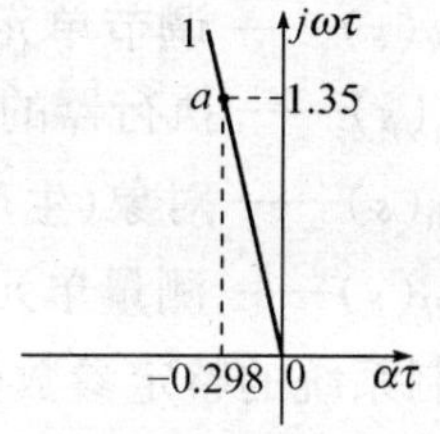

(b) 整定作图

图 7－19　例 7－11 调节系统中有纯迟延时的根轨迹整定示意图

用根轨迹法求出 $\psi = 0.75$ 时调节器参数 δ 的整定值。

解：$\psi = 0.75$ 时，$m = 0.221$

(1) $\theta = 90° + \arctan 0.221 = 102°28'$

(2) $\omega_a\tau = \dfrac{180 - \theta}{57.3} = \dfrac{180 - 102.47}{57.3} = 1.35$

(3) 作出 $\theta = 102°28'$ 的斜线 0－1 和 $\omega_a\tau = 1.35$ 的水平线，两线的交点为 a，如图 7－19b 所示。从图上量出或计算出：

$$\omega_a\tau = 1.35, \alpha_a\tau = -m\omega_a\tau = -0.298$$

$$\overline{ao} = |s|\tau = \sqrt{1 + m^2}\,\omega_a\tau = 1.383$$

$$e^{-\alpha_a\tau} = e^{0.298} = 1.347$$

(4) 根据根轨迹的幅值条件求出调节器的 δ 值为：

$$\delta = \frac{1}{T_a}\frac{e^{-\alpha\tau}}{|s|} = \frac{\tau}{T_a}\frac{1.347}{1.383} = 0.974\frac{\tau}{T_a} \approx \frac{\tau}{T_a}$$

对于调节对象的传递函数 $G_0(s) = \dfrac{e^{-s\tau}}{1 + Ts}$ 或调节器为其它型式时，整定方法也类似。

§7.5　控制系统的工程整定方法

在现场投运自动控制系统时，总希望能通过比较简单的测量或试验方法求出控制系统的最佳整定参数。在这一节中介绍两种工程上常用的整定控制系统的方法：根据系统的开环阶跃响应特性进行近似计算的方法，和使系统处于边界稳定后适当增加稳定性裕量的试验方法。

一、根据系统开环阶跃响应特性的近似计算方法(查表方法)

把自动控制系统断开如图 7－20 所示。

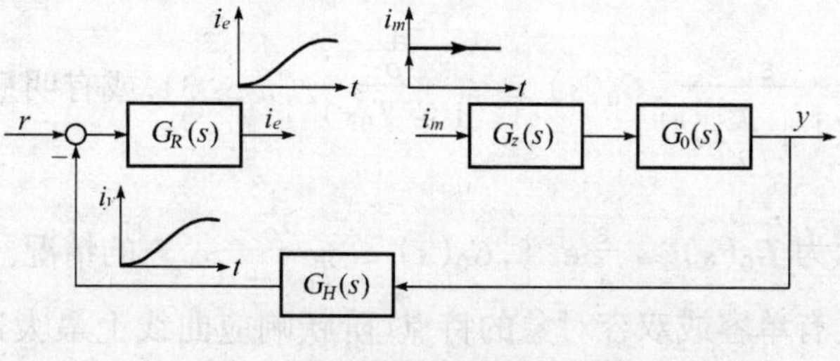

图 7－20　系统开环阶跃响应特性测试

图中：$G_R(s)$—— 调节单元的传递函数；

$G_z(s)$—— 执行器的传递函数；

$G_0(s)$—— 对象(生产过程)的传递函数；

$G_H(s)$—— 测量单元的传递函数。

控制系统的整定参数(δ, T_i, T_d)都在调节单元 $G_R(s)$ 中进行调整[即 $G_R(s)$ 为 P, I, D 作用的组合]，系统的开环阶跃响应是指执行器 $G_z(s)$ 的输入 i_m 作阶跃变化时，测量单元 $G_H(s)$ 输出 i_y 的时间响应曲线；或者把调节单元的参数设置在 $\delta = 100\%, T_i = \infty, T_d = 0$ 时，以执行器 $G_z(s)$ 的输入 i_m 作为输入，而以调节单元 $G_R(s)$ 的输出 i_e 作为输出的阶跃响应曲线。根据阶跃响应曲线的特点，可以分别应用以下经验公式计算出调节单元 $G_R(s)$ 的整定参数值。

1. 当开环系统无自平衡能力时，可用表 7－4 的整定计算公式。

表 7－4[①]　开环系统无自平衡时的整定计算公式($\psi = 0.75$)

系统的开环阶跃响应	近似传递函数
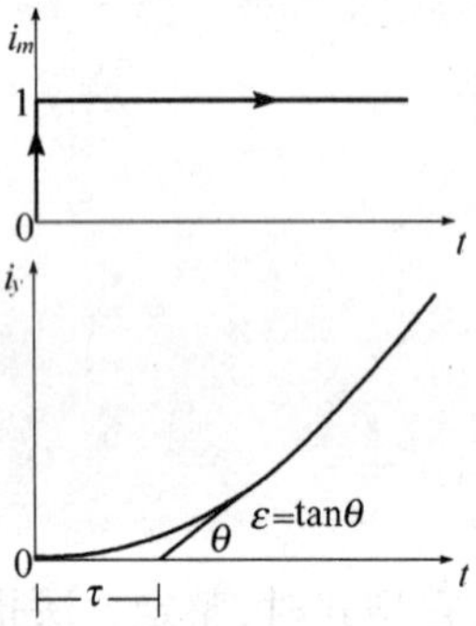	$G_0(s) = \dfrac{I_y(s)}{I_m(s)} = \dfrac{\varepsilon}{s(1+\frac{\tau}{n}s)^n}$ $(n \geqslant 3)$ 或 $G_0(s) \approx \dfrac{\varepsilon}{s} e^{-s\tau}$

调节单元类型	$G_R(s)$	δ	T_i	T_d
P	$\dfrac{1}{\delta}$	$\varepsilon\tau$		
PI	$\dfrac{1}{\delta}(1+\dfrac{1}{T_i s})$	$1.1\varepsilon\tau$	3.3τ	
PID	$\dfrac{1}{\delta}(1+\dfrac{1}{T_i s}+T_d s)$	$0.83\varepsilon\tau$	2τ	0.5τ

① 所用公式参照：J. G. Ziegler and Nichols. Optimum Settings for Automatic Controllers. ≪Tran, ASME≫, 1942, 64.

2. 当开环系统有自平衡能力时，可用表 7－5 中的整定计算公式(表 7－5 在下一页)。

在应用表 7－4 和表 7－5 的整定计算公式时应注意以下几点：

(1) 表 7－4 和表 7－5 适用于系统的开环阶跃响应具有明显的多容对象特点，即它的传递函数为 $G_0(s) = \dfrac{\varepsilon}{s(1+\frac{\tau}{n}s)^n}$，$G_0(s) = \dfrac{\frac{1}{\rho}}{(1+T_0 s)^n}$ $(n \geqslant 3)$，或有明显的纯迟延，即它的传递函数可近似地表示为 $G_0(s) \approx \dfrac{\varepsilon}{s} e^{-s\tau}$，$G_0(s) \approx \dfrac{\frac{1}{\rho}}{T_0 s + 1} e^{-s\tau}$ 的情况。

如果阶跃响应具有单容或双容对象的特点(阶跃响应曲线上最大速度的点在输入扰动的开始时刻或接近开始时刻)，则按表上公式计算结果将使系统具有过大的稳定性裕量，此

表 7－5　开环系统有自平衡的整定计算公式

系统的开环阶跃响应	近似传递函数
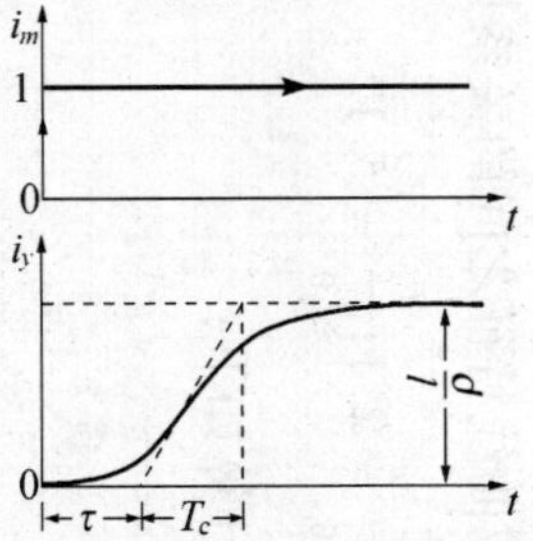	(1) $G_0(s)=\frac{1}{\rho}\frac{1}{(1+T_0s)^n}, n\geqslant 3$; (2) 当有明显纯迟延(包括$\frac{\tau}{T_c}\leqslant 0.2$)时，$G_0(s)\approx\frac{1}{\rho}\frac{1}{T_0s+1}e^{-s\tau}$

调节单元类型	$G_R(s)$	$\frac{\tau}{T_c}\leqslant 0.2$			$0.2<\frac{\tau}{T_c}\leqslant 1.5$		
		δ	T_i	T_d	δ	T_i	T_d
P	$\frac{1}{\delta}$	$\frac{1}{\rho}\frac{\tau}{T_c}$			$2.6\frac{1}{\rho}\frac{\frac{\tau}{T_c}-0.08}{\frac{\tau}{T_c}+0.7}$		
PI	$\frac{1}{\delta}\left(1+\frac{1}{T_is}\right)$	$1.1\frac{1}{\rho}\frac{\tau}{T_c}$	3.3τ		$2.6\frac{1}{\rho}\frac{\frac{\tau}{T_c}-0.08}{\frac{\tau}{T_c}+0.6}$	$0.8T_c$	
PID	$\frac{1}{\delta}\left(1+\frac{1}{T_is}+T_ds\right)$	$0.85\frac{1}{\rho}\frac{\tau}{T_c}$	2τ	0.5τ	$2.6\frac{1}{\rho}\frac{\frac{\tau}{T_c}-0.15}{\frac{\tau}{T_c}+0.88}$	$0.81T_c+0.19\tau$	$0.25T_i$

时应写出 $G_0(s)$ 的近似传递函数进行整定计算(按本章 7 – 3,7 – 4 节介绍的方法)。

(2) 表 7 – 4 和表 7 – 5 的整定计算公式是以衰减率 $\psi = 0.75$ 作为整定指标的,如果要求系统瞬态响应的衰减率不是 $\psi = 0.75$ 而是其它数值,则必须对表中的计算公式作适当修正。例如,当 $0.2 < \frac{\tau}{T_c} \leqslant 1.5$,调节器为 PI 作用,整定指标为 $\psi = 0.9$ 时,δ 值应比表中公式的计算值 $\delta_{0.75}$ 适当增加,可以取:

$$\delta_{0.9} \approx 1.6\delta_{0.75} = 1.6 \times 2.6 \frac{1}{\rho} \cdot \frac{\frac{\tau}{T_c} - 0.08}{\frac{\tau}{T_c} + 0.6} \tag{7 – 57a}$$

式中:$\delta_{0.9}$ 和 $\delta_{0.75}$ 分别为 $\psi = 0.9$ 和 $\psi = 0.75$ 时的 δ 值。

而 T_i 则应比表中公式的计算值 $T_{i0.75}$ 略为减小,可以取:

$$T_{i0.9} \approx 0.8T_{i0.75} = 0.8 \times 0.8T_c = 0.64T_c \tag{7 – 57b}$$

式中:$T_{i0.9}$ 和 $T_{i0.75}$ 分别为 $\psi = 0.9$ 和 $\psi = 0.75$ 时的 T_i 值。

(3) 在表 7 – 4 和表 7 – 5 中没有列入比例 – 微分(PD)调节器的整定计算公式,因为对于多容控制对象应用 PD 调节器的情况是很少见的。如有必要,可在比例调节器整定计算的基础上适当选择比例 – 微分调节器的参数值。例如,当整定指标为 $\psi = 0.75$ 时,先利用表 7 – 4 或表 7 – 5 计算出用比例调节器的整定参数 δ_P 值,而比例 – 微分调节器的 δ 和 T_d 值可定为:

$$\left.\begin{aligned} \delta &= 0.8\delta_P \\ T_d &= (0.25 \sim 0.3)\tau \end{aligned}\right\} \tag{7 – 58}$$

如果控制对象的传递函数 $G_0(s)$ 已知为某些典型形式时,也可以利用上面推荐的近似公式进行单回路控制系统的整定计算。举例如下:

例 7 – 12　在单回路控制系统中,已知控制对象的传递函数为:

$$G_0(s) = \frac{1}{(1 + T_0 s)^5}$$

用近似计算公式计算出调节器的整定参数,设调节器分别采用 P、PI、PD、PID,整定指标为:$\psi = 0.75$。

解:所给控制对象传递函数 $G_0(s)$ 与其阶跃响应曲线特征之间的关系见表 3 – 1。

当 $G_0(s) = \frac{1}{(1 + T_0 s)^5}$ 时:$\rho = 1$;$\frac{\tau}{T_c} = 0.41$;$\frac{\tau}{T_0} = 2.1$;$\frac{T_c}{T_0} = 5.12$

应用表 7 – 5 中 $0.2 < \frac{\tau}{T_c} \leqslant 1.5$ 时的近似公式计算如下:

(1) 调节器为比例作用:

$$G_R(s) = \frac{1}{\delta}$$

$$\delta = 2.6 \frac{1}{\rho} \cdot \frac{\frac{\tau}{T_c} - 0.08}{\frac{\tau}{T_c} + 0.7} = 2.6 \times \frac{0.41 - 0.08}{0.41 + 0.7} = 0.77$$

(2) 调节器为比例 - 积分作用：

$$G_R(s) = \frac{1}{\delta}(1 + \frac{1}{T_i s})$$

$$\delta = 2.6\frac{1}{\rho} \times \frac{\frac{\tau}{T_c} - 0.08}{\frac{\tau}{T_c} + 0.6} = 2.6 \times \frac{0.41 - 0.08}{0.41 + 0.6} = 0.85$$

$$T_i = 0.8T_c = 0.8 \times 5.12T_0 = 4.1T_0$$

(3) 调节器为比例 - 微分作用：

$$G_R(s) = \frac{1}{\delta}(1 + T_d s)$$

在(1) 中已计算得出：$\delta_P = 0.77$

因此，*PD* 调节器的整定参数为：

$$\delta = 0.8\delta_P = 0.8 \times 0.77 = 0.62$$

$$T_d = (0.25 \sim 0.3)\tau = (0.25 \sim 0.3) \times 2.1T_0 = (0.5 \sim 0.6)T_0$$

(4) 调节器为比例 - 积分 - 微分作用：

$$G_R(s) = \frac{1}{\delta}(1 + \frac{1}{T_i s} + T_d s)$$

$$\delta = 2.6\frac{1}{\rho} \times \frac{\frac{\tau}{T_c} - 0.15}{\frac{\tau}{T_c} + 0.88} = 2.6 \times \frac{0.41 - 0.15}{0.41 + 0.88} = 0.52$$

$$T_i = 0.81T_c + 0.19\tau = 0.81 \times 5.12T_0 + 0.19 \times 2.1T_0 = 4.5T_0$$

$$T_d = 0.25T_i = 1.1T_0$$

把以上计算结果与例 7 - 1 至例 7 - 4 中的计算结果进行比较，可以看出，除了 *PD* 调节器的计算结果差别稍大外，其余各种调节器的计算结果都是相当接近的。比例 - 微分调节器的近似整定计算公式(7 - 58) 式兼顾了有自平衡和无自平衡两类不同的控制对象，因此近似计算结果差别就比较大，但即使如此，近似计算的结果也能保证系统具有适当的稳定性裕量。

二、根据系统边界稳定条件的试验整定方法(临界比例带法)

上面介绍的几种整定控制系统的方法都要求知道控制对象的动态特性(传递函数、频率特性或阶跃响应曲线等形式)。这里介绍一种不需测定控制对象(或系统开环时) 的动态特性，而用闭环试验整定控制系统的方法，其试验整定步骤如下：

1. 使调节器只具有比例作用(设置 $T_i \to \infty$，$T_d = 0$)，将控制系统投入运行，设置比例带 δ 于较大数值。

2. 逐渐改变调节器的比例带 δ 值，由大到小，直到控制系统开始产生不衰减的振荡为止(为了观察控制系统是否达到不衰减振荡，可以人为地加入扰动)，这时系统处在边界稳定状态。记下在此边界稳定状态时的调节器比例带值 δ_u 和振荡周期 T_u。

3. 调节器的整定参数可按下式计算：

(1) 比例调节器：

$$\delta = 2\delta_u \tag{7-59}$$

(2) 比例 - 积分调节器：

$$\left.\begin{aligned} \delta &= 2.2\delta_u \\ T_i &= \frac{T_u}{1.2} \end{aligned}\right\} \tag{7-60}$$

(3) 比例 - 积分 - 微分调节器：

$$\left.\begin{aligned} \delta &= 1.6\delta_u \\ T_i &= \frac{T_u}{2} \\ T_d &= 0.25T_i. \end{aligned}\right\} \tag{7-61}$$

根据上述计算结果设置调节器的参数值。至于系统中所用的调节器类型(P,PI,PID)，则在设计控制系统时已经确定。

以上介绍的先用试验方法获得只用比例作用调节器时系统边界稳定时的参数值，然后据此设置调节器的整定参数，以保证系统具有适当的稳定性裕量，这种方法常称为**临界比例带法**。这种方法简单明了，在整定单回路控制系统时很有实用意义。但是，由于各种控制对象的动态特性有较大差异，根据(7 - 59)式至(7 - 61)式算出的调节器整定参数对于不同控制对象组成的控制系统，其瞬态响应的特点是不同的。例如，对于控制对象的形式为：$G_0(s) = \dfrac{1}{T_a s}e^{-s\tau}$时，临界比例带法的整定结果将使系统的衰减率大于0.75。所以按临界比例带法求出调节器的整定参数值后，应该再观察控制系统的响应过程，并根据需要对调节器参数值作出必要的修正。

如果生产过程不允许控制系统反复振荡，或者在试验时振荡频率很高而影响生产正常进行时，就不宜应用临界比例带法，如在锅炉给水控制系统和燃烧控制系统中就不能应用这种方法。

在已知控制对象传递函数 $G_0(s)$ 的表达式后，临界比例带法的概念也可作为整定单回路控制系统的一种计算方法。这样就可以把由临界比例带法所得到的调节器参数值，与用其它整定计算方法所得到的结果进行比较，以了解用临界比例带法整定后系统的性能。下面举例说明。

例 7 - 13　在单回路控制系统中，已知控制对象的传递函数为：

$$G_0(s) = \frac{1}{T_a s}e^{-s\tau}$$

用临界比例带法的概念计算调节器的整定参数，设调节器分别采用 P,PI,PID。

解：设调节器只有比例作用时的传递函数为：

$$G_R(s) = \frac{1}{\delta}$$

此时，系统的特征方程为：

$$1 + G_R(s)G_0(s) = 1 + \frac{1}{\delta T_a s}e^{-s\tau} = 0$$

系统为边界稳定时，特征方程有根在虚轴上。以 $s = j\omega$ 代入上式，得：

$$-\delta = \frac{1}{jT_a\omega}e^{-j\omega\tau} = \frac{1}{T_a\omega}e^{-j(\frac{\pi}{2}+\omega\tau)}$$

而：　$-\delta = \delta e^{-j\pi}$

由此得到：

$$\begin{cases} \delta = \dfrac{1}{T_a \omega} \\ \pi = \dfrac{\pi}{2} + \omega\tau \end{cases}$$

解得：$\delta_u = \dfrac{2}{\pi}\dfrac{\tau}{T_a} = 0.637\dfrac{\tau}{T_a}$，而 $T_u = \dfrac{2\pi}{\omega} = 4\tau$

T_u 和 δ_u 就是调节器只用比例作用而使系统处于边界稳定时，瞬态响应的振荡周期和比例带值。

(1) 调节器为比例作用时：

$$G_R(s) = \frac{1}{\delta}$$

调节器的整定参数：$\delta = 2\delta_u = 1.27\dfrac{\tau}{T_a}$

(2) 调节器为比例积分作用时：

$$G_R(s) = \frac{1}{\delta}\left(1 + \frac{1}{T_i s}\right)$$

调节器的整定参数：

$$\delta = 2.2\delta_u = 1.4\frac{\tau}{T_a}; \qquad T_i = \frac{T_u}{1.2} = \frac{4}{1.2}\tau = 3.3\tau$$

(3) 调节器为比例－积分－微分作用时：

$$G_R(s) = \frac{1}{\delta}\left(1 + \frac{1}{T_i s} + T_d s\right)$$

调节器的整定参数为：

$$\delta = 1.6\delta_u = 1.02\frac{\tau}{T_a};$$

$$T_i = \frac{T_u}{2} = 2\tau;$$

$$T_d = 0.25T_i = 0.5\tau$$

这个例子也可用其它方法进行计算，例如用 7－3 节所介绍的方法可以得出上列结果相当于系统主要振荡成分的衰减率 $\psi = 0.9$。

例 7－14　在例 7－13 中控制对象的传递函数改为：

$$G_0(s) = \frac{1}{(1 + T_0 s)^5}$$

仍用临界比例带法的概念求出各种调节器的整定参数值。

解：系统用比例调节器$\left[G_R(s) = \dfrac{1}{\delta}\right]$时的特征方程为：

$$1 + \frac{1}{\delta(1 + T_0 s)^5} = 0$$

边界稳定时，

$$\delta e^{-j\pi} = \frac{1}{(1 + T_0^2\omega^2)^{2.5}} e^{-j5\arctan T_0\omega}$$

由此得出：

$$T_0\omega = \tan\frac{\pi}{5} = 0.727$$

$$\delta_u = \left(\frac{1}{1 + T_0^2\omega^2}\right)^{2.5} = 0.346$$

$$T_u = \frac{2\pi T_0}{T_0\omega} = 8.64T_0$$

(1) 调节器为比例作用时，调节器的整定参数：

$$\delta = 2\delta_u = 0.692$$

(2) 调节器为比例 - 积分作用时，调节器的整定参数：

$$\delta = 2.2\delta_u = 0.76$$

$$T_i = \frac{T_u}{1.2} = 7.2T_0$$

(3) 调节器为比例 - 积分 - 微分作用时，调节器的整定参数：

$$\delta = 1.6\delta_u = 0.55$$

$$T_i = \frac{T_u}{2} = 4.32T_0$$

$$T_d = 0.25T_i = 1.08T_0$$

把这些计算结果与以 $\psi = 0.75$ 作为整定指标的例 7 - 1、例 7 - 2 和例 7 - 4 的计算结果进行比较后可以看出，在这个例子中用临界比例带法概念计算出的 PID 调节器的参数值与 $\psi = 0.75$ 的计算结果很相近；P 调节器和 PI 调节器的比例带 δ 略低于 $\psi = 0.75$ 时的数值；而 PI 调节器的积分时间 $T_i = 7.2T_0$，则比 $\psi = 0.75$ 时应有的数值（$= 4.2T_0$）偏大过多。

从上面两个例子中可以看出，用临界比例带法整定单回路控制系统时，对于不同性质的对象所得到的性能是不同的。但是这种整定方法很方便，在现场可以以此作为对控制系统的初步整定，然后根据实际调节过程的形状再适当修改调节器的参数。

§7.6 小　结

本章介绍单回路控制系统的整定计算方法，整定的基本内容是根据调节对象的动态特性（在系统的闭合回路中的或称为内扰下的对象动态特性）选择调节器参数，以使系统具有适当的稳定性裕量。在热工过程自动控制系统中，常以瞬态响应的衰减率 ψ 作为稳定性裕量的指标。控制系统的工作品质具体表现在系统受到扰动后的时间响应过程中，应全面衡量控制系统中各主要变量在响应过程中的变化情况，来评价控制系统的工作品质。热工过程自动控制系统中的主要变量为被调量和调节量（调节机构位移），通常希望控制系统工作时调节量的超调量在允许范围内，而被调量的变化具有尽可能小的偏差。在选择衰减率 ψ 的具体数值作为整定指标时，应兼顾到对这两个变量的要求，在一般情况下可取 $\psi = 0.75 \sim 0.9$。

本章介绍的几种整定方法各有特点，以 m 为指定值的计算方法在求出调节器参数的同时还得出了系统特征方程的一对主导复根；用根轨迹法整定时，还可以看出整定参数值改变时系统特征方程根的变化情况。但这两种方法对于高阶系统和调节器参数不止一个时都是相当繁的。工程整定方法希望以较少的试验工作量和简便的计算获得调节器的整定参数。使用不同的整定方法，如果整定的指标不一样就可能得到不同的整定结果。由于调节器是在反馈回路内的，调节器参数值在一定范围内改变时对系统性能的影响不是很敏感的。因此，虽然整定结果有很大差别，但实际上很可能都是允许采用的。

由于热工调节对象的动态特性一般通过试验来获得，而且近似地认为是线性的，因此用各种整定计算方法所得到的结果只是提供大致的数值。控制系统在投入运行后必须经过实际考验，根据实际调节过程进一步修改调节器的参数值，才能使控制系统在较好的状态下工作。

最后，再次指出，控制系统必须经过整定才能投入运行，而整定的作用仅在于使一个结构已定的控制系统发挥它最好的作用。对于单回路反馈控制系统，如果控制系统回路中各环节具有较大的延迟和惯性时，调节器的动作必然缓慢（才能保证系统稳定），则当系统一受到扰动就会出现较大的偏差和较长的调节过程时间。如果单回路反馈调节系统经过整定后不能满足生产上要求时，就必须改变控制系统的结构。而单回路反馈控制系统的分析和整定方法也是分析和整定更复杂控制系统的基础。

习　题　7

7－1　单回路反馈控制系统，调节器为比例作用：$G_R(s)=S_1=\frac{1}{\delta}$，调节对象的传递函数已知为：

(1) $G_0(s)=\frac{1}{T_a(1+\tau s)}$；　(2) $G_0(s)=\frac{1}{T_a(1+\frac{\tau}{2}s)^2}$；

(3) $G_0(s)=\frac{1}{T_a(1+\frac{\tau}{3}s)^3}$；　(4) $G_0(s)=\frac{e^{-\tau s}}{T_a s}$。

其中，T_a 和 τ 为已知，单位为 s。

求 $\psi=0.75$ 和 $\psi=0.9$ 时，调节器的参数 δ 值，并比较不同衰减率 ψ 和不同对象特性时，调节器参数 δ 变化的规律。

7－2　已知单回路控制系统中调节对象的传递函数为：$G_0(s)=\frac{1}{T_a s}e^{-\tau s}$，调节器采用比例积分作用，求 $\psi=0.75$ 和 $\psi=0.9$ 时，调节器的参数 δ 和 T_i 的值。

7－3　单回路控制系统中，对象传递函数为：$G_0(s)=\frac{1}{(1+T_0 s)^5}$，调节器采用：

(1) P 作用；(2) PI 作用；(3) PID 作用。

求：当 $\psi=0.9$ 时，各调节器的整定参数。

7－4　用根轨迹作图的方法确定习题 7－3 中，P 作用和 PI 作用调节器的参数。

7－5　单回路控制系统中，调节器采用 PI 作用，设调节对象的传递函数为：

(1) $G_0(s)=\frac{1}{(1+T_0 s)^3}$；　(2) $G_0(s)=\frac{1}{(1+T_0 s)^4}$。

用以下几种方法求出调节器的整定参数 δ 和 T_i 的值：

(1) 以 $\psi=0.75(m=0.221)$ 进行整定计算；

(2) 用工程整定法中的查表方法；

(3) 用临界比例带法的概念进行计算。

第 8 章　复杂控制系统及其整定

§8.1　单回路反馈控制系统的不足

前面已介绍了单回路反馈控制系统的分析及整定，一般说，只要生产过程不太复杂，控制要求不太高，那么可以用单回路反馈控制系统实现生产过程的自动控制。如果生产过程比较复杂，控制要求也较高，例如希望被调量的控制准确度高(动态偏差要小)，抗干扰的能力要强，这时通过选择调节器的动作规律和改变调节器参数的方法无法实现控制品质指标的要求，应在单回路系统的基础上改变系统结构，组成复杂控制系统。

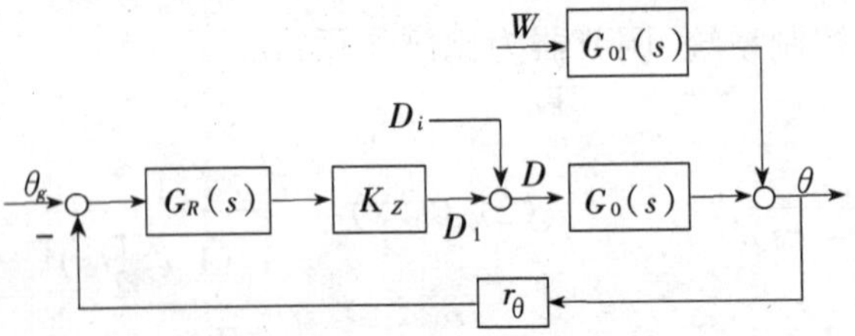

图 8 – 1　热水加热器出口温度控制单回路系统

这里再利用第 1 章的热水加热器出口温度控制为例加以说明。热水加热器出口温度控制的任务是在保证外界热水用户负荷要求的前提下使出口温度 θ℃ 等于温度给定值 θ_g。可以组成如图 8 – 1 表示的单回路反馈控制系统。可以利用前面介绍的知识对系统的工作进行分析和对调节器参数进行整定，保证实现控制要求。

如果在实际的过程中引起进入加热器的蒸汽流量 D 变化的原因除了调节阀开度 μ 变化使蒸汽流量 D_1 变化外还有变化频繁且幅度较大的扰动 D_i。例如：加热蒸汽压力变动大且频繁。因此，在调节阀开度 μ 不变时仍会引起蒸汽流量变化，这样，它将引起出口温度 θ 变化，从而引起系统的不断调节动作，无法保证 $\theta = \theta_g$。同时，调节动作使 D_1 发生变化，它的调节效果即对出口温度的影响只能从出口温度 θ 上反映出来。如果，对象在内扰下的动态特性 $G_0(s)$ 具有较大的延迟及惯性，D_1 改变时要经历较长时间才能从出口温度 θ 的变化上了解调节效果。所以，控制总是不及时的，会引起被调量 θ 在动态过程中出现较大的动态偏差，或出现调节过头的现象。所以要对单回路系统进行必要的改进，组成复杂控制系统。

如果在实际过程中热水用户的用水负荷 W 有频繁及大幅度的扰动(外部扰动)，那么，这些扰动也要经 $G_{01}(s)$ 后才会在出口温度 θ 上反映，再通过控制系统工作去使 $\theta = \theta_g$。这时实际上也很难利用单回路系统保证控制性能指标要求，所以也要对系统的结构进行改进，组成复杂控制系统。

如果一个较复杂的生产过程有多个需要控制的参数，有多个控制手段，彼此都有联系，这时,控制系统就成了多输入 - 多输出系统。简单的单回路系统就不再能实现自动控制任务了。

§8.2 串级控制系统

一、串级系统的框图

对于图 8 - 1 所示的单回路系统,为了快速消除内扰影响和及时反映调节作用效果,可以改变成如图 8 - 2 的串级控制系统。与图 8 - 1 的单回路系统相比,图 8 - 2 中增加了副调节器 $G_{R2}(s)$ 和蒸汽流量信号 D 为辅助的被调量信号。同时,系统中形成了两个闭合回路,一个内部的小回路(或内回路),一个外部的大回路(或外回路),所以有时也称**双回路控制系统**。这样的串级系统结构可以消除单回路系统的一些不足,提高控制品质,是热工过程中常用的系统。

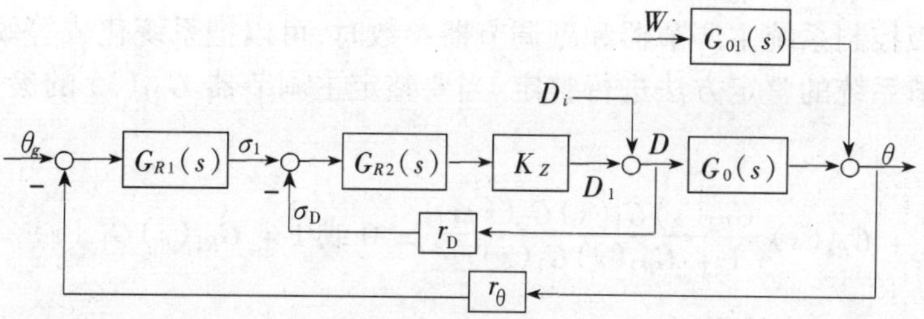

图 8 - 2　加热器出口温度的串级控制系统

如果热水用户负荷 W 不变,出口温度 θ 也不变,这样主调节器输出 σ_1 也不变。内扰 D_i 发生变化,通过蒸汽流量 D 的测量单元使 σ_D 发生变化。这样,经内回路的副调节器 $G_{R2}(s)$ 快速消除 D_i 扰动,使蒸汽流量 D 与主调节器输出 σ_1 配合完好。只要调节器参数整定得好,在 D_i 扰动时可以做到 θ 基本不变。外扰 W 作用下,θ 发生变化,主调节器 $G_{R1}(s)$ 的输出 σ_1 也变化。该 σ_1 是使 $\theta = \theta_g$ 所需要的。通过小回路的作用,σ_D 也随 σ_1 变化,反映了控制效果,不必等到出口温度 θ 变化才可以了解调节效果。所以与单回路系统相比串级系统有明显的优越性,可以提高控制品质,保证控制任务的实现。

由单回路系统改变成串级系统的条件是蒸汽流量信号 D 要能够测量,而且增加了一个调节单元以及蒸汽流量的测量变送单元。

实际过程远比加热器的过程复杂,常用图 8 - 3 的框图表示串级双回路系统。

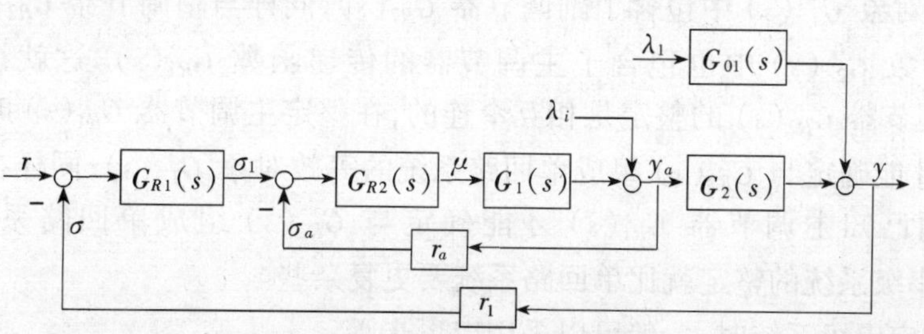

图 8 - 3　串级系统原则性框图

二、串级系统的整定

串级系统的整定就是根据调节过渡过程性能指标要求确定主调节器 $G_{R1}(s)$ 和副调节器 $G_{R2}(s)$ 中的参数。它的原理基础是单回路控制系统的整定。在单回路控制系统中，系统的闭环特征方程为：

$$1 + G_R(s)G_0(s) = 0 \tag{8-1}$$

式中：$G_R(s)$ 为调节器传递函数；

$G_0(s)$ 为与调节器 $G_R(s)$ 构成闭合回路的其它各部分的传递函数或称调节对象的传递函数（对象在内扰下的特性）。

要使闭环系统有一定的稳定性裕量，调节器参数可根据对象动态特性确定，这就是上一章的整定方法。

串级控制系统的闭环特征方程由图 8－3 可求出为：

$$1 + G_{R1}(s)G_{R2}(s)G_1(s)G_2(s)r_1 + G_{R2}(s)G_1(s)r_a = 0 \tag{8-2}$$

在整定串级控制系统主调节器和副调节器参数时，可以把系统化成等效的单回路系统，再用单回路调节系统的整定方法进行整定。当要整定主调节器 $G_{R1}(s)$ 的参数时，(8－2) 式可以改写成：

$$1 + G_{R1}(s)\frac{G_{R2}(s)G_1(s)G_2(s)r_1}{1 + G_{R2}(s)G_1(s)r_a} = 0 \text{ 或 } 1 + G_{R1}(s)G_1^*(s) = 0 \tag{8-3}$$

式中：

$$G_1^*(s) = \frac{G_{R2}(s)G_1(s)G_2(s)r_1}{1 + G_{R2}(s)G_1(s)r_a} \tag{8-4}$$

$G_1^*(s)$ 为与 $G_{R1}(s)$ 构成单回路系统的等效调节对象。

当要整定副调节器 $G_{R2}(s)$ 的参数时，(8－2) 式可以化成：

$$1 + G_{R2}(s)[G_{R1}(s)G_1(s)G_2(s)r_1 + G_1(s)r_a] = 0 \text{ 或 } 1 + G_{R2}(s)G_2^*(s) = 0 \tag{8-5}$$

式中：

$$G_2^*(s) = G_{R1}(s)G_1(s)G_2(s)r_1 + G_1(s)r_a \tag{8-6}$$

$G_2^*(s)$ 为与调节器 $G_{R2}(s)$ 构成单回路系统的等效调节对象。

由上面的等效的单回路系统的特征方程表达式可以看到，与主调节器 $G_{R1}(s)$ 构成单回路系统的等效对象 $G_1^*(s)$ 中包含了副调节器 $G_{R2}(s)$，同样与副调节器 $G_{R2}(s)$ 构成单回路系统的等效对象 $G_2^*(s)$ 中也包含了主调节器的传递函数 $G_{R1}(s)$。这就说明，主调节器 $G_{R1}(s)$ 和副调节器 $G_{R2}(s)$ 的整定是相互牵连的，在整定主调节器 $G_{R1}(s)$ 时必须已知副调节器 $G_{R2}(s)$ 才能确定与 $G_{R1}(s)$ 组成单回路系统的等效对象 $G_1^*(s)$；同样在整定副调节器 $G_{R2}(s)$ 时必须已知主调节器 $G_{R1}(s)$ 才能确定与 $G_{R2}(s)$ 组成单回路系统的等效对象 $G_2^*(s)$。这样串级系统的整定就比单回路系统要更复杂些。

在实际整定串级系统时，一般可以采用以下步骤：

(1) 先整定副调节器 $G_{R2}(s)$，在第一次整定副调节器时，可以认为外回路（或大回路）是开路的。这样,副调节器 $G_{R2}(s)$ 与 $G_1(s)r_a$ 为对象组成一个单回路系统,可以用一般单回路系统整定方法得到副调节器 $G_{R2}(s)$ 的第一次参数值,设这时为$[G_{R2}(s)]_1$。

(2) 根据副调节器 $G_{R2}(s)$ 第一次整定得到的结果$[G_{R2}(s)]_1$,整定主调节器 $G_{R1}(s)$ 第一次的参数值$[G_{R1}(s)]_1$,用(8 - 4) 式可以求出等效对象 $G_1^*(s)$:

$$G_1^*(s) = \frac{[G_{R2}(s)]_1 G_1(s) G_2(s) r_1}{1 + [G_{R2}(s)]_1 G_1(s) r_a} \tag{8-7}$$

根据单回路系统整定的方法得到$[G_{R1}(s)]_1$。

(3) 根据得到的$[G_{R1}(s)]_1$ 整定副调节器 $G_{R2}(s)$ 的第二次计算结果$[G_{R2}(s)]_2$,这时,它的等效对象由(8 - 6) 式得到:

$$G_2^*(s) = [G_{R1}(s)]_1 G_1(s) G_2(s) r_1 + G_1(s) r_a \tag{8-8}$$

(4) 如果两次整定得到的结果$[G_{R2}(s)]_1$ 和$[G_{R2}(s)]_2$ 参数值基本相同,那么串级系统的整定就算完成 。如果两次整定得到的结果差别较大,则还要重复上述 2、3 的步骤,直到两次结果基本相同。

按上述步骤进行整定是很烦琐的,在工程实践中可以根据具体条件进行合理简化,使串级系统的整定得以简化。常见的情况有两种:

1. 当串级系统的副回路(小回路) 的调节过程比主回路(大回路) 快得很多的情况

例如:在前面所举的加热器出口温度控制的串级系统中,见图 8 - 2,蒸汽流量控制回路(即副回路) 的动作是很快的。只要蒸汽流量 D 发生变化,副回路快速动作,保持 $\sigma_D \approx \sigma_1$。主回路基本不动作(相当于主回路开路)。同时,当主回路工作时,主调节器输出发生变化,即 σ_1 变化,副回路几乎时时保持使 $\sigma_D \approx \sigma_1$,是一个快速的随动系统。这时,两个回路可以分别独立地进行整定。其中,副调节器 $G_{R2}(s)$ 的独立回路,如图 8 - 4 所示,可以按单回路系统确定 $G_{R2}(s)$ 的参数。当副回路整定后,对图 8 - 2 的系统,副回路是一个快速随动系统,总有 $\sigma_D \approx \sigma_1$。所以整个回路可以看成是一个正向放大倍数很大的快速随动系统,副回路的动态性质取决于反馈部分且等于 $1/r_D$,这样,整个系统可变化成图 8 - 5 所示。

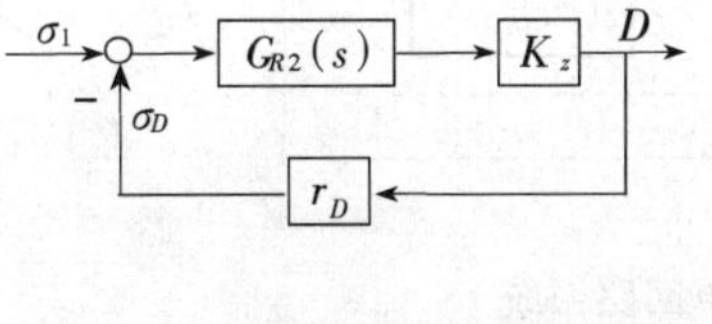

图 8 - 4　副回路(小回路) 框图

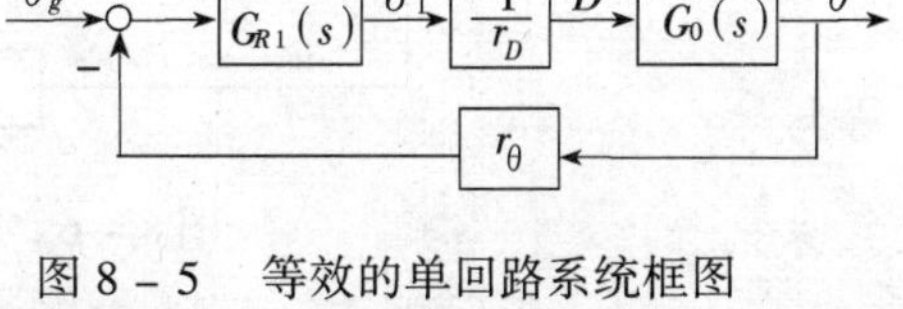

图 8 - 5　等效的单回路系统框图

这时,主调节器 $G_{R1}(s)$ 与等效对象$\frac{r_\theta}{r_D}G_0(s)$ 构成单回路系统,可以用单回路系统的整定方法确定 $G_{R1}(s)$ 的参数。

串级控制系统经过适当整定后,主回路和副回路的衰减振荡频率分别为 ω_1 和 ω_2,通常 ω_2 大于 ω_1,这样才能使副回路快速消除内扰及时反映调节效果。当 $\omega_2 \geqslant 3\omega_1$ 时,两个回路可以分别独立整定,造成这样的条件主要取决于对象特性,与在图 8 - 3 中的表示的对象导前区特性 $G_1(s)$ 和对象惰性区的特性 $G_2(s)$ 有关。$G_1(s)G_2(s)$ 构成了对象在调节作用下的

动态特性 $G_0(s)$。在选择构成串级控制系统的辅助信号 y_a 时，应该使 $G_1(s)$ 和 $G_0(s)$ 相比具有较小的延迟和惯性，同时要在实际过程中能够量测。

在构成串级控制系统时，主调节器 $G_{R1}(s)$ 和副调节器 $G_{R2}(s)$ 的动作规律选择即调节器类型也应根据实际过程确定。一般说，副调节器 $G_{R2}(s)$ 可选择 P 作用或 PD 作用，主调节器 $G_{R1}(s)$ 应选择 PI 作用，这样可以保证实现无差调节。在图 8 – 2 的加热器出口温度控制的串级系统中，副调节器 $G_{R2}(s)$ 是流量控制调节器，也可以用 PI 作用。

另外，在整定串级系统时，主回路与副回路调节过程的整定指标的选择也应不同。一般副回路的稳定性裕量较低（$\psi \leqslant 0.75$），主回路的稳定性裕量较高（例如 $\psi \geqslant 0.9$）。这样，主、副调节回路可以很好工作而且系统可以分别独立整定。

如果导前区 $G_1(s)$ 和惰性区 $G_2(s)$ 相差不多，这时就不能分别独立整定，两个回路就应用前面介绍的逐步迭代的方法决定 $G_{R1}(s)$ 和 $G_{R2}(s)$ 的参数。也可以用下面的方法进行整定。

2. 串级系统主回路和副回路调节过程快慢差别不大的情况

当对象导前区 $G_1(s)$ 和内扰特性 $G_0(s)$ 相比，延迟惯性不够小，这时，主、副回路调节过程的快慢差别不大。这时，将串级控制系统的闭环特征方程(8 – 2) 式变换成如下形式：

$$1 + G_{R1}(s)G_{R2}(s)\left[G_1(s)G_2(s) + G_1(s)\frac{r_a}{r_1}\cdot\frac{1}{G_{R1}(s)}\right]r_1 = 0 \qquad (8-9)$$

式中，$G_{R1}(s)G_{R2}(s)$ 为等效调节器，调节对象为：

$$G_0^*(s) = G_1(s)\left[G_2(s) + \frac{r_a}{r_1}\cdot\frac{1}{G_{R1}(s)}\right]r_1 \qquad (8-10)$$

在闭环特征方程不变的前提下，串级系统可以变换成如图 8 – 6 所示的单回路系统。

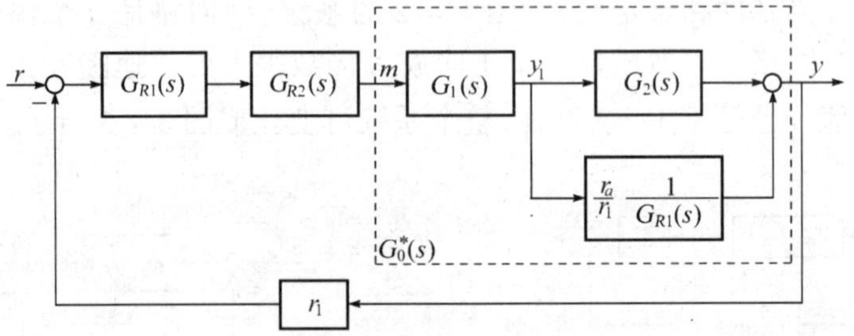

图 8 – 6　特征方程相同的单回路系统

从图 8 – 6 可见，串级系统可看成单回路系统，只是调节对象与调节器都有了变化，其中主调节器相当于起到了改善对象动态特性的作用。从这个角度分析可以对串级系统进行整定，步骤如下：

(1) 适当选择主调节器 $G_{R1}(s)$ 的参数，造成一个动态特性较好的等效对象 $G_0^*(s)$，这样的方法称为**补偿法整定**。从式(8 – 10) 及图 8 – 6 可以看到，如果能做到：

$$G_2(s) + \frac{r_a}{r_1}\cdot\frac{1}{G_{R1}(s)} = \text{const} \qquad (8-11)$$

那么,等效调节对象的动态特性就取决于导前区的特性 $G_1(s)$,与真正的单回路系统的对象特性 $G_0(s) = G_1(s)G_2(s)$ 相比是大有改善。实际上,达到(8 – 11)式的要求总是很困难,或者要求的 $G_{R1}(s)$ 形式可能很复杂,已超出了常规的 *PID* 特性,这时只能进行尽可能的接近要求的情况。也可以在图 8 – 6 中的 m 处加入阶跃信号,调整 $G_{R1}(s)$ 的参数,使 y_1 和 y 的响应曲线大致接近,就是 $G_{R1}(s)$ 的最好的参数。由于 $G_{R1}(s)$ 在串级系统中是主调节器,一般用 *PI* 作用。所以可以通过(8 – 11)式用 $G_2(s)$ 确定 $G_{R1}(s)$ 的最好的近似参数值。

(2) 在选择好 $G_{R1}(s)$ 的参数后,就可按一般的单回路系统整定的方法确定等效调节器中的副调节器 $G_{R2}(s)$ 的参数。

上述的整定方法常称**补偿法整定**。在整定中不必考虑主回路和副回路之间的相互影响,但整定结果并不一定能保证串级系统在最佳的条件下工作。但是它可以使系统有足够的稳定性裕量,从而使串级系统有正常工作的基本条件。在串级系统的主、副回路不能分别独立整定时,是一种串级系统整定的实用方法。

§8.3 前馈 – 反馈控制系统

在图 8 – 1 的单回路反馈系统中,如果热水负荷 W 频繁且幅度较大地变动,那么单回路系统很难实现使 $\theta = \theta_g$,因为负荷 W 扰动后要等到出口温度 θ 变化后才能进行调节。这样的调节常常是不及时的,在外部扰动作用下调节过程会出现较大的动态偏差。为了提高控制品质,可以在反馈控制的基础上增加按扰动进行控制的前馈控制作用,这样就构成了单回路前馈 – 反馈控制系统,由图 8 – 1 改变成图 8 – 7 的框图:外扰 W 变化时,一方面通过对象的外扰通道 $G_{01}(s)$ 影响出口温度 θ,同时通过前馈调节器 $G_F(s)$,及反馈回路的前向通道影响出口温度 θ。如果能做到使:

$$[G_{01}(s) + r_W G_F(s) G_R(s) K_z G_0(s)] = 0 \qquad (8-12)$$

那么在扰动(外部)作用下,输出 θ 可以不变,由此可以确定前馈调节器 $G_F(s)$。前馈调节器 $G_F(s)$ 的输出也可以如图 8 – 7 中的虚线加到反馈调节器后面的执行器上,这时要使外扰下被调量不变的条件是:

$$G_{01}(s) + r_W G_F(s) K_z G_0(s) = 0 \qquad (8-13)$$

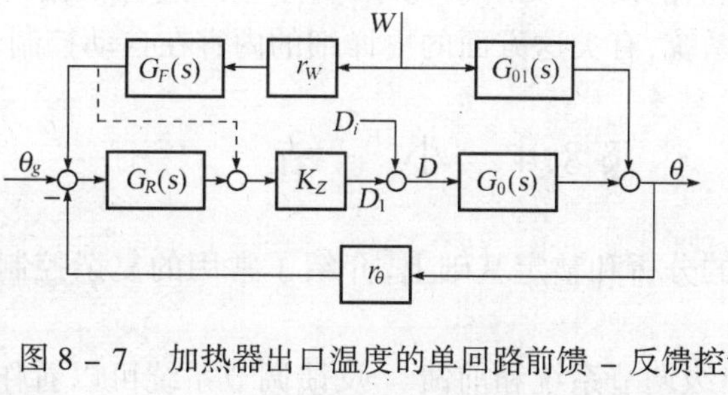

图 8 – 7　加热器出口温度的单回路前馈 – 反馈控制系统

(8 – 12)式和(8 – 13)式所表示的条件称为**扰动不变性原则**或称为**扰动完全补偿**。前馈调节器 $G_F(s)$ 的输出加在什么位置以实际系统中可行和简单为原则,从控制原理上说关系不大,但从动作快慢说,显然加在执行器入口(虚线方式)要比加在反馈调节器入口快。

前馈 – 反馈的单回路系统中的反馈调节器 $G_R(s)$ 整定时，不需考虑前馈回路，可按单回路系统整定方法进行 $G_R(s)$ 的整定。因为前馈回路只影响调节过程的动态过程，不影响系统的瞬态响应特性。

如果像图 8 – 1 的系统中内扰和外扰都频繁而且幅度大，那么即可组成前馈 – 反馈串级系统，可用图 8 – 8 表示它的一般形式。

在这样的系统中，反馈部分主调节器 $G_{R1}(s)$ 和副调节器 $G_{R2}(s)$ 的参数整定时可不考虑前馈回路，按上面介绍的串级调节系统的整定方法确定。前馈调节器 $G_F(s)$ 可按扰动不变性或扰动完全补偿的原则确定。

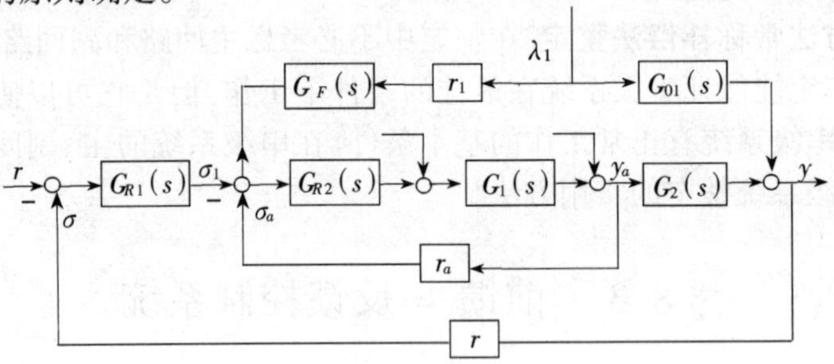

图 8 – 8　前馈 – 反馈串级系统框图

在实际生产过程中，引起被调量变化的外部扰动是很多的，不可能也没有必要对每个扰动都采用前馈控制改变调节过程的品质。实际上，只选择一些主要的而且是可以测量的外部扰动进行前馈控制，就可以大为改善调节过程的品质，完成控制任务。

采用了前馈控制后，可以极大地减少被调量的动态偏差，而被调量的最终控制精度由反馈回路实现，所以一般采用的前馈控制作用如果按扰动完全补偿的原则确定前馈控制器 $G_F(s)$ 会十分复杂，由于只要求前馈控制作用能起到快速消除外扰影响的作用，一般只用简单比例环节或一阶（一阶惯性或实际微分）环节，做到了既能显著减小被调量的动态偏差又易于实现。

前馈 – 反馈控制系统是工业过程的常用系统，它们都可以在单回路系统的分析与整定的基础上进行分析和整定，所以单回路系统的分析与整定是研究复杂系统的基础。

除了上面介绍的串级系统、前馈 – 反馈系统外，实际生产过程根据对象的特性及控制要求可以组成其它复杂控制系统，有关这方面的更详细的内容在自动控制系统课程中介绍。

§8.4　小　结

本章在单回路反馈系统的分析和整定基础上，介绍了常用的复杂控制系统及其整定方法。

对于单变量调节对象，串级调节系统和前馈 – 反馈调节系统可以看作是单回路反馈系统的改进。串级调节系统是在单回路反馈系统的基础上增加了一个导前信号和一个闭合回路（小回路）。导前信号的选择应尽可能比被调量提前反映较多扰动。从分析系统稳定性裕量的角度来看，串级调节系统相当于改善了调节对象动态特性后的单回路反馈系统。整定串级调节系统的基本方法是通过某些假定，把系统简化为某种单回路反馈系统的形式，然后按整定单回路反馈系统的方法来整定。在分析和整定时应区别情况，注意内、外回路间的相互影响。

在反馈调节系统中加入前馈信号是减少被调量动态偏差的一种有效方法。在前馈 - 反馈调节系统中，由于有反馈调节的存在，前馈装置的动态特性可以采用比较简单的形式；而有了主要扰动的前馈作用，就可以把反馈调节作用减慢以减少调节过程的波动。

习　题　8

8 - 1　某汽包锅炉的汽温串级系统框图如图 8 - 9 所示：

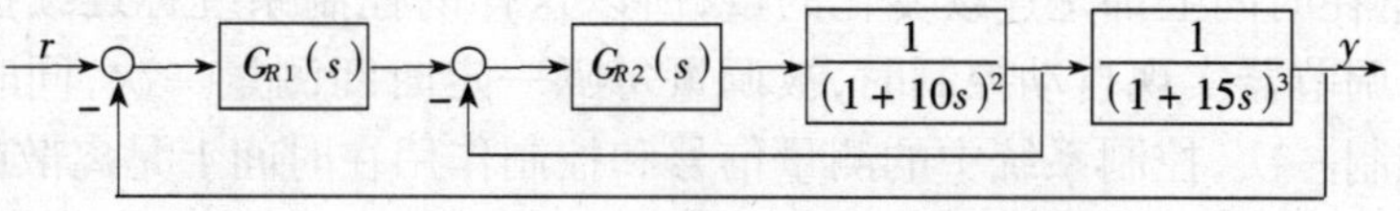

图 8 - 9　习题 8 - 1 系统框图

主调节器采用 PI 作用，副调节器采用 P 作用，使系统的输出 y 的瞬态响应 $\psi = 0.9$ 时，确定主副调节器的参数。

8 - 2　前馈 - 反馈系统如图 8 - 10 所示：

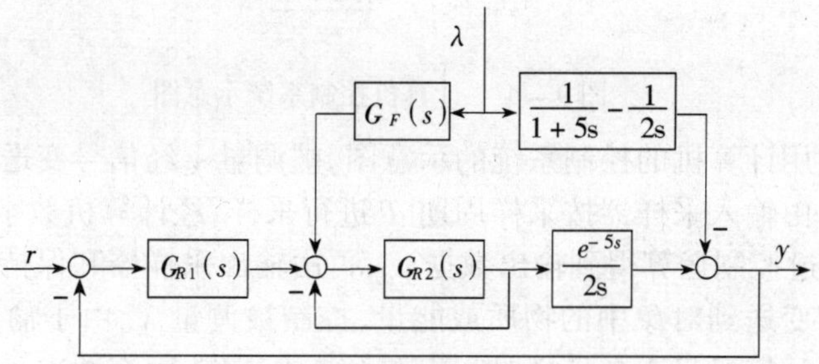

图 8 - 10　习题 8 - 2 图

说明系统的工作过程并说明确定主调节器 $G_{R1}(s)$、副调节器 $G_{R2}(s)$ 和前馈调节器 $G_F(s)$ 参数的方法。

第9章　线性采样控制系统

§9.1　概　　述

在用常规调节器实现对生产过程的自动控制时,控制系统中的所有变量都是时间的连续函数,这些变量在时间上都是连续变化的量,所以这样的控制系统称**连续控制系统**。当使用计算机或数字调节器实现自动控制时,被调量每隔一定时间测量一次,同时,每隔一定时间对调节对象控制一次,控制系统中的测量信号和控制作用在时间上是离散的,具有离散时间信号的控制系统称**采样控制系统**或**时间离散系统**。

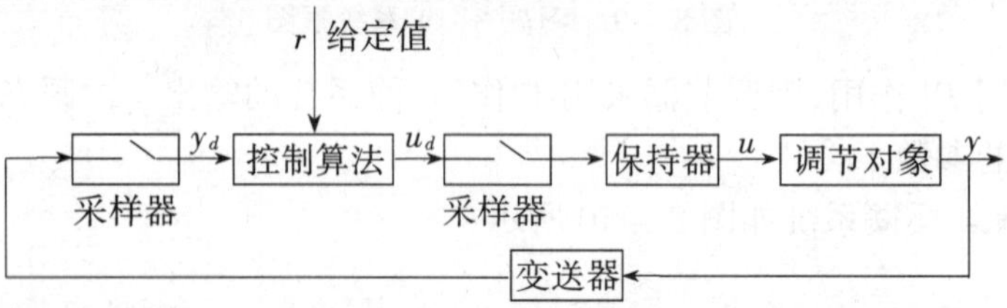

图 9－1　计算机控制系统示意图

图 9－1是应用计算机的控制系统的示意图。被调量 y 经信号变送器转换成可以远距离传输的电信号后,由输入采样器按采样周期 T 进行采样,经计算机数字化后得到数据 y_d,与给定值 r 比较,通过控制运算得到输出数据 u_d,再由输出采样器和保持器变换成时间连续信号 u(控制量),改变送到对象中的物质或能量,控制被调量 y。由于输入采样器和输出采样器同步工作,所以计算机只有在采样时间内在系统中工作,而在两次采样时刻间计算机不在这个系统中工作。

采样控制系统中既有时间连续信号又有时间离散信号,所以不能用连续系统中的拉氏变换和传递函数来表示和分析。

本章介绍线性采样控制系统的基本概念和分析方法。线性采样系统是指控制系统中所有环节都是线性的。采样过程中采样器的采样周期 T 相同(等速采样),每次采样经历的时间 Δt 远小于采样周期 $T(\Delta t \ll T)$。线性采样系统中,在采样瞬间系统中变量之间的关系可以用线性差分方程来表示(连续系统中用线性微分方程表示)。

§9.2　信号的采样与复现

一、信号的采样过程

时间连续信号 $f(t)$,经采样器采样后变成离散时间信号 $f_p^*(t)$,信号的采样过程可用图 9－2 表示。采样器实际上是一个采样开关,指挥采样开关动作的是开关信号,它只有两个位置，即开关闭合或开关打开，开关的动作周期就是采样周期 T，开关闭合的时间就是采样时间 $\Delta t(\Delta t \ll T)$。$f_p^*(t)$ 是实际得到的采样信号，$f^*(t)$ 是 $\Delta t \to 0$ 时理想采样器采样后得到的理想采样信号。

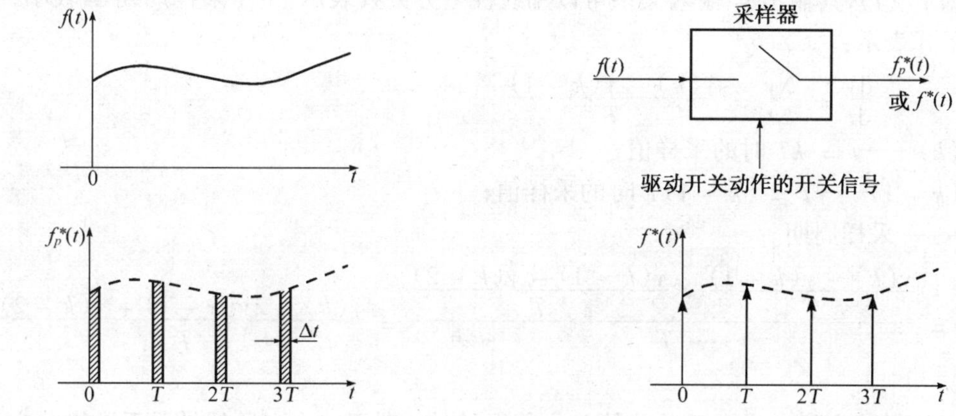

图 9－2　信号采样过程

显然，采样信号 $f^*(t)$ 或 $f_p^*(t)$ 中包含了连续信号 $f(t)$ 的信息，也包含了开关信号的信息，$f^*(t)$ 或 $f_p^*(t)$ 都具有周期函数的性质，即它们都以周期 T 出现。

从信号处理的角度看，采样过程可以看成是用开关信号对连续信号 $f(t)$ 进行调制的过程，被调制信号是 $f(t)$，调制信号是开关信号，调制后的信号是 $f^*(t)$。将一个非周期信号 $f(t)$ 用周期动作的开关信号调制后成了周期信号 $f^*(t)$。

为了分析采样过程，必须将采样过程用数学关系来描述。离散数字序列 $f^*(t)$ 可用下式表示：

$$f^*(t) = \sum_{k=0}^{\infty} f(kT)\delta(t - kT) \tag{9-1}$$

该式表示 $f^*(t)$ 是一个理想采样信号，是一个脉冲序列，在 $t = kT$ 时刻脉冲冲量为原来连续信号 $f(t)$ 的瞬态值 $f(kT)$。从信号调制的角度出发，$\delta(t - kT)$ 就是开关信号的表示形式，它是一系列周期为 T 的脉冲函数。由于信号只有在采样时刻被采样，所以(9－1)式还可写成：

$$\begin{aligned} f^*(t) &= \sum_{k=0}^{\infty} f(kT)\delta(t - kT) \\ &= f(t)\sum_{k=0}^{\infty} \delta(t - kT) = f(t)\delta_T(t) \end{aligned} \tag{9-2}$$

式中：$\delta_T(t) = \sum_{k=0}^{\infty} \delta(t - kT) = \delta(t) + \delta(t - T) + \delta(t - 2T) + \cdots + \delta(t - kT) + \cdots$

$\delta(t)$，$t = 0$ 时的单位脉冲；

$\delta(t - kT)$，$t = kT$ 时的单位脉冲。

$f^*(t)$ 是连续信号 $f(t)$ 经 $\delta_T(t)$ 调制后的结果，$f^*(t)$ 包含了 $f(t)$ 的信息，也包含了 $\delta_T(t)$ 的信息，$f^*(t)$ 是一个周期为 T 的函数。

二、线性差分方程

连续时间系统的输出 - 输入关系可以用线性微分方程表示，信号经过采样后得到的是采样数据 $f^*(t)$，其输出 - 输入关系可以用线性差分方程表示。由于采样周期 T 较小，所以可以用下式表示：

$$\frac{dy}{dt}=\frac{\Delta y}{\Delta t}=\frac{y(k)-y(k-1)}{T}$$

式中：$y(k)$——$t=kT$ 时的采样值；

$y(k-1)$——$t=(k-1)T$ 时的采样值；

T—— 采样周期。

$$\frac{d^2y}{dt^2}=\frac{\frac{y(k)-y(k-1)}{T}-\frac{y(k-1)-y(k-2)}{T}}{T}=\frac{y(k)-2y(k-1)+y(k-2)}{T^2}$$

$$\vdots$$

这样就可将微分方程变成向后差分的差分方程，例如，对于一个二阶线性常系数微分方程：

$$\frac{d^2y}{dt^2}+a_1\frac{dy}{dt}+a_0y=b_1\frac{du}{dt}+b_0u$$

用向后差分表示的差分方程为：

$$y(k)+\alpha_1y(k-1)+\alpha_0y(k-2)=\beta_1u(k)+\beta_0u(k-1)$$

显然，系数 α_1,α_0 和 β_1,β_0 都会与 a_1,a_0,b_1,b_0 及采样周期 T 有关，有：

$$\alpha_1=-\frac{2+a_1T}{1+a_1T+a_0T^2},\quad \alpha_0=\frac{1}{1+a_1T+a_0T^2};$$

$$\beta_1=\frac{b_1T+b_0T^2}{1+a_1T+a_0T^2},\qquad \beta_0=-\frac{b_1T}{1+a_1T+a_0T^2}。$$

三、离散信号 $f^*(t)$ 与连续信号 $f(t)$ 的关系

在信号的采样过程中已经说明了，离散信号 $f^*(t)$ 中既包含了 $f(t)$ 的信息，又包含了开关信号 $\delta_T(t)$ 的信息，如何使 $f^*(t)$ 中能包含连续信号 $f(t)$ 的全部信息呢？或如何再由 $f^*(t)$ 复现 $f(t)$ 呢？

为了分析连续时间信号 $f(t)$ 和离散时间信号 $f^*(t)$ 的关系，可以用傅氏级数或傅氏积分的方法，将 $f(t)$ 和 $f^*(t)$ 进行谐波分析。

连续函数 $f(t)$ 可以分解成各种不同频率的谐波成分，设 $f(t)$ 为非周期性函数，则 $f(t)$ 可以用傅氏积分表示成：

$$f(t)=\frac{1}{2\pi}\int_{-\infty}^{\infty}F(j\omega)e^{j\omega t}d\omega \tag{9-3}$$

$f(t)$ 的频率函数 $F(j\omega)$ 为：

$$F(j\omega)=\int_{-\infty}^{\infty}f(t)e^{-j\omega t}dt \tag{9-4}$$

$F(j\omega)$ 的模 $|F(j\omega)|$ 就是函数 $f(t)$ 各种频率成分的幅值。周期函数 $f^*(t)$ 也可以求出

它的频率函数 $F^*(j\omega)$:

$$F^*(j\omega) = \int_{-\infty}^{\infty} f(t)\delta_T(t)\mathrm{e}^{-j\omega t}\mathrm{d}t \tag{9-5}$$

为了对(9 - 5)式进行积分,可以先将采样开关信号 $\delta_T(t)$ 进行傅氏级数展开,由于 $\delta_T(t)$ 是周期 T 的函数,其傅氏级数展开式用复数形式表示为:

$$\delta_T(t) = \sum_{k=-\infty}^{\infty} c_k \mathrm{e}^{jk\omega_s t} \tag{9-6}$$

式中:ω_s—— 采样角频率 $\omega_s = \frac{2\pi}{T}$;

T—— 采样周期。

$$c_k = \frac{1}{T}\int_{-\frac{\pi}{2}}^{\frac{\pi}{2}} \delta_T(t)\mathrm{e}^{jk\omega_s t}\mathrm{d}t = \frac{1}{T} \tag{9-7}$$

所以:

$$\delta_T(t) = \frac{1}{T}\sum_{k=-\infty}^{\infty} \mathrm{e}^{jk\omega_s t} \tag{9-8}$$

(9 - 8)式表示,周期函数 $\delta_T(t)$ 是由无穷多个谐波频率为 $k\omega_s(k = -\infty \rightarrow \infty)$ 的谐波组成的。将(9 - 8)式代入到(9 - 5)式,可以得到:

$$\begin{aligned} F^*(j\omega) &= \int_{-\infty}^{\infty} f(t)\Big[\frac{1}{T}\sum_{k=-\infty}^{\infty} \mathrm{e}^{jk\omega_s t}\Big]\mathrm{e}^{-j\omega t}\mathrm{d}t \\ &= \frac{1}{T}\sum_{k=-\infty}^{\infty}\int_{-\infty}^{\infty} f(t)\mathrm{e}^{-j(\omega-k\omega_s)t}\mathrm{d}t \\ &= \frac{1}{T}\sum_{k=-\infty}^{\infty} F[j(\omega-k\omega_s)] \end{aligned} \tag{9-9}$$

式中:$F[j(\omega-k\omega_s)] = \int_{-\infty}^{\infty} f(t)\mathrm{e}^{-j(\omega-k\omega_s)t}\mathrm{d}t$

(9 - 9)式表示,离散信号 $f^*(t)$ 的频谱 $F^*(j\omega)$ 是由频率间隔为 ω_s 的无穷多个连续信号 $f(t)$ 的频谱缩小了 T 倍后迭加而成。离散信号 $f^*(t)$ 的频谱 $F^*(j\omega)$ 的模 $|F^*(j\omega)|$ 与连续信号 $f(t)$ 的频谱的模 $|F(j\omega)|$ 的关系可用图 9 - 3 表示。

如果连续信号 $f(t)$ 的截止频率为 $\pm\omega_c$,它表示 $f(t)$ 中 $\omega > \omega_c$ 和 $\omega < -\omega_c$ 时的频谱已为零,在 $-\omega_c \sim +\omega_c$ 之间的频谱可用图 9 - 3a 表示。当 $\omega_s > 2\omega_c$ 时,离散信号 $f^*(t)$ 的频谱 $|F^*(j\omega)|$ 只是将 $|F(j\omega)|$ 放大 $\frac{1}{T}$ 倍,每隔一个 ω_s 就周期性地出现一次,没有频谱的重迭,如图 9 - 3b 表示。当 $\omega_s < 2\omega_c$ 时,出现了频谱的重迭,如图 9 - 3c 所示。

四、滤波器

由离散信号 $f^*(t)$ 中复现连续信号 $f(t)$ 是由滤波器来实现的,从信号处理角度看,滤波器就是解调器。从离散信号 $f^*(t)$ 的频谱可见,如果有一个低通滤波器,它能将高频信号

都滤掉,就有可能只留下与 $f(t)$ 的频谱 $|F(j\omega)|$ 有关的信号。

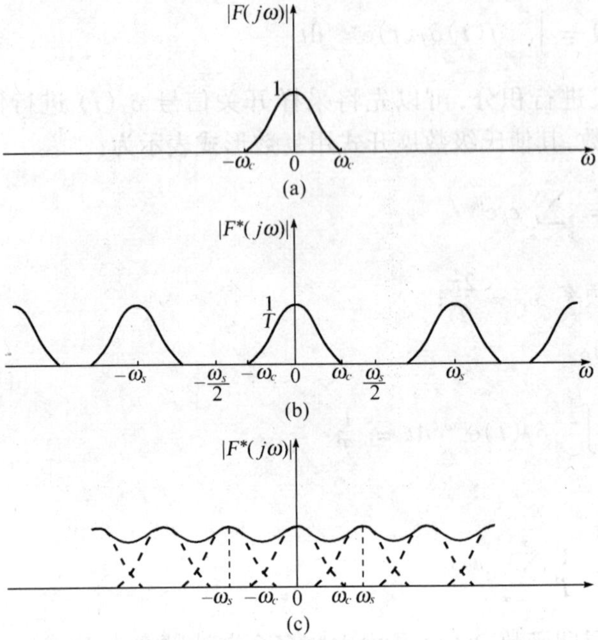

图 9-3　$f(t)$ 和 $f^*(t)$ 的频谱

如果滤波器具有如图 9-4 所示的幅频特性,即在 $-\frac{\omega_s}{2}<\omega<\frac{\omega_s}{2}$ 时,振幅比为 T,而在 $\omega<-\frac{\omega_s}{2}$ 和 $\omega>\frac{\omega_s}{2}$ 时,振幅比为零。具有这样特性的滤波器称**理想滤波器**。$|F^*(j\omega)|$ 中的高频成分都滤掉了,只留下与 $|F(j\omega)|$ 有关的部分。显然,要使滤波器的输出只包含 $|F(j\omega)|$,它的条件就是 $\omega_s>2\omega_c$,即 $|F^*(j\omega)|$ 中不出现频谱迭加。

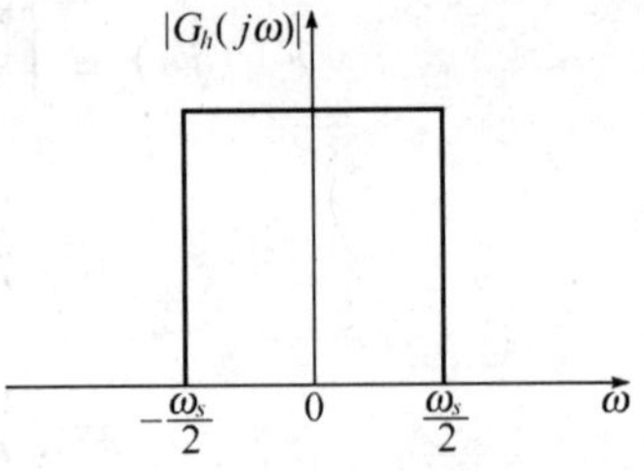

图 9-4　滤波器的幅频特性

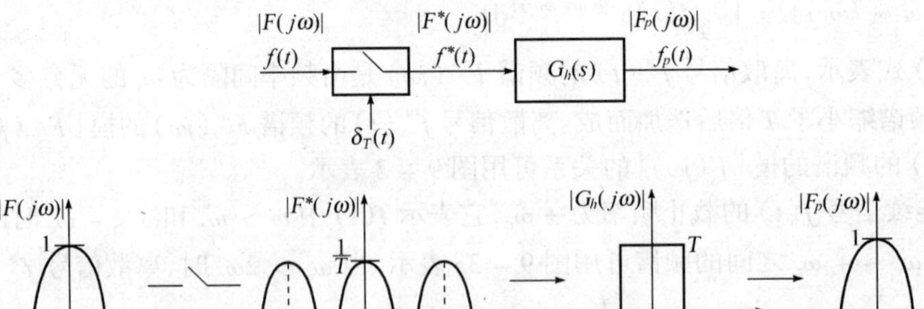

图 9-5　信号采样与复现过程

五、采样定理

上面讨论了由连续信号 $f(t)$ 经过采样得到离散信号 $f^*(t)$,分析了 $f(t)$ 和 $f^*(t)$ 的频谱关系，同时也讨论了由 $f^*(t)$ 通过滤波器得到连续信号 $f_p(t)$，要使 $f_p(t) = f(t)$，也就是完全复现 $f(t)$ 是有条件的。这就是由香农提出的**采样定理**，可以归纳为：

如果连续信号 $f(t)$ 是由不同频率的谐波组成，各次谐波中最高频率为 ω_c，则它被采样成离散信号 $f^*(t)$ 时，只要选择采样频率 $\omega_s \geqslant 2\omega_c$ 或采样周期 $T \leqslant \frac{1}{2}\frac{2\pi}{\omega_c}$，就有可能从 $f^*(t)$ 中完全复现 $f(t)$。也就是说离散信号 $f^*(t)$ 中包含了连续信号 $f(t)$ 的全部信息。

采样定理只为选择采样频率（或周期）提供了依据，但是，如果采样频率 $\omega_s = 2\omega_c$，那么只有在理想的假定条件下，才能由 $f^*(t)$ 复现 $f(t)$，这些条件是：

(1) 理想采样器：即采样开关的闭合时间 $\Delta t \to 0$，$f^*(t)$ 为(9－1)式理想脉冲序列；

(2) 理想滤波器：$-\frac{\omega_s}{2} < \omega < \frac{\omega_s}{2}$ 时的谐波都能通过，$\omega < -\frac{\omega_s}{2}$ 和 $\omega > \frac{\omega_s}{2}$ 时的谐波完全不能通过；

(3) $f(t)$ 的截止频率为 $\pm\omega_c$。

这些条件在实际中是很难满足的，所以应使 $\omega_s \gg 2\omega_c$，在采样控制系统中，采样频率约为 ω_c 的 20 倍，即：$\omega_s \geqslant 20\omega_c$ (9－10)

采样周期 $T \leqslant \frac{\pi}{10\omega_c}$ (9－11)

六、保持器

如果将离散信号 $f^*(t)$ 变成连续信号 $f_p(t)$，前面讨论了可由滤波器实现，当滤波器为理想滤波器，且采样频率 ω_s 满足采样要求时，可以实现 $f_p(t) = f(t)$。采样器的输出 $f^*(t)$ 只是在采样瞬时才有数值，而在两次采样间则为零。保持器是滤波器的一种，就是将 $f^*(t)$ 变成连续信号 $f_p(t)$。它的特点是：在采样瞬间 $f_p(t)$ 的值等于 $f^*(t)$ 冲量值即 $f(kT)$，而在两次采样之间保持为某一时间函数。其框图可用图 9－6 表示，所以：

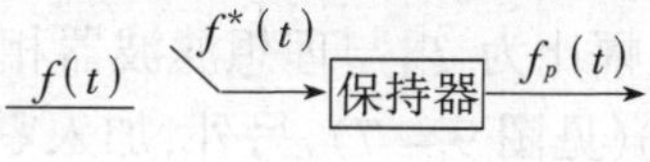

图 9－6　保持器框图

保持器就是滤波器或解调器，希望能使 $f_p(t)$ 尽可能复现 $f(t)$。但是在结构上又不太复杂。最简单且最常用的保持器是**零阶保持器**，它的特性是可以将每次采样瞬间的值保持到下一次采样瞬间。零阶保持器的输入 $f^*(t)$ 和输出 $f_p(t)$ 的关系可用图 9－7 表示。零阶保持器的传递函数可以从它的脉冲响应求出。

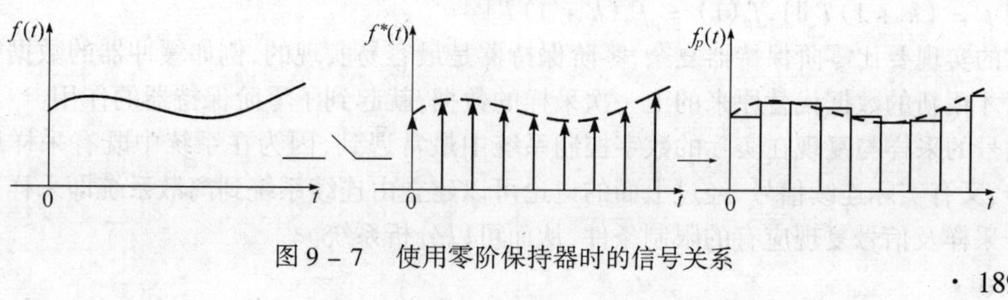

图 9－7　使用零阶保持器时的信号关系

当输入为单位脉冲时，零阶保持器的输出为：

$$g_h(t) = 1(t) - 1(t - T) \tag{9-12}$$

也就是在 $t = 0$ 时的正向单位阶跃函数和在 $t = T$ 时的负向单位阶跃函数。这样，

$$G_h(s) = \frac{1 - e^{-TS}}{s} \tag{9-13}$$

它的频率特性为：

$$G_h(j\omega) = \frac{1 - e^{-j\omega T}}{j\omega} = \frac{2}{\omega} \cdot \frac{e^{-j\frac{\omega T}{2}}(e^{j\frac{\omega T}{2}} - e^{-j\frac{\omega T}{2}})}{2j} \tag{9-14}$$

由于 $\sin\frac{\omega T}{2} = \frac{e^{j\frac{\omega T}{2}} - e^{-j\frac{\omega T}{2}}}{2j}$，所以：

$$G_h(j\omega) = \frac{T\sin\frac{\omega T}{2}}{\frac{\omega T}{2}} e^{-j\frac{\omega T}{2}} \tag{9-15}$$

根据(9－15)可以画出零阶保持器的幅频特性和相频特性图如图 9－8 所示。

图 9－8　零阶保持器的幅频特性和相频特性

幅频特性图中，虚线表示的是理想滤波器的幅频特性，两者比较可见，零阶保持器是一个低通滤波器，在 $\omega = 0$ 时的振幅比为 T，与理想滤波器相同，随着 ω 的增大，振幅比变小，但是它无法实现使 $f_p(t) = f(t)$（见图 9－7），另外，加入零阶保持器后相位会产生滞后，频率 ω 增大，相位滞后加大。因此，对一个原先稳定的连续系统，在改变成采样系统，即加入采样器和零阶保持器后，如不改变系统的开环放大倍数，会降低系统的稳定性裕量，甚至会出现不稳定。

除了零阶保持器外，还可以选择在两次采样瞬间的数值是两次采样瞬间值的线性函数的一阶保持器，其特性为：

当 $t = kT$ 时，$f_p(t) = f(kT)$；

当 $kT < t < (k+1)T$ 时，$f_p(t) = f(kT) + \frac{f[(k+1)T] - f(kT)}{T}(t - kT)$；

当 $t = (k+1)T$ 时，$f_p(t) = f[(k+1)T]$。

它的实现要比零阶保持器复杂，零阶保持器是最容易实现的，例如缓冲器的数据就是在采样后才用新的数据代替原来的上一次采样的数据，就起到了零阶保持器的作用。

信号的采样与复现在实际的数字控制系统中最常遇到，因为在系统中既有采样后的离散信号，又有实际连续信号，经过上面的讨论可以建立由连续系统到离散系统即采样系统时对信号采样及信号复现应有的限制条件，从而可以分析系统。

§9.3 z 变换方法

对于连续的线性系统,可以应用拉普拉斯变换和传递函数的方法进行系统分析。但是当系统中有了采样器后,要研究系统中各变量之间的关系,如果直接进行拉普拉斯变换,得到的结果使用时就不方便,必须稍加改变,这就是这里要介绍的 z 变换方法。

一、函数的 z 变换

连续信号经过采样器采样后得到了采样信号 $f^*(t)$,且

$$f^*(t) = \sum_{n=0}^{\infty} f(nT)\delta(t-nT)$$

对上式进行拉普拉斯变换:

$$\begin{aligned} F^*(s) &= L[f^*(t)] = L\left[\sum_{n=0}^{\infty} f(nT)\delta(t-nT)\right] \\ &= L[f(0)\delta(t) + f(T)\delta(t-T) + \cdots] \\ &= f(0) + f(T)e^{-Ts} + f(2T)e^{-2Ts} + \cdots \\ &= \sum_{n=0}^{\infty} f(nT)e^{-nTs} \end{aligned} \tag{9-16}$$

该式表示离散信号 $f^*(t)$ 的拉普拉斯变换式 $F^*(s)$ 是一个关于 s 的超越函数,这对进一步运算就很不方便,为了便于运算,令

$$e^{Ts} = z \tag{9-17}$$

$$s = \frac{1}{T}\ln z$$

于是,(9 – 16) 式可以写成:

$$F(z) = F^*\left(\frac{1}{T}\ln z\right) = \sum_{n=0}^{\infty} f(nT)z^{-n} \tag{9-18}$$

这就是一个关于 z 的代数多项式,定义它为函数 $f(t)$ 或 $f^*(t)$ 的 z **变换表达式**,即:

$$Z[f(t)] = Z[f^*(t)] = F(z) = \sum_{n=0}^{\infty} f(nT)z^{-n} \tag{9-19}$$

从本质上说,$F(z)$ 也是拉普拉斯变换,只是为了运算方便在形式上稍加改变。函数 $f(t)$ 的 z 变换就是用(9 – 19) 式的定义来求出的。

例 9 – 1 求下列函数的 z 变换。

1. 单位阶跃函数 $1(t)$ 的 z 变换。

解:单位阶跃函数 $1(t) = \begin{cases} 1 & t \geqslant 0 \\ 0 & t < 0 \end{cases}$

$$F(z) = Z[1(t)] = \sum_{n=0}^{\infty} z^{-n} = \frac{1}{1-z^{-1}} = \frac{z}{z-1}$$

2. 单位斜坡函数 $f(t) = t$ 的 z 变换。

解:$F(z) = Z[t] = \sum_{n=0}^{\infty} nTz^{-n}$

$$= Tz^{-1} + 2Tz^{-2} + \cdots + nTz^{-n} + \cdots = \frac{Tz}{(z-1)^2}$$

3. 指数函数 $f(t) = e^{-at}$ 的 z 变换。

解:$F(z) = Z[e^{-at}] = \sum_{n=0}^{\infty} e^{-anT} \cdot z^{-n}$

$$= 1 + e^{-aT}z^{-1} + e^{-2aT}z^{-2} + \cdots$$

$$= \frac{1}{1 - e^{-aT}z^{-1}} = \frac{z}{z - e^{-aT}}$$

4. 正弦函数 $f(t) = \sin\omega t$ 的 z 变换。

解:由于$\sin\omega t = \frac{1}{2j}(e^{j\omega t} - e^{-j\omega t})$

$$\cos\omega t = \frac{1}{2}(e^{j\omega t} + e^{-j\omega t})$$

利用上面得到的指数函数的 z 变换表达式,可得:

$$F(z) = Z[\sin\omega t] = Z\left[\frac{1}{2j}(e^{j\omega t} - e^{-j\omega t})\right]$$

$$= \frac{1}{2j}z[e^{j\omega t}] - \frac{1}{2j}z[e^{-j\omega t}]$$

$$= \frac{1}{2j}\left[\frac{z}{z - e^{j\omega T}} - \frac{z}{z - e^{-j\omega T}}\right]$$

$$= \frac{1}{2j} \frac{z(e^{j\omega T} - e^{-j\omega T})}{z^2 - z(e^{j\omega T} + e^{-j\omega T}) + 1}$$

$$= \frac{z\sin\omega T}{z^2 - 2z\cos\omega T + 1}$$

5. 拉普拉斯变换表达式的 z 变换。

解:由 $F(s)$ 求 $F(z)$,可以由 $F(s)$ 用部分分式展开查表的方法求出 $f(t)$,再按定义求 $F(z)$,例如:

$$F(s) = \frac{1}{s^2(s+1)} = \frac{1}{s^2} - \frac{1}{s} + \frac{1}{s+1}$$

$$f(t) = L^{-1}[F(s)] = t - 1 + e^{-t}$$

按前面的几个例子,可得 $F(z) = \frac{Tz}{(z-1)^2} - \frac{z}{z-1} + \frac{z}{z - e^{-T}}$。

由于经常要用到 z 变换,所以表 9-1 给出了工程上常见函数的 $F(s)$、$F(z)$ 对照表,从表中可以看出,$F(s) \Leftrightarrow F(z)$ 成一一对应关系,但是 $f(t)$ 与 $F(z)$ 就不能一一对应,对同一个 $f(t)$,$F(z)$ 的表达式中会出现采样周期 T,不同 T 时的 $F(z)$ 也不同。

二、z 反变换

由 z 变换式 $F(z)$ 求时间函数 $f(t)$,称为 z **反变换**。由于凡是在各采样瞬时数值相同的时

间函数的 z 变换式完全相同，因此由 z 反变换求得的时间函数 $f(t)$，只反映 $f(t)$ 在采样瞬时的数值，它是离散的数列 $f(nT)(n=0,1,2\cdots)$，而不是连续的时间函数。

表 9－1　工程上常见函数的 $F(s)$、$F(z)$ 对照表

序号	$F(s)$	$f(t)$ 或 $f(nT)$	$F(z)$
1	1	$\delta(t)$	1
2	e^{-nTs}	$\delta(t-nT)$	z^{-n}
3	$\dfrac{1}{s}$	$1(t)$	$\dfrac{z}{z-1}$
4	$\dfrac{1}{s^2}$	t	$\dfrac{Tz}{(z-1)^2}$
5	$\dfrac{1}{s^3}$	$\dfrac{t^2}{2}$	$\dfrac{T^2z(z+1)}{2(z-1)^3}$
6	$\dfrac{1}{s+a}$	e^{-at}	$\dfrac{z}{z-e^{-aT}}$
7	$\dfrac{1}{(s+a)^2}$	te^{-at}	$\dfrac{Tze^{-aT}}{(z-e^{-aT})^2}$
8	$\dfrac{a}{s(s+a)}$	$1-e^{-at}$	$\dfrac{(1-e^{-aT})z}{(z-1)(z-e^{-aT})}$
9	$\dfrac{a}{s^2(s+a)}$	$\dfrac{1}{a}(at-1+e^{-at})$	$\dfrac{Tz}{(z-1)^2}-\dfrac{(1-e^{-aT})z}{a(z-1)(z-e^{-aT})}$
10	$\dfrac{\omega}{S^2+\omega^2}$	$\sin\omega t$	$\dfrac{z\sin\omega T}{z^2-2z\cos\omega T+1}$
11	$\dfrac{s}{s^2+\omega^2}$	$\cos\omega t$	$\dfrac{z(z-\cos\omega T)}{z^2-2z\cos\omega T+1}$
12	$\dfrac{\omega}{(s+a)^2+\omega^2}$	$e^{-at}\sin\omega t$	$\dfrac{ze^{-aT}\sin\omega T}{z^2-2ze^{-aT}\cos\omega T+e^{-2aT}}$
13	$\dfrac{s+a}{(s+a)^2+\omega^2}$	$e^{-at}\cos\omega t$	$\dfrac{z^2-ze^{-aT}\cos\omega T}{z^2-2ze^{-aT}\cos\omega T+e^{-2aT}}$
14		$a^{\frac{t}{T}}(=a^n)$	$\dfrac{z}{z-a}$

z 反变换通常采用以下三种方法：

1. 将 $F(z)$ 展开为部分分式

把 z 变换式 $F(z)$ 展开为部分分式，然后查 z 变换表，求出各项 z 反变换。这个方法和拉普拉斯反变换中常用的方法相类似。

例 9－2　设 $F(z)=\dfrac{z}{(z-1)(z-2)}$，求 $n=0,1,2\cdots$ 时，$f(nT)$ 的数值。

解：将 $F(z)$ 展开为部分分式：

$$F(z)=\frac{z}{(z-1)(z-2)}=\frac{-z}{z-1}+\frac{z}{z-2}$$

查 z 变换表：$z^{-1}\left[\dfrac{z}{z-1}\right]=1,z^{-1}\left[\dfrac{z}{z-2}\right]=2^n$

因此，$f(nT)=-1+2^n$

即：$f(0)=0, f(T)=1, f(2T)=3, f(3T)=7, f(4T)=15, f(5T)=31, \cdots$

2. 将 $F(z)$ 展开为幂级数

把 z 变换式 $F(z)$ 展开为 z^{-1} 的幂级数，可以由 $F(z)$ 的分子被分母长除得到，故常称为**长除法**。由于

$$F(z)=\sum_{n=0}^{\infty} f(nT)z^{-n}=f(0)+f(T)z^{-1}+f(2T)z^{-2}+f(3T)z^{-3}+\cdots$$

式中，z^{-n} 项的系数 $f(nT)$ 就是 $t=nT$ 采样瞬时 $f(t)$ 的数值。因此，把 $F(z)$ 展开为 z^{-1} 的幂级数后，就可以由 $z^{-n}(n=0,1,2\cdots)$ 的系数直接写出 $f(t)$ 在各采样瞬时的数值。

例 9－3　设 $F(z)=\dfrac{z}{(z-1)(z-2)}$，求 $n=0,1,2\cdots$ 时，$f(nT)$ 的数值。

解：用长除法把 $F(z)$ 展开：

$$F(z)=\frac{z}{(z-1)(z-2)}=\frac{z}{z^2-3z+2}$$
$$=0+z^{-1}+3z^{-2}+7z^{-3}+15z^{=4}+31z^{-5}+\cdots$$

由此可以得出：

$$f(0)=0, f(T)=1, f(2T)=3, f(3T)=7, f(4T)=15, f(5T)=31, \cdots$$

结果与例 9－2 完全相同。

很多时间函数的 z 变换式其分子和分母都是 z（或 z^{-1}）的多项式，而通常又只希望知道时间函数 $f(t)$ 的前面若干有限项的采样值，因此长除法是较为实用的一种求 z 反变换的方法。

3. 用反演积分求 $F(z)$ 的 z 反变换

在拉普拉斯变换法中，拉普拉斯反变换可用公式：

$$f(t)=\frac{1}{2\pi j}\int_{c-j\infty}^{c+j\infty} F(s)e^{st}ds$$

z 反变换的公式与之类似，反演积分公式为：

$$f(nT)=z^{-1}[F(z)]=\frac{1}{2\pi j}\oint F(z)z^{n-1}dz \tag{9－20}$$

其积分路线包围 $F(z)$ 的所有极点。这个反演积分通常可以通过求 $F(z)z^{n-1}$ 在 $F(z)$ 的极点上的留数得到（参考复变函数相关知识），即：

$$f(nT)=\sum[F(z)z^{n-1}\text{ 在 }F(z)\text{ 的极点上的留数}] \tag{9－21}$$

例 9－4　设 $F(z)=\dfrac{z}{(z-1)(z-2)}$，通过求 $F(z)z^{n-1}$ 在 $F(z)$ 的极点上的留数的方法求 $f(nT)$ 的数值。

解：由于

$$F(z)z^{n-1}=\frac{z^n}{(z-1)(z-2)}=\frac{-z^n}{z-1}+\frac{z^n}{z-2}$$

$\dfrac{-z^n}{z-1}$ 在极点 $z=1$ 上的留数 $=(-z^n)_{z=1}=-1$；

$\frac{z^n}{z-2}$ 在极点 $z = 2$ 上的留数 $= (z^n)_{z=2} = 2^n$；

所以 $f(nT) = -1 + 2^n$。

与例 9－2 的结果完全相同。

实际计算中应用最多的 z 反变换方法是长除法，即把 $F(z)$ 展开为 z^{-1} 的幂级数的方法，很少用反演积分来求 z 反变换。

z 变换法不仅可以用于离散系统，也可用来获得连续系统的近似数值解，下面举一个这种应用的例子。

例 9－5　反馈系统如图 9－9 所示，求单位阶跃输入时输出 $y(t)$ 的数值解（选用适当的采样周期，以各采样瞬时的数值来表示）。

解：系统的传递函数为：

$$G(s) = \frac{Y(s)}{R(s)} = \frac{50}{s^2 + 5s + 50} = \frac{50}{(s + 2.5)^2 + 43.75}$$

$$= \frac{50}{(s + 2.5)^2 + 6.6^2}$$

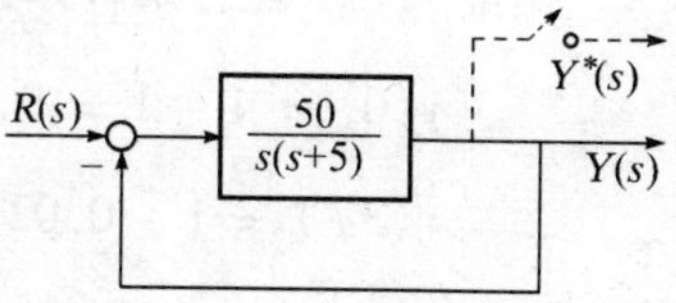

图 9－9　例 9－5 的系统框图

单位阶跃输入时，$R(s) = \frac{1}{s}$，则：

$$Y(s) = G(s)\frac{1}{s} = \frac{50}{(s + 2.5)^2 + 6.6^2} \cdot \frac{1}{s}$$

$$= \frac{1}{s} - \frac{s + 5}{(s + 2.5)^2 + 6.6^2}$$

$$= \frac{1}{s} - \frac{s + 2.5}{(s + 2.5)^2 + 6.6^2} - 0.379 \times \frac{6.6}{(s + 2.5)^2 + 6.6^2}$$

查表 9－1 得，

$$Y(z) = \frac{z}{z - 1} - \frac{z^2 - ze^{-2.5T}\cos 6.6T}{z^2 - 2ze^{-2.5T}\cos 6.6T + e^{-5T}}$$

$$- 0.379\frac{ze^{-2.5T}\sin 6.6T}{z^2 - 2ze^{-2.5T}\cos 6.6T + e^{-5T}}$$

$$= \frac{z}{z - 1} - \frac{z^2 - ze^{-2.5T}\cos 6.6T + 0.379ze^{-2.5T}\sin 6.6T}{z^2 - 2ze^{-2.5T}\cos 6.6T + e^{-5T}}$$

为了进行下一步计算，需选择采样周期 T 的具体数值。从系统的传递函数中已经知道，系统的不衰减振荡频率 $\omega_0 = 6.6(\mathrm{rad/s})$，实际衰减振荡频率 ω 也接近于 ω_0（比 ω_0 略低）。为使采样瞬时的各点数值连接起来就能相当准确地表示出连续信号 $y(t)$，通常可在 $y(t)$ 的每一振荡周期采样 10 次，即采样周期 T 为：

$$T \approx \frac{1}{10}\frac{2\pi}{\omega_0} = \frac{2\pi}{10 \times 6.6} = 0.095(\mathrm{s})$$

取 $T = 0.1$，代入 $Y(z)$ 式中，得：

$$Y(z) = \frac{z}{z-1} - \frac{z^2 - ze^{=0.25}\cos 0.66 + 0.379ze^{-0.25}\sin 0.66}{z^2 - 2ze^{-0.25}\cos 0.66 + e^{-0.5}}$$

$$= \frac{z}{z-1} - \frac{z^2 - 0.435z}{z^2 - 1.23z + 0.607}$$

对上式求 z 反变换时，等号右边第一项的时间响应为 1，因此只要把等号右边第二项用长除法展开为 z^{-1} 的幂级数：

$$\frac{z^2 - 0.435z}{z^2 - 1.23z + 0.607} = 1 + 0.795z^{-1} + 0.371z^{-2} - 0.027z^{-3}$$
$$- 0.258z^{-4} - 0.301z^{-5} - 0.213z^{-6} - 0.079z^{-7} + 0.032z^{-8}$$
$$+ 0.087z^{-9} + 0.088z^{-10} + 0.055z^{-11} + 0.015z^{-12} - 0.015z^{-13}$$
$$- 0.027z^{-14} - 0.024z^{-15} - 0.014z^{-16} + 0z^{-17} + 0.01z^{-18} + \cdots$$

据此，$y(t)$ 在各采样瞬时的数值可求出为：

$y(0) = 1 - 1 = 0, y(T) = 1 - 0.795 = 0.205, y(2T) = 1 - 0.371 = 0.629,$

$y(3T) = 1 + 0.027 = 1.027, y(4T) = 1 + 0.258 = 1.258,$

$y(5T) = 1 + 0.301 = 1.301, y(6T) = 1.213, y(7T) = 1.079$

$y(8T) = 0.968, y(9T) = 0.913, y(10T) = 0.912, y(11T) = 0.945$

$y(12T) = 0.985, y(13T) = 1.015, y(14T) = 1.027, y(15T) = 1.024$

$y(16T) = 1.014, y(17T) = 1, y(18T) = 0.99, \cdots\cdots (T = 0.1)$

根据以上各点数值，$y(t)$ 的形状如图 9 - 10 所示。

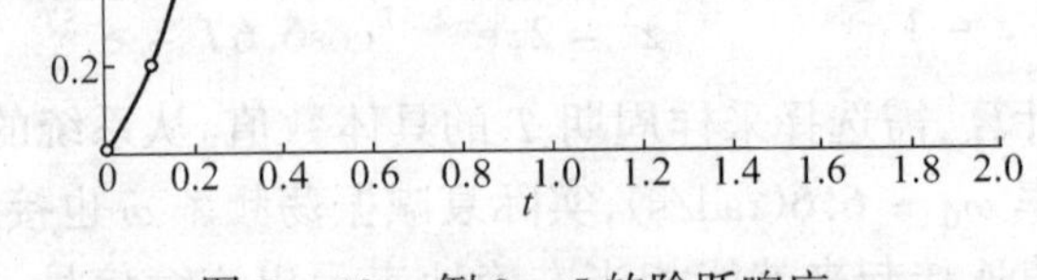

图 9 - 10　例 9 - 5 的阶跃响应

这个例子介绍了 z 变换的一种应用，用 z 变换法得出连续系统时间响应的近似解。这个例子完全可以用拉普拉斯反变换来直接求出输出的阶跃响应，但是要获得阶跃响应的数值解，则应用 z 变换法比较方便。

三、z 变换的某些性质

1. 线性性质

设　$z[f_1(t)] = F_1(z), z[f_2(t)] = F_2(z)$

则　$z[af_1(t) + bf_2(t)] = aF_1(z) + bF_2(z)$　　(9 - 22)

式中：a, b 为常数。

2. 平移定理

设　$z[f(nT)] = F(z)$

则　$z\{f[(n+1)T]\} = zF(z) - zf(0)$　　(9 - 23)

式中：$f[(n+1)T]$ 为比 $f(nT)$ 提前一个采样周期的函数。

3. 初值定理

设　$z[f(t)] = F(z)$

则　$f(t)\Big|_{t=0} = \lim_{z \to \infty} F(z)$　　(9 - 24)

利用(9 - 24)式，就可以从 $f(t)$ 的 z 变换式求出 $t = 0$ 时 $f(t)$ 的数值。

4. 终值定理

设　$z[f(t)] = F(z)$

则　$f(t)\Big|_{t \to \infty} = \lim_{z \to 1} (z-1)F(z)$　　(9 - 25)

利用(9 - 25)式，就可以从 $f(t)$ 的 z 变换式求出 $t \to \infty$ 时 $f(t)$ 的数值。

5. 叠加变换

叠加变换为求 $f(nT)$ 从 $n = 0$ 到 $n = k$ 的各次采样值之和 $\sum_{n=0}^{k} f(nT)$ 的 z 变换。

设　$z[f(kT)] = F(z)$

则　$z\left[\sum_{n=0}^{k} f(nT)\right] = \frac{z}{z-1} F(z)$　　(9 - 26)

6. 卷积定理

设　$F_1(z) = z[f_1(nT)], F_2(z) = z[f_2(nT)]$

则　$z^{-1}[F_1(z)F_2(z)] = \sum_{m=0}^{\infty} f_2(mT) f_1[(n-m)T]$　　(9 - 27)

上式是 z 变换法中的卷积和公式，它和拉普拉斯变换中的卷积积分公式相似。

z 变换运算中常用到的一些公式见表 9 - 2。

表 9 - 2　z 变换的性质

序号	$f(nT)$[或 $f(n)$]	$F(z)$
1	$af_1(t) + bf_2(t)$	$aF_1(z) + bF_2(z)$
2	$f(n+1)$	$zF(z) - zf(0)$
3	$f(n+2)$	$z^2F(z) - z^2f(0) - zf(1)$
4	$f(n+3)$	$z^3F(z) - z^3f(0) - z^2f(1) - zf(2)$

续表 9 - 2

序号	$f(nT)$[或 $f(n)$]	$F(z)$
5	$f(n+m) \quad m \geqslant 0$	$z^m F(z) - z^m f(0) - z^{m-1} f(1) - \cdots - zf(m-1)$
6	$f(n-m) \quad m \geqslant 0$ 当 $n < m$ 时, $f(n-m) = 0$	$z^{-m} F(z)$
7	$\Delta f(n) = f(n+1) - f(n)$	$(z-1)F(z) - zf(0)$
8	$nf(n)$ [即 $\frac{t}{T}f(t)$]*	$-z\frac{\mathrm{d}}{\mathrm{d}z}F(z)$
9	$\frac{1}{n}f(n)$ [即 $\frac{T}{t}f(t)$]	$-\int \frac{F(z)}{z}\mathrm{d}z$
10	$a^n f(n)$ [即 $a^{\frac{t}{T}} f(t)$]	$F(\frac{z}{a})$
11	$\sum_{n=0}^{k} f(n)$	$\frac{z}{z-1}F(z)$
12	$\sum_{m=0}^{n} f_2(m) f_1(n-m)$	$F_1(z) F_2(z)$
13	$f(0) = \lim_{z \to \infty} F(z)$	
14	$f(\infty) = \lim_{z \to 1} (z-1) F(z)$	

四、z 平面和 s 平面

在用拉普拉斯变换和传递函数分析连续系统时,可以在复平面 s 上研究系统的性质(例如,根据系统特征方程的根在 s 平面上的分布,或根据系统开环时零点、极点在 s 平面上的分布),同样,在用 z 变换分析有采样器的系统时,也可以在复平面 z 上研究采样系统的性质。这里从 z 变换和拉普拉斯变换的关系出发,介绍 z 平面和 s 平面间的对应关系。

由于 $z = e^{Ts}$,如果 s 平面上的点:$s = \alpha + j\omega$ 那么,$z = e^{T\alpha} e^{j\omega T}$。即

$$|z| = e^{T\alpha}, \angle z = \omega T \tag{9-28}$$

由(9 - 28)式可以得出:

当 $\alpha = 0$ 时,$|z| = 1, \angle z = \omega T$;

当 $\alpha < 0$ 时,$|z| < 1, \angle z = \omega T$;

当 $\alpha > 0$ 时,$|z| > 1, \angle z = \omega T$。

也就是说,在 s 平面虚轴上的点,映射到 z 平面单位圆上(圆心在原点,半径为 1 的圆);在 s 平面虚轴左边的点,映射到 z 平面单位圆内;在 s 平面虚轴右边的点,映射到 z 平面单位圆外。

所以,z 平面上的单位圆,相应于 s 平面上的虚轴。但要注意,因为 $\angle z = \omega T$,而 s 平面整个虚轴为 $s = j\omega$,ω 从 $-\infty \to +\infty$,它在 z 平面上的映射是无穷多个重合的单位圆。当 s 平面虚轴上的点从 $-\frac{\pi}{T}$ 移动到 $\frac{\pi}{T}$ 时,z 平面上的相应点沿单位圆从 $-\pi$ 反时针方向旋转一周到 π,也就是说 s 平面虚轴上 $s = -j\frac{\pi}{T}$ 至 $s = j\frac{\pi}{T}$ 这一段映射在 z 平面上,已是一个完整的

单位圆。z 平面和 s 平面的对应关系如图 9 - 11 所示。

由图也可看出：在 s 平面上 $s=-j\frac{\pi}{T}$ 和 $s=j\frac{\pi}{T}$ 两根水平线之间的区域，映射到 z 平面上就是整个 z 平面，而且在 s 平面上每相隔 $\frac{2\pi}{T}$ 水平距离的区域(例如，水平线 $j\frac{\pi}{T}$ 至 $j\frac{3\pi}{T}$，$j\frac{3\pi}{T}$ 至 $j\frac{5\pi}{T}$，$-j\frac{\pi}{T}$ 至 $-j\frac{3\pi}{T}\cdots$) 都映射成整个 z 平面了。

根据以上讨论已经可看出在 z 平面上分析采样调节系统的可能性。例如，一个稳定的系统，它的极点必须全部都在 s 平面虚轴的左边，而在 z 平面上就必须全部在单位圆之内。

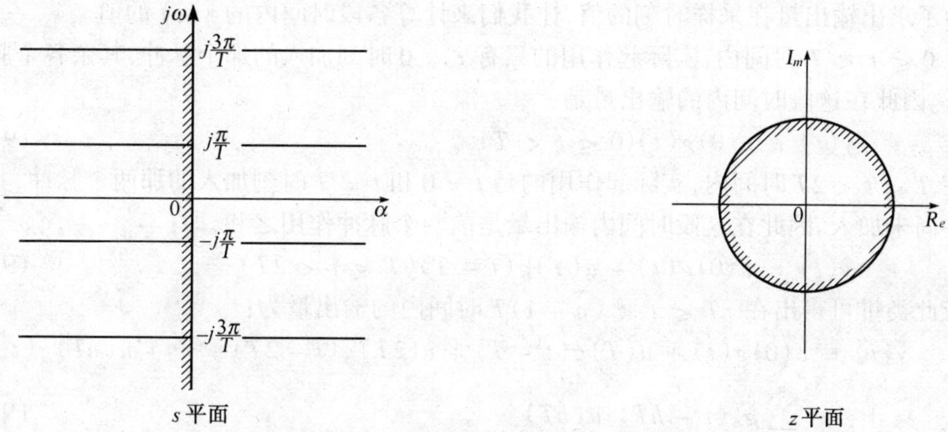

图 9 - 11　z 平面和 s 平面的对应关系

§9.4　脉冲传递函数

在连续线性系统中，系统的输入和输出间的关系可用方框图表示如图 9 - 12 所示。其数学关系为：

$$Y(s)=G(s)U(s)$$

式中：$G(s)$—— 系统的传递函数；

$U(s)$—— 输入 $u(t)$ 的拉普拉斯变换式；

$Y(s)$—— 输出 $y(t)$ 的拉普拉斯变换式。

下面讨论在系统的输入端有采样器时，输出信号和输入信号之间关系，其方框图如图 9 - 13 所示。图中，线性系统 $G(s)$ 的输入是经过采样后的离散脉冲序列 $u^*(t)$，而系统的输出为连续信号 $y(t)$。为了研究在各采样瞬时 $y(t)$ 和 $u^*(t)$ 的关系，可以设想在输出端也有一个采样器，它与输入采样器同步，采样周期都是 T。

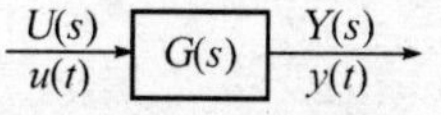

图 9 - 12　连续线性系统的输入和输出图

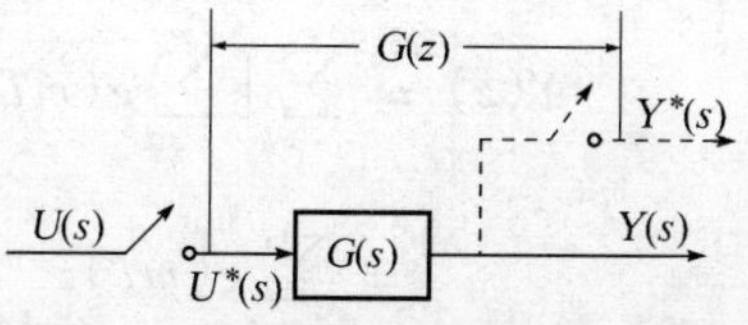

图 9 - 13　采样系统的输入和输出示意图

试问 $Y(z)$ 与 $U(z)$ 有什么关系？为此需要求出输出量 $y(t)$ 在诸采样时刻 $t = nT$ $(n = 0,1,2\cdots)$ 的值，进而求出 $Y(z)$。

让我们先来研究一下孤立的单位脉冲 $\delta(t)$ 加在线性对象 $G(s)$ 上的情况。我们已经知道函数 $\delta(t)$ 加在对象 $G(s)$ 上其输出信号为脉冲响应函数。即：$y(t) = L^{-1}[G(s)] = g(t)$。如果在 $G(s)$ 上加的是 $\delta(t-a)$，即脉冲函数延迟到 $t = a$ 时刻才加上，那么输出信号自然也相应地延迟一段时间 a，而成为 $g(t-a)$。

现在来研究一系列脉冲依次加到 $G(s)$ 上的情况。脉冲序列 $u^*(t)$ 可以表示成：

$$u^*(t) = u(0)\delta(t) + u(T)\delta(t-T) + u(2T)\delta(t-2T) + \cdots \tag{9-29}$$

为了求出输出量在采样时刻的值，让我们来计算各段时间内的 $y(t)$ 的值。

在 $0 \leqslant t < T$ 时间内，实际起作用的只有 $t = 0$ 时刻加入的那个脉冲，其余各个脉冲尚未加入。因此在这段时间内的输出量是：

$$y(t) = u(0)g(t)(0 \leqslant t < T) \tag{9-30}$$

在 $T \leqslant t < 2T$ 时间内，实际起作用的是 $t = 0$ 和 $t = T$ 时刻加入的那两个脉冲，其余各个脉冲尚未加入。因此在这段时间内输出量是前两个脉冲作用之和，即：

$$y(t) = u(0)g(t) + u(T)g(t-T)(T \leqslant t < 2T) \tag{9-31}$$

依此类推可得出在 $nT \leqslant t < (n+1)T$ 时间内的输出量为：

$$\begin{aligned} y(t) &= u(0)g(t) + u(T)g(t-T) + u(2T)g(t-2T) + \cdots + u(nT)g(t-nT) \\ &= \sum_{h=0}^{n} g[(t-hT)]u(hT) \end{aligned} \tag{9-32}$$

所以输出 $y(t)$ 在各个采样 $t = nT$ 时刻值 $y(nT)$ 为：

$$y(nT) = \sum_{h=0}^{n} g[(n-h)T]u(hT) \tag{9-33}$$

对上式进行 z 变换：

$$Y(z) = \sum_{n=0}^{\infty} y(nT)z^{-n} = \sum_{n=0}^{\infty}\Big[\sum_{h=0}^{n} g[(n-h)T]u(hT)\Big]z^{-n} \tag{9-34}$$

因为 $h > n$ 时，$g[(n-h)T] = 0$；

所以 $\sum\limits_{h=0}^{n} g[(n-h)T]u(hT)$ 可写成为 $\sum\limits_{h=0}^{\infty} g[(n-h)T]u(hT)$。

故(9-34)式可改写为：

$$Y(z) = \sum_{n=0}^{\infty}\Big[\sum_{h=0}^{\infty} g[(n-h)T]u(hT)\Big]z^{-n} \tag{9-35}$$

令 $n - h = m$，则 $n = m + h$。代入(9-35)式，得

$$\begin{aligned} Y(z) &= \sum_{m=-h}^{\infty}\Big[\sum_{h=0}^{\infty} g(mT)u(hT)\Big]z^{-(m+h)} \\ &= \sum_{m=-h}^{\infty} g(mT)z^{-m}\sum_{h=0}^{\infty} u(hT)z^{-h} \end{aligned} \tag{9-36}$$

当 $t < 0$ 时，$g(t) = 0$；则 m 为负值时，$g(mT) = 0$。故(9-36)式改写为：

$$Y(z) = \sum_{m=0}^{\infty} g(mT)z^{-m} \sum_{h=0}^{\infty} u(hT)z^{-h}$$

即：

$$Y(z) = G(z)U(z) \tag{9-37}$$

式中，$G(z) = \sum_{m=0}^{\infty} g(mT)z^{-m} = g(0) + g(T)z^{-1} + g(2T)z^{-2} + \cdots$，为单位脉冲响应函数 $g(t)$ 的 z 变换，称为**脉冲传递函数**。

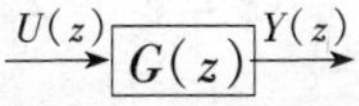

图 9－14　系统的脉冲传递函数及其输入和输出示意图

(9－37)式表示了系统的输入信号和输出信号在采样瞬时的关系，用方框图表示，如图 9－14 所示。可以看出：脉冲传递函数和惯用的传递函数十分相似。当输入为连续信号时，输出连续信号和输入信号间的动态关系用传递函数来表示；而当输入信号为经过采样器的离散信号时，则在采样瞬时输出信号和输入信号间的动态关系可用脉冲传递函数来表示。脉冲传递函数在分析离散系统中应用的广泛性，也同传递函数在连续系统中的广泛应用相当。

为了求得系统的脉冲传递函数（采样器位于系统的输入端和输出端，在系统内部无采样器时），通常可以先求出系统的传递函数，然后利用 z 变换表求出相应的 z 变换式，即脉冲传递函数 $G(z)$。或者，设法求出系统的单位脉冲响应函数 $g(t)$，然后求 $g(t)$ 的 z 变换式：

$$G(z) = \sum_{n=0}^{\infty} g(nT)z^{-n} \tag{9-38}$$

$G(z)$ 即为所求的脉冲传递函数。

例 9－6　系统如图 9－15 所示，求系统的脉冲传递函数，并求出当输入 $u(t)$ 为单位阶跃时输出 $y(t)$ 在采样瞬时的数值。

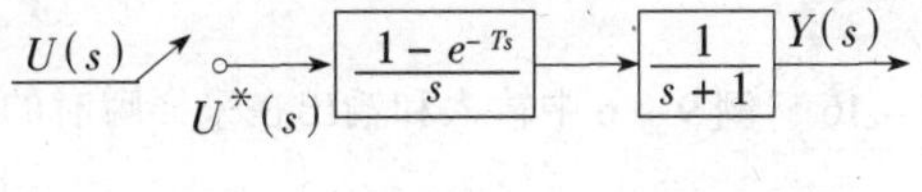

图 9－15　［例 9－6］的系统方框图

解：系统的传递函数为：

$$G(s) = \frac{1-\mathrm{e}^{-Ts}}{s} \cdot \frac{1}{s+1} = (1-\mathrm{e}^{-Ts})\left(\frac{1}{s} - \frac{1}{s+1}\right) \tag{9-39}$$

查 z 变换表，得：

$$z\left[\frac{1}{s} - \frac{1}{s+1}\right] = \frac{z}{z-1} - \frac{z}{z-\mathrm{e}^{-T}} \tag{9-40}$$

根据平移定理，对于滞后一个采样周期的函数，它的 z 变换式为函数的 z 变换式乘上 z^{-1}。因此，

$$G(z) = z[G(s)] = (1-z^{-1})\left(\frac{z}{z-1} - \frac{z}{z-\mathrm{e}^{-T}}\right)$$

$$= 1 - \frac{z-1}{z-e^{-T}} \tag{9-41}$$

当输入 $u(t)$ 为单位阶跃函数时

$$U(z) = \frac{z}{z-1} \tag{9-42}$$

输出 $y(t)$ 的 z 变换 $Y(z)$ 为:

$$Y(z) = G(z)U(z) = \left(1 - \frac{z-1}{z-e^{-T}}\right)\frac{z}{z-1}$$

$$= \frac{z}{z-1} - \frac{z}{z-e^{-T}} \tag{9-43}$$

由 z 变换表查出:

$$y(nT) = 1 - e^{-nT} \tag{9-44}$$

设 $T = 1$,则

$$y(nT) = 1 - e^{-n} \tag{9-45}$$

由此就可求出各采样瞬时 $y(t)$ 的数值如下:

n	0	1	2	3	4	5
$y(nT)$	0	0.632	0.865	0.950	0.982	0.993

在采样瞬时,输入和输出的数值用图表表示如下(图 9－16):

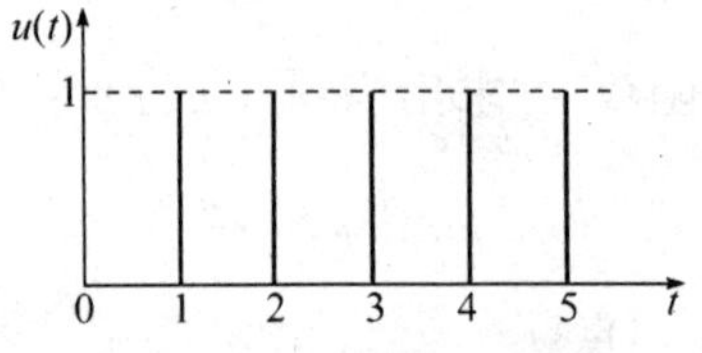

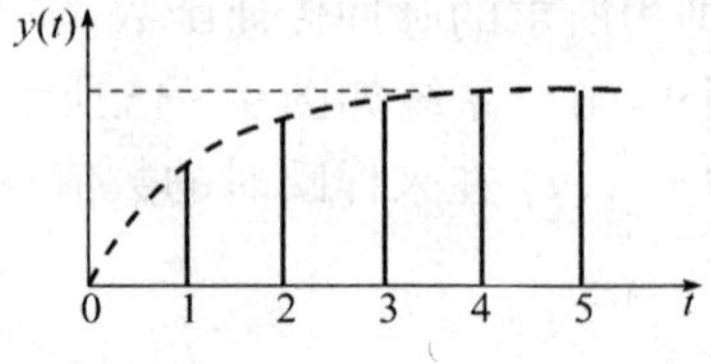

图 9－16　例 9－6 中输入和输出在采样瞬时的数值

这个例题也可以先从传递函数 $G(s)$ 求出单位脉冲响应函数 $g(t)$,然后由 $g(t)$ 的 z 变换得到 $G(z)$。求得的结果当然是相同的,但不如利用 z 变换表直接从 $G(s)$ 求出 $G(z)$ 那样简便。

§9.5　系统中有采样器时方框图的运算

在分析采样调节系统时常应用脉冲传递函数和方框图的表示方法,由于系统中有采样器而使采样系统方框图的运算规则与连续系统中有所不同。下面讨论环节的串联和反馈连接时的脉冲传递函数的运算,特别注意环节间有无采样器和采样器在不同位置时的情况。

一、串联

(1) 串联环节间有采样器

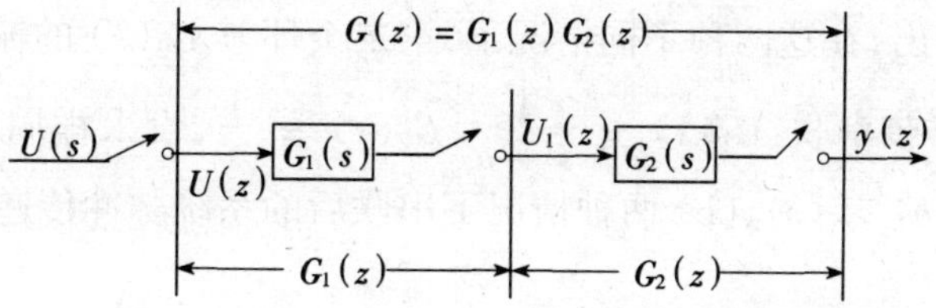

图 9 - 17　两个环节串联，中间有采样器

图 9 - 17 为中间有采样器时两个环节串联的方框图。设图中 $G_1(s)$、$G_2(s)$ 分别为两个环节的传递函数，三个采样器的动作同步，采样周期都是 T，则两个环节这样串联后的脉冲传递函数为：

$$G(z) = \frac{Y(z)}{U(z)} = \frac{U_1(z)}{U(z)}\frac{Y(z)}{U_1(z)} = G_1(z)G_2(z) \tag{9-46}$$

式中：$G_1(z)$——$G_1(s)$ 的 z 变换，即第一个环节的脉冲传递函数；

$G_2(z)$——$G_2(z)$ 的 z 变换，即第二个环节的脉冲传递函数。

因此，当环节串联而各环节间有采样器时，串联后总的脉冲传递函数，为各串联环节脉冲传递函数的乘积。

(2) 串联环节间无采样器

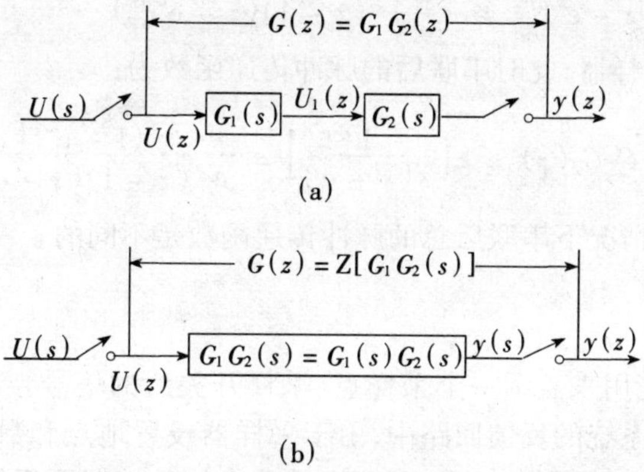

图 9 - 18　两个环节串联，中间无采样器

两个环节中间无采样器时的串联如图 9 - 18a 所示，由于环节间没有采样器，图 9 - 18a 就可以化成图 9 - 18b。而串联后的脉冲传递函数为：

$$G(z) = \frac{Y(z)}{U(z)} = G_1G_2(z) \tag{9-47}$$

式中，$G_1G_2(z) = z[G_1(s)G_2(s)]$

因此，当环节串联而中间无采样器时，先把这些串联环节合并成一个线性环节[即 $G(s) = G_1(s)G_2(s)\cdots$]，然后对总的传递函数 $G(s)$ 进行 z 变换，求得环节串联后的脉冲传递函数 $G(z)$。

必须注意：$G_1(z)G_2(z) \neq G_1G_2(z)$。

也就是说,两个线性环节串联时,它们中间有没有采样器,串联后的脉冲传递函数是不同的。从图上也可以看出,在这两种不同情况下,第二个环节 $G_2(s)$ 的输入是不同的。

例 9－7　两个环节串联:$G_1(s)=\dfrac{1}{s+a}$,$G_2(s)=\dfrac{1}{s}$,设采样周期为 T,串联方式如图 9－19(a) 和(b) 所示。求(a)、(b) 两种情况下串联后的系统脉冲传递函数。

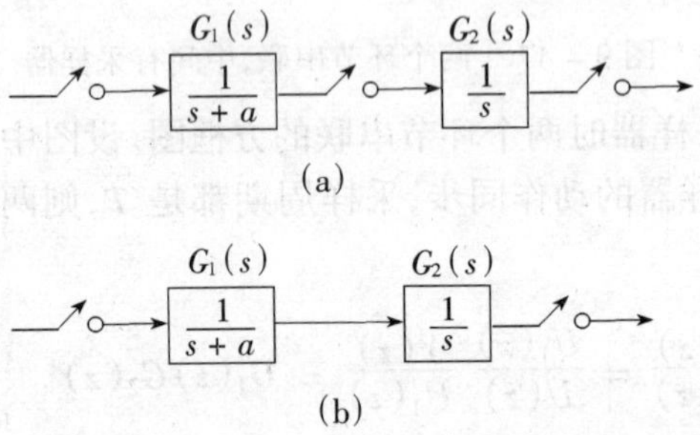

图 9－19 ［例 9－7］图

解:(a) 环节间有采样器,故串联后的脉冲传递函数为:

$$G(z)=G_1(z)G_2(z)=z\left[\frac{1}{s+a}\right]z\left[\frac{1}{s}\right]$$

$$=\frac{z}{z-e^{-aT}}\cdot\frac{z}{z-1}=\frac{z^2}{(z-1)(z-e^{-aT})} \tag{9－48}$$

(b) 环节间没有采样器,此时串联后的脉冲传递函数为:

$$G(z)=G_1G_2(z)=z\left[\frac{1}{s(s+a)}\right]=\frac{1}{a}\,\frac{(1-e^{-aT})z}{(z-1)(z-e^{-aT})} \tag{9－49}$$

由此可见,这两种情况下串联后总的脉冲传递函数是不同的。

二、反馈回路

脉冲传递函数只能用来表示一个采样点(采样开关后的信号) 到另一个采样点之间的动态关系。在采样调节系统的反馈回路中,由于采样器设置地点和数目的不同,使反馈回路的脉冲传递函数就有多种不同的结果。下面推导几个特殊情况下反馈回路的输入和输出间的关系。

(1) 采样器在误差通道内

反馈回路如图 9－20 所示。图中用虚线画出的采样器只是为了分析方便,而在实际系统中是没有的。

根据图 9－20 可写出:

$$E(z)=U(z)-U_f(z) \tag{9－50}$$

$$U_f(z)=GH(z)E(z) \tag{9－51}$$

式中,$GH(z)=z[G(s)H(s)]$。

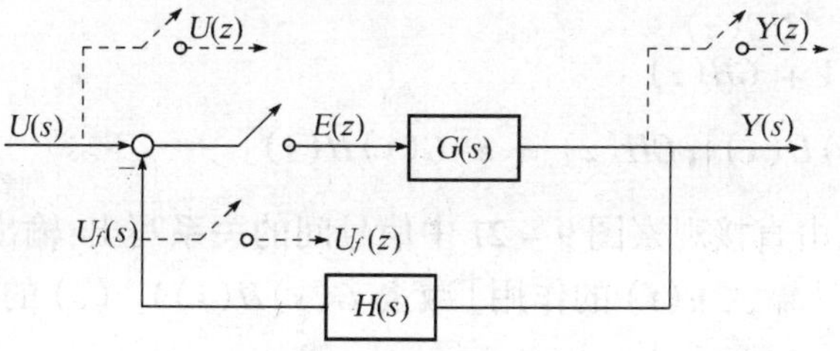

图 9 – 20　误差采样反馈系统

把(9 – 51)式代入(9 – 50)式,得:$E(z) = U(z) - GH(z)E(z)$,所以:

$$E(z) = \frac{U(z)}{1 + GH(z)} \tag{9 – 52}$$

$$Y(z) = G(z)E(z) \tag{9 – 53}$$

把(9 – 52)代入(9 – 53)式,得:

$$Y(z) = \frac{G(z)U(z)}{1 + GH(z)} \tag{9 – 54}$$

此反馈回路的脉冲传递函数,可写出为:

$$G_c(z) = \frac{Y(z)}{U(z)} = \frac{G(z)}{1 + GH(z)} \tag{9 – 55}$$

应该指出,当采样器在误差通道时,对误差信号的采样实际上就是对输入信号 $u(t)$ 和反馈信号 $u_f(t)$ 分别采样之差。只有当输入信号 $u(t)$ 被采样时(即在输入通道或误差通道有采样器时),才能写出反馈回路的脉冲传递函数,否则只能写出输出信号和输入信号间的关系式而不能写出有采样器的反馈回路的脉冲传递函数。

(2) 采样器在反馈通道内

在图 9 – 21 所示的反馈回路中,输出信号 $y(t)$ 的 z 变换式可用以下步骤导出:

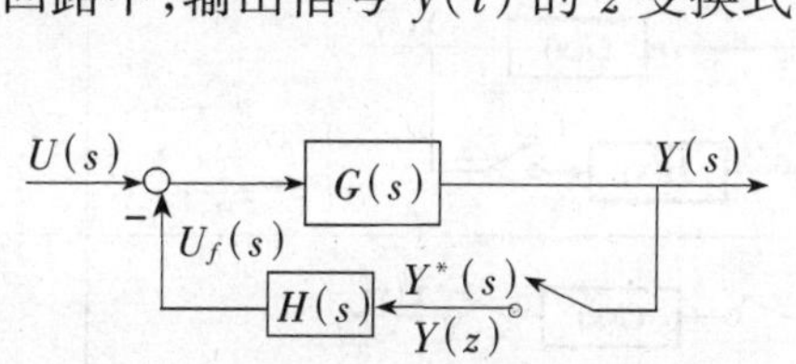

图 9 – 21　采样器在反馈通道内的系统

根据方框图可得出:

$$Y(s) = G(s)[U(s) - U_f(s)] \tag{9 – 56}$$

$$U_f(s) = H(s)Y^*(s) \tag{9 – 57}$$

式中:$Y^*(s)$ 为采样器后离散信号 $y^*(t)$ 的拉普拉斯变换式。

从上两式中消去 $U_f(s)$,得:

$$Y(s) = G(s)U(s) - G(s)H(s)Y^*(s) \tag{9 – 58}$$

对上式进行 z 变换:$Y(z) = UG(z) - GH(z)Y(z)$,所以:

$$Y(z) = \frac{UG(z)}{1 + GH(z)} \tag{9-59}$$

式中：$UG(z) = z[G(s)U(s)]$；$GH(z) = z[G(s)H(s)]$。

(9 – 59) 式也可以由直接观察图 9 – 21 中信号间的关系写出：输出 $y(t)$ 的 z 变换 $Y(z)$ 由 $G(s)U(s)$ 的 z 变换[输入 $u(t)$ 的作用] 减去 $G(s)H(s)Y^*(s)$ 的 z 变换(反馈作用) 而成，即：

$$Y(z) = z[G(s)U(s)] - Y(z)z[G(s)H(s)] = UG(z) - Y(z)GH(z)$$

由此，就得到(9 – 59) 式：$Y(z) = \dfrac{UG(z)}{1 + GH(z)}$

(9 – 59) 式表示了图 9 – 21 所示反馈系统中输出信号和输入信号间的关系。但是对于这种输入信号 $u(t)$ 不经过采样器的反馈系统，就写不出输入和输出间的脉冲传递函数。

在用 z 变换式导出系统输入和输出间的关系时，必须注意到：脉冲传递函数是两个采样点(采样器后) 信号之间的关系。因此，在分析有采样器的系统时，应该从写出采样点信号之间的关系式(z 变换式) 出发，(9 – 54) 式以及(9 – 59) 式的第二种推导方法就是从这点着手的。

(3) 几种典型的反馈回路

在表 9 – 3 中列出了几种典型的有采样器的反馈回路及其对应的输出信号 $Y(z)$ 与输入信号的关系。

表 9 – 3　几种反馈回路及其输出信号和输入信号的关系

序号	方框图	$Y(z)$
1	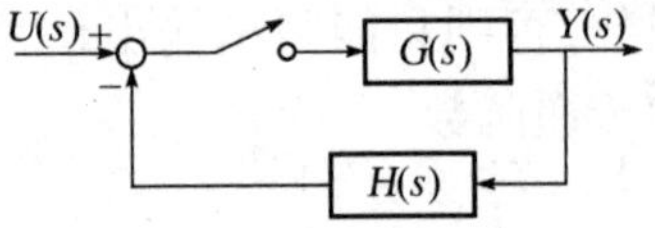	$Y(z) = \dfrac{G(z)U(z)}{1 + GH(z)}$
2	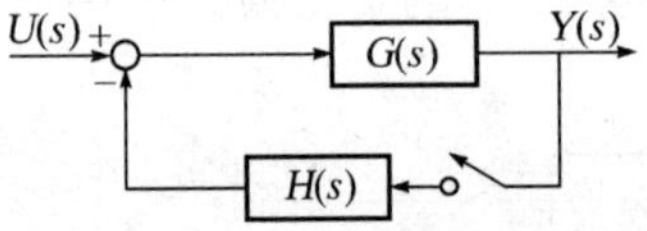	$Y(z) = \dfrac{UG(z)}{1 + GH(z)}$
3	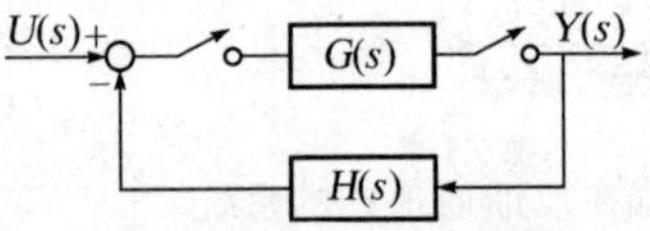	$Y(z) = \dfrac{G(z)U(z)}{1 + G(z)H(z)}$
4	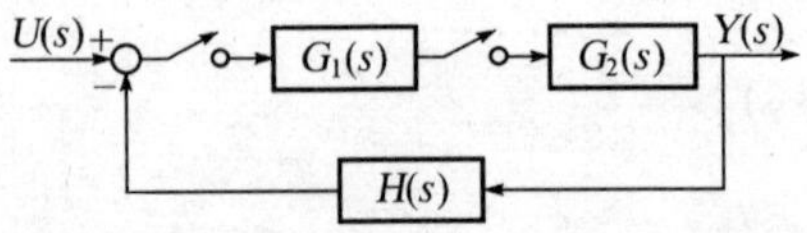	$Y(z) = \dfrac{G_1(z)G_2(z)U(z)}{1 + G_1(z)G_2H(z)}$
5	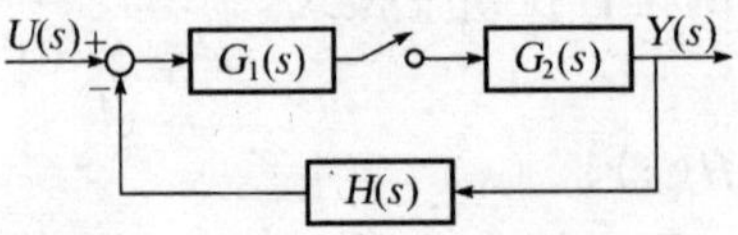	$Y(z) = \dfrac{G_2(z)UG_1(z)}{1 + G_1G_2H(z)}$

表中，$G(z)=z[G(s)]$，$H(z)=z[H(s)]$、

$U(z)=z[U(s)]$，$Y(z)=z[Y(s)]$

$GH(z)=z[G(s)H(s)]$，$UG(z)=z[G(s)U(s)]$

$G_1G_2H(z)=z[G_1(s)G_2(s)H(s)]$

例 9－8　系统如图 9－22 所示，设采样周期 $T=1$，求单位阶跃输入下的输出响应 $y^*(t)$。

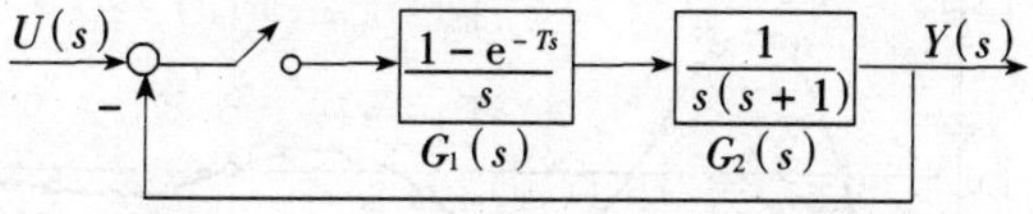

图 9－22　例 9－8 的系统方框图

解：

$$Y(z)=\frac{G_1G_2(z)}{1+G_1G_2(z)}U(z) \tag{9-60}$$

$$G_1G_2(z)=z\left[\frac{1-e^{-Ts}}{s}\cdot\frac{1}{s(s+1)}\right]=z\left[(1-e^{-Ts})\frac{1}{s^2(s+1)}\right]$$

$$=(1-z^{-1})\left[\frac{Tz}{(z-1)^2}-\frac{(1-e^{-T})z}{(z-1)(z-e^{-T})}\right]$$

$$=\frac{(T-1+e^{-T})z+(1-e^{-T}-Te^{-T})}{z^2-(1+e^{-T})z+e^{-T}} \tag{9-61}$$

设采样周期 $T=1$，则

$$G_1G_2(z)=\frac{e^{-1}z+1-2e^{-1}}{z^2-(1+e^{-1})z+e^{-1}}=\frac{0.368z+0.264}{z^2-1.368z+0.368} \tag{9-62}$$

对于单位阶跃输入，

$$U(z)=\frac{z}{z-1} \tag{9-63}$$

$$Y(z)=\frac{\dfrac{0.368z+0.264}{z^2-1.368z+0.368}}{1+\dfrac{0.368z+0.264}{z^2-1.368z+0.368}}\cdot\frac{z}{z-1}$$

$$=\frac{0.368z^2+0.264z}{z^3-2z^2+1.632z-0.632} \tag{9-64}$$

用长除法展开，得：

$$Y(z)=0.368z^{-1}+z^{-2}+1.399z^{-3}+1.390z^{-4}+1.129z^{-5}+0.874z^{-6}$$
$$+0.779z^{-7}+0.846z^{-8}+0.973z^{-9}+1.057z^{-10}+1.061z^{-11}$$
$$+1.011z^{-12}+0.958z^{-13}+0.937z^{-14}+0.95z^{-15}+\cdots \tag{9-65}$$

由此就可以得出输出 $y^*(t)$,即在各采样瞬时的 $y(t)$ 值为:

$$y(0)=0,\quad y(1)=0.368,\quad y(2)=1,\quad y(3)=1.399,$$
$$y(4)=1.390,\quad y(5)=1.129,\quad y(6)=0.874,\quad y(7)=0.779,$$
$$y(8)=0.846,\quad y(9)=0.973,\quad y(10)=1.057,\quad y(11)=1.061,$$
$$y(12)=1.011,\quad y(13)=0.958,\quad y(14)=0.937,\quad \cdots$$

输出 $y(t)$ 的形状如图 9 - 23 中的曲线所示。

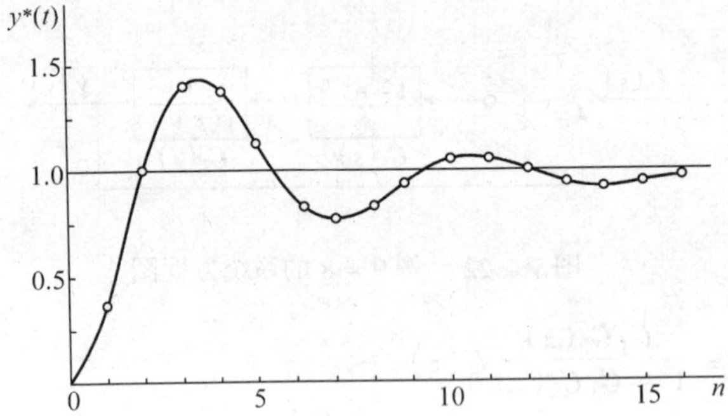

图 9 - 23　例 9 - 8 的单位阶跃响应 $y^*(t)$

必须指出:用 z 变换法求出的输出响应 $y^*(t)$,只给出在各采样瞬时输出 $y(t)$ 的数值,因此连接各采样点数值所得的曲线(如图 9 - 23 上的曲线)只是近似地反映 $y(t)$[在图 9 - 22 的系统中,实际输出响应是连续信号 $y(t)$]。如果需要获得采样瞬时之间的信息,需应用略加修改的 z 变换法(称为广义 z 变换法)。

§9.6　采样调节系统的稳定性

一、稳定性判别

在判别线性连续系统的稳定性时,基本依据是系统特征方程的根(也即系统传递函数的极点)在 s 平面上的位置。如果系统特征方程的根都在 s 平面虚轴的左边,则系统是稳定的。此外,还可以根据特征方程的根与虚轴的距离定义系统的稳定性裕量。对于线性采样系统,判别系统稳定性的依据和连续系统中是相同的,但在用 z 变换法研究采样系统时,就应根据脉冲传递函数的极点在 z 平面上的位置来确定采样系统的稳定性。

从 z 变换和拉普拉斯变换的关系中已经得出,在 s 平面上虚轴左边的区域映射到 z 平面上是单位圆内的区域(图 9 - 11)。因此,只要采样系统脉冲传递函数的极点都在 z 平面上的单位圆内,则系统是稳定的。这是判别线性采样系统稳定性的基本依据。

判别采样系统的稳定性,可按以下步骤进行:

(1) 求出采样系统的脉冲传递函数。例如,对于表 9 - 3 第一种反馈回路:

$$\frac{Y(z)}{U(z)}=\frac{G(z)}{1+GH(z)}\tag{9-66}$$

从而写出系统的特征方程：

$$1 + GH(z) = 0 \tag{9-67}$$

(2) 解特征方程，求出特征方程的所有根，这些根就是系统脉冲传递函数的极点。

(3) 如果特征方程的所有根 $z_i(i = 1,2\cdots)$ 的模都小于1，即 $|z_i| < 1$，则所有根在 z 平面上的位置都在单位圆内，因此系统是稳定的；如果特征方程的所有根中有一个或几个根位于 z 平面上的单位圆外，则系统不稳定。

上述直接求根的方法只适用于低阶系统，对于高阶系统求解特征方程是困难的。象在线性连续系统中一样，也可以应用各种稳定性判据不直接求解特征方程，而对系统的稳定性作出判断。实际上由于 s 平面和 z 平面之间存在着对应关系，因此在线性连续系统中应用的各种稳定性判据，只要经过适当变换或修改，就可以应用于线性采样系统。下面只介绍判别采样系统稳定性的代数判据。

设系统特征方程为：

$$D(z) = 0 \tag{9-68}$$

如果用一个新的复变量 λ 代替其中的复变量 z，则得到新的特征方程：

$$D_1(\lambda) = 0 \tag{9-69}$$

这样代替的结果，希望把在 z 平面上单位圆内部的区域变换为在 λ 平面上虚轴左边的区域。如能做到这一点，就可以根据新的特征方程 $D_1(\lambda) = 0$，用劳斯判据来判别系统的稳定性。满足上述要求的 λ 和 z 的变换关系为：$\lambda = \dfrac{z+1}{z-1}$，即：

$$z = \frac{\lambda + 1}{\lambda - 1} \tag{9-70}$$

由于 λ 和 z 都是复数，令

$$\begin{cases} z = x + jy \\ \lambda = u + jv \end{cases} \tag{9-71}$$

则：
$$\lambda = \frac{x + jy + 1}{x + jy - 1} = \frac{x^2 + y^2 - 1 - j2y}{(x-1)^2 + y^2}$$

$$= \frac{x^2 + y^2 - 1}{(x-1)^2 + y^2} - j\frac{2y}{(x-1)^2 + y^2} \tag{9-72}$$

上式中分母是非负的(只有当 $x = 1, y = 0$ 时，分母为零)，而

$$x^2 + y^2 = |z|^2$$

由此可见，除 $x = 1, y = 0$ 时 λ 没有定义外，λ 的实部与 $x^2 + y^2 - 1$ 同号，也就是当 $|z| > 1$ 时，λ 的实部 u 为正；$|z| < 1$ 时，λ 的实部 u 为负。这就表明，经过(9-70)式的变换后，z 平面上单位圆内的点映射到 λ 平面虚轴的左边；z 平面上单位圆外的点映射到 λ 平面虚轴的右边；而 z 平面上的单位圆就映射为 λ 平面上的虚轴。

因此，用劳斯判据判别采样系统的稳定性时，可按以下步骤进行：

(1) 求出系统的特征方程 $D(z)=0$，$D(z)$ 就是系统脉冲传递函数的分母。

(2) 以 $z=\frac{\lambda+1}{\lambda-1}$ 替代 $D(z)=0$ 中的 z，得到新的特征方程 $D_1(\lambda)=0$。

(3) 根据 $D_1(\lambda)$ 用劳斯判据得出系统是否稳定的判据。

例 9－9　系统如图 9－24 所示。求使系统稳定时 K 值的范围，设采样周期 $T=1$。

解：这个例子所用的系统与例 9－8 相同，只是 $G_2(s)$ 的系数改用了 K 而不是 1。

系统的特征方程：

$$1+G_1G_2(z)=1+K\frac{0.368z+0.264}{z^2-1.368z+0.368}=0 \tag{9-73}$$

$$D(z)=z^2+(0.368K-1.368)z+0.264K+0.368=0 \tag{9-74}$$

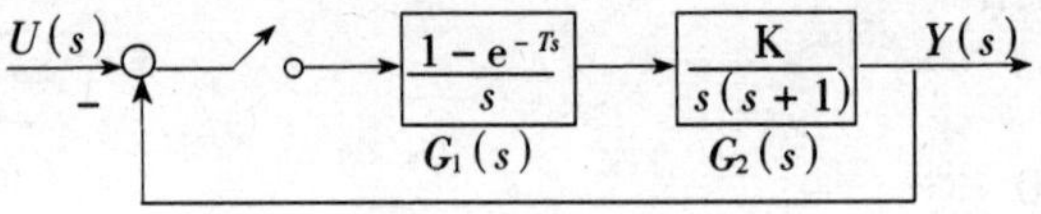

图 9－24　例 9－9 系统框图

以 $z=\frac{\lambda+1}{\lambda-1}$ 代入(9－74)式，得：

$$\left(\frac{\lambda+1}{\lambda-1}\right)^2+(0.368K-1.368)\frac{\lambda+1}{\lambda-1}+0.264K+0.368=0 \tag{9-75}$$

化简后，得到：

$$0.632K\lambda^2+(1.264-0.528K)\lambda+2.736-0.104K=0 \tag{9-76}$$

应用劳斯判据，写出劳斯判别法的行和列：

λ^2	$0.632K$	$2.736-0.104K$
λ^1	$1.264-0.528K$	0
λ^0	$2.736-0.104K$	0

系统稳定的条件为：

$$0.632K>0;\qquad 1.264-0.528K>0;\qquad 2.736-0.104K>0$$

即　$K>0, K<2.39$。

因此，使系统稳定的 K 值的范围为：$0<K<2.39$。

应该指出，当图 9－24 的系统中没有采样器和保持器时，闭环系统是一个连续的二阶系统，特征方程为：$s^2+s+K=0$

因此，不管 K 增大到多大数值，系统总是稳定的。但是有了采样器和零阶保持器后，为了保证系统稳定，K 值就要受到限制，K 值超过一定限值(2.39)就会使系统不稳定。如果缩短采样周期，采样系统更接近于相应的连续控制系统，采样系统的稳定性将得到提高。

二、采样周期对系统稳定性的影响

对于有采样器和保持器的反馈系统，一般来说，如果采样周期很短，采样系统就很接近于连续系统,加大采样周期而不改变系统的整定参数必然会降低系统的稳定性裕量,甚至使系统变为不稳定的。但是过分地缩短采样周期会受到实际设备的限制,而且也失去了采样控制系统的优点。下面通过具体例子了解采样周期对系统稳定性的影响以及采样周期的选择。

例 9-10 在例 9-9 的采样反馈系统中,设 $K = 2.39$,试讨论采样周期 T 对系统稳定性的影响,并选择适当的采样周期。

解:(1) 系统中如果没有采样器和保持器,即为连续的反馈系统,则当 $K = 2.39$ 时,系统的传递函数为:

$$\frac{Y(s)}{U(s)} = \frac{2.39}{s^2 + s + 2.39}$$

系统的特征方程为:$s^2 + s + 2.39 = 0$

由此得出特征方程的根为:$s_{1,2} = -0.5 \pm j1.463$

瞬态响应的振荡频率为:$\omega = 1.463(\mathrm{s}^{-1})$

瞬态响应的衰减率为:$\psi = 1 - \mathrm{e}^{-2\pi m} = 0.883$

式中,$m = \dfrac{0.5}{1.463} = 0.342$。

(2) 系统中有采样器和保持器时,根据例 9-8 中的运算可写出系统的特征方程为:

$$1 + G_1G_2(z) = 1 + 2.39\frac{(T - 1 + \mathrm{e}^{-T})z + (1 - \mathrm{e}^{-T} - T\mathrm{e}^{-T})}{z^2 - (1 + \mathrm{e}^{-T})z + \mathrm{e}^{-T}} = 0$$

整理后得:$z^2 + (2.39T - 3.39 + 1.39\mathrm{e}^{-T})z + 2.39 - (1.39 + 2.39T)\mathrm{e}^{-T} = 0$

由此可得出不同采样周期时的系统特征方程,并进一步求出特征方程的根在 z 平面上的位置以及在 s 平面上主导复根的值,得到系统的主导振荡频率和衰减率。例如:当 $T = 1$ 时,系统特征方程为:$z^2 - 0.489z + 1 = 0$。

此特征方程的根为:$z_{1,2} = \dfrac{0.489 \pm \sqrt{0.489^2 - 4}}{2} = 0.245 \pm j0.97$

$z = 0.245 + j0.97$ 在 z 平面上的模和幅角分别为:

模: $|z| = \sqrt{0.245^2 + 0.97^2} = 1$(在单位圆上);

幅角: $\omega T = \arctan\dfrac{0.97}{0.245} = 1.324$。

在 s 平面上对应的主导复根,设 $s = \alpha \pm j\omega$,则

$$e^{\alpha T} = |z| = 1$$

$$\therefore \alpha = 0$$

$$\omega = \frac{\omega T}{T} = 1.324(\mathrm{s}^{-1})$$

上述计算结果表明:当 $K = 2.39, T = 1$ 时,系统为边界稳定的,而在此条件下系统不衰

减振荡频率为：$\omega = 1.324(s^{-1})$

下面选择不同采样周期，按上述步骤进行计算。

(3) 选择几个不同的采样周期以比较计算结果。采样周期应根据系统瞬态响应的周期来选择。瞬态响应的频率越高(周期越短)，采样频率也应越高(采样周期应越短)。

当没有采样器和保持器时，系统的响应频率 ω 已在(1) 中求得：

$$\omega = 1.463(s^{-1})$$

如果采样频率为 $\omega_s \approx 20\omega = 29.26$，则采样周期 T 为：

$$T = \frac{2\pi}{\omega_s} = \frac{2\pi}{29.26} = 0.215。\qquad 取 T = 0.2(s)$$

为了比较不同采样周期对系统稳定性的影响，取以下几种不同的采样周期：

$$T = 1,\quad 0.4,\quad 0.2,\quad 0.1,\quad 0.05;$$

进行计算，其计算结果如表 9－4 所示。

表 9－4　例 9－10 不同采样周期的计算结果

T(s)	特征方程	$\|z\|$	ωT	$s_{1,2} = \alpha \pm j\omega$	$\omega(s^{-1})$	ψ
1	$z^2 - 0.489z + 1 = 0$	1	1.324	$\pm j1.324$	1.324	0
0.4	$z^2 - 0.153z + 0.817 = 0$	0.904	0.593	$-0.252 \pm j1.473$	1.473	0.660
0.2	$z^2 - 1.774z + 0.86 = 0$	0.927	0.295	$-0.38 \pm j1.477$	1.477	0.801
0.1	$z^2 - 1.893z + 0.916 = 0$	0.957	0.148	$-0.44 \pm j1.484$	1.484	0.844
0.05	$z^2 - 1.948z + 0.954 = 0$	0.977	0.0748	$-0.47 \pm j1.495$	1.495	0.862

而在本题(1) 中已经算出：当没有采样器和保持器时，连续系统特征方程的根为：$s_{1,2} = -0.5 \pm j1.463$；衰减率 $\psi = 0.883$。

从这个例子可以看出：如果连续系统经整定后，系统瞬态响应的频率为 ω_1，那么取采样频率 $\omega_s \approx 20\omega_1$ 时，采样控制系统的稳定性裕量虽还低于连续系统，但系统的衰减率和振荡频率已相当接近于连续系统(不改变系统的整定参数)。采样频率进一步提高可以使采样系统的衰减率更接近连续系统，但收效已不很显著。因此，当采样频率 $\omega_s \geqslant 20\omega_1$ 时，采样调节系统的整定参数可以按连续系统来选定。如果采样频率较低，则应改变系统的参数，例如减小调节器的比例增益，否则采样控制系统的稳定性裕量偏小，甚至不稳定。同时也可以看出：如果系统的结构相同、调节规律相同，则采样控制系统的性能将低于连续系统。

当控制系统中应用多点调节器或计算机进行直接数字控制时，单回路采样控制系统将如图 9－25 所示。如果数字调节器也采用 *PID* 调节规律，而采样周期 T 很短(与系统瞬态响应的周期比较)、采样时间 Δt 甚小于采样周期 T，那么采样控制系统可以近似地作为连续系统来分析，调节器的整定参数也可以用连续系统中的整定方法来确定，而后用 z 变换分析方法来核对控制系统的工作品质。至于调节器参数改变对调节过程的影响也和连续系统中相同。

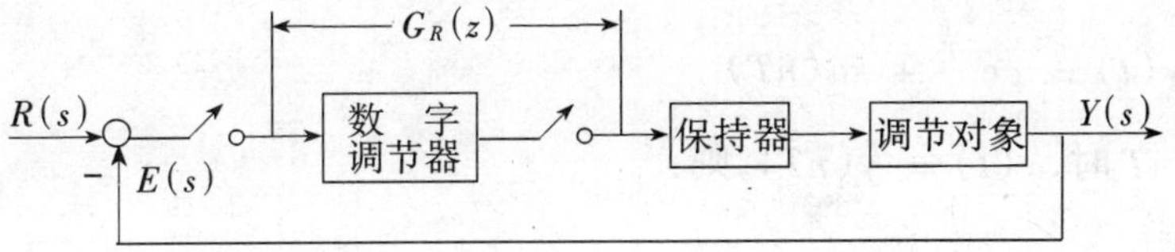

图 9 - 25　用数字调节器的采样控制系统

在一般情况下，采样控制系统仍用 *PID* 调节规律时，系统的工作质量低于相应的连续系统。在用电子计算机作为调节设备时，其调节规律就可不受常规 *PID* 的限制，例如可以根据调节对象的动态特性和输入信号的特点，希望闭环控制系统具有预期的传递函数，以此来决定所需的调节规律。关于这方面的讨论可参阅采样控制系统相关的参考书。

§9.7　连续系统的离散化

在采样控制系统中，往往需要了解各环节的输入和输出在采样瞬时的动态关系。系统中有些环节是连续的物理系统（如对象），为了分析研究采样控制系统，就要用离散的输入、输出信号之间的关系来描述它们的动态特性。系统中有些输入、输出信号都是离散的（如数字调节器），但是希望它们具有和连续系统相同的某些动态特性。上述用离散变量之间的动态关系来描述或实现连续系统动态特性的问题都属于“连续系统的离散化” 所讨论的内容。

线性连续系统的动态特性常用线性微分方程或传递函数来描述。当输入、输出为离散信号时，常用线性差分方程或脉冲传递函数来表达（设采样周期不变，采样时间很短）。

下面通过例子介绍连续系统离散化的方法。

一、一阶惯性环节

设一阶惯性环节为：

$$T_c \frac{dy(t)}{dt} + y(t) = ku(t) \tag{9-77}$$

或

$$\frac{Y(s)}{U(s)} = \frac{k}{T_c s + 1} \tag{9-78}$$

假定系统的采样周期为 T。它的离散化方程为在采样瞬时 $y(t)$ 和 $u(t)$ 的动态关系。

(1) 假定在输入端有采样器和零阶保持器

在此假定下，两次采样之间如 $nT \leqslant t < (n+1)T$ 期间，输入 $u(t)$ 保持为 $u(nT)$ 的数值不变，即：

当 $nT \leqslant t < (n+1)T$ 时，$u(t) = u(nT)$。

这时，(9 - 77) 式成为：

$$T_c \frac{dy}{dt} + y = ku(nT) \tag{9-79}$$

它的解是：

$$y(t) = ce^{-\frac{t}{T_c}} + ku(nT) \tag{9-80}$$

由于 $t = nT$ 时，$y(t) = y(nT)$，则：

$$y(nT) = ce^{-\frac{nT}{T_c}} + ku(nT) \tag{9-81}$$

因此，积分常数 c 可求出为：

$$c = [y(nT) - ku(nT)]e^{\frac{nT}{T_c}} \tag{9-82}$$

因而得出(9 - 79) 式的解，也即当 $nT \leqslant t < (n+1)T$ 时(9 - 77) 式的解为：

$$y(t) = [y(nT) - ku(nT)]e^{\frac{nT}{T_c}}e^{-\frac{t}{T_c}} + ku(nT) \tag{9-83}$$

当 $t = (n+1)T$ 时，

$$y[(n+1)T] = [y(nT) - ku(nT)]e^{-\frac{(n+1)T - nT}{T_c}} + ku(nT) \tag{9-84}$$

整理后得：

$$y[(n+1)T] - e^{-\frac{T}{T_c}}y(nT) = k(1 - e^{-\frac{T}{T_c}})u(nT) \tag{9-85}$$

(9 - 85) 式就是把(9 - 77) 式在所假定条件下用离散方式表示，这是一个线性差分方程。

(9 - 85) 式也可表示为：

$$\frac{y[(n+1)T] - y(nT)}{T} + \frac{1 - e^{-\frac{T}{T_c}}}{T}y(nT) = \frac{k(1 - e^{-\frac{T}{T_c}})}{T}u(nT) \tag{9-86}$$

式中，$\frac{y[(n+1)T] - y(nT)}{T}$ 是 $\frac{dy}{dt}$ 在 $t = nT$ 时的近似值，称为**一阶差商**。(9 - 86) 式反映了在输入作用下差商和函数值的关系。由于它的各项系数都是常数，又只出现一阶差分，所以称之为**一阶常系数线性差分方程**。

应用 z 变换可以得到同样的结果。

传递函数为(9 - 78) 式所表示的一阶惯性环节，当它输入端有采样器和零阶保持器时，输入至输出的传递函数为：

$$\frac{1 - e^{-Ts}}{s} \cdot \frac{k}{T_c s + 1} \tag{9-87}$$

而脉冲传递函数可写出为：

$$z\left[\frac{1 - e^{-Ts}}{s} \cdot \frac{k}{T_c s + 1}\right] = z\left[(1 - e^{-Ts})\frac{k}{s(T_c s + 1)}\right]$$

$$= (1 - z^{-1}) \frac{k(1 - e^{-\frac{T}{T_c}})z}{(z - 1)(z - e^{-\frac{T}{T_c}})} = \frac{k(1 - e^{-\frac{T}{T_c}})}{z - e^{-\frac{T}{T_c}}} = \frac{Y(z)}{U(z)} \qquad (9-88)$$

不难看出,当初始条件为零时,(9 - 88) 式和(9 - 85) 式是完全一致的。

(2) 假定在输入端没有零阶保持器

这时,$u(t)$ 的采样信号 $u^*(t)$ 为:

$$u^*(t) = \sum_{n=0}^{\infty} u(nT)\delta(t - nT) \qquad (9-89)$$

而输出 $y(t)$ 为:

$$y(t) = \sum_{n=0}^{\infty} u(nT) \frac{k}{T_c} e^{-\frac{t-nT}{T_c}} = \frac{k}{T_c} \sum_{n=0}^{\infty} u(nT) e^{-\frac{t-nT}{T_c}} \qquad (9-90)$$

式中,$\frac{k}{T_c} e^{-\frac{T}{T_c}}$ 为(9 - 78) 式一阶惯性环节的单位脉冲响应函数。当 $t < 0$ 时,它等于零。因此,当 $t < nT$ 时,式中 $u(nT)e^{-\frac{t-nT}{T_c}} = 0$。

当 $t = 0$ 时,$y(0) = \frac{k}{T_c}u(0)$;

当 $t = T$ 时,$y(T) = \frac{k}{T_c}[u(0)e^{-\frac{T}{T_c}} + u(T)] = y(0)e^{-\frac{T}{T_c}} + \frac{k}{T_c}u(T)$;

当 $t = 2T$ 时,$y(2T) = \frac{k}{T_c}[u(0)e^{-\frac{2T}{T_c}} + u(T)e^{-\frac{T}{T_c}} + u(2T)] = y(T)e^{-\frac{T}{T_c}} + \frac{k}{T_c}u(2T)$;

……

当 $t = (n + 1)T$ 时,$y[(n + 1)T] = y(nT)e^{-\frac{T}{T_c}} + \frac{k}{T_c}u[(n + 1)T]$,即:

$$y[(n + 1)T] - e^{-\frac{T}{T_c}}y(nT) = \frac{k}{T_c}u[(n + 1)T] \qquad (9-91)$$

(9 - 91) 式与(9 - 85) 式相比,在等号右边是有差别的。

当输入端没有零阶保持器时,对(9 - 78) 式进行 z 变换就可得到输入信号(离散) 和输出信号间的脉冲传递函数为:

$$\frac{Y(z)}{U(z)} = z\left[\frac{k}{T_c s + 1}\right] = \frac{\frac{k}{T_c}z}{z - e^{-\frac{T}{T_c}}} \qquad (9-92)$$

(9 - 92) 式就是(9 - 91) 式的另一种表达方式。

(3) 将微分方程化成近似差分方程

令 $\frac{dy}{dt} \approx \frac{\Delta y}{\Delta t} = \frac{y[(n + 1)T] - y(nT)}{T} = \frac{\Delta y(nT)}{T}$;

$$\frac{d^2y}{dt^2} \approx \frac{1}{T}\left[\frac{y[(n+2)T]-y[(n+1)T]}{T}-\frac{y[(n+1)T]-y(nT)}{T}\right]=\frac{\Delta^2 y(nT)}{T^2};$$

……

上面这些式子中：

$\Delta y(nT) = y[(n+1)T] - y(nT)$；(一阶差分)

$\Delta^2 y(nT) = \Delta y[(n+1)T] - \Delta y(nT)$；(二阶差分)

……

用各阶差分代替微分方程中的各阶微分，用 nT 时的函数值代替微分方程中时间 t 的函数，就可以得到此微分方程所代表系统的近似差分方程。

对于(9 – 77)式，可化为：

$$\frac{T_c}{T}[y[(n+1)T] - y(nT)] + y(nT) = ku(nT) \tag{9-93}$$

经整理后，得

$$y[(n+1)T] - (1 - \frac{T}{T_c})y(nT) = \frac{T}{T_c}ku(nT) \tag{9-94}$$

上式不同于(9 – 85)式，也不同于(9 – 91)式。实际上，它是(9 – 85)式当 $\frac{T}{T_c} \ll 1$ 时的近似。因为，此时：

$$e^{-\frac{T}{T_c}} \approx 1 - \frac{T}{T_c}; \qquad 1 - e^{-\frac{T}{T_c}} \approx \frac{T}{T_c}。$$

直接从微分方程写出近似差分方程的这种方法，应用了最简单的数值微分。在把连续系统离散化时，这种方法应用较多。应该注意到，这种方法所得到的差分方程已经考虑了输入端有零阶保持器，而且是采样周期 T 相当小时的近似方程。

连续系统离散化表示时，要不要包括零阶保持器，应看具体情况而定。当采样周期足够小时，两种情况下的离散化结果差别不大。但应注意，当连续系统传递函数 $G(s)$ 的极点比零点多出的数目小于 2 个时，如果在离散化时不包括零阶保持器，将使系统的阶跃响应与实际连续系统有明显差别(因为这时一开始的脉冲响应不同于阶跃响应)。通常把连续系统的微分方程化为离散化的差分方程时，往往包含零阶保持器。

二、有纯迟延的系统

以有延迟的一阶系统为例：

$$T_c\frac{dy}{dt} + y = ku(t - \tau) \tag{9-95}$$

它的传递函数为：

$$\frac{Y(s)}{U(s)} = \frac{k}{T_c s + 1}e^{-s\tau} \tag{9-96}$$

令 $\tau = d_0 T$，d_0 为常数，可取近似的整数。

(1) 包括零阶保持器的差分方程

当 $nT \leqslant t < (n+1)T$ 时，$u(t-\tau) = u[(n-d_0)T]$

代入(9－96)式，按导出(9－85)式的同样方法，得出差分方程：

$$y[(n+1)T] - e^{-\frac{T}{T_c}} y(nT) = k(1 - e^{-\frac{T}{T_c}}) u[(n-d_0)T] \quad (9-97)$$

(2) 不包括零阶保持器时的差分方程为：

$$y[(n+1)T] - e^{-\frac{T}{T_c}} y(nT) = \frac{k}{T_c} u[(n+1-d_0)T] \quad (9-98)$$

(3) 直接从微分方程(9－95)写出近似差分方程：

$$y[(n+1)T] - (1 - \frac{T}{T_c}) y(nT) = k \frac{T}{T_c} u[(n-d_0)T] \quad (9-99)$$

从这些离散化的结果可以看出，有纯延迟系统离散化表示时，还是线性差分方程，这将使数值计算比较方便。

三、PID 调节器的离散表达式

当用数字调节器(或电子计算机)实现常规 PID 调节时，需要把连续的 PID 调节规律用离散化的形式来表示。

设调节器的输入为偏差 e，输出为控制作用 μ，连续的 PID 调节器的运算规律为：

$$\mu(t) = K_p \left[e(t) + \frac{1}{T_i} \int_0^t e(t) \mathrm{d}t + T_d \frac{\mathrm{d}e(t)}{\mathrm{d}t} \right] \quad (9-100)$$

它的近似差分方程可按下述关系写出：

$$\int_0^t e(t) \mathrm{d}t = T \sum_{i=0}^{n} e(iT) \quad (9-101)$$

$$\frac{\mathrm{d}e(t)}{\mathrm{d}t} \approx \frac{1}{T} \left[e(nT) - e[(n-1)T] \right] \quad (9-102)$$

因此，在 $t = nT$ 时，PID 调节器的近似差分方程为：

$$\mu(nT) = K_p \left\{ e(nT) + \frac{T}{T_i} \sum_{i=0}^{n} e(iT) + \frac{T_d}{T} \left[e(nT) - e[(n-1)T] \right] \right\} \quad (9-103)$$

式中，$\mu(nT)$ 为 $t = nT$ 时调节器的输出信号，在单回路采样控制系统中，$\mu(nT)$ 通过零阶保持器后就成为 $nT \leqslant t < (n+1)T$ 期间执行机构(或调节阀)的位置所对应的数值。

在有些情况下，需要调节器的输出为增量，即在上一次采样瞬时输出的数值上增加(或减少)某一数值。此时，PID 差分方程略加修改如下：

在上一次采样瞬时 $(n-1)T$ 时，

$$\mu[(n-1)T] = K_p \left\{ e[(n-1)T] + \frac{T}{T_i} \sum_{i=0}^{n-1} e(iT) + \frac{T_d}{T} \left[e[(n-1)T] - e[(n-2)T] \right] \right\}$$

而在 nT 采样瞬时，

$$\mu(nT) = K_p\left\{e(nT) + \frac{T}{T_i}\sum_{i=0}^{n} e(iT) + \frac{T_d}{T}\Big[e(nT) - e[(n-1)T]\Big]\right\}$$

则在 nT 采样瞬时，输出的变化为：

$$\begin{aligned}\Delta\mu(nT) &= \mu(nT) - \mu[(n-1)T] \\ &= K_p\left\{\Big[e(nT) - e[(n-1)T]\Big] + \frac{T}{T_i}e(nT)\right. \\ &\quad \left. + \frac{T_d}{T}\Big[e(nT) - 2e[(n-1)T] + e[(n-2)T]\Big]\right\}\end{aligned} \tag{9-104}$$

上面介绍了用离散系统近似表述连续系统的方法，如果得到了系统的差分方程，那么当输入信号在各采样瞬时的数值为已知时，就能用递推的方法顺次求出输出信号在各采样瞬时的数值，也可以用 z 变换法进行求解。

§9.8 小 结

本章介绍线性采样控制系统的基本概念和基本分析方法。与连续系统中的拉普拉斯变换法和传递函数很类似，本章着重介绍了分析离散系统时应用的 z 变换法和脉冲传递函数。在 s 平面上分析连续系统的方法(如特征方程根的分布、根轨迹法等)，原则上也能借用到 z 平面上来研究采样控制系统。

在应用常规的 *PID* 调节规律时，只要采用频率足够高(与系统瞬态响应的主要振荡频率相比)、每次采样时间甚小于采用周期，则采样控制系统就可以近似地按连续系统进行分析和整定。必须注意到，如果控制系统的基本结构相同而且采用常规的 *PID* 调节规律，那么采样控制系统的工作质量低于常规的连续控制系统。如果用一台调节设备巡回地用于很多控制回路，这样的调节只能是采样控制系统。而当电子计算机用于采样调节时，由于计算机运算的灵活性，完全可以不受 *PID* 调节规律的限制以获得更好的调节质量。

最后，离散系统的数学表达方式：差分方程和 z 变换表达式可以较方便地获得系统时间响应的数值解，因此不仅可以用来分析采样系统，也可以用来近似地分析连续系统。

习 题 9

9－1 求下列时间函数 $f(t)$ 的 z 变换：

(1) $f(t) = a^{\frac{t}{T}}$ [T 为采样周期]；　　(2) $f(t) = t$；

(3) $f(t) = 1 - e^{-at}$；　　(4) $f(t) = e^{-at}\sin\omega t$。

9－2 求下列拉普拉斯变换式的 z 变换：

(1) $F(s) = \dfrac{s+3}{(s+1)(s+2)}$；　　(2) $F(s) = \dfrac{K}{s+a}e^{-s\tau}$。

9－3 已知系统的传递函数如下：

(1) $G(s) = \dfrac{1}{2s+1}$；　　(2) $G(s) = \dfrac{1-e^{-Ts}}{s}\dfrac{1}{2s+1}$。

用 z 变换方法求出单位阶跃输入下输出的时间响应，设 $T = 1$。

9 - 4　设 $F(z) = Z[f(t)]$，T 为采样周期，试证明：

(1) $Z[tf(t)] = -Tz\frac{\mathrm{d}}{\mathrm{d}z}[F(z)]$；　　(2) $Z[\mathrm{e}^{-at}f(t)] = F(z\mathrm{e}^{aT})$；

(3) $Z[a^n f(t)] = F(\frac{z}{a})$。

9 - 5　试证明表 9 - 3 中列出的 3、4、5 三种反馈回路输出 $Y(z)$ 的公式。

9 - 6　系统如图 9 - 26 所示：

图 9 - 26　习题 9 - 6 的系统图

(1) 写出系统的脉冲传递函数 $G(z) = \frac{Y(z)}{U(z)}$；

(2) 当输入 $u(t)$ 为单位阶跃函数时，求输出信号的响应 $y^*(t)$，并画出 $y^*(t)$。

9 - 7　求图 9 - 27 所示系统的闭环脉冲传递函数 $G(z)$。

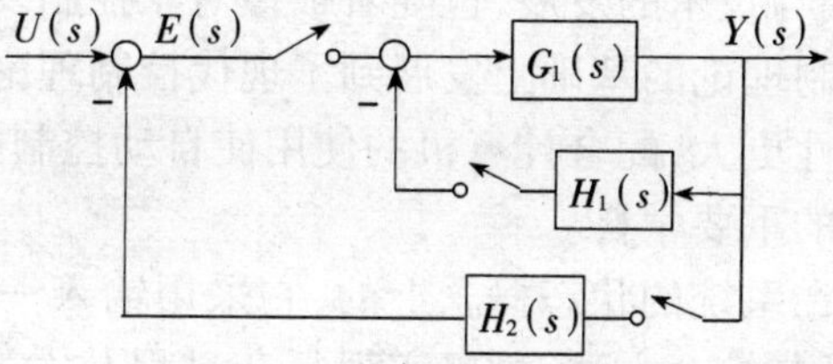

图 9 - 27　习题 9 - 7 框图

9 - 8　设实际 *PID* 调节器可以表示为两个环节的串联，如图 9 - 28 所示。试写出此 *PID* 调节器的近似差分方程。

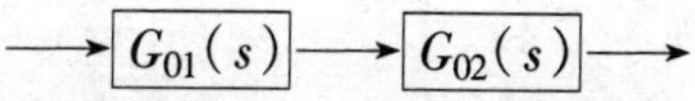

图 9 - 28　习题 9 - 8 图

其中：$G_{01}(s) = \frac{1}{\delta}(1 + \frac{1}{T_i s} + T_d s)$；

$$G_{02}(s) = \frac{1}{\frac{T_d}{k_d}s + 1}。$$

第 10 章　状态变量分析方法基础知识

§ 10.1　概　述

控制理论讨论的问题主要是**系统描述、系统分析**与**系统综合**。在前面的各章中，主要是讨论了系统的输出 — 输入描述，并在此基础上用时域分析方法、根轨迹法及频率法对系统进行了分析，在分析的基础上讨论了对控制系统的整定方法。整定是系统综合的内容之一。从上面的讨论可见，这些原理主要适用于线性系统，而且主要是讨论单输入 — 单输出系统，这些内容是经典控制理论。运用这些理论通过必要的计算及简单作图就可以设计和分析控制系统，实现相对比较简单的工业过程的自动控制。但是对于控制精度要求很高的对象或者对于非常复杂的过程或多变量系统的自动控制问题，经典控制理论就存在局限性：首先，对系统的描述是不完善的，它只考虑系统的端部（输入及输出）而不涉及系统内部状态；其次，综合的结果只能是使调节过程具有一定的较好的性能指标而不是使生产过程能够时时处于最优状态。随着计算机应用与技术的发展，也随着被控对象控制要求的提高，从 20 世纪 60 年代开始控制理论在经典控制理论的基础上发展到了现代控制理论，它对系统的描述更完善，对系统的分析与综合适应性更大，配合计算机的使用使自动控制技术得到了巨大发展，成为涉及到各个科学技术部门的重要学科。

现代控制理论是建立在系统的状态概念上的，它采用输入 — 状态 — 输出的系统描述方法，并建立了完整的分析与综合方法，可以实现复杂过程及大系统的控制任务。本章将介绍有关现代控制理论的一些基础知识，为今后进一步学习控制理论打下基础。

§ 10.2　系统的状态空间描述

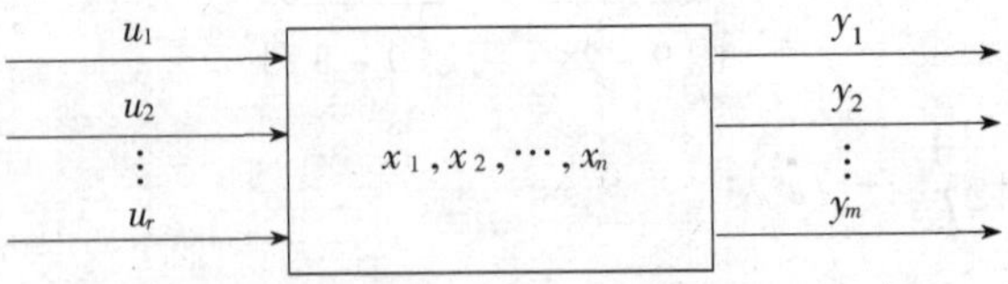

图 10 – 1　系统的方框图表示

一个系统是由一些互相制约的部分构成的整体，可用图 10 – 1 表示。其中方框外部表示系统环境，环境对系统的作用就是系统的输入，系统对环境的作用就是系统的输出，它们分别用 $u_1, u_2, \cdots, u_r$ 和 $y_1, y_2, \cdots, y_m$ 表示，二者都是时间 t 的函数，称为系统的**外部变量**。用以表示系统每个时刻所处状况的变量是**内部变量**，用 $x_1, x_2, \cdots, x_n$ 表示，这些变量随时间的变化体现了系统的行为，系统的数学描述就是反映系统变量间的因果关系和变换关系的一种数学模型。如果选择输出与输入关系，那么就是在前面各章中讨论的系统的输出 — 输入描述，不涉及系统内部变量；如果用输入 — 状态 — 输出关系描述，就是系统的状态空间描述。在表示系统的状态空间描述前先说明几个概念。

一、状态、状态空间

系统的状态定义为完全地表征系统时间域行为的一个最小内部变量组。组成这个变量组的变量用 $x_1(t), x_2(t), \cdots, x_n(t)$ 表示，称为系统的**状态变量**。其中 $t \geqslant t_0$，t_0 为初始时刻。由状态变量构成的列向量称为系统的**状态向量**或简称**状态**。**状态空间**则定义为状态向量取值的一个向量空间。考虑到状态变量 $x_1(t), x_2(t), \cdots, x_n(t)$ 只能取实数值，所以状态空间是建立在实数域上的向量空间，其维数为 n，与状态变量的个数相对应。对于某个确定的时刻，系统的状态就是状态空间内的一个点，而状态随时间的变化则构成了状态空间中的一条轨迹。

$$X(t) = \begin{bmatrix} x_1(t) \\ x_2(t) \\ \vdots \\ x_n(t) \end{bmatrix}, t \geqslant t_0 \tag{10 - 1}$$

状态变量组完全表征系统行为的含义是只要给定这个变量组在 $t = t_0$ 时刻的数值，即已知在 $t = t_0$ 时刻的状态，以及在 $t \geqslant t_0$ 时刻系统的输入 $u_1(t), u_2(t), \cdots, u_r(t)$ 的值，则在 $t \geqslant t_0$ 的任意时刻系统的运动行为也随之唯一确定了。状态变量组的最小性体现在如果减少个数则将破坏表征的完整性，而增加变量个数将是完全表征系统行为所不需要的，在数学上状态变量组就是构成系统状态中线性无关的变量的最大个数。当状态向量的维数 n 为有穷的正整数时相应的系统为有穷维的，称 n 为系统的阶次；而当 n 为无穷大时称为无穷大系统。集中参数系统是有穷维的，分布参数系统是无穷维的。

在系统远大于 n 个的内部变量中选择一组数目最小的变量组（n 个），只要能完全表征系统的时域行为，那么这组变量就是系统的状态变量。如果还可以选择另外 n 个变量完全表征系统的时域行为，那么这些内部变量同样可以作为系统的状态变量。这表示，对一个系统来说，虽然状态变量的个数 n 是唯一的，但选择方式是可以不唯一的。系统任意两种状态变量组之间具有线性非奇异变换关系，例如，如果

$$X = \begin{bmatrix} x_1 \\ x_2 \\ \vdots \\ x_n \end{bmatrix} \text{和} \overline{X} = \begin{bmatrix} \overline{x}_1 \\ \overline{x}_2 \\ \vdots \\ \overline{x}_n \end{bmatrix} \tag{10 - 2}$$

都是系统的状态变量，那么$\overline{x}_1, \overline{x}_2, \cdots, \overline{x}_n$ 是线性无关的，因此可以将 $x_1, x_2, \cdots, x_n$ 的每个变量都表示为$\overline{x}_1, \overline{x}_2, \cdots, \overline{x}_n$ 的线性组合，且这种表示是唯一的，即

$$\begin{cases} x_1 = p_{11}\overline{x}_1 + p_{12}\overline{x}_2 + \cdots + p_{1n}\overline{x}_n \\ x_2 = p_{21}\overline{x}_1 + p_{22}\overline{x}_2 + \cdots + p_{2n}\overline{x}_n \\ \qquad \vdots \\ x_n = p_{n1}\overline{x}_1 + p_{n2}\overline{x}_2 + \cdots + p_{nn}\overline{x}_n \end{cases} \tag{10 - 3}$$

引入系数矩阵可将(10－3)式改写成：

$$X = P\bar{X} \tag{10-4}$$

其中

$$P = \begin{bmatrix} p_{11} & p_{12} & \cdots & p_{1n} \\ p_{21} & p_{22} & \cdots & p_{2n} \\ \vdots & \vdots & & \vdots \\ p_{n1} & p_{n2} & \cdots & p_{nn} \end{bmatrix} \tag{10-5}$$

同样道理，由于 $x_1, x_2, \cdots, x_n$ 是线性无关的，所以可以有：

$$\bar{X} = QX \tag{10-6}$$

由(10－4)和(10－6)式可见：

$$PQ = QP = I \tag{10-7}$$

这表明，P 和 Q 是互为逆阵，也即任意选择的两个状态变量 X 和 $\bar{X}$ 为线性非奇异变换关系。

二、系统的状态空间描述

在引入了状态和状态空间概念后就可建立动态系统的状态空间描述。从结构角度看，一个动态系统可用图 10－2 表示。

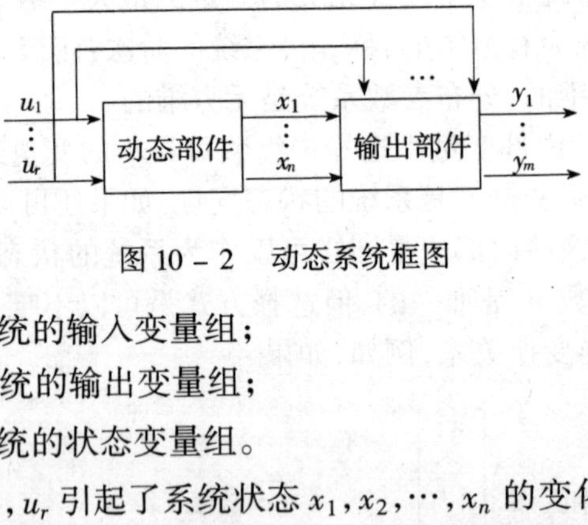

图 10－2　动态系统框图

其中：$u_1, u_2, \cdots, u_r$—— 系统的输入变量组；

$y_1, y_2, \cdots, y_m$—— 系统的输出变量组；

$x_1, x_2, \cdots, x_n$—— 系统的状态变量组。

系统的输入 $u_1, u_2, \cdots, u_r$ 引起了系统状态 $x_1, x_2, \cdots, x_n$ 的变化，输入与状态的变化，引起系统输出 $y_1, y_2, \cdots, y_m$ 的变化，确定这些变量之间的数学关系就是系统的状态空间描述。

系统的输入会引起系统的状态发生变化，这可用微分方程或差分方程来描述，如果选择微分方程的形式，可用如下的一阶微分方程组描述，这样的方程称为系统的**状态方程**。

$$\begin{cases} \dot{x}_1 = f_1(x_1, x_2, \cdots, x_n; u_1, u_2, \cdots, u_r; t) \\ \qquad \vdots \\ \dot{x}_n = f_n(x_1, x_2, \cdots, x_n; u_1, u_2, \cdots, u_r; t) \end{cases} \quad t \geqslant t_0 \tag{10-8}$$

引入向量形式后可使状态方程的表示方法更加简洁，

$$\dot{X} = f(X, U, t) \quad t \geqslant t_0 \tag{10-9}$$

其中，$X = \begin{bmatrix} x_1 \\ x_2 \\ \vdots \\ x_n \end{bmatrix}$，$U = \begin{bmatrix} u_1 \\ u_2 \\ \vdots \\ u_n \end{bmatrix}$，$f(X, U, t) = \begin{bmatrix} f_1(X, U, t) \\ f_2(X, U, t) \\ \vdots \\ f_n(X, U, t) \end{bmatrix}$.

输入与状态的变化决定了输出的变化，它是一个变量的转换过程，可以用代数方程表示，称为系统的**输出方程**。

$$\begin{cases} y_1 = g_1(x_1, x_2, \cdots, x_n; u_1, u_2, \cdots, u_r; t) \\ \vdots \\ y_m = g_m(x_1, x_2, \cdots, x_n; u_1, u_2, \cdots, u_r; t) \end{cases} \tag{10-10}$$

也可用向量将式(10 - 10)简化为：

$$Y = g(X, U, t) \tag{10-11}$$

其中，

$$Y = \begin{bmatrix} y_1 \\ y_2 \\ \vdots \\ y_m \end{bmatrix}, \quad g(X, U, t) = \begin{bmatrix} g_1(X, U, t) \\ g_2(X, U, t) \\ \vdots \\ g_m(X, U, t) \end{bmatrix}$$

(10 - 9)和(10 - 11)两式就是系统的状态空间描述，它包括一个向量一阶微分方程——系统的状态方程，以及一个向量代数方程——系统的输出方程。

如果为线性时变系统，则 f 和 g 都为线性形式，这时，系统的状态空间表达式为：

$$\begin{cases} \dot{X} = A(t)X(t) + B(t)U(t) \\ Y = C(t)X(t) + D(t)U(t) \end{cases} \quad t \geqslant t_0 \tag{10-12}$$

其中

$$A(t) = \begin{bmatrix} a_{11}(t) & a_{12}(t) & \cdots & a_{1n}(t) \\ a_{21}(t) & a_{22}(t) & \cdots & a_{2n}(t) \\ \vdots & \vdots & & \vdots \\ a_{n1}(t) & a_{n2}(t) & \cdots & a_{nn}(t) \end{bmatrix}_{n \times n}$$

$$B(t) = \begin{bmatrix} b_{11}(t) & b_{12}(t) & \cdots & b_{1r}(t) \\ b_{21}(t) & b_{22}(t) & \cdots & b_{2r}(t) \\ \vdots & \vdots & & \vdots \\ b_{n1}(t) & b_{n2}(t) & \cdots & b_{nr}(t) \end{bmatrix}_{n \times r}$$

$$C(t) = \begin{bmatrix} c_{11}(t) & c_{12}(t) & \cdots & c_{1n}(t) \\ c_{21}(t) & c_{22}(t) & \cdots & c_{2n}(t) \\ \vdots & \vdots & & \vdots \\ c_{m1}(t) & c_{m2}(t) & \cdots & c_{mn}(t) \end{bmatrix}_{m \times n}$$

$$D(t)=\begin{bmatrix} d_{11}(t) & d_{12}(t) & \cdots & d_{1r}(t) \\ d_{21}(t) & d_{22}(t) & \cdots & d_{2r}(t) \\ \vdots & \vdots & & \vdots \\ d_{m1}(t) & d_{m2}(t) & \cdots & d_{mr}(t) \end{bmatrix}_{m\times r}$$

如果系统为线性定常系统,则系统的状态空间表达式为:

$$\begin{cases} \dot{X}=AX+BU \\ Y=CX+DU \end{cases} \quad t\geqslant t_0 \tag{10 - 13}$$

其中,A、B、C、D 为常数阵,A 称为**系统矩阵**,B 称为**输入矩阵**,C 称为**输出矩阵**,D 称为**转换矩阵**,它们分别有如下形式:

$$A=\begin{bmatrix} a_{11} & a_{12} & \cdots & a_{1n} \\ a_{21} & a_{22} & \cdots & a_{2n} \\ \vdots & \vdots & & \vdots \\ a_{n1} & a_{n2} & \cdots & a_{nn} \end{bmatrix}_{n\times n} \qquad B=\begin{bmatrix} b_{11} & b_{12} & \cdots & b_{1r} \\ b_{21} & b_{22} & \cdots & b_{2r} \\ \vdots & \vdots & & \vdots \\ b_{n1} & b_{n2} & \cdots & b_{nr} \end{bmatrix}_{n\times r}$$

$$C=\begin{bmatrix} c_{11} & c_{12} & \cdots & c_{1n} \\ c_{21} & c_{22} & \cdots & c_{2n} \\ \vdots & \vdots & & \vdots \\ c_{m1} & c_{m2} & \cdots & c_{mn} \end{bmatrix}_{m\times n} \qquad D=\begin{bmatrix} d_{11} & d_{12} & \cdots & d_{1r} \\ d_{21} & d_{22} & \cdots & d_{2r} \\ \vdots & \vdots & & \vdots \\ d_{m1} & d_{m2} & \cdots & d_{mr} \end{bmatrix}_{m\times r}$$

或者用 $\sum:(A,B,C,D)$ 表示系统的状态空间表达式,因为只要知道了系统的系数矩阵,就可以方便地写出(10 - 13) 的表达式。也可以用如图 10 - 3 表示系统。

对线性定常离散系统,可以表示成:

$$\begin{cases} X(k+1)=AX(k)+BU(k) \\ Y(k)=CX(k)+DU(k) \end{cases} \quad (k=0,1\cdots) \tag{10 - 14}$$

在本章中,主要讨论线性定常连续系统的一些基本概念。

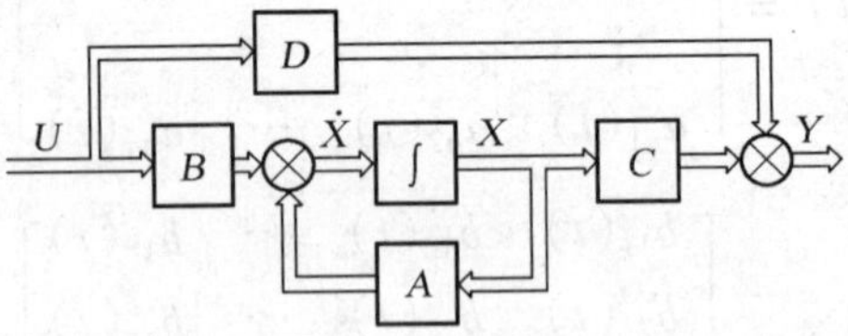

图 10 - 3　线性系统框图

三、系统状态空间描述举例

设有如图 10 - 4 所示的电路,输入为 $e(t)$,输出为 $u_{R_2}(t)$,建立状态空间描述。

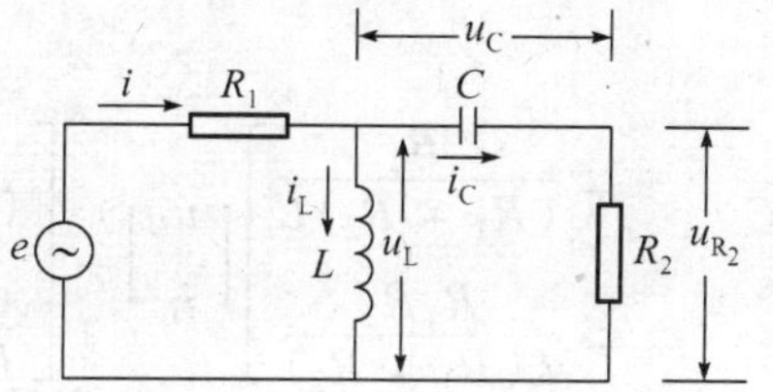

图 10 - 4　电路原理图

如果用经典控制理论的方法，可以画出如下框图，通过框图变换可以得到输出 u_{R_2} 和输入 e 间的传递函数，从而得到系统的输出 — 输入描述。

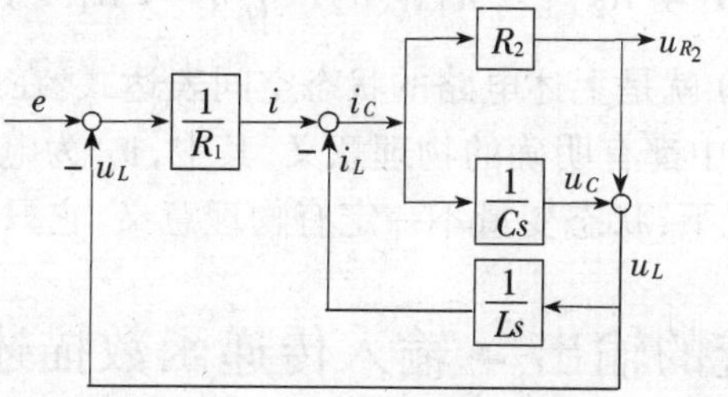

图 10 - 5　图 10 - 4 的方框图

现在用状态空间描述。首先要确定状态变量，从电工原理知道，这个电路最多有两个线性无关的变量，可选择独立的储能元件 C 和 L 的参数为状态变量，有 u_C 和 i_L。这样，由原始电路可列出方程：

$$u_C + R_2 i_C = u_L = L\frac{di_L}{dt} \tag{10-15}$$

$$R_1(i_L + i_C) + u_L = e \tag{10-16}$$

同时考虑到：

$$i_C = C\frac{du_C}{dt} \tag{10-17}$$

将(10 - 17)式代入到前面的表达式中，可得到：

$$\begin{cases} R_2 C\dfrac{du_C}{dt} - L\dfrac{di_L}{dt} = -u_C & (10-18) \\ R_1 C\dfrac{du_C}{dt} + L\dfrac{di_L}{dt} = -R_1 i_L + e & (10-19) \end{cases}$$

在选择了 u_C 和 i_L 作为状态变量后，在上述方程中可以解出 $\frac{du_C}{dt}$ 和 $\frac{di_L}{dt}$，得到：

$$\begin{cases} \dfrac{du_C}{dt} = -\dfrac{1}{(R_1+R_2)C}u_C - \dfrac{R_1}{(R_1+R_2)C}i_L + \dfrac{1}{(R_1+R_2)C}e \\ \dfrac{di_L}{dt} = \dfrac{R_1}{L(R_1+R_2)}u_C - \dfrac{R_1 R_2}{L(R_1+R_2)}i_L + \dfrac{R_2}{L(R_1+R_2)}e \end{cases} \tag{10-20}$$

写成状态方程形式为：

$$\begin{bmatrix} \dot{u}_C \\ \dot{i}_L \end{bmatrix} = \begin{bmatrix} -\dfrac{1}{(R_1+R_2)C} & -\dfrac{R_1}{(R_1+R_2)C} \\ \dfrac{R_1}{L(R_1+R_2)} & -\dfrac{R_1R_2}{L(R_1+R_2)} \end{bmatrix} \begin{bmatrix} u_C \\ i_L \end{bmatrix} + \begin{bmatrix} \dfrac{1}{(R_1+R_2)C} \\ \dfrac{R_2}{L(R_1+R_2)} \end{bmatrix} e \qquad (10-21)$$

再导出输出方程：

$$u_{R_2} = i_C R_2 = -\frac{R_2}{R_1+R_2}u_C - \frac{R_1R_2}{R_1+R_2}i_L + \frac{R_2}{R_1+R_2}e$$

$$= \begin{bmatrix} -\dfrac{R_2}{R_1+R_2} & -\dfrac{R_1R_2}{R_1+R_2} \end{bmatrix} \begin{bmatrix} u_C \\ i_L \end{bmatrix} + \begin{bmatrix} \dfrac{R_2}{R_1+R_2} \end{bmatrix} e \qquad (10-22)$$

(10 - 21)和(10 - 22)就是上述电路的状态空间表达式。在这里必须说明，选择 u_C 和 i_L 作为状态变量在这个例子中都有明确的物理意义，其中，u_C 为电容 C 两端的电压，i_L 为电感 L 中的电流。在大多数情况下，状态变量不一定有物理意义，它只是系统描述中的一个量。

§10.3 化系统的输出 - 输入传递函数描述为状态空间描述

要用状态空间分析方法对系统进行分析与综合必须要建立系统的状态空间描述，在前面介绍的系统的输出 - 输入描述中，最经常用到的是系统的传递函数描述，这里介绍单输入 - 单输出系统的传递函数描述化成状态空间描述的方法。由 $G(s)$ 得到 $\sum:(A,B,C,D)$ 称为**实现问题**。

设系统的传递函数为：

$$G(s) = \frac{Y(s)}{U(s)} = \frac{b_m s^m + b_{m-1}s^{m-1} + \cdots + b_1 s + b_0}{s^n + a_{n-1}s^{n-1} + \cdots + a_1 s + a_0} \quad m \leqslant n \qquad (10-23)$$

与其对应的在时域内的微分方程为：

$$y^{(n)} + a_{n-1}y^{(n-1)} + \cdots + a_1\dot{y} + a_0 y = b_m u^{(m)} + b_{m-1}u^{(m-1)} + \cdots + b_1\dot{u} + b_0 u \qquad (10-24)$$

现在需要将(10 - 23)式或(10 - 24)式表示的描述形式化成状态空间描述 $\sum:(A,B,C,D)$，得到 A,B,C,D 的表达式。由于状态变量的选择并不是唯一的，所以矩阵 A,B,C,D 的表达式也不是唯一的。为了今后分析讨论需要，通常给出几种规范形式。

还需要说明的是，尽管状态变量的选择不是唯一的，因此得到的状态空间表达式也不是唯一的；但是，只要传递函数 $G(s)$ 的分子分母无公因子，即没有零点和极点对消的情况，则 n 阶系统必有 n 个独立的状态变量，必有 n 个一阶微分方程相对应，系统矩阵 A 的元可能不同，但它的特征根必是相同的，即系统的固有特性不会改变。

可以分两种情况说明由传递函数 $G(s)$ 描述化成系统状态空间描述的方法。

一、传递函数 $G(s)$ 中没有零点的情况

假定在这种情况下，传递函数 $G(s)$ 为：

$$G(s)=\frac{Y(s)}{U(s)}=\frac{1}{s^n+a_{n-1}s^{n-1}+\cdots+a_1s+a_0} \tag{10-25}$$

它对应的微分方程为：

$$y^{(n)}+a_{n-1}y^{(n-1)}+\cdots+a_1\dot{y}+a_0y=u \tag{10-26}$$

选择如下的状态变量：

$$\begin{aligned}
&x_1=y\\
&\dot{x}_1=x_2=\dot{y}\\
&\dot{x}_2=x_3=\ddot{y}\\
&\vdots\\
&\dot{x}_{n-1}=x_n=y^{(n-1)}\\
&\dot{x}_n=y^{(n)}=-a_0x_1-a_1x_2-\cdots-a_{n-2}x_{n-1}-a_{n-1}x_n+u
\end{aligned}$$

这样，系统的状态空间表达式为：

$$\Sigma:\begin{cases}
\underbrace{\begin{bmatrix}\dot{x}_1\\ \dot{x}_2\\ \vdots\\ \dot{x}_n\end{bmatrix}}_{\dot{X}}=\underbrace{\begin{bmatrix}0&1&0&\cdots&0\\ \vdots&0&\ddots&\ddots&\vdots\\ \vdots&\vdots&\ddots&\ddots&0\\ 0&0&\cdots&0&1\\ -a_0&-a_1&&-a_{n-2}&-a_{n-1}\end{bmatrix}}_{A}\underbrace{\begin{bmatrix}x_1\\ x_2\\ \vdots\\ x_n\end{bmatrix}}_{X}+\underbrace{\begin{bmatrix}0\\ \vdots\\ 0\\ 1\end{bmatrix}}_{b}u\\
\dot{X}=AX+bu\\
y=\underbrace{\begin{bmatrix}1&0&\cdots&\cdots&0\end{bmatrix}}_{C}\underbrace{\begin{bmatrix}x_1\\ x_2\\ \vdots\\ \vdots\\ x_n\end{bmatrix}}_{X}\\
y=CX
\end{cases} \tag{10-27}$$

状态空间表达式中的矩阵 A 和 b 具有(10－27)式形式的是一种规范型式，称为**能控规范型**，矩阵 A 的形式称为**友矩阵**。为了便于计算，可将(10－27)式画成如图 10－6 的结构框图。同时，从(10－27)式可见，系统的系统矩阵 A 的元除了有规则的分布着 1 和 0 外，其最后一行的元是系统特征方程的系数，矩阵 A 反映了系统固有的结构特征。

如果用下面的方式选择状态变量可以得到状态空间描述的能测规范型：

$$\dot{x}_1=-a_0x_n+u$$

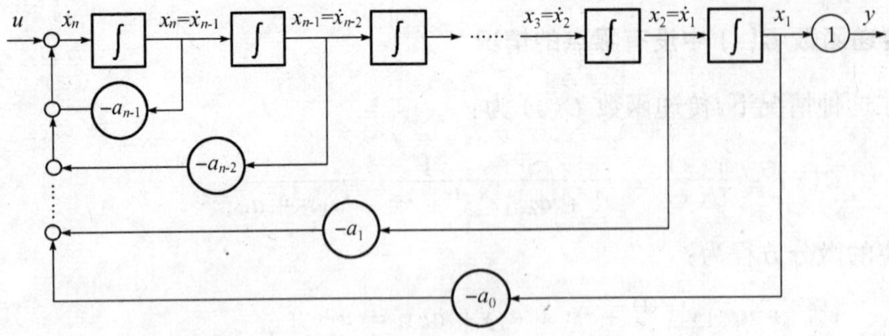

图 10－6 （10－27）式的结构框图（能控规范型）

$$\dot{x}_2 = x_1 - a_1 x_n$$
$$\dot{x}_3 = x_2 - a_2 x_n$$
$$\vdots$$
$$\dot{x}_n = x_{n-1} - a_{n-1} x_n$$
$$y = x_n$$

其状态空间表达式为：

$$\underbrace{\begin{bmatrix} \dot{x}_1 \\ \dot{x}_2 \\ \vdots \\ \vdots \\ \dot{x}_n \end{bmatrix}}_{\dot{X}} = \underbrace{\begin{bmatrix} 0 & \cdots & \cdots & 0 & -a_0 \\ 1 & & \cdots & 0 & -a_1 \\ 0 & \ddots & \ddots & \vdots & \vdots \\ & \ddots & \ddots & 0 & \vdots \\ 0 & \cdots & 0 & 1 & -a_{n-1} \end{bmatrix}}_{A} \underbrace{\begin{bmatrix} x_1 \\ x_2 \\ \vdots \\ \vdots \\ x_n \end{bmatrix}}_{X} + \underbrace{\begin{bmatrix} 1 \\ 0 \\ \vdots \\ \vdots \\ 0 \end{bmatrix}}_{b} u$$

$$y = [0 \quad 0 \quad 0 \quad 1]X$$

$$\sum: \begin{cases} \dot{X} = AX + bu \\ y = CX \end{cases} \tag{10－28}$$

在状态空间表达式中具有上述形式的矩阵 A 和 C 称为系统的**能测规范型**。比较（10－27）和（10－28）式可见，能控规范型的 A 和 b 与能测规范型的 A 和 C 互为转置关系。同样可将式（10－28）表示成状态变量结构框图如图 10－7 所示。

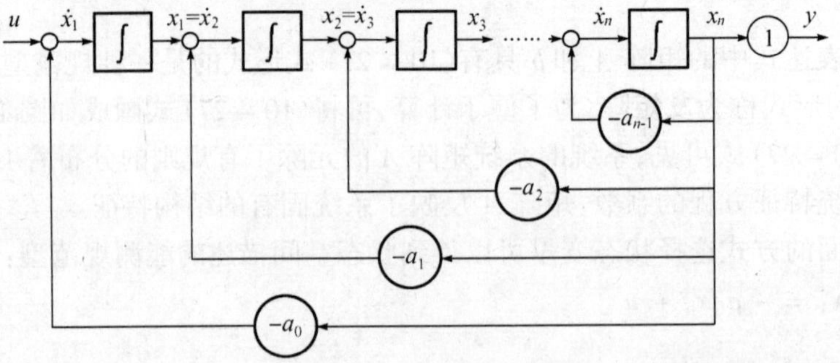

图 10－7 （10－28）式的状态变量结构框图（能测规范型）

二、传递函数 $G(s)$ 中有零点的情况

这时，传递函数 $G(s)$ 可用如下形式表示：

$$G(s)=\frac{Y(s)}{U(s)}=\frac{b_{n-1}s^{n-1}+b_{n-2}s^{n-2}+\cdots+b_1s+b_0}{s^n+a_{n-1}s^{n-1}+\cdots+a_1s+a_0} \tag{10-29}$$

这样的表示方法的特征是，分母为首 1 多项式，同时假定分子比分母低一阶。如果分母不为首 1 多项式，经过处理（分子分母同除 s^n 项系数）可以化成首 1 多项式，如果分子分母同阶次，则 $G(s)$ 可以化成 $G(s)=b_n+G_1(s)$，其中 b_n 为系数，$G_1(s)$ 为首 1 分母多项式的分式。

与(10－29)相对应的微分方程为：

$$y^{(n)}+a_{n-1}y^{(n-1)}+\cdots+a_1\dot{y}+a_0y=b_{n-1}u^{(n-1)}+b_{n-2}u^{(n-2)}+\cdots+b_1\dot{u}+b_0u$$

选择不同的状态变量可得到不同规范型形式的状态空间表达式，分别是：

1. **能控规范型**(A,b)

引入一个中间变量 z，使

$$\begin{aligned}G(s)&=\frac{Y(s)}{U(s)}=\frac{Z(s)}{U(s)}\cdot\frac{Y(s)}{Z(s)}\\&=\frac{1}{s^n+a_{n-1}s^{n-1}+\cdots+a_1s+a_0}\cdot(b_{n-1}s^{n-1}+\cdots+b_1s+b_0)\end{aligned}$$

即

$$\frac{Z(s)}{U(s)}=\frac{1}{s^n+a_{n-1}s^{n-1}+\cdots+a_1s+a_0} \tag{10-30}$$

$$\frac{Y(s)}{Z(s)}=b_{n-1}s^{n-1}+\cdots+b_1s+b_0 \tag{10-31}$$

与(10－30)式相对应的微分方程为：

$$z^{(n)}+a_{n-1}z^{(n-1)}+\cdots+a_1\dot{z}+a_0z=u \tag{10-32}$$

这就是前面介绍的传递函数无零点的情况。可以写出它的状态空间表达式为：

$$\begin{cases}\dot{X}=\begin{bmatrix}0&1&0&\cdots&0\\0&0&1&\ddots&0\\\vdots&&\ddots&\ddots&0\\0&0&\cdots&0&1\\-a_0&-a_1&\cdots&-a_{n-2}&-a_{n-1}\end{bmatrix}X+\begin{bmatrix}0\\0\\\vdots\\1\end{bmatrix}u\\z=\begin{bmatrix}1&0\cdots0\end{bmatrix}X\end{cases} \tag{10-33}$$

从式(10－31)可得到：

$$Y(s)=(b_{n-1}s^{n-1}+b_{n-2}s^{n-2}+\cdots+b_1s+b_0)Z(s)$$

两边进行拉氏反变换，可得：

$$
\begin{aligned}
y &= b_{n-1}z^{(n-1)} + b_{n-2}z^{(n-2)} + \cdots + b_1\dot{z} + b_0 z \\
&= b_{n-1}x_n + b_{n-2}x_{n-1} + \cdots + b_1x_2 + b_0x_1
\end{aligned}
$$

或

$$
y = [b_0 \quad b_1 \quad \cdots \quad b_{n-2} \quad b_{n-1}]X
$$

所以,系统的状态空间表达式为:

$$
\sum : \begin{cases} \dot{X} = \begin{bmatrix} 0 & 1 & 0 & \cdots & 0 \\ 0 & 0 & 1 & \ddots & \vdots \\ \vdots & \vdots & \ddots & \ddots & 0 \\ 0 & 0 & \cdots & 0 & 1 \\ -a_0 & -a_1 & \cdots & -a_{n-2} & -a_{n-1} \end{bmatrix} X + \begin{bmatrix} 0 \\ 0 \\ \vdots \\ 1 \end{bmatrix} u \\ y = [b_0 \quad b_1 \quad \cdots \quad b_{n-2} \quad b_{n-1}]X \end{cases} \tag{10-34}
$$

具有(10 - 34)式中形式的矩阵 A 及 b 称为系统的**能控规范型**。可以用结构框图表示(10 - 34)式,如图 10 - 8 所示。

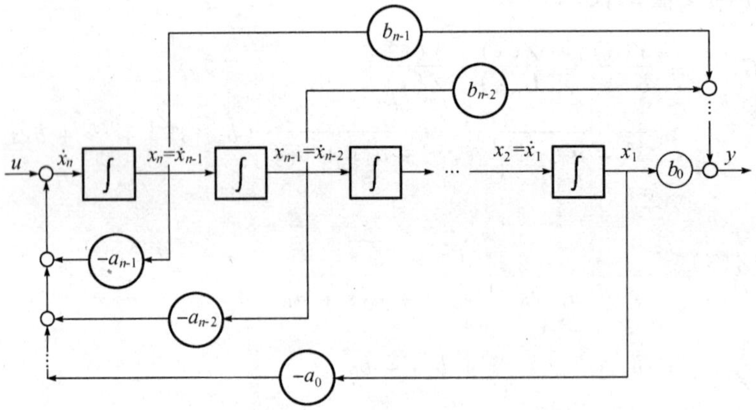

图 10 - 8 (10 - 34)式的结构框图(能控规范型)

如果 $G(s)$ 中的分子分母阶次相同,那么化成 $G(s) = b_n + G_1(s)$,所以:

$$
Y(s) = b_nU(s) + G_1(s)U(s) \tag{10-35}
$$

这时,状态方程与(10 - 34)式相同,在输出方程中成为:

$$
y = [b_0 \quad b_1 \quad \cdots \quad b_{n-2} \quad b_{n-1}]X + b_nu \tag{10-36}
$$

例 10 - 1 设系统的传递函数为:

$$
G(s) = \frac{Y(s)}{U(s)} = \frac{s^2 + 2s + 3}{2s^3 + 4s^2 + 6s + 10}
$$

写出它的状态空间表达式。

解:首先将 $G(s)$ 的分母化成首 1 多项式:

$$G(s)=\frac{Y(s)}{U(s)}=\frac{s^2+2s+3}{2s^3+4s^2+6s+10}=\frac{\frac{1}{2}s^2+s+\frac{3}{2}}{s^3+2s^2+3s+5}$$

所以能控规范型为：

$$\begin{cases}\dot{X}=\begin{bmatrix}0 & 1 & 0\\ 0 & 0 & 1\\ -5 & -3 & -2\end{bmatrix}X+\begin{bmatrix}0\\0\\1\end{bmatrix}u\\ y=\begin{bmatrix}\frac{3}{2} & 1 & \frac{1}{2}\end{bmatrix}X\end{cases}$$

其框图为：

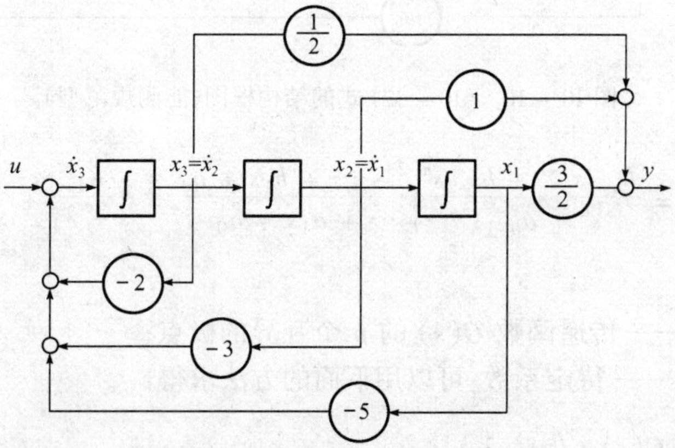

图 10 - 9　例 10 - 1 的结构框图

2. 能测规范型(A,C)

类似的方法可得到能测规范型：

$$\sum:\begin{cases}\dot{X}=\begin{bmatrix}0 & 0 & \cdots & \cdots & 0 & -a_0\\ 1 & 0 & \cdots & \cdots & 0 & -a_1\\ 0 & 1 & 0 & & \vdots & \vdots\\ \vdots & \ddots & \ddots & \ddots & \vdots & \vdots\\ \vdots & & \ddots & \ddots & 0 & \vdots\\ 0 & \cdots & \cdots & 0 & 1 & -a_{n-1}\end{bmatrix}X+\begin{bmatrix}b_0\\ b_1\\ \vdots\\ \vdots\\ b_{n-1}\end{bmatrix}u\\ y=[0 \ \cdots \ \cdots \ 0 \ 1]X\end{cases} \qquad (10-37)$$

具有上述形式的矩阵 A 和 C 称为**能测规范型**，其框图可用图 10 - 10 表示。

3. 对角规范型(矩阵 A 为对角阵)

当 $G(s)$ 的分母有互异的特征根 $\lambda_1,\lambda_2,\cdots,\lambda_n$ 时，则可以化成对角规范型的状态空间表达式：

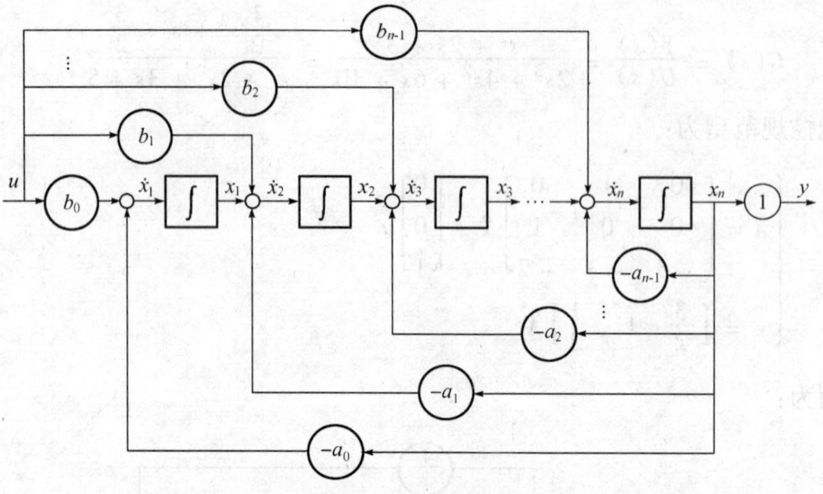

图 10 - 10 （10 - 37）式的结构框图(能测规范型)

$$G(s) = \frac{Y(s)}{U(s)} = \frac{b_{n-1}s^{n-1} + b_{n-2}s^{n-2} + \cdots + b_1 s + b_0}{s^n + a_{n-1}s^{n-1} + \cdots + a_1 s + a_0} = \frac{K_1}{s - \lambda_1} + \frac{K_2}{s - \lambda_2} + \cdots + \frac{K_n}{s - \lambda_n} \tag{10 - 38}$$

式中：$\lambda_1, \lambda_2, \cdots, \lambda_n$—— 传递函数 $G(s)$ 的 n 个互异的极点；

$K_1, K_2, \cdots, K_n$—— 待定系数。可以用下面的方法求得：

$$K_i = G(s) \cdot (s - \lambda_i)\big|_{s = \lambda_i} \tag{10 - 39}$$

这时，可以选择如下的状态变量：

$$x_1(s) = \frac{1}{s - \lambda_1}U(s) \qquad \dot{x}_1 = \lambda_1 x_1 + u$$

$$x_2(s) = \frac{1}{s - \lambda_2}U(s) \qquad \dot{x}_2 = \lambda_2 x_2 + u$$

$$\vdots \qquad\qquad \vdots$$

$$x_n(s) = \frac{1}{s - \lambda_n}U(s) \qquad \dot{x}_n = \lambda_n x_n + u$$

这样，状态方程为：

$$\dot{X} = \begin{bmatrix} \lambda_1 & & & \\ & \lambda_2 & & \\ & & \ddots & \\ & & & \lambda_n \end{bmatrix} X + \begin{bmatrix} 1 \\ 1 \\ \vdots \\ 1 \end{bmatrix} u$$

同时，由（10 - 38）式可得：

$$Y(s) = K_1 \frac{1}{s - \lambda_1}U(s) + K_2 \frac{1}{s - \lambda_2}U(s) + \cdots + K_n \frac{1}{s - \lambda_n}U(s)$$

所以

$$y = K_1x_1 + K_2x_2 + \cdots + K_nx_n = [K_1 \quad K_2 \quad \cdots \quad K_n]X$$

综合起来为：

$$\sum : \begin{cases} \dot{X} = \begin{bmatrix} \lambda_1 & & & \\ & \lambda_2 & & \\ & & \ddots & \\ & & & \lambda_n \end{bmatrix} X + \begin{bmatrix} 1 \\ 1 \\ \vdots \\ 1 \end{bmatrix} u \\ y = [K_1 \quad K_2 \quad \cdots \quad K_n]X \end{cases} \tag{10 - 40}$$

可以画出系统的结构框图如图 10 - 11 所示。当系统可化成对角规范型时，各个状态变量可以独立求解。

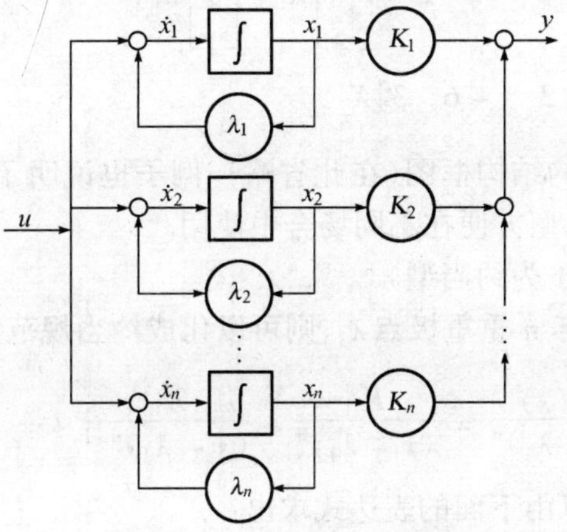

图 10 - 11　对角规范型的结构框图

例 10 - 2　系统的传递函数为：

$$G(s) = \frac{Y(s)}{U(s)} = \frac{6}{s^3 + 6s^2 + 11s + 6}$$

求它的状态空间表达式。

解：(1) 能控规范型

$$\sum : \begin{cases} \dot{X} = \begin{bmatrix} 0 & 1 & 0 \\ 0 & 0 & 1 \\ -6 & -11 & -6 \end{bmatrix} X + \begin{bmatrix} 0 \\ 0 \\ 1 \end{bmatrix} u \\ y = [6 \quad 0 \quad 0]X \end{cases}$$

(2) 能测规范型

$$\sum:\begin{cases}\dot{X}=\begin{bmatrix}0&0&-6\\1&0&-11\\0&1&-6\end{bmatrix}X+\begin{bmatrix}6\\0\\0\end{bmatrix}u\\ y=\begin{bmatrix}0&0&1\end{bmatrix}X\end{cases}$$

(3) 对角规范型

$$G(s)=\frac{Y(s)}{U(s)}=\frac{6}{s^3+6s^2+11s+6}=\frac{K_1}{s+1}+\frac{K_2}{s+2}+\frac{K_3}{s+3}$$

所以，$\lambda_1=-1,\lambda_2=-2,\lambda_3=-3$。

同时可以求出 $K_1=3,K_2=-6,K_3=3$。所以：

$$\sum:\begin{cases}\dot{X}=\begin{bmatrix}-1&&\\&-2&\\&&-3\end{bmatrix}X+\begin{bmatrix}1\\1\\1\end{bmatrix}u\\ y=\begin{bmatrix}3&-6&3\end{bmatrix}X\end{cases}$$

同样也可以画出它们的结构框图（在此省略）。例子也说明了由 $G(s)$ 化成状态空间表达式不是唯一的，不同规范型方便在不同场合中使用。

4. 约当规范型（矩阵 A 为约当型）

如果传递函数 $G(s)$ 有 n 重重极点 λ_1，则可以化成约当规范型。这时，

$$G(s)=\frac{Y(s)}{U(s)}=\frac{M(s)}{(s-\lambda_1)^n}=\frac{K_{11}}{(s-\lambda_1)^n}+\frac{K_{12}}{(s-\lambda_1)^{n-1}}+\cdots+\frac{K_{1n}}{(s-\lambda_1)} \tag{10-41}$$

其中，K_{1i} 为待定系数，可以由下面的表达式求出：

$$K_{1i}=\frac{1}{(i-1)!}\frac{\mathrm{d}^{i-1}}{\mathrm{d}s^{i-1}}[G(s)(s-\lambda_1)^n]\big|_{s=\lambda_1} \tag{10-42}$$

这时，可以选择如下的状态变量：

$$x_1(s)=\frac{1}{(s-\lambda_1)^n}U(s)=\frac{1}{(s-\lambda_1)}x_2(s) \qquad \dot{x}_1=\lambda_1x_1+x_2$$

$$x_2(s)=\frac{1}{(s-\lambda_1)^{n-1}}U(s)=\frac{1}{(s-\lambda_1)}x_3(s) \qquad \dot{x}_2=\lambda_1x_2+x_3$$

$$\vdots \qquad\qquad \vdots$$

$$x_{n-1}(s)=\frac{1}{(s-\lambda_1)^2}U(s)=\frac{1}{(s-\lambda_1)}x_n(s) \qquad \dot{x}_{n-1}=\lambda_1x_{n-1}+x_n$$

$$x_n(s)=\frac{1}{s-\lambda_1}U(s) \qquad \dot{x}_n=\lambda_1x_n+u$$

所以，状态方程为：

$$\dot{X}=\begin{bmatrix}\lambda_1 & 1 & 0 & \cdots & 0\\ 0 & \lambda_1 & 1 & \ddots & \vdots\\ \vdots & \ddots & \ddots & \ddots & 0\\ \vdots & & \ddots & \ddots & 1\\ 0 & \cdots & \cdots & 0 & \lambda_1\end{bmatrix}X+\begin{bmatrix}0\\ \vdots\\ \vdots\\ 0\\ 1\end{bmatrix}u$$

同时,由(10－41)式可见:

$$Y(s)=K_{11}\frac{1}{(s-\lambda_1)^n}U(s)+K_{12}\frac{1}{(s-\lambda_1)^{n-1}}U(s)+\cdots+K_{1n}\frac{1}{(s-\lambda_1)}U(s)$$

$$=K_{11}x_1(s)+K_{12}x_2(s)+\cdots+K_{1n}x_n(s)$$

所以 $y=K_{11}x_1+K_{12}x_2+\cdots+K_{1n}x_n$

$$=[K_{11}\quad K_{12}\quad\cdots\quad K_{1n}]X$$

系统的状态空间表达式为:

$$\sum:\begin{cases}\dot{X}=\begin{bmatrix}\lambda_1 & 1 & 0 & \cdots & 0\\ 0 & \lambda_1 & 1 & \ddots & \vdots\\ \vdots & \ddots & \ddots & \ddots & 0\\ \vdots & & \ddots & \ddots & 1\\ 0 & \cdots & \cdots & 0 & \lambda_1\end{bmatrix}X+\begin{bmatrix}0\\ \vdots\\ \vdots\\ 0\\ 1\end{bmatrix}u\\ y=[K_{11}\quad K_{12}\quad\cdots\quad K_{1n}]X\end{cases}\qquad(10-43)$$

这时,系统矩阵 A 为约当规范型,可以画出其结构框图如图 10－12 所示。

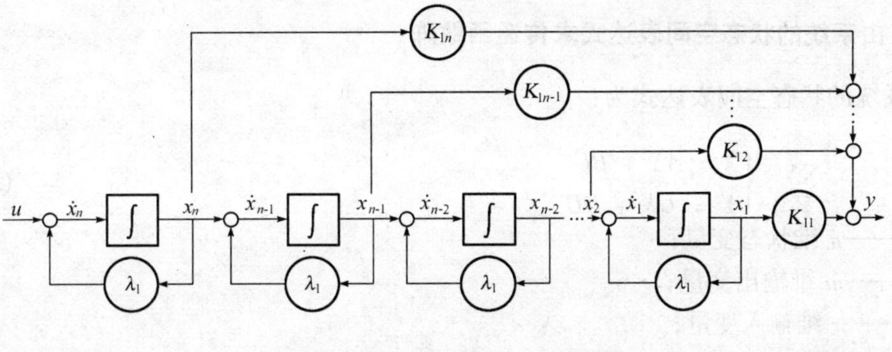

图 10－12 约当规范型的结构框图

例 10－3 $G(s)=\dfrac{Y(s)}{U(s)}=\dfrac{2s^2+5s+1}{(s+2)^3}$,化成状态空间表达式的约当规范型。

解: $G(s)=\dfrac{Y(s)}{U(s)}=\dfrac{2s^2+5s+1}{(s+2)^3}=\dfrac{K_{11}}{(s+2)^3}+\dfrac{K_{12}}{(s+2)^2}+\dfrac{K_{13}}{s+2}$

$K_{11}=-1$; $K_{12}=-3$; $K_{13}=2$

所以,

$$\sum:\begin{cases}\dot{X}=\begin{bmatrix}-2 & 1 & 0\\ 0 & -2 & 1\\ 0 & 0 & -2\end{bmatrix}X+\begin{bmatrix}0\\0\\1\end{bmatrix}u\\ y=\begin{bmatrix}-1 & -3 & 2\end{bmatrix}X\end{cases}$$

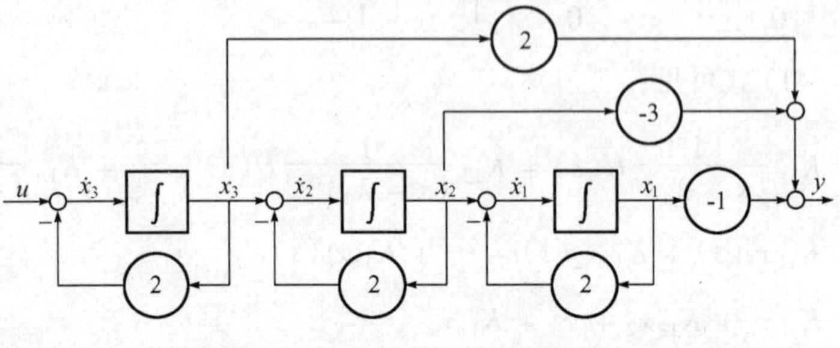

图 10 - 13 例 10 - 3 的结构框图

如果传递函数 $G(s)$ 有互异的极点,又有不同的重极点,那么可以按上面的方法得到分块对角阵及分块约当阵的系统矩阵 A,得出系统的状态空间表达式。

§10.4 由系统的状态空间表达式求传递函数阵及系统的复合联接

上面介绍的是单输入 - 单输出系统如何由传递函数 $G(s)$ 得到系统的状态空间表达式,同样的可以从系统的状态空间表达式得到系统的传递函数,而且对多输入 — 多输出系统得到的是传递函数阵。类似于经典控制理论中的系统的联接,也可得到状态空间描述中系统联接后的状态空间表达式及传递函数阵。

一、由系统的状态空间表达式求传递函数阵

设系统的状态空间表达式为:

$$\sum:\begin{cases}\dot{X}=AX+BU\\ Y=CX+DU\end{cases}\tag{10 - 44}$$

式中:X——n 维状态变量;

Y——m 维输出变量;

U——r 维输入变量;

A——$n\times n$ 系统矩阵;

B——$n\times r$ 输入矩阵;

C——$m\times n$ 输出矩阵;

D——$m\times r$ 转换矩阵。

对(10 - 44)式进行拉氏变换可得:

$$\begin{cases}sX(s)=AX(s)+BU(s)\\ Y(s)=CX(s)+DU(s)\end{cases}$$

经过处理可以得到:

$$Y(s) = [C(sI - A)^{-1}B + D]U(s)$$

所以

$$G(s) = \frac{Y(s)}{U(s)} = C(sI - A)^{-1}B + D \tag{10 - 45}$$

式中：

$$(sI - A)^{-1} = \frac{adj(sI - A)}{\det(sI - A)} \tag{10 - 46}$$

由(10 - 45)就可得到系统的传递函数阵 $G(s)$。

例 10 - 4 系统的状态空间表达式为：

$$\sum : \begin{cases} \dot{X} = \begin{bmatrix} 0 & 1 & 0 \\ 0 & 0 & 1 \\ 0 & -3 & -4 \end{bmatrix} X + \begin{bmatrix} 0 \\ 0 \\ 1 \end{bmatrix} u \\ y = [2 \quad 1 \quad 0] X \end{cases}$$

求系统的传递函数 $G(s)$。

解:这是一个单输入 — 单输出系统,其传递函数 $G(s)$ 为：

$$G(s) = \frac{Y(s)}{U(s)} = C(sI - A)^{-1}B$$

先求 $$(sI - A) = \begin{bmatrix} s & -1 & 0 \\ 0 & s & -1 \\ 0 & 3 & s+4 \end{bmatrix}$$

再求 $$(sI - A)^{-1} = \frac{adj(sI - A)}{\det(sI - A)} = \frac{\begin{bmatrix} s(s+4)+3 & s+4 & 1 \\ 0 & s(s+4) & s \\ 0 & -3s & s^2 \end{bmatrix}}{s(s+1)(s+3)}$$

所以

$$G(s) = C(sI - A)^{-1}B = [2 \quad 1 \quad 0] \begin{bmatrix} s(s+4)+3 & s+4 & 1 \\ 0 & s(s+4) & s \\ 0 & -3s & s^2 \end{bmatrix} \frac{1}{s(s+1)(s+3)} \begin{bmatrix} 0 \\ 0 \\ 1 \end{bmatrix}$$

$$= \frac{s+2}{s^3 + 4s^2 + 3s}$$

从 $G(s)$ 的表达式可以方便地写出它的状态空间表达式。

二、组合系统的状态空间表达式与传递函数阵

1. 子系统并联

并联系统可用图 10 - 14 表示。

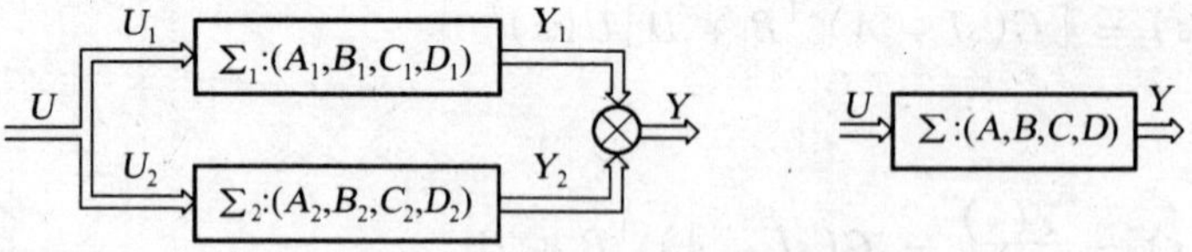

图 10 - 14　并联系统框图

其中，

$$U_1 = U_2 = U \tag{10-47}$$

$$Y = Y_1 + Y_2 \tag{10-48}$$

$$\sum\nolimits_1 : \begin{cases} \dot{X}_1 = A_1X_1 + B_1U_1 \\ Y_1 = C_1X_1 + D_1U_1 \end{cases} \tag{10-49}$$

$$\sum\nolimits_2 : \begin{cases} \dot{X}_2 = A_2X_2 + B_2U_2 \\ Y_2 = C_2X_2 + D_2U_2 \end{cases} \tag{10-50}$$

组合系统：

$$\sum : \begin{cases} \begin{bmatrix} \dot{X}_1 \\ \dot{X}_2 \end{bmatrix} = \begin{bmatrix} A_1 & 0 \\ 0 & A_2 \end{bmatrix} \begin{bmatrix} X_1 \\ X_2 \end{bmatrix} + \begin{bmatrix} B_1 \\ B_2 \end{bmatrix} U \\ Y = \begin{bmatrix} C_1 & C_2 \end{bmatrix} \begin{bmatrix} X_1 \\ X_2 \end{bmatrix} + (D_1 + D_2)U \end{cases} \tag{10-51}$$

可以写出系统的传递函数阵为：

$$G(s) = \frac{Y(s)}{U(s)} = G_1(s) + G_2(s) \tag{10-52}$$

其中：

$$G_1(s) = C_1(sI - A_1)^{-1}B_1 + D_1 \tag{10-53}$$

$$G_2(s) = C_2(sI - A_2)^{-1}B_2 + D_2 \tag{10-54}$$

2. 子系统串联

系统串联框图如图 10 - 15 所示。

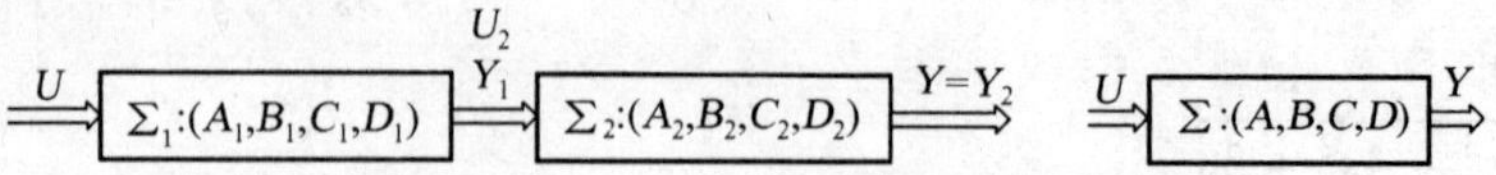

图 10 - 15　串联系统框图

其中，　$U_2 = Y_1, Y = Y_2$

$$\sum\nolimits_1 : \begin{cases} \dot{X}_1 = A_1X_1 + B_1U \\ Y_1 = C_1X_1 + D_1U \end{cases}$$

$$\sum_2 : \begin{cases} \dot{X}_2 = A_2X_2 + B_2U_2 = A_2X_2 + B_2(C_1X_1 + D_1U) \\ Y_2 = C_2X_2 + D_2U_2 = C_2X_2 + D_2(C_1X_1 + D_1U) \end{cases}$$

所以：

$$\sum : \begin{cases} \begin{bmatrix} \dot{X}_1 \\ \dot{X}_2 \end{bmatrix} = \begin{bmatrix} A_1 & 0 \\ B_2C_1 & A_2 \end{bmatrix} \begin{bmatrix} X_1 \\ X_2 \end{bmatrix} + \begin{bmatrix} B_1 \\ B_2D_1 \end{bmatrix} U \\ Y = \begin{bmatrix} D_2C_1 & C_2 \end{bmatrix} \begin{bmatrix} X_1 \\ X_2 \end{bmatrix} + D_2D_1U \end{cases} \tag{10-55}$$

同样可以证明：

$$G(s) = \frac{Y(s)}{U(s)} = G_1(s)G_2(s) \tag{10-56}$$

其中：

$$G_1(s) = C_1(sI - A_1)^{-1}B_1 + D_1 \tag{10-57}$$

$$G_2(s) = C_2(sI - A_2)^{-1}B_2 + D_2 \tag{10-58}$$

3. 系统的反馈联接

反馈联接如图 10 - 16 所示。

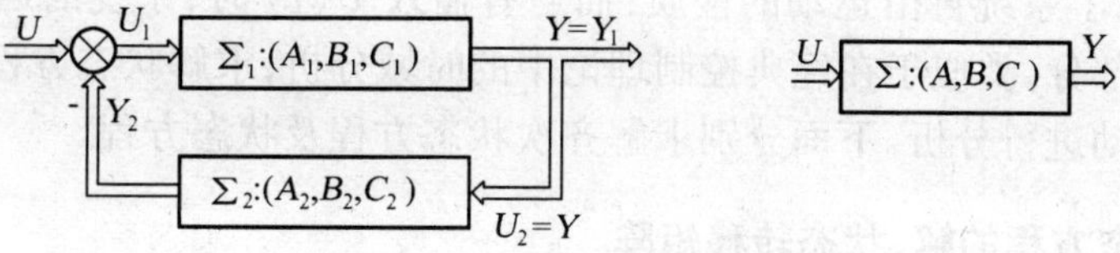

图 10 - 16　反馈联接框图

其中，　$U_1 = U - Y_2, U_2 = Y, Y = Y_1$

$$\sum_1 : \begin{cases} \dot{X}_1 = A_1X_1 + B_1(U - Y_2) \\ Y_1 = C_1X_1 \end{cases} \tag{10-59}$$

$$\sum_2 : \begin{cases} \dot{X}_2 = A_2X_2 + B_2Y \\ Y_2 = C_2X_2 \end{cases} \tag{10-60}$$

所以：

$$\sum : \begin{cases} \begin{bmatrix} \dot{X}_1 \\ \dot{X}_2 \end{bmatrix} = \begin{bmatrix} A_1 & -B_1C_2 \\ B_2C_1 & A_2 \end{bmatrix} \begin{bmatrix} X_1 \\ X_2 \end{bmatrix} + \begin{bmatrix} B_1 \\ 0 \end{bmatrix} U \\ Y = \begin{bmatrix} C_1 & 0 \end{bmatrix} \begin{bmatrix} X_1 \\ X_2 \end{bmatrix} \end{cases} \tag{10-61}$$

同样可以证明：

$$G(s) = \frac{Y(s)}{U(s)} = G_1(s)[I + G_2(s)G_1(s)]^{-1} = [I + G_1(s)G_2(s)]^{-1}G_1(s) \tag{10-62}$$

其中：

$$G_1(s) = C_1(sI - A_1)^{-1}B_1 \tag{10-63}$$

$$G_2(s) = C_2(sI - A_2)^{-1}B_2 \tag{10-64}$$

§10.5 线性定常系统状态方程的求解与状态转移矩阵

一、说明

设系统的状态空间表达式为：

$$\sum:\begin{cases}\dot{X} = AX + BU \\ Y = CX + DU\end{cases} \qquad t \geqslant t_0$$

如果已知系统的初始状态 $X(t)|_{t=t_0} = X(t_0)$ 及 $t \geqslant t_0$ 时刻的系统输入 $U(t)$，在时域内求解系统的状态方程，就可求出在任意时刻 t 时的系统状态 $X(t)$，同时，系统的输出 $Y(t)$ 是系统状态 $X(t)$ 和输入 $U(t)$ 的线性组合。所以，求解状态方程后可以了解系统的状态 $X(t)$ 及输出 $Y(t)$ 的全部行为，这就是在时域内对系统的运动进行了分析。

当输入 $U(t) = 0$ 时，系统的状态方程为 $\dot{X} = AX$，$X(t)|_{t=t_0} = X(t_0)$，它的解就是齐次方程的解，它表示了系统自由运动的性质；而当有输入 $U(t)$ 时，系统的运动包括了自由运动和强迫运动两部分。类似于在经典控制理论中的时域分析，求解状态方程实际上就是在时域内对系统的运动进行分析。下面分别求解齐次状态方程及状态方程。

二、齐次状态方程的解、状态转移矩阵

齐次状态方程

$$\dot{X} = AX \tag{10-65}$$

的初始条件为 $X(t)|_{t=t_0} = X(t_0)$，它可用两种方法求解。

1. 直接求解法

标量方程 $\dot{x} = ax, x(t)|_{t=0} = x(0)$ 的解为：

$$x(t) = e^{at}x(0)$$

式中：$e^{at} = 1 + at + \frac{1}{2!}a^2t^2 + \cdots + \frac{1}{k!}a^kt^k + \cdots$

类似于标量方程，设式(10-65)的解为如下函数：

$$X(t) = B_0 + B_1t + B_2t^2 + \cdots + B_kt^k + \cdots \tag{10-66}$$

将(10-66)式代入方程 $\dot{X} = AX$ 中去，有：

$$\begin{aligned}\dot{X} &= B_1 + 2B_2t + 3B_3t^2 + \cdots + kB_kt^{k-1} + \cdots \\ &= A(B_0 + B_1t + B_2t^2 + \cdots + B_kt^k + \cdots)\end{aligned} \tag{10-67}$$

(10-67)式对所有的 t 都成立。比较 t 的同次幂系数可得：

$$B_1 = AB_0$$

$$B_2 = \frac{1}{2!}A^2 B_0$$

$$\vdots$$

$$B_k = \frac{1}{k!}A^k B_0$$

$$\vdots$$

同时，由 $X(t)|_{t=0} = X(0)$，得 $B_0 = X(0)$。

所以，齐次方程的解为：

$$X(t) = (I + At + \frac{1}{2!}A^2t^2 + \cdots + \frac{1}{k!}A^kt^k + \cdots)X(0) \tag{10-68}$$

如果定义无穷矩阵幂级数：

$$\Phi(t) = e^{At} = I + At + \frac{1}{2!}A^2t^2 + \cdots + \frac{1}{k!}A^kt^k + \cdots \tag{10-69}$$

它是一个矩阵指数函数，这样，齐次状态方程的解即系统的自由运动为：

$$X(t) = e^{At}X(0) = \Phi(t)X(0) \tag{10-70}$$

$\Phi(t)$ 或 e^{At} 称为系统的**状态转移矩阵**。

2. 拉氏变换法

由 $\dot{X} = AX, X(t)|_{t=0} = X(0)$，两边进行拉氏变换得：

$$sX(s) - X(0) = AX(s)$$

$$(sI - A)X(s) = X(0)$$

$$X(s) = (sI - A)^{-1}X(0)$$

所以，$$X(t) = L^{-1}[(sI - A)^{-1}]X(0) \tag{10-71}$$

由于 $(sI - A)(\frac{I}{s} + \frac{A}{s^2} + \frac{A^2}{s^3} + \cdots) = I$

所以 $(sI - A)^{-1} = \frac{I}{s} + \frac{A}{s^2} + \frac{A^2}{s^3} + \cdots$

$$L^{-1}[(sI - A)^{-1}] = L^{-1}\left[\frac{I}{s} + \frac{A}{s^2} + \frac{A^2}{s^3} + \cdots\right]$$

$$= I + At + \frac{1}{2!}A^2t^2 + \frac{1}{3!}A^3t^3 + \cdots$$

$$= \Phi(t) = e^{At} \tag{10-72}$$

同样可以得到：$X(t) = e^{At}X(0) = \Phi(t)X(0)$，而且有：

$$\Phi(t) = e^{At} = L^{-1}[(sI - A)^{-1}] \tag{10-73}$$

从上面的解可以看出：

(1) 齐次状态方程的解即系统的自由运动是系统初始状态 $X(0)$ 随时间的转移，所以 $\Phi(t)=e^{At}$ 称为系统的**状态转移矩阵**。

(2) 系统的自由运动 $X(t)=e^{At}X(0)$ 是从初始状态 $X(0)$ 出发，在状态空间中随时间 t 变化的一条轨迹。

(3) 状态转移矩阵 $\Phi(t)=e^{At}$ 包含了系统自由运动的全部信息。显然，e^{At} 只与系统的系数矩阵 A 有关，在前面将 $G(s)$ 化成系统的状态空间描述时说过，矩阵 A 的元与系统的特征方程的系数有关。

三、非齐次状态方程的解

系统的状态方程为 $\dot{X}=AX+BU$，其初始条件为 $X(t)\mid_{t=0}=X(0)$，$t\geqslant 0$ 时刻的输入为 $U(t)$，要求解状态方程的解 $X(t)$。

对状态方程的两边进行拉氏变换得：

$$sX(s)-X(0)=AX(s)+BU(s)$$

移项后得：$(sI-A)X(s)=X(0)+BU(s)$

或：$X(s)=(sI-A)^{-1}X(0)+(sI-A)^{-1}BU(s)$

经反拉氏变换可得：

$$\begin{aligned}X(t)&=L^{-1}[(sI-A)^{-1}]X(0)+L^{-1}[(sI-A)^{-1}BU(s)]\\&=\Phi(t)X(0)+\int_0^t\Phi(\tau)Bu(t-\tau)\mathrm{d}\tau\\&=\Phi(t)X(0)+\int_0^t\Phi(t-\tau)Bu(\tau)\mathrm{d}\tau\end{aligned}\tag{10-74}$$

式中：$\Phi(t)=L^{-1}[(sI-A)^{-1}]=e^{At}$ 为系统的**状态转移矩阵**；

$\int_0^t\Phi(t-\tau)Bu(\tau)\mathrm{d}\tau=\Phi(t)*Bu(t)$ 称为 $\Phi(t)$ 与 $Bu(t)$ 的**卷积**。

上式适用于初始时刻 $t=0$ 的情况，如果初始时刻为 t_0，则可写成：

$$X(t)=\Phi(t-t_0)X(t_0)+\int_{t_0}^t\Phi(t-\tau)Bu(\tau)\mathrm{d}\tau\tag{10-75}$$

式中：$X(t_0)$——$t=t_0$ 时的初始状态。

从(10－74)或(10－75)式可见，对线性定常系统，只要：

(1) 已知系统在 $t=0$(或 $t=t_0$) 时刻的初始状态 $X(0)$(或 $X(t_0)$)；

(2) 已知 $t\geqslant 0$(或 $t\geqslant t_0$) 时的系统输入 $U(t)$；

(3) 已知状态转移矩阵 $\Phi(t)$。

则可以得到系统在任意时刻 t 的状态 $X(t)$，进而可以得到系统的输出 $Y(t)$。所以系统的状态转移矩阵 $\Phi(t)$ 在了解系统的时域行为时具有十分重要的作用。

从(10－74)或(10－75)式可以看到，系统状态的变化即系统的运动包含了两部分：一部分是系统的自由运动 $\Phi(t)X(0)$,它是系统初始状态的转移;第二部分是在输入 $U(t)$ 作用下系统的强迫运动$\int_0^t \Phi(t-\tau)BU(\tau)\mathrm{d}\tau$ 或$\int_{t_0}^t \Phi(t-\tau)BU(\tau)\mathrm{d}\tau$。

为了对系统在时域内的运动进行分析,下面具体讨论系统的状态转移矩阵。

四、状态转移矩阵 $\Phi(t)$

(一) 定义与性质

1. 定义

线性定常系统的状态转移矩阵 e^{At} 定义为如下的无穷矩阵幂级数函数

$$\Phi(t) = e^{At} = I + At + \frac{1}{2!}A^2t^2 + \cdots + \frac{1}{k!}A^kt^k + \cdots \tag{10-76}$$

可以证明,当 n 和 t 为有限值时,e^{At} 绝对收敛,其中 n 为矩阵 A 的阶次。设矩阵 A 为 $n \times n$ 阵,其元 $a_{ij}(i,j = 1,2,\cdots,n)$ 中最大的模为 a_0,即 $|a_{ij}| \leqslant a_0$。由于 A 为 $n \times n$ 阵,所以 $A^k(k = 0,1,2\cdots)$ 也是 $n \times n$ 阵,其元都不会超过 $n^{k-1}a_0^k$。所以:

$$e^{At} = I + At + \frac{1}{2!}A^2t^2 + \cdots + \frac{1}{k!}A^kt^k + \cdots \text{的元不会超过}$$

$$1 + a_0t + \frac{n}{2!}a_0^2t^2 + \cdots + \frac{n^{k-1}}{k!}a_0^kt^k + \cdots = \frac{1}{n}(e^{na_0t} - 1) + 1$$

显然,当 n 和 t 为有限值时,e^{At} 的元为有限值,不会超过$\frac{1}{n}(e^{na_0t} - 1) + 1$,$e^{At}$ 收敛。

2. e^{At} 的性质

(1) $e^{At_1} \cdot e^{At_2} = e^{A(t_1+t_2)}$ (10 - 77)

(2) $\frac{\mathrm{d}}{\mathrm{d}t}[e^{At}] = Ae^{At} = e^{At}A$ (10 - 78)

(3) $[e^{At}]^{-1} = e^{-At}$ (10 - 79)

(4) 若 $AB = BA$,则

$$e^{At} \cdot e^{Bt} = e^{(A+B)t} \tag{10-80}$$

(5) 若 Q 为一非奇异矩阵,则

$$e^{(Q^{-1}AQ)t} = Q^{-1}e^{At}Q \tag{10-81}$$

证明:按定义可有:

$$e^{(Q^{-1}AQ)t} = I + Q^{-1}AQt + \frac{1}{2!}(Q^{-1}AQ)^2t^2 + \cdots + \frac{1}{k!}(Q^{-1}AQ)^kt^k + \cdots$$

注意到:

$$(Q^{-1}AQ)^k = Q^{-1}AQ \cdot Q^{-1}AQ \cdots Q^{-1}AQ;Q^{-1}Q = I$$

所以: $(Q^{-1}AQ)^k = Q^{-1}A^kQ$

这样：

$$e^{(Q^{-1}AQ)t} = Q^{-1}\left[I + At + \frac{1}{2!}A^2t^2 + \cdots + \frac{1}{k!}A^kt^k + \cdots\right]Q = Q^{-1}e^{At}Q$$

利用该性质可以计算 e^{At}：

$$e^{At} = Qe^{(Q^{-1}AQ)t}Q^{-1} \tag{10-82}$$

（二）几个特殊的矩阵指数函数

1. 若 A 为对角阵

即 $A = \begin{bmatrix} \lambda_1 & & \\ & \ddots & \\ & & \lambda_n \end{bmatrix}$，$A$ 为 $n \times n$ 阵。

则 $$e^{At} = \begin{bmatrix} e^{\lambda_1 t} & & \\ & \ddots & \\ & & e^{\lambda_n t} \end{bmatrix} \tag{10-83}$$

2. 若矩阵 A 可以通过非奇异变换阵 Q 变换成对角阵

即 $Q^{-1}AQ = \Lambda = \begin{bmatrix} \lambda_1 & & \\ & \ddots & \\ & & \lambda_n \end{bmatrix}$，$A$ 为 $n \times n$ 阵。

则 $$e^{At} = Q\begin{bmatrix} e^{\lambda_1 t} & & \\ & \ddots & \\ & & e^{\lambda_n t} \end{bmatrix}Q^{-1} \tag{10-84}$$

3. 若矩阵 A 为约当型

即 $A = \begin{bmatrix} \lambda & 1 & & \\ & \ddots & \ddots & \\ & & \ddots & 1 \\ & & & \lambda \end{bmatrix}$，$A$ 为 $n \times n$ 阵

则 $$e^{At} = e^{\lambda t}\begin{bmatrix} 1 & t & \frac{1}{2!}t^2 & \cdots & \frac{1}{(n-1)!}t^{n-1} \\ & 1 & \ddots & \ddots & \vdots \\ & & \ddots & \ddots & \frac{1}{2!}t^2 \\ & & & \ddots & t \\ & & & & 1 \end{bmatrix} \tag{10-85}$$

（三）e^{At} 的计算方法

只有计算得到了 e^{At}，才可以解出齐次状态方程和非齐次状态方程，从而得到系统的状态 $X(t)$，进而可以得到系统的输出 $Y(t)$。所以 e^{At} 的计算是很重要的。

常用的计算方法有如下几种：

1. 直接计算法

根据 e^{At} 的定义直接计算。这种方法只适用于矩阵 A 较为简单时使用。

例 10－1　已知 $A=\begin{bmatrix}0&1\\0&1\end{bmatrix}$，求 e^{At}。

解：根据定义

$$e^{At}=I+At+\frac{1}{2!}A^2t^2+\cdots+\frac{1}{k!}A^kt^k+\cdots$$

$$=\begin{bmatrix}1&0\\0&1\end{bmatrix}+\begin{bmatrix}0&1\\0&1\end{bmatrix}t+\frac{1}{2!}\begin{bmatrix}0&1\\0&1\end{bmatrix}\begin{bmatrix}0&1\\0&1\end{bmatrix}t^2+\cdots+\frac{1}{k!}\overbrace{\begin{bmatrix}0&1\\0&1\end{bmatrix}\cdots\begin{bmatrix}0&1\\0&1\end{bmatrix}}^{k\text{个}}t^k+\cdots$$

$$=\begin{bmatrix}1&0\\0&1\end{bmatrix}+\begin{bmatrix}0&1\\0&1\end{bmatrix}t+\frac{1}{2!}\begin{bmatrix}0&1\\0&1\end{bmatrix}t^2+\cdots+\frac{1}{k!}\begin{bmatrix}0&1\\0&1\end{bmatrix}t^k+\cdots$$

$$=\begin{bmatrix}1&t+\frac{1}{2!}t^2+\cdots+\frac{1}{k!}t^k+\cdots\\0&1+t+\frac{1}{2!}t^2+\cdots+\frac{1}{k!}t^k+\cdots\end{bmatrix}=\begin{bmatrix}1&e^t-1\\0&e^t\end{bmatrix}$$

2. 拉氏变换法

由 $e^{At}=L^{-1}[(sI-A)^{-1}]$，求 e^{At}

例 10－2　已知 $A=\begin{bmatrix}0&1\\0&1\end{bmatrix}$，求 e^{At}。

解：　$$sI-A=\begin{bmatrix}s&-1\\0&s-1\end{bmatrix}$$

$$(sI-A)^{-1}=\frac{adj(sI-A)}{\det(sI-A)}=\frac{1}{s(s-1)}\begin{bmatrix}s-1&1\\0&s\end{bmatrix}=\begin{bmatrix}\frac{1}{s}&\frac{1}{s(s-1)}\\0&\frac{1}{s-1}\end{bmatrix}$$

所以 $e^{At}=L^{-1}[(sI-A)^{-1}]=L^{-1}\begin{bmatrix}\frac{1}{s}&\frac{1}{s(s-1)}\\0&\frac{1}{s-1}\end{bmatrix}=\begin{bmatrix}1&e^t-1\\0&e^t\end{bmatrix}$

例 10－3　已知 $A=\begin{bmatrix}0&1\\-2&-3\end{bmatrix}$，求 e^{At}。

解：　$$sI-A=\begin{bmatrix}s&-1\\2&s+3\end{bmatrix}$$

$$(sI-A)^{-1}=\frac{adj(sI-A)}{\det(sI-A)}=\frac{1}{s(s+3)+2}\begin{bmatrix}s+3&1\\-2&s\end{bmatrix}$$

$$
=\begin{bmatrix} \dfrac{s+3}{(s+1)(s+2)} & \dfrac{1}{(s+1)(s+2)} \\ -\dfrac{2}{(s+1)(s+2)} & \dfrac{s}{(s+1)(s+2)} \end{bmatrix}
$$

所以 $e^{At}=L^{-1}[(sI-A)^{-1}]=L^{-1}\begin{bmatrix} \dfrac{s+3}{(s+1)(s+2)} & \dfrac{1}{(s+1)(s+2)} \\ -\dfrac{2}{(s+1)(s+2)} & \dfrac{s}{(s+1)(s+2)} \end{bmatrix}$

$$
=L^{-1}\begin{bmatrix} \dfrac{2}{s+1}-\dfrac{1}{s+2} & \dfrac{1}{s+1}-\dfrac{1}{s+2} \\ -\dfrac{2}{s+1}+\dfrac{2}{s+2} & -\dfrac{1}{s+1}+\dfrac{2}{s+2} \end{bmatrix}=\begin{bmatrix} 2e^{-t}-e^{-2t} & e^{-t}-e^{-2t} \\ -2e^{-t}+2e^{-2t} & -e^{-t}+2e^{-2t} \end{bmatrix}
$$

该例说明:若系统的初始状态为 $X(0)$,则系统的自由运动 $X(t)=e^{At}X(0)$,当 $t\to\infty$ 时,$X(t)\to 0$,系统是稳定的。另一方面也可以看到,由 $\det(sI-A)=0$ 得:系统的特征方程有两个负实根(-1,-2),所以是稳定的。

3. 化矩阵 A 为特征值规范型法

如果可以找到一个非奇异的变换阵,能将矩阵 A 变换成对角型或约当型,那么利用 e^{At} 的性质及(10－83)(10－84)(10－85)式可以方便地得到 e^{At} 的表达式。

(1) 若找到了一个非奇异的变换阵 Q,使

$$
Q^{-1}AQ=\Lambda=\begin{bmatrix} \lambda_1 & & \\ & \ddots & \\ & & \lambda_n \end{bmatrix}
$$

则:
$$
e^{At}=Q\begin{bmatrix} e^{\lambda_1 t} & & \\ & \ddots & \\ & & e^{\lambda_n t} \end{bmatrix}Q^{-1} \tag{10－86}
$$

(2) 若找到了一个非奇异的变换阵 P,使

$$
P^{-1}AP=J=\begin{bmatrix} \lambda & 1 & & \\ & \ddots & \ddots & \\ & & \ddots & 1 \\ & & & \lambda \end{bmatrix}
$$

则:
$$
e^{At}=P\begin{bmatrix} e^{\lambda t} & te^{\lambda t} & \dfrac{e^{\lambda t}}{2!}t^2 & \cdots\cdots & \dfrac{e^{\lambda t}}{(n-1)!}t^{n-1} \\ & e^{\lambda t} & \ddots & \ddots & \vdots \\ & & \ddots & \ddots & \dfrac{e^{\lambda t}}{2!}t^2 \\ & & & \ddots & te^{\lambda t} \\ & & & & e^{\lambda t} \end{bmatrix}P^{-1} \tag{10－87}
$$

从线性代数中可以知道,变换阵 Q 或 P 取决于矩阵 A 的特征值,当矩阵 A 有互异的特征

值时，通过变换可将 A 化成对角型；当矩阵 A 有重特征值时，可将 A 化成约当型。下面简单介绍一种寻找变换阵的方法。

设矩阵 A 为 $n \times n$ 阵，则它的特征方程为 $\det(\lambda I - A) = 0$。

(1) 若 $\det(\lambda I - A) = 0$ 有 n 个互异的特征值 $\lambda_1, \lambda_2, \cdots, \lambda_n$。则通过非奇异变换可使 A 化成对角阵。即

$$Q^{-1}AQ = \Lambda = \begin{bmatrix} \lambda_1 & & \\ & \ddots & \\ & & \lambda_n \end{bmatrix} \tag{10-88}$$

两边左乘 Q，得：

$$AQ = Q\Lambda \tag{10-89}$$

设变换阵 Q 为 $Q = [Q_1 \quad Q_2 \quad \cdots \quad Q_n]$，其中 $Q_1, Q_2, \cdots, Q_n$ 为列向量，

即：$$Q_1 = \begin{bmatrix} q_{11} \\ q_{21} \\ \vdots \\ q_{n1} \end{bmatrix}, \quad Q_2 = \begin{bmatrix} q_{12} \\ q_{22} \\ \vdots \\ q_{n2} \end{bmatrix}, \cdots, Q_n \begin{bmatrix} q_{1n} \\ q_{2n} \\ \vdots \\ q_{nn} \end{bmatrix}$$

所以(10-89)式可写成：

$$A[Q_1 \quad Q_2 \quad \cdots \quad Q_n] = [Q_1 \quad Q_2 \quad \cdots \quad Q_n]\begin{bmatrix} \lambda_1 & & \\ & \ddots & \\ & & \lambda_n \end{bmatrix}$$

$$[AQ_1 \quad AQ_2 \quad \cdots \quad AQ_n] = [\lambda_1 Q_1 \quad \lambda_2 Q_2 \quad \cdots \quad \lambda_n Q_n]$$

必然有：

$$\begin{cases} AQ_1 = \lambda_1 Q_1 \\ AQ_2 = \lambda_2 Q_2, \\ \vdots \\ AQ_n = \lambda_n Q_n \end{cases} \quad \begin{cases} (\lambda_1 I - A)Q_1 = 0 \\ (\lambda_1 I - A)Q_2 = 0 \\ \vdots \\ (\lambda_n I - A)Q_n = 0 \end{cases}$$

其中 $\lambda_1, \lambda_2, \cdots, \lambda_n$ 和矩阵 A 为已知，解上述方程组可以求出非零的齐次方程组的解 $Q_1, Q_2, \cdots, Q_n$，从而得到变换阵 Q，这样就可以计算 e^{At}。

例 10-4　已知 $A = \begin{bmatrix} 0 & 1 & 0 \\ 0 & 0 & 1 \\ -6 & -11 & -6 \end{bmatrix}$，求 e^{At}。

解：先求矩阵 A 的特征值。

由 $\det(\lambda I - A) = 0$ 可得，$\det\begin{bmatrix} \lambda & -1 & 0 \\ 0 & \lambda & -1 \\ 6 & 11 & \lambda + 6 \end{bmatrix} = 0$

可以求出：$\lambda_1=-1,\lambda_2=-2,\lambda_3=-3$

设变换阵为 $Q=[Q_1 \quad Q_2 \quad Q_3]$，

可以得到方程组：

$$\begin{cases}(A+I)Q_1=0 & (1)\\(A+2I)Q_2=0 & (2)\\(A+3I)Q_3=0 & (3)\end{cases}$$

由方程(1)得：

$$\left\{\begin{bmatrix}0&1&0\\0&0&1\\-6&-11&-6\end{bmatrix}+\begin{bmatrix}1&0&0\\0&1&0\\0&0&1\end{bmatrix}\right\}\begin{bmatrix}q_{11}\\q_{21}\\q_{31}\end{bmatrix}=0,$$

$$\begin{bmatrix}1&1&0\\0&1&1\\-6&-11&-5\end{bmatrix}\begin{bmatrix}q_{11}\\q_{21}\\q_{31}\end{bmatrix}=0$$

所以 $\begin{cases}q_{11}+q_{21}=0\\q_{21}+q_{31}=0\\-6q_{11}-11q_{21}-5q_{31}=0\end{cases}$

取 $q_{11}=1$，可以求出 $q_{21}=-1,q_{31}=1$。

由方程(2)，(3)同理可得到 $q_{12},q_{22},q_{32};q_{13},q_{23},q_{33}$。

从而得变换阵 Q 为：

$$Q=\begin{bmatrix}1&1&1\\-1&-2&-3\\1&4&9\end{bmatrix},Q^{-1}=\begin{bmatrix}3&\frac{5}{2}&\frac{1}{2}\\-3&-4&-1\\1&\frac{3}{2}&\frac{1}{2}\end{bmatrix}$$

所以 $e^{At}=Qe^{(Q^{-1}AQ)t}Q^{-1}$，其中 $Q^{-1}AQ=\begin{bmatrix}-1&&\\&-2&\\&&-3\end{bmatrix}$

$$e^{At}=Q\begin{bmatrix}e^{-t}&&\\&e^{-2t}&\\&&e^{-3t}\end{bmatrix}Q^{-1}$$

$$=\begin{bmatrix}3e^{-t}-3e^{-2t}+e^{-3t} & \frac{5}{2}e^{-t}-4e^{-2t}+\frac{3}{2}e^{-3t} & \frac{1}{2}e^{-t}-e^{-2t}+\frac{1}{2}e^{-3t}\\-3e^{-t}+6e^{-2t}-3e^{-3t} & -\frac{5}{2}e^{-t}+8e^{-2t}-\frac{9}{2}e^{-3t} & -\frac{1}{2}e^{-t}+2e^{-2t}-\frac{3}{2}e^{-3t}\\3e^{-t}-12e^{-2t}+9e^{-3t} & \frac{5}{2}e^{-t}-16e^{-2t}+\frac{27}{2}e^{-3t} & \frac{1}{2}e^{-t}-4e^{-2t}+\frac{9}{2}e^{-3t}\end{bmatrix}$$

(2) 若 $\det(\lambda I - A) = 0$ 有 n 重根 λ,则 A 可以变换成约当型。即：

$$P^{-1}AP = J = \begin{bmatrix} \lambda & 1 & & \\ & \ddots & \ddots & \\ & & \ddots & 1 \\ & & & \lambda \end{bmatrix} \tag{10-90}$$

类似上面的方法,设变换阵 $P = [P_1 \quad P_2 \quad \cdots \quad P_n]$,其中 $P_1, P_2, \cdots, P_n$ 为列向量,

即: $P_1 = \begin{bmatrix} p_{11} \\ p_{21} \\ \vdots \\ p_{n1} \end{bmatrix}$, $P_2 = \begin{bmatrix} p_{12} \\ p_{22} \\ \vdots \\ p_{n2} \end{bmatrix}, \cdots, P_n = \begin{bmatrix} p_{1n} \\ p_{2n} \\ \vdots \\ p_{nn} \end{bmatrix}$

用 P 左乘(10－90)式两边:

$$AP = PJ = P\begin{bmatrix} \lambda & 1 & & \\ & \ddots & \ddots & \\ & & \ddots & 1 \\ & & & \lambda \end{bmatrix}$$

$$[AP_1 \quad AP_2 \quad \cdots \quad AP_n] = [\lambda P_1 \quad P_1 + \lambda P_2 \quad P_2 + \lambda P_3 \quad \cdots \quad P_{n-1} + \lambda P_n]$$

所以有:

$$\begin{cases} AP_1 = \lambda P_1 \\ AP_2 = P_1 + \lambda P_2 \\ \vdots \\ AP_n = P_{n-1} + \lambda P_n \end{cases}, \quad \begin{cases} (\lambda I - A)P_1 = 0 \\ (\lambda I - A)P_2 + P_1 = 0 \\ \vdots \\ (\lambda I - A)P_n + P_{n-1} = 0 \end{cases} \tag{10-91}$$

解上述方程组可以求出 $P_1, P_2, \cdots, P_n$,从而得到变换阵 P,计算 P^{-1},这样就可以得到 e^{At}。

$$e^{At} = P\begin{bmatrix} e^{\lambda t} & te^{\lambda t} & \frac{t^2}{2!}e^{\lambda t} & \cdots & \frac{t^{n-1}}{(n-1)!}e^{\lambda t} \\ & e^{\lambda t} & \ddots & \ddots & \vdots \\ & & \ddots & \ddots & \frac{t^2}{2!}e^{\lambda t} \\ & & & \ddots & te^{\lambda t} \\ & & & & e^{\lambda t} \end{bmatrix}P^{-1} \tag{10-92}$$

如果 A 的特征值既有互异的又有重的,则是上述两种情况的组合。

例 10－5 已知 $A = \begin{bmatrix} 0 & 1 & 0 \\ 0 & 0 & 1 \\ 2 & -5 & 4 \end{bmatrix}$,求 e^{At}。

解:先求矩阵 A 的特征值。

由 $\det(\lambda I - A) = 0$，即：$\det\begin{bmatrix} \lambda & -1 & 0 \\ 0 & \lambda & -1 \\ -2 & 5 & \lambda - 4 \end{bmatrix} = 0$

可以求出：$\lambda_1 = \lambda_2 = 1, \lambda_3 = 2$

所以可以找到一个变换阵 Q，使

$$Q^{-1}AQ = \begin{bmatrix} 1 & 1 & 0 \\ 0 & 1 & 0 \\ 0 & 0 & 2 \end{bmatrix}$$

$$e^{(Q^{-1}AQ)t} = \begin{bmatrix} e^t & te^t & 0 \\ 0 & e^t & 0 \\ 0 & 0 & e^{2t} \end{bmatrix}$$

类似上面的方法，设变换阵 $Q = [Q_1 \quad Q_2 \quad Q_3]$，

所以：

$$A[Q_1 \quad Q_2 \quad Q_3] = [Q_1 \quad Q_2 \quad Q_3]\begin{bmatrix} 1 & 1 & 0 \\ 0 & 1 & 0 \\ 0 & 0 & 2 \end{bmatrix}$$

$$\begin{cases} AQ_1 = Q_1 \\ AQ_2 = Q_1 + Q_2, \\ AQ_3 = 2Q_3 \end{cases} \quad 即 \begin{cases} (I - A)Q_1 = 0 \\ (I - A)Q_2 + Q_1 = 0 \\ (2I - A)Q_3 = 0 \end{cases}$$

代入 A 的表达式，最后可以得到：

$$Q = \begin{bmatrix} 1 & -1 & 1 \\ 1 & 0 & 2 \\ 1 & 1 & 4 \end{bmatrix}, Q^{-1} = \begin{bmatrix} -2 & 5 & -2 \\ -2 & 3 & -1 \\ 1 & -2 & 1 \end{bmatrix}$$

所以 $\quad e^{At} = Qe^{(Q^{-1}AQ)t}Q^{-1}$

$$= \begin{bmatrix} 1 & -1 & 1 \\ 1 & 0 & 2 \\ 1 & 1 & 4 \end{bmatrix}\begin{bmatrix} e^t & te^t & 0 \\ 0 & e^t & 0 \\ 0 & 0 & e^{2t} \end{bmatrix}\begin{bmatrix} -2 & 5 & -2 \\ -2 & 3 & -1 \\ 1 & -2 & 1 \end{bmatrix}$$

$$= \begin{bmatrix} -2te^t + e^{2t} & 3te^t + 2e^t - 2e^{2t} & -te^t - e^t + e^{2t} \\ 2e^{2t} - te^t - e^t & 3te^t + 5e^t - 4e^{2t} & -te^t - 2e^t + 2e^{2t} \\ -2te^t - 4e^t + 4e^{2t} & 3te^t + 8e^t - 8e^{2t} & -te^t - 3e^t + 4e^{2t} \end{bmatrix}$$

4. 待定系数法

这是计算 e^{At} 常用的方法。先说明如下三个问题。

(1) 凯莱 - 哈密尔顿定理(Caylay - Hamilton)

设矩阵 A 为 $n \times n$ 阵，其特征方程为：

$$D(\lambda) = \det(\lambda I - A) = \lambda^n + C_{n-1}\lambda^{n-1} + C_{n-2}\lambda^{n-2} + \cdots + C_1\lambda + C_0 = 0 \tag{10-93}$$

则必定有 $D(A) = 0$,即

$$A^n + C_{n-1}A^{n-1} + C_{n-2}A^{n-2} + \cdots + C_1A + C_0I = 0 \tag{10-94}$$

就是说,每个方阵都满足它自己的特征方程,这就是凯莱－哈密尔顿定理。

(2) 矩阵指数的有限项表示

由凯莱－哈密尔顿定理,可得到:

$$A^n = -C_{n-1}A^{n-1} - C_{n-2}A^{n-2} - \cdots - C_1A - C_0I \tag{10-95}$$

它表示,矩阵 A 的 n 次幂可以用关于 A 的 $(n-1),(n-2),\cdots,1,0$ 次幂的线性组合表示。同样道理,A 的高于 n 次的幂也可以用关于 A 的 $(n-1),(n-2),\cdots,1,0$ 次幂的线性组合表示。例如:

$$\begin{aligned} A^{n+1} &= A \cdot A^n = A \cdot (-C_{n-1}A^{n-1} - C_{n-2}A^{n-2} - \cdots - C_1A - C_0I) \\ &= -C_{n-1}A^n - C_{n-2}A^{n-1} - \cdots - C_1A^2 - C_0A \\ &= -C_{n-1}(-C_{n-1}A^{n-1} - C_{n-2}A^{n-2} - \cdots - C_1A - C_0I) \\ &\quad - C_{n-2}A^{n-1} - \cdots - C_1A^2 - C_0A \end{aligned}$$

这样,矩阵指数 $e^{At} = I + At + \frac{1}{2!}A^2t^2 + \cdots + \frac{1}{k!}A^kt^k + \cdots$ 中,将高于 A 的 n 次幂的项都用关于 A 的 $(n-1),(n-2),\cdots,1,0$ 次幂表示。可以得到:

$$e^{At} = a_0(t)I + a_1(t)A + a_2(t)A^2 + \cdots + a_{n-1}(t)A^{n-1} \tag{10-96}$$

这就是矩阵指数 e^{At} 的有限项表示。如果能够确定系数 $a_0(t),a_1(t),\cdots,a_{n-1}(t)$,则就可计算出 e^{At},$a_0(t),a_1(t),\cdots,a_{n-1}(t)$ 称为待定系数。

(3) 用待定系数法计算 e^{At}

可以分两种情况说明计算 e^{At} 的待定系数法:

① 当矩阵 A 有互异的特征值 $\lambda_1,\lambda_2,\cdots,\lambda_n$ 时

由于 λ_i 为矩阵 A 的特征方程的根,所以总有 $D(\lambda_i) = 0$,所以也可以将 λ_i 的高于 n 次幂的项表示成关于 λ_i 的 $(n-1),(n-2),\cdots,1,0$ 次幂的线性组合。这样有:

$$\begin{cases} e^{\lambda_1 t} = a_0(t) + a_1(t)\lambda_1 + a_2(t)\lambda_1^2 + \cdots + a_{n-1}(t)\lambda_1^{n-1} \\ e^{\lambda_2 t} = a_0(t) + a_1(t)\lambda_2 + a_2(t)\lambda_2^2 + \cdots + a_{n-1}(t)\lambda_2^{n-1} \\ \vdots \\ e^{\lambda_n t} = a_0(t) + a_1(t)\lambda_n + a_2(t)\lambda_n^2 + \cdots + a_{n-1}(t)\lambda_n^{n-1} \end{cases} \tag{10-97}$$

从上面 n 个方程中可以解出 $a_0(t),a_1(t),\cdots,a_{n-1}(t)$。从而可以计算出 e^{At}

$$e^{At} = a_0(t)I + a_1(t)A + a_2(t)A^2 + \cdots + a_{n-1}(t)A^{n-1}$$

(10－97) 方程组的解为:

$$
\begin{bmatrix} a_0(t) \\ a_1(t) \\ \vdots \\ a_{n-1}(t) \end{bmatrix} = \begin{bmatrix} 1 & \lambda_1 & \cdots & \lambda_1^{n-1} \\ 1 & \lambda_2 & \cdots & \lambda_2^{n-1} \\ \vdots & \vdots & \cdots & \vdots \\ 1 & \lambda_n & \cdots & \lambda_n^{n-1} \end{bmatrix}^{-1} \begin{bmatrix} e^{\lambda_1 t} \\ e^{\lambda_2 t} \\ \vdots \\ e^{\lambda_n t} \end{bmatrix} \tag{10-98}
$$

② 当矩阵 A 有 n 重特征值 λ_1 时

同样，λ_1 和 A 都满足特征方程，即：$D(A)=0$ 和 $D(\lambda)=0$

这时，$D(\lambda)=(\lambda-\lambda_1)^n=0$

同样可得到 $e^{\lambda_1 t}=a_0(t)+a_1(t)\lambda_1+a_2(t)\lambda_1^2+\cdots+a_{n-1}(t)\lambda_1^{n-1}$

该式两边对 λ_1 分别求 $n-1$ 次导，可得到下面的方程：

$$
te^{\lambda_1 t}=a_1(t)+2a_2(t)\lambda_1+\cdots+(n-1)a_{n-1}(t)\lambda_1^{n-2}
$$

$$
\vdots
$$

$$
t^{n-1}e^{\lambda_1 t}=(n-1)!\,a_{n-1}(t)
$$

从上述 n 个方程可解出系数 $a_0(t),a_1(t),\cdots,a_{n-1}(t)$，从而计算出 e^{At}。

上述方程顺序倒一下可以写成如下矩阵形式：

$$
\begin{bmatrix} & & & & 1 \\ & & & \iddots & (n-1)\lambda_1 \\ & & \iddots & \iddots & \vdots \\ & 1 & 2\lambda_1 & \cdots & (n-1)\lambda_1^{n-2} \\ 1 & \lambda_1 & \lambda_1^2 & \cdots & \lambda_1^{n-1} \end{bmatrix} \begin{bmatrix} a_0(t) \\ a_1(t) \\ \vdots \\ \vdots \\ a_{n-1}(t) \end{bmatrix} = \begin{bmatrix} \dfrac{t^{n-1}}{(n-1)!}e^{\lambda_1 t} \\ \dfrac{t^{n-2}}{(n-2)!}e^{\lambda_1 t} \\ \vdots \\ te^{\lambda_1 t} \\ e^{\lambda_1 t} \end{bmatrix} \tag{10-99}
$$

例 10－6 已知 $A=\begin{bmatrix} 0 & 1 & 0 \\ 0 & 0 & 1 \\ -6 & -11 & -6 \end{bmatrix}$，用待定系数法求 e^{At}。

解：先求矩阵 A 的特征值。

由 $\det(\lambda I-A)=0$ 可以求出：$\lambda_1=-1,\lambda_2=-2,\lambda_3=-3$

$$
e^{At}=a_0(t)I+a_1(t)A+a_2(t)A^2
$$

$$
\begin{cases} e^{-t}=a_0(t)-a_1(t)+a_2(t) & (1) \\ e^{-2t}=a_0(t)-2a_1(t)+4a_2(t) & (2) \\ e^{-3t}=a_0(t)-3a_1(t)+9a_2(t) & (3) \end{cases}
$$

(1)－(2)：$a_1(t)-3a_2(t)=e^{-t}-e^{-2t}$　　(4)

(2)－(3)：$a_1(t)-5a_2(t)=e^{-2t}-e^{-3t}$　　(5)

(4)－(5) 可求得：　$a_2(t)=\dfrac{1}{2}e^{-t}-e^{-2t}+\dfrac{1}{2}e^{-3t}$

代入(4),(1) 可得：

$$a_1(t) = \frac{5}{2}e^{-t} - 4e^{-2t} + \frac{3}{2}e^{-3t}$$

$$a_0(t) = 3e^{-t} - 3e^{-2t} + e^{-3t}$$

所以

$$e^{At} = a_0(t)I + a_1(t)A + a_2(t)A^2$$

$$= (3e^{-t} - 3e^{-2t} + e^{-3t})\begin{bmatrix}1 & 0 & 0\\0 & 1 & 0\\0 & 0 & 1\end{bmatrix} + (\frac{5}{2}e^{-t} - 4e^{-2t} + \frac{3}{2}e^{-3t})\begin{bmatrix}0 & 1 & 0\\0 & 0 & 1\\-6 & -11 & -6\end{bmatrix}$$

$$+ (\frac{1}{2}e^{-t} - e^{-2t} + \frac{1}{2}e^{-3t})\begin{bmatrix}0 & 1 & 0\\0 & 0 & 1\\-6 & -11 & -6\end{bmatrix}\begin{bmatrix}0 & 1 & 0\\0 & 0 & 1\\-6 & -11 & -6\end{bmatrix}$$

$$= \begin{bmatrix}3e^{-t} - 3e^{-2t} + e^{-3t} & \frac{5}{2}e^{-t} - 4e^{-2t} + \frac{3}{2}e^{-3t} & \frac{1}{2}e^{-t} - e^{-2t} + \frac{1}{2}e^{-3t}\\ -3e^{-t} + 6e^{-2t} - 3e^{-3t} & -\frac{5}{2}e^{-t} + 8e^{-2t} - \frac{9}{2}e^{-3t} & -\frac{1}{2}e^{-t} + 2e^{-2t} - \frac{3}{2}e^{-3t}\\ 3e^{-t} - 12e^{-2t} + 9e^{-3t} & \frac{5}{2}e^{-t} - 16e^{-2t} + \frac{27}{2}e^{-3t} & \frac{1}{2}e^{-t} - 4e^{-2t} + \frac{9}{2}e^{-3t}\end{bmatrix}$$

5. 几种计算 e^{At} 方法的比较

上面说明了四种计算 e^{At} 的方法,除按定义直接计算 e^{At} 的方法只适用于简单的矩阵外,其它方法的计算工作量大致差别不大,它们都需要决定矩阵 A 的特征值,当阶次 n 较高时,得到特征根是相对较困难的。待定系数法只要求解方程组,可以用计算机实现,所以是经常采用的方法。

§10.6　线性定常系统状态的能控性和能观测性

在经典控制理论中,我们讨论了只取决于系统本身特性的系统的稳定性,如果用状态空间分析方法来研究系统的特性,则除了系统的稳定性外,系统还有两个基本的结构特性,就是系统状态的能控性和能观测性。卡尔曼(R.E.Kalman)在上世纪 60 年代初提出和研究了系统状态的能控性和能观测性两个重要概念,这两个概念对系统的控制和估计都有十分重要的意义,是最优控制和最优估计的设计基础。

简单地说,系统状态的能控性就是控制作用 $U(t)$ 支配系统状态 $X(t)$ 的能力;而能观测性则是系统的输出 $Y(t)$ 反映系统状态 $X(t)$ 的能力。前者解决输入 $U(t)$ 能否使状态 $X(t)$ 任意转移,后者解决是否能够通过输出 $Y(t)$ 的量测确定状态 $X(t)$。

在经典控制理论中,只讨论控制作用(输入) 对输出的控制,输入和输出两个变量的关系由系统的传递函数描述,只要系统是稳定的,系统就是能够控制的,而输出量本身就是被调量,对一个实际的物理过程而言,当然是可以量测的。

在现代控制理论中,状态 $X(t)$ 是系统内部变量,它是由 $U(t)$ 来控制的,但它并不是可以直接量测的,所以就存在了状态的能控与能测问题。这里,只讨论线性定常系统状态的能控性和能观测性。

一、线性定常系统状态的能控性

(一) 能控性的定义

能控性考虑的是输入 $U(t)$ 对状态 $X(t)$ 的控制作用,与系统的输出 $Y(t)$ 无关。所以只从系统的状态方程研究。

设系统的状态方程为:

$$\dot{X} = AX + BU$$

其中:X 和 U 分别为 n 维和 r 维向量。

关于系统**能控性**的**定义**为:若存在一个无约束的控制向量 $U(t)$,能在有限的时间区间 $(t_f - t_0)$ 内将系统从某一初始状态 $\bar{X}(t_0)$ 驱动到任意终端状态 $\bar{X}(t_f)$,那么就称此状态是能控的。若系统的所有状态 $X(t)$ 都能控,就称此系统是状态完全能控的,简称系统是能控的或能控系统。

若系统存在某些状态不满足上述定义,那么系统就是不能控的,这样的系统可以分解成两个子系统,即能控子系统和不能控子系统。

例如,若系统的状态方程为:

$$\begin{bmatrix} \dot{x}_1 \\ \dot{x}_2 \end{bmatrix} = \begin{bmatrix} 4 & 0 \\ 0 & -5 \end{bmatrix} \begin{bmatrix} x_1 \\ x_2 \end{bmatrix} + \begin{bmatrix} 0 \\ 2 \end{bmatrix} u$$

写成:

$$\begin{cases} \dot{x}_1 = 4x_1 \\ \dot{x}_2 = -5x_2 + 2u \end{cases}$$

显然,系统的两个状态 x_1 和 x_2 中,x_1 是不受 u 控制的,是不可控的,x_2 可以由 u 控制,是能控的状态,整个系统的状态是不可控的。

根据定义说明以下几点:

1. 在线性定常系统中,为了便于计算,可假定初始时刻 $t_0 = 0$,初始状态为 $X(0)$,而任意终端状态 $X(t_f)$ 可以指定为零状态,即 $X(t_f) = 0$。

2. 也可以假定初始状态 $X(t_0) = 0$,而 $X(t_f)$ 为任意终端状态,换句话说就是若存在一个无约束的控制向量 $U(t)$,能在有限时间 $(t_f - t_0)$ 内将状态 $X(t)$ 从零状态驱动到任意终端状态 $X(t_f)$,这种情况称为状态的能达性,对线性定常系统能达性就是能控性。

3. 在讨论能控性问题时,控制作用 $U(t)$ 在理论上是无约束的,其取值也并不是唯一的,因为我们只关心能否将状态从 $X(t_0)$ 驱动到 $X(t_f)$,而不计较 $X(t)$ 运动的轨迹如何。

(二) 线性定常系统状态完全能控的判据

考虑线性定常系统 $\dot{X} = AX + BU, t \geqslant 0, A$ 为 $n \times n$ 阵,B 为 $n \times r$ 阵,状态完全能控的充分必要条件是能控性判别阵 Q_c 满秩。即:

$$rank(Q_c) = rank[B \quad AB \quad A^2B \quad \cdots \quad A^{n-1}B] = n \tag{10-100}$$

其中矩阵 Q_c 称为能控性判别阵。

例 10 - 7　系统的状态方程为：

$$\dot{X}=\begin{bmatrix}-1 & -4 & -2\\ 0 & 6 & -1\\ 1 & 7 & -1\end{bmatrix}X+\begin{bmatrix}2\\0\\1\end{bmatrix}u$$

判断系统状态是否完全能控。

解：$n = 3$

$$Q_c=[B\quad AB\quad A^2B]=\begin{bmatrix}2 & -4 & 6\\ 0 & -1 & -7\\ 1 & 1 & -12\end{bmatrix}$$

$rank(Q_c) = 3$

所以系统状态完全能控。

二、线性定常系统状态的能观测性

(一) 能观测性定义

由于能观测性所表示的是输出 $Y(t)$ 反映状态 $X(t)$ 的能力，与控制作用 $U(t)$ 无关，所以在分析能观测性时，只需从系统的齐次状态方程和输出方程出发。即：

$$\begin{cases}\dot{X}=AX, & X(t_0)=X_0\\ Y(t)=CX\end{cases}$$

式中：A 为 $n\times n$ 阵，C 为 $m\times n$ 阵，X 和 Y 分别为 n 维和 m 维向量。

能观测性定义：如果系统在任意时刻 $t=t_0$ 时的状态 $\overline{X}(t_0)$ 可以在一个有限时间 $t(t_0<t<t_f)$ 内，由输出 $Y(t)$ 来确定，那么系统的状态 $\overline{X}(t)$ 就是能观测的；如果系统的所有状态 $X(t)$ 都可以在有限时间内由输出 $Y(t)$ 确定，那么系统的状态是完全能观测的。同样，一个系统可以分解成状态能观测的子系统与状态不能观测的子系统。

(二) 线性定常系统状态完全能测的判据

线性定常系统 $\begin{cases}\dot{X}=AX+BU\\ Y=CX\end{cases}$ A 为 $n\times n$ 阵，C 为 $m\times n$ 阵，X 和 Y 分别为 n 维和 m 维向量，状态完全能观测的充分必要条件是系统的能观测性判别阵 Q_o 满秩。即：

$$rank(Q_o)=rank\begin{bmatrix}C\\ CA\\ CA^2\\ \vdots\\ CA^{n-1}\end{bmatrix}=n \qquad (10-101)$$

其中矩阵 Q_o 称为系统的状态能观测性判别阵。

例 10 - 8　系统的状态空间表达式为：

$$\begin{cases} \dot{X} = \begin{bmatrix} 0 & 1 & 0 \\ 0 & 0 & 1 \\ 1 & -2 & -1 \end{bmatrix} X + \begin{bmatrix} 0 \\ 0 \\ 1 \end{bmatrix} u \\ y = \begin{bmatrix} 1 & 0 & 1 \end{bmatrix} X \end{cases}$$

判断系统状态的能控性及能观测性。

解：$n = 3$

$$rank(Q_c) = rank \begin{bmatrix} 0 & 0 & 1 \\ 0 & 1 & -1 \\ 1 & -1 & -1 \end{bmatrix} = 3$$

$$rank(Q_o) = rank \begin{bmatrix} 1 & 0 & 1 \\ 1 & -1 & -1 \\ -1 & 3 & 0 \end{bmatrix} = 3$$

所以系统状态是完全能控与完全能观测的。

三、几点说明

1. 系统状态的能控性与能观测性是系统的固有特性，即只取决于系统状态空间表达式中的矩阵 A、B 和 C，与输入无关。同时能控性与能观测性之间无必然联系，而是两个独立的概念。

2. 一个系统 $\sum$ 可以根据状态的能控性与能观测性分解成如图 10 – 17 的四个子系统，

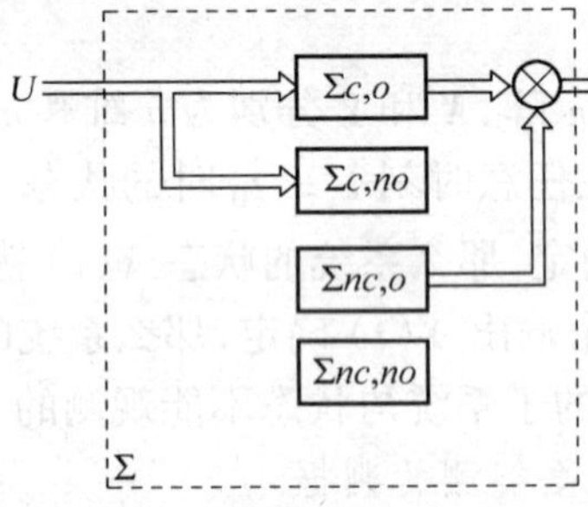

图 10 – 17　系统的分解框图

图中：$\sum c, o$：能控能测子系统；　$\sum c, no$：能控不能测子系统；

$\sum nc, o$：能测不能控子系统；　$\sum nc, no$：不能控不能测子系统；

3. 用传递函数或传递函数阵表示的系统是状态完全能控和完全能观测的。也就是说传递函数阵 $G(s)$ 只表示了系统中的状态能控及能测子系统 $\sum c, o$。

关于线性离散系统及线性时变系统的状态能控性与能观测性可以参阅有关的控制理论教科书。

§10.7　线性定常系统综合的概念 —— 状态反馈与极点配置

前面讨论了系统的状态空间描述，并说明了在已知系统的初始状态和 $t \geqslant t_0$ 时刻的输

入 $U(t)$ 作用下，求解状态方程得到系统的状态 $X(t)$，经输出方程可以求得系统的输出 $Y(t)$，从而在时域内对系统的运动进行分析讨论。同时说明了为解状态方程必须先计算矩阵指数函数 e^{At}，介绍了几种计算 e^{At} 的方法。所以基本上完成了系统的时域分析。这一节简单说明如何对系统进行综合，并介绍一种综合方法，即状态反馈与极点配置。

一、系统综合的基本概念

1．综合问题的提法

综合系统的状态空间描述为：

$$\begin{cases} \dot{X} = AX + BU, X(0) = X_0, t \geqslant 0 \\ Y(t) = CX \end{cases} \tag{10 - 102}$$

其中：X 为 n 维状态向量，U 为 r 维输入向量，Y 为 m 维输出向量，系数矩阵 A，B，C 都为常数阵且已知，再给出所期望的性能指标，它既可以是对期望的系统运动状态形式所规定的某些特征量，也可以是对其运动过程所规定的某种期望形式或需取极小（或极大）值的一个性能函数。综合就是寻找一个控制作用 U，使得在其作用下，系统运动的行为满足所给出的期望的性能指标。如果所得到的控制作用 U 依赖于系统的实际响应，即可表示为系统状态 X 或系统输出 Y 的一个线性函数，也就是有：

$$U = - KX + V \tag{10 - 103}$$

或

$$U = - FY + V \tag{10 - 104}$$

上面这种控制分别为**状态反馈控制和输出反馈控制**，其中 K 为 $r \times n$ 常阵，F 为 $r \times m$ 常阵，分别称为**状态反馈阵和输出反馈阵**，V 为参考输入向量。相应地，把由（10 - 103）或（10 - 104）的控制 U 加到受控系统（10 - 102）所导出的闭环结构的系统分别称为**状态反馈系统和输出反馈系统**，其框图可用图 10 - 18 表示。

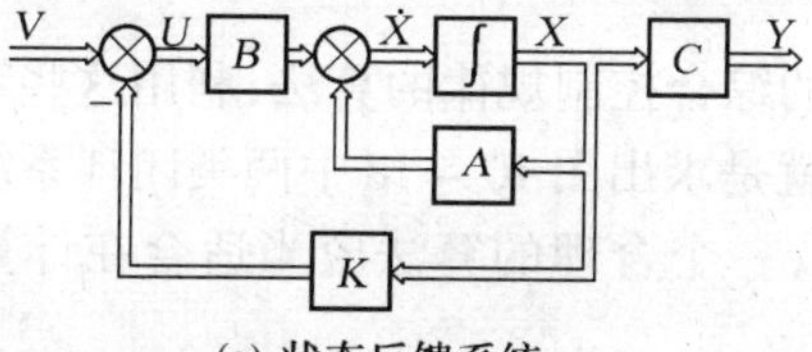

(a) 状态反馈系统

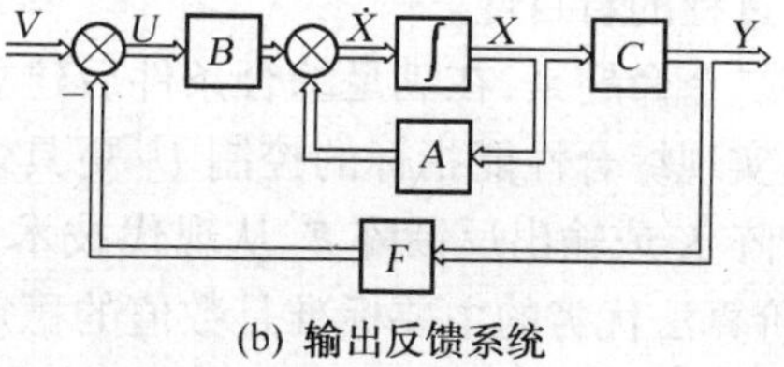

(b) 输出反馈系统

图 10 - 18　闭环系统结构

2．性能指标的类型

从综合的总体属性而言，性能指标可以区分为非优化型性能指标和优化型性能指标两种类型。不管是哪一类型的性能指标，都是对综合得到的系统运动过程所期望的性能的规定。两者的差别在于，非优化型性能指标是一类不等式型的指标，即只要性能值达到或好于期望指标就算实现了综合目标，优化型性能指标则是一类极值型的性能指标，综合的目标是要使性能指标在所有可能值取极小（或极大）值。

对非优化型性能指标，按照对期望运动形式以不同的角度规定性能可以有多种提法。常用的非优化型性能指标有：

(1) 以使系统渐近稳定作为性能指标，相应的综合问题称为**镇定问题**。

(2) 以一组期望的闭环极点作为性能指标，相应的综合问题称为**极点配置问题**。从线性定常系统运动分析可知，系统的运动特征主要由系统的闭环极点决定，把系统的闭环极点配置到希望的位置上，实际上等价于使综合系统的动态性能达到期望的要求。

(3) 以使一个多输入 - 多输出系统实现"一个输入控制一个输出"作为综合目标，相应的综合问题称为**解耦控制问题**。在实际的过程控制领域解耦控制有着重要意义。

(4) 以使系统的输出 Y 无静差地跟踪一个外部信号 $Y_0(t)$ 作为性能指标，相应的综合问题称为**跟踪问题**。

优化型性能指标常取一个相对于状态 X 和控制输入 U 的二次型积分性能指标，其形式为：

$$J[U(\cdot)] = \int_0^{\infty} (X^T QX + U^T RU)\mathrm{d}t \tag{10 - 105}$$

其中：R 为正定对称常阵，Q 为正定或半正定对称常阵。对于不同的具体问题，需要在综合前规定合适的加权矩阵 Q 和 R。这时，综合的任务就是要确定一个控制 $U^*(\cdot)$，使得相应的性能指标 $J[U^*(\cdot)]$ 取为极小值。通常把这样的控制 $U^*(\cdot)$ 称为最优控制，而把相应的性能指标 $J[U^*(\cdot)]$ 称为最优指标。

3. 研究综合问题的思路

在研究综合问题时，不管性能指标是非优化型的或优化型的，也不管其具体的性能指标形式，都可以把综合问题分解成两个不同的命题来进行。

第一个命题建立可综合条件。所谓可综合条件就是对于给定的受控系统和给定的期望性能指标，使相应的控制存在并实现综合目标所应满足的条件。也就是对给定的受控系统和给定的综合性能指标，是否存在控制 U，它要满足哪些条件。只有满足可综合条件才能去寻找控制 U，对系统进行综合。不同的性能指标，可综合条件是不同的。可综合条件的建立避免了综合过程的盲目性。

第二个命题是，在满足综合条件后建立相应的综合控制规律的算法，利用这些算法就可以找出实现综合性能指标的控制 U。更具体地说就是求出图 10 - 18 中两类闭环系统中的状态反馈阵 K 或输出反馈阵 F。从现代技术角度看，一个合理的算法应当适合在计算机上计算，评价算法优劣的主要标准是数值的稳定性。

实际上，要实现系统综合，还会有许多理论和技术上的问题需要进行研究，综合总是控制理论应用到具体问题的最终目标，具有十分重要的意义。

二、状态反馈和输出反馈

对线性定常系统

$$\begin{cases} \dot{X} = AX + BU \\ Y = CX \end{cases}$$

来说，如果控制 U 为依赖于状态 X 的线性函数

$$U = -KX + V$$

构成的闭环系统称**状态反馈系统**,其框图可以用图 10 – 18(a) 表示。状态反馈系统(闭环系统)的状态空间描述为:

$$\begin{cases} \dot{X} = (A - BK)X + BV \\ Y = CX \end{cases} \tag{10 - 106}$$

系统矩阵为:$(A - BK)$

如果控制 U 为依赖于输出 Y 的线性函数:

$$U = -FY + V$$

构成的闭环系统称**输出反馈系统**,其框图可以用图 10 – 18b 表示。输出反馈系统(闭环系统)的状态空间描述为:

$$\begin{cases} \dot{X} = (A - BFC)X + BV \\ Y = CX \end{cases} \tag{10 - 107}$$

系统矩阵为:$(A - BFC)$

(10 – 106)和(10 – 107)式中的 V 为参考输入,在调节问题中通常为零,在跟踪问题中为非零的确定性向量函数。

不难看出,状态反馈和输出反馈都改变了系统矩阵,但两者并不具有等同的改变系统的结构属性和实现性能指标的功能,事实上,状态反馈要远远优越于输出反馈。从(10 – 106)式和(10 – 107)式可见,一个输出反馈系统可以达到的功能必可找到一个状态反馈系统来获得,只要使 $K = FC$ 就行了。但是一个状态反馈系统的功能并不一定能由输出反馈来代替,因为 $K = FC$ 的解 F 通常并不存在。

状态反馈的引入不会改变系统状态的能控性,但可能改变系统状态的能观测性。输出反馈的引入不会改变系统状态的能控性和能观测性。由于状态是完全可以表征系统运动的信息的,所以状态反馈是一种完全的系统信息反馈,而输出反馈只是系统信息的不完全反馈。但是,系统的状态变量不是都完全可以量测的,而输出是可以量测的,所以在工程实现时,如何获得状态信息是实现状态反馈的重要问题。由此进一步要研究如何得到系统的状态,以实现性能优良的状态反馈,这就是状态观测器理论及相关实现问题。

三、利用状态反馈任意配置闭环极点

作为系统综合问题的一个例子是利用状态反馈任意配置闭环极点。在前面介绍的单回路调节系统整定时,我们利用改变调节器的参数,使系统闭环主导极点布置在具有一定衰减率 ψ 的折线 AOC 上,而其它极点的位置并没有作具体要求。显然在这里是希望任意配置 n 个闭环极点,使它们在预定的位置上。

依照系统综合的思路,给出可综合条件及综合算法。

设系统的状态空间描述为:

$$\begin{cases} \dot{X} = AX + BU \\ Y = CX \end{cases}$$

设计状态反馈阵 K，使闭环系统的极点为 $\lambda_1^*,\lambda_2^*,\cdots,\lambda_n^*$。显然，闭环极点 $\lambda_1^*,\lambda_2^*,\cdots,\lambda_n^*$ 是可以完全决定系统的运动特征的。

闭环系统的状态空间描述为：

$$\begin{cases}\dot{X}=(A-BK)X+BV\\ Y=CX\end{cases}$$

希望闭环极点是给定的 $\lambda_1^*,\lambda_2^*,\cdots,\lambda_n^*$。确定状态反馈阵 K。

线性定常系统 $\sum:(A,B,C)$ 通过线性状态反馈可以任意配置闭环极点的充分必要条件是此系统的状态完全能控。即：

$$rank(Q_c)=rank[B\quad AB\quad A^2B\quad\cdots\quad A^{n-1}B]=n$$

这就是极点可任意配置的条件，也就是可综合的条件。

1. 单输入－单输出系统闭环极点配置的算法

如果系统状态完全能控，则可以建立综合算法。状态反馈系统（闭环系统）的系统矩阵为 $(A-BK)$，它是 $n\times n$ 阵，期望的闭环极点为 $\lambda_1^*,\lambda_2^*,\cdots,\lambda_n^*$，所以，状态反馈系统的特征多项式应为：

$$\det[sI-(A-BK)]=(s-\lambda_1^*)(s-\lambda_2^*)\cdots(s-\lambda_n^*)\qquad(10-108)$$

按(10－108)式就是在已知 A 和 B 以及 $\lambda_1^*,\lambda_2^*,\cdots,\lambda_n^*$，可以导出状态反馈阵 K 满足希望配置的极点条件。

例 10－9 设单输入－单输出系统的状态方程为：

$$\dot{X}=\begin{bmatrix}0&0&0\\1&-6&0\\0&1&-12\end{bmatrix}X+\begin{bmatrix}1\\0\\0\end{bmatrix}u$$

期望的闭环极点为 $\lambda_1^*=-2,\lambda_2^*=-1+j,\lambda_3^*=-1-j$，设计状态反馈阵 K。

解：(1) 先判断是否满足可以任意配置极点的条件。

$$rank(Q_c)=rank\begin{bmatrix}1&0&0\\0&1&-6\\0&0&1\end{bmatrix}=3$$

所以系统状态是完全能控的，是满足任意配置极点条件。

(2) 求状态反馈阵 K

设 $K=[K_1\quad K_2\quad K_3]$

所以 $sI-(A-BK)=\begin{bmatrix}s+K_1&K_2&K_3\\-1&s+6&0\\0&-1&s+12\end{bmatrix}$

$$\begin{aligned}f(s)&=\det[sI-(A-BK)]=(s+K_1)(s+6)(s+12)+K_3+K_2(s+12)\\&=s^3+(K_1+18)s^2+(18K_1+K_2+72)s+(72K_1+12K_2+K_3)\end{aligned}$$

$$f^*(s)=(s+2)(s+1-j)(s+1+j)=s^3+4s^2+6s+4$$

比较 $f(s)$ 和 $f^*(s)$ 同次幂的系数可得：

$$\begin{cases}K_1+18=4\\18K_1+K_2+72=6\\72K_1+12K_2+K_3=4\end{cases}\quad\therefore\begin{cases}K_1=-14\\K_2=186\\K_3=-1220\end{cases}$$

所以反馈阵 $K=[-14\quad 186\quad -1220]$

如果系统的状态空间表达式为能控规范型，即：

$$A=\begin{bmatrix}0 & & I_{n-1} & \\ -a_0 & -a_1 & \cdots & -a_{n-1}\end{bmatrix},b=\begin{bmatrix}0\\0\\\vdots\\1\end{bmatrix}$$

设状态反馈阵 $K=[K_1\quad K_2\quad\cdots\quad K_n]$，则

$$A-bK=\begin{bmatrix}0 & & I_{n-1} & \\ -a_0 & -a_1 & \cdots & -a_{n-1}\end{bmatrix}-\begin{bmatrix} & & 0 & \\ K_1 & K_2 & \cdots & K_n\end{bmatrix}$$

$$=\begin{bmatrix}0 & & I_{n-1} & \\ -a_0-K_1 & -a_1-K_2 & \cdots & -a_{n-1}-K_n\end{bmatrix}$$

所以

$$f(s)=\det[sI-(A-bK)]$$

$$=s^n+(a_{n-1}+K_n)s^{n-1}+(a_{n-2}+K_{n-1})s^{n-2}+\cdots+(a_1+K_2)s+(a_0+K_1)$$

而

$$f^*(s)=(s-\lambda_1^*)(s-\lambda_2^*)\cdots(s-\lambda_n^*)$$

$$=s^n+a_{n-1}^*s^{n-1}+\cdots+a_1^*s+a_0^*$$

这样，可以得到：

$$\begin{cases}K_n=a_{n-1}^*-a_{n-1}\\K_{n-1}=a_{n-2}^*-a_{n-2}\\\vdots\\K_1=a_0^*-a_0\end{cases}$$

这样的计算方法便于计算机实现，所以如果不是能控规范型时，可通过线性变换方法变换成能控规范型，计算得到的状态反馈阵 K 再经变换后得到实际需要的状态反馈阵。

例 10－10　已知系统的传递函数为：

$$G(s)=\frac{Y(s)}{U(s)}=\frac{5}{s(s+3)^2}=\frac{5}{s^3+6s^2+9s}$$

设计状态反馈阵 K,使系统的闭环极点为 $\lambda_1^* = -0.1, \lambda_2^* = -0.2, \lambda_3^* = -2$。

解:(1) 由于用传递函数表示,所以系统状态是完全能控的,可以设计状态反馈阵任意配置极点。

(2) 系统的状态空间表达式的能控规范型为:

$$\begin{cases} \dot{X} = \begin{bmatrix} 0 & 1 & 0 \\ 0 & 0 & 1 \\ 0 & -9 & -6 \end{bmatrix} X + \begin{bmatrix} 0 \\ 0 \\ 1 \end{bmatrix} u \\ y = [5 \quad 0 \quad 0] X \end{cases}$$

(3) 设状态反馈阵 $K = [K_1 \quad K_2 \quad K_3]$

$$f(s) = \det[sI - (A - bK)] = s^3 + (6 + K_3)s^2 + (9 + K_2)s + K_1$$

$$f^*(s) = (s - \lambda_1^*)(s - \lambda_2^*)(s - \lambda_3^*) = s^3 + 2.3s^2 + 0.62s + 0.04$$

比较系数可得:$K_1 = 0.04, K_2 = -8.38, K_3 = -3.7$

所以反馈阵 $K = [0.04 \quad -8.38 \quad -3.7]$

可以画出闭环系统结构框图:

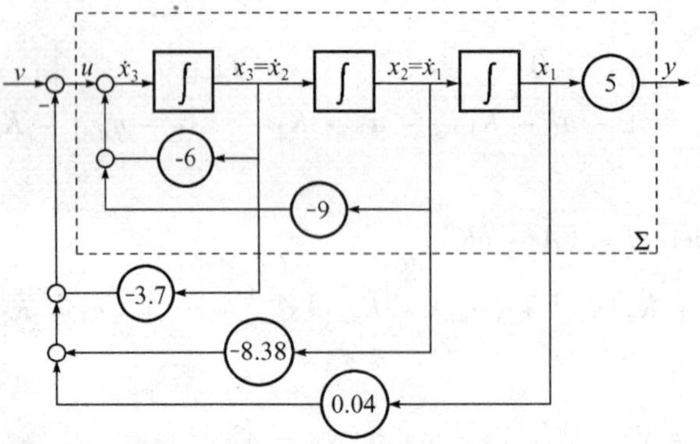

图 10－19　例 10－10 的结构框图

2. 多输入－多输出系统的极点配置

类似于单输入－单输出系统,对多变量系统,利用状态反馈能任意配置极点的充分必要条件是系统状态完全能控。其算法也类似于单输入－单输出系统,只是计算量更大。这里就不作详细讨论了。

状态反馈具有十分优越的性能,但是,状态变量是系统的内部变量,一般是不能全部量测得到的,所以为了构成状态反馈,如何得到状态是十分重要的问题,只能利用外部能量测到的输入 U 和输出 Y 去估计状态 X,这就是状态观测器的设计问题。其详细内容可参考有关的控制原理教材。

§10.8 小　结

前面各章主要讨论了系统的输出 — 输入描述,并在此基础上用时域分析方法、根轨迹法及频率法对系统进行了分析,在分析的基础上讨论了对控制系统的整定方法。整定是系统综合的内容之一。这些都是经典控制理论的内容,运用这些理论通过必要的计算及简单作图就可以设计及分析控制系统,实现相对比较简单的工业过程的自动控制。但是对于控制精度要求很高的对象或者对于非常复杂的过程或多变量系统的自动控制问题,经典控制理论就存在局限性。随着计算机应用与技术的发展,也随着被控对象控制要求的提高,控制理论在经典控制理论的基础上发展到了现代控制理论,它对系统的描述更完善,对系统的分析与综合适应性更大。

现代控制理论是建立在系统的状态概念上的,它采用输入 — 状态 — 输出的系统描述方法,并建立了完整的分析与综合方法,可以实现复杂过程及大系统的控制任务。本章主要介绍有关现代控制理论的一些基础知识,为今后进一步学习控制理论打下基础。

状态变量表达式是系统动态特性的一种数学描述,它比传递函数提供更多关于系统运动的信息;此外,状态变量表达式还可用来描述非线性系统、时变系统、采样系统以及多输入多输出系统的动态特性。

得到了系统的状态变量表达式后,已知系统的初始状态和 $t \geqslant t_0$ 时刻的输入 $U(t)$,由状态方程和输出方程可以求解得到系统的状态 $X(t)$ 和系统的输出 $Y(t)$,从而在时域内对系统的运动进行分析讨论。为求解状态方程必须先计算矩阵指数函数 e^{At},本章介绍了几种计算 e^{At} 的方法。

本章最后简单说明如何对系统进行综合,并介绍了一种综合方法,即状态反馈与极点配置法。

习　题　10

10 - 1　已知下列系统的传递函数,写出它们的状态空间表达式,并画出状态变量框图。

(1) $G(s) = \dfrac{Y(s)}{U(s)} = \dfrac{1}{s^2 + 3s + 2}$;　(2) $G(s) = \dfrac{Y(s)}{U(s)} = \dfrac{s + 1}{s^2 + 5s + 6}$;

(3) $G(s) = \dfrac{Y(s)}{U(s)} = \dfrac{s^2 + 4s + 5}{s^3 + 6s^2 + 11s + 6}$;　(4) $G(s) = \dfrac{Y(s)}{U(s)} = \dfrac{s^2 + 3s + 3}{s^3 + 4s^2 + 5s + 2}$。

10 - 2　设系统的传递函数如下:

$$G(s) = \frac{Y(s)}{U(s)} = \frac{s^2 + 2s + 5}{3s^3 + 6s^2 + 9s + 15}$$

写出它的能控规范型和能测规范型,并画出结构框图。

10 - 3　已知系统的状态空间表达式如下:

(1) $\begin{cases}\dot{X}=\begin{bmatrix}1 & 1\\1 & 0\end{bmatrix}x+\begin{bmatrix}1\\0\end{bmatrix}u\\ y=\begin{bmatrix}1 & 1\end{bmatrix}X\end{cases}$；(2) $\begin{cases}\dot{X}=\begin{bmatrix}0 & 1 & 1\\0 & 2 & -1\\-1 & -2 & 0\end{bmatrix}X+\begin{bmatrix}1\\0\\1\end{bmatrix}u;\\ y=\begin{bmatrix}1 & 0 & 1\end{bmatrix}X\end{cases}$

(3) $\begin{cases}\dot{X}=\begin{bmatrix}0 & 1 & 0\\0 & 0 & 1\\-5 & -3 & -2\end{bmatrix}X+\begin{bmatrix}0\\0\\1\end{bmatrix}u\\ y=\begin{bmatrix}\frac{3}{2} & 1 & \frac{1}{2}\end{bmatrix}X\end{cases}$

试分别写出它们的传递函数。

10－4　已知系统的系数矩阵 A，计算系统的状态转移矩阵 e^{At}。

(1) $A=\begin{bmatrix}1 & -2\\4 & -5\end{bmatrix}$；　(2) $A=\begin{bmatrix}-5 & -1\\3 & -1\end{bmatrix}$；

(3) $A=\begin{bmatrix}0 & 1 & 0\\0 & 0 & 1\\-6 & -11 & -6\end{bmatrix}$。

10－5　已知系统的系数矩阵 A 为：

$$A=\begin{bmatrix}0 & 1 & 0\\0 & 0 & 1\\-5 & -7 & -3\end{bmatrix}$$

(1) 用化矩阵特征值规范型的方法求 e^{At}；

(2) 用待定系数法求 e^{At}。

10－6　已知系统的状态方程为：

$$\dot{X}=\begin{bmatrix}-1 & 1\\0 & -2\end{bmatrix}X+\begin{bmatrix}0\\1\end{bmatrix}u$$

设 $x_1(0)=0, x_2(0)=1, u(t)$ 为单位阶跃输入，求 $x_1(t)$ 和 $x_2(t)$。

10－7　判断下列系统状态的能控性及能观测性。

(1) $\begin{cases}\dot{X}=\begin{bmatrix}0 & 1 & 0\\0 & 0 & 1\\0 & -1 & -2\end{bmatrix}X+\begin{bmatrix}0\\1\\1\end{bmatrix}u\\ y=\begin{bmatrix}0 & 1 & 1\end{bmatrix}X\end{cases}$；(2) $\begin{cases}\dot{X}=\begin{bmatrix}1 & 0 & 0\\0 & 0 & 1\\1 & -2 & -1\end{bmatrix}X+\begin{bmatrix}0\\0\\1\end{bmatrix}u\\ y=\begin{bmatrix}1 & 0 & 1\end{bmatrix}X\end{cases}$

(3) $\begin{cases}\dot{X}=\begin{bmatrix}-4 & 0 & 0\\0 & -4 & 0\\0 & 0 & 1\end{bmatrix}X+\begin{bmatrix}1\\2\\1\end{bmatrix}u\\ y=\begin{bmatrix}0 & 1 & 0\end{bmatrix}X\end{cases}$

10－8　设系统的状态空间表达式如下：

$$\dot{X}=\begin{bmatrix}-2 & -3\\ 4 & -9\end{bmatrix}X+\begin{bmatrix}3\\ 1\end{bmatrix}u$$

设计状态反馈阵 K,使闭环极点为 $\lambda_{1,2}=-1\pm j2$。

10－9　单输入－单输出系统如图 10－20 所示,

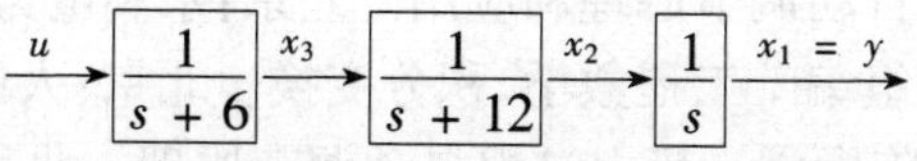

图 10－20　习题 10－9 框图

设计状态反馈阵 K,使系统的闭环极点为 $\lambda_{1,2}=-7.07\pm j7.07$,$\lambda_3=-100$。并画出闭环系统结构框图。

10－10　系统的状态方程是:

$$\dot{X}=\begin{bmatrix}1 & 1 & 0\\ 0 & 1 & 0\\ 0 & 0 & 2\end{bmatrix}X+\begin{bmatrix}0\\ 1\\ 0\end{bmatrix}u,$$

求状态反馈阵 K,使闭环极点为 -2,和 $-1\pm j2$。并画出闭环系统结构框图。

参 考 文 献

1 陈来九．热工过程自动调节原理和应用．北京:水利电力出版社,1982

2 东南大学数学教研组编．工程数学,积分变换．北京:人民教育出版社,1978

3 E. 杜特尼柯夫著;陈珩译．热力过程自动调节原理．北京:水利出版社,1959

4 钱钟韩,孟祖浩．热工对象的低阶近似模拟．自动化学报,1966,4(1)

5 复旦大学数学系．常微分方程．上海:上海科学技术出版社,1978

6 吴新余,周井泉,沈元隆,信号与系统．北京:电子工业出版社,1999

7 阎鸿森,王新凤,田惠生．信号与线性系统．西安:西安交通大学出版社,1999

8 胡干耀．系统辨识．北京:北京航空学院出版社,1987

9 罗万金．电厂热工过程自动调节．北京:中国电力出版社,1991

10 谢阁．自动控制原理．北京:水利电力出版社,1986

11 张玉钧,徐书菘．热工自动控制系统．北京:水利电力出版社,1985

12 Kuo B C. Automatic control Systems. Prentice – Hall, 1975

13 Healey M. Principles of Automatic Control, Hodder and Stoughton, 1975

14 黄家英．自动控制原理．南京:东南大学出版社,1991